教育中国·规划精品系列

U0687907

国家级一流本科课程建设成果教材

石油和化工行业"十四五"规划教材

"十二五"普通高等教育本科国家级规划教材

CHEMICAL PROCESS ANALYSIS AND SYNTHESIS

化工过程分析与合成

第三版

张卫东　主编　　杜增智　孙振宇　副主编

化学工业出版社
·北京·

内容简介

本书结合大量工业实例，全面介绍了化工过程分析及化工过程合成各个领域的基本内容、方法和技巧。

全书共分为8章，第1章绪论介绍了化工过程及系统工程的发展概况；第2章结合氨合成工艺介绍了化工过程系统稳态模拟方法及其分析求解方法；第3章全面介绍了化工过程系统动态模拟的特性、方法及数学处理；第4章介绍了化工过程系统的优化和求解方法；第5章介绍了化工生产过程操作工况调优的数学模型及调优计算，以及人工神经元网络的基础知识；第6章介绍了间歇化工过程的基本概念、模型化方法及设计优化；第7章对换热网络的合成及其夹点技术进行了全面的介绍；第8章介绍了分离塔序列合成的方法。

本书的内容编排是紧密围绕着化工生产过程中的实际问题及成本核算进行的，遵循由浅至深的原则，结合工业实际案例，全面介绍了化工过程分析与合成的方法。本书可作为高等院校有关专业高年级学生及研究生的教材或参考书，也可作为化工、石油、轻工、医药等专业的科研、生产、教学和应用开发人员了解化工过程分析与合成方法的参考资料。

图书在版编目（CIP）数据

化工过程分析与合成 / 张卫东主编；杜增智，孙振宇副主编. -- 3 版. -- 北京：化学工业出版社，2025.6. --（"十二五"普通高等教育本科国家级规划教材）（石油和化工行业"十四五"规划教材）（国家级一流本科课程建设成果教材）. -- ISBN 978-7-122-48292-1

Ⅰ. TQ02；TQ031.2

中国国家版本馆 CIP 数据核字第 2025XL0409 号

责任编辑：赵玉清
文字编辑：王　琪
责任校对：杜杏然
装帧设计：刘丽华

出版发行：化学工业出版社
　　　　　（北京市东城区青年湖南街 13 号　邮政编码 100011）
印　　装：河北鑫兆源印刷有限公司
880mm×1230mm　1/16　印张 16½　字数 495 千字
2025 年 6 月北京第 3 版第 1 次印刷

购书咨询：010-64518888
售后服务：010-64518899
网　　址：http://www.cip.com.cn
凡购买本书，如有缺损质量问题，本社销售中心负责调换。

定　　价：49.80 元

第三版前言

本书第一版面向 21 世纪课程教材成书于世纪之交，在教育部普通高等教育"十一五"国家级规划教材项目支持下，本书于 2011 年进行了第二版的修订，至今，又是十余年过去了。

在这十余年中，教学手段、教学技术发生了巨大的变化。随着 MOOC 的兴起，远程教育作为一种新的教育教学模式的补充和探讨，对教学内容的改革提出了新的挑战，而且，其对教育教学思想的影响将更为深远。碎片化教学对系统性教学模式带来的冲击影响着新时代教育教学的变革，在有效保持系统性教学质量的前提下，为适应学生对新模式下知识碎片化的需求，本书进行了一些初步的探讨。

在这十余年中，化学工程也在不断发生着根本性的变化。以膜技术和微流控技术为代表形成的数量化放大的思想，正在从根本上改变着过去百年化学工程围绕规模放大过程的规律研究。人工智能对化工过程的渗透也越来越快，分子工程、分子设计等对化学工程的过程优化也提出了更新的要求，化工企业的管理过程优化规模也不断扩展，教材出版物也正在迎来数字化教材的挑战。这些变化也对化工过程分析与合成的教学内容不断提出新的任务和需求。

结合本课程在近十年教学过程中所遇到的问题，本书第三版拟通过对各类知识深入浅出地说明，利用问题思考等方式，把各知识体系中与本课程相关的内容进行碎片化的整理与补充，使学生既能快速掌握必要的知识信息，又能紧密围绕化工过程系统的主线进行系统化的知识学习，这是第三版修订的主要思路。

参与本教材修订的人员有张卫东、杜增智、孙振宇等人，为本教材编写付出努力的还有孙巍、陈晓春等多位教授，以及方佳伟、孙晴等研究生。在本书的编写过程中，北京化工大学化学工程学院及其他兄弟院校的领导和教师对本书的编写给予了热情的鼓励和支持，在此一并致以衷心感谢。

由于我们水平所限，不妥之处在所难免，欢迎读者批评指正。

编　者
2025 年 2 月于北京化工大学

目录

1 绪 论　　　　　　　　　　　　　　　　　001

1.1　化工过程　　　　　　　　　　001
1.1.1　化学反应过程　　　　　　001
1.1.2　换热过程　　　　　　　　002
1.1.3　分离过程　　　　　　　　002
1.2　化工过程生产操作控制　　　　003
1.2.1　集散系统　　　　　　　　003
1.2.2　DCS 的先进控制与优化控制　003
1.3　化工过程的分析与合成　　　　004
1.3.1　化工过程系统的分析　　　004
1.3.2　化工过程系统的合成　　　004
1.4　化工过程模拟系统　　　　　　005

1.4.1　化工流程稳态模拟系统　　005
1.4.2　动态模拟系统　　　　　　006
1.5　化工企业 CIPS 技术　　　　　006
1.5.1　CIMS 技术　　　　　　　006
1.5.2　CIPS 技术　　　　　　　007
1.6　人工智能技术在化工过程中的应用　007
1.6.1　人工智能技术　　　　　　007
1.6.2　专家系统　　　　　　　　008
1.6.3　人工神经网络　　　　　　008
1.6.4　人工智能技术在化工过程系统中的
　　　　应用　　　　　　　　　008

2 化工过程系统稳态模拟与分析　　　　　　　011

2.1　典型的稳态模拟与分析问题　　011
2.2　过程系统模拟的三类问题及三种基本方法
　　　　　　　　　　　　　　　018
2.2.1　过程系统模拟的三类问题　018
2.2.2　过程系统模拟的三种基本方法　019
2.3　过程系统模拟的序贯模块法　　021
2.3.1　序贯模块法的基本原理　　021
2.3.2　再循环物流的断裂　　　　024
2.3.3　断裂物流变量的收敛　　　028
2.3.4　序贯模块法解设计问题　　035
2.4　过程系统模拟的面向方程法　　036
2.4.1　面向方程法的原理　　　　036

2.4.2　大型稀疏非线性方程组的降维解法 037
2.4.3　联立拟线性方程组法解大型稀疏
　　　　非线性方程组　　　　　041
2.5　过程系统模拟的联立模块法　　046
2.5.1　联立模块法的原理　　　　046
2.5.2　建立简化模型的两种切断方式　047
2.6　氨合成工艺流程的模拟与分析　051
2.6.1　氨合成工艺流程的模拟　　052
2.6.2　氨合成工艺生产工况的模拟分析　054
2.7　过程系统稳态模拟软件　　　　057
2.7.1　ASPEN　　　　　　　　057
2.7.2　PRO/Ⅱ　　　　　　　　058

3 化工过程系统动态模拟与分析 061

3.1 化工过程系统的动态模型 061
3.1.1 化工过程系统的动态特性 061
3.1.2 化工过程系统的动态模型 061
3.1.3 确定性动态模型的数学处理 063
3.2 连续搅拌罐反应器的动态特性 065
3.2.1 动态数学模型 066
3.2.2 模型的数学处理与应用（Ⅰ） 069
3.2.3 模型的数学处理与应用（Ⅱ） 071

3.3 精馏塔的动态特性 073
3.3.1 动态数学模型 075
3.3.2 模型的数学处理与应用 076
3.3.3 更实际的问题 078
3.4 变压吸附过程的模拟与分析 079
3.4.1 数学模型的建立 079
3.4.2 动态模型的数学处理 082
3.4.3 模型的应用 083

4 化工过程系统的优化 087

4.1 概述 087
4.2 化工过程系统优化问题基本概念 089
4.2.1 最优化问题的数学描述 089
4.2.2 最优化问题的建模方法 092
4.2.3 化工过程系统最优化方法的分类 092
4.3 化工过程系统最优化问题的类型 093
4.3.1 过程系统参数优化 093
4.3.2 过程系统管理最优化 095
4.4 化工过程中的线性规划问题 096
4.4.1 线性规划问题的数学描述 096
4.4.2 求解线性规划的图解法 098
4.4.3 求解线性规划问题的单纯形法 099
4.4.4 按原料资源供应、市场需求价格等
因素进行的排产计划 101
4.5 化工过程中非线性规划问题的解析求解 102
4.5.1 无约束条件最优化问题的经典

求解方法 102
4.5.2 有约束条件最优化问题的经典
求解方法 103
4.5.3 动态系统参数的变分优化法 106
4.6 化工过程中非线性规划问题的数值求解
118
4.6.1 无约束非线性规划问题的搜索策略 119
4.6.2 变量轮换法 119
4.6.3 非线性规划的单纯型法 120
4.6.4 最速下降法和共轭梯度法 120
4.6.5 牛顿法和拟牛顿法 124
4.6.6 有约束多变量非线性规划问题的
搜索策略 126
4.7 化工过程大系统的优化 126
4.7.1 可行路径优化法 128
4.7.2 不可行路径 129

5 化工生产过程操作工况调优 137

5.1 化工生产过程操作工况调优的作用
与意义 137
5.2 化工生产过程操作工况离线调优的
方法 138
5.2.1 机理模型法——液体空气精馏塔的

操作工况调优 138
5.2.2 统计模型法——苯酐生产过程的
操作工况调优 147
5.2.3 智能模型法——乙苯脱氢反应过程
的操作工况调优 157

6 间歇化工过程   169

6.1 间歇过程与连续过程   169
  6.1.1 间歇化工的特点   170
  6.1.2 间歇过程与连续过程的比较   171
  6.1.3 间歇过程的基本概念   171
6.2 过程动态模型及模拟   174
  6.2.1 混合过程   175
  6.2.2 喷雾干燥过程   176
  6.2.3 间歇、半连续反应过程的模型、模拟和优化   177
6.3 间歇过程的最优时间表   179
  6.3.1 时间表问题   179
  6.3.2 简单多产品和多目的间歇过程最优时间表的计算规则   184

6.4 多产品间歇过程的设备设计与优化   187
  6.4.1 基本定义、原则和术语   187
  6.4.2 多产品间歇过程设备的基本计算法   190
  6.4.3 多产品间歇过程设备尺寸的最优设计   192
6.5 间歇过程的控制模型   198
  6.5.1 配方模型   198
  6.5.2 控制功能模型   199
  6.5.3 过程模型   200
  6.5.4 物理模型   200
  6.5.5 程序控制模型   200

7 换热网络合成   203

7.1 化工生产流程中换热网络的作用和意义   203
7.2 换热网络合成问题   203
  7.2.1 换热网络合成问题的描述   203
  7.2.2 换热网络合成的研究   204
7.3 换热网络合成——夹点技术   204
  7.3.1 第一定律分析   204
  7.3.2 温度区间   205
  7.3.3 最小公用工程消耗   206
  7.3.4 温焓图与组合曲线   207
  7.3.5 夹点的特性   209
7.4 夹点法设计能量最优的换热网络   210
  7.4.1 匹配的可行性原则   210

  7.4.2 流股的分割——FC_p 表   213
  7.4.3 流股的匹配——勾销推断法   214
7.5 换热网络的调优   216
  7.5.1 最小换热单元数   216
  7.5.2 能量与设备数的权衡   217
  7.5.3 ΔT_{min} 的选择   218
7.6 实际工程项目的换热网络合成   219
  7.6.1 数据提取   219
  7.6.2 选择物流   220
  7.6.3 老厂改造   222
  7.6.4 禁止匹配与强制匹配   224
  7.6.5 阈值问题   225
  7.6.6 多品位公用工程   226

8 分离塔序列的综合   231

8.1 精馏塔分离序列综合概况   231
8.2 分离序列综合的基本概念   231
  8.2.1 简单塔   232

  8.2.2 顺序表   232
  8.2.3 可能的分离序列数   233
  8.2.4 分离子群   233

8.2.5　可能的分离子问题　234

8.2.6　目标产物组　235

8.2.7　判别指标　235

8.2.8　分离序列的综合方法　235

8.3　动态规划法　235

8.4　分离度系数有序探试法　241

8.4.1　经验规则 M1　242

8.4.2　经验规则 M2　243

8.4.3　经验规则 D1　243

8.4.4　经验规则 S1　243

8.4.5　经验规则 S2　243

8.4.6　经验规则 C1　243

8.4.7　经验规则 C2　243

8.5　相对费用函数法　245

8.6　分离序列综合过程的评价　246

8.7　调优法　247

8.8　复杂塔的分离顺序　251

8.9　隔壁塔在多元混合物精馏分离中的应用　253

参考文献　255

1 绪 论

○○ —————→ ○○ ○ ○○ —————————

过程一词的哲学意义指的是客观事物从一个状态到另一个状态的转移。在工艺生产上，对物料流进行物理或化学的加工工艺称作过程工艺。过程工艺按工艺行业的不同又分为化工过程、冶金过程、石油炼制过程、医药生产过程等。像电视机、汽车、切削车床等的生产，都是以工件为对象的加工工艺，称作制造工艺。

客观事物从一个状态向另一个状态的转移途径往往不止一个，因此，即使对同一种物质的生产，也会存在几种甚至更多可选择的过程。不同的过程或工艺，必然会导致不同的消耗及影响。对这些过程进行模拟（建立模型，并对模型进行计算），通过模拟结果在各个不同过程中，根据设定目标进行比较，是对过程优劣比选的基础；对过程的加工条件进行改变，以寻求最优的加工参数，也需要通过对过程的模拟和优化来实现。对复杂过程进行分析，利用已有知识建立模型并求解模型，利用模拟结果进行优化，正是本书的主要目标。

然而，客观世界的复杂性、算力的有限性，对模型的建立、求解、优化都提出了不同的要求。

1.1 化工过程

化工过程是以天然物料为原料，经过物理或化学加工制成产品的过程。通常化工过程大都包括三个部分：原料制备、化学反应、产品分离等。化学反应的单元过程包括有合成、氧化、加氢、裂解、电解质溶液反应等。这些单元过程由被处理的物料流连接起来，构成化工过程生产工艺流程。在多种多样的单元过程中，最重要的也是最多用的单元过程是：化学反应过程、换热过程和分离过程。

1.1.1 化学反应过程

化学反应过程是化工过程的核心部分。主要的化学反应过程有催化反应过程、热裂解反应过程、电解质溶液离子反应过程以及生物化学反应过程等。

（1）催化反应过程

现代化工过程中的化学反应大都是在催化剂存在下进行的化学反应。用于化工过程的催化剂已有2000多种。化工生产中的催化反应过程如下：

① 合成反应：合成氨、合成甲醇等的反应过程。

② 氧化反应：萘氧化制苯酐、乙烯氧化制环氧乙烯等的反应过程。

③ 脱氢反应：乙苯脱氢制苯乙烯的反应过程。

④ 裂化反应：重质油催化裂化制轻质油的反应过程。

⑤ 烷基化反应：乙烯与苯的烷基化制乙苯的反应过程。

⑥ 加氢裂化反应：正庚烷加氢裂化制丙烷和丁烷的反应过程。

（2）热裂解反应过程

典型的热裂解反应过程有煤干馏生成焦炭、煤焦油、焦炉煤气的反应过程以及轻油裂解制乙烯的反应过程。

（3）电解质溶液离子反应过程

各种无机盐生产以及氨碱法制碱的反应过程。

（4）生物化学反应过程

发酵法生产氨基酸、有机醇、酮等的反应过程。

1.1.2　换热过程

化工过程工艺流程中被处理的物流，总是要按进入各单元过程所要求的温度，通过换热器进行加热或冷却。满足这种换热要求的热量或冷量，可以来自流程中的工艺物料流或是来自公用工程［给水排水、供气（汽）、供电、供暖、制冷等］。这些过程中的换热器与换热物流共同构成了换热网络。合理的换热网络设计，应能充分回收过程系统中的热量或冷量，例如对反应热、冷凝热的回收利用。这也就意味着对公用工程的节省。

以最大限度的节能、经济的设备投资、良好的操作适应性为目标，实现最佳的换热网络设计，是化工过程系统综合研究的一项典型的事例，也是本书将要重点研讨的一项内容。

1.1.3　分离过程

分离过程要依据分离物料是属于非均相体系的还是均相体系的，从而确定采用哪种单元操作。

对于非均相体系物料的气固、气液、液固、液液相分离，多通过利用两相间物性的差异，选择合适的外场以对不同相产生不同的作用力，从而迫使两相发生相对运动，进而实现分离。一般两相间差异较大的物性是密度差，因此多选择在重力场或离心场环境下进行的沉降、气浮、浮选等分离方法，以及离心分离、旋风分离等，但对于液液两相密度差异较小或泡、滴、粒的直径特别小的情况下，这类利用密度差异实现的分离较为困难。也可利用粒子和液滴荷电性及磁性的差异，实现静电分离、磁选分离等。非均相体系还可以利用两相间存在的界面性质，利用常规过滤和膜分离中的微滤、超滤等手段来进行分离。

对于均相体系物料的分离，可分为基于相平衡性质进行的分离和基于扩散速率而进行的分离，以及外场作用下的分离和利用阻挡物进行的分离等。基于相平衡的分离，一般多通过输入能量或功（能量分离剂）使原均相体系产生出新的一相，或者通过加入新的一相，利用待分离物质在两相间分配系数的差异，从而实现待分离物质间的分离。加入能量分离剂的方式如精馏、闪蒸、结晶、冷凝、升华、凝华、汽提、解吸、脱附、干燥等，加入质量分离剂的方式如萃取、吸收、吸附等。基于待分离物质在介质中扩散速率的差异，可采用动力学分离过程，如色谱分离、渗透汽化、电泳等，色谱技术从微观上来说是吸附脱附的分离，但由于其长径比差异极大，有时也可以看作这类分离过程。利用阻挡物分离的过程，如膜分离，包括超滤、纳滤、反渗透、渗透汽化、渗析、电渗析等。值得一提的是，膜分离与外场分离多可以与其他分离或反应过程相结合，构成一系列高效率的分离新方法，如膜吸收（膜萃取、膜蒸馏、膜结晶）、液膜过程、膜反应器、电膜过程等。

在分离过程中最多用的是采用蒸馏塔或精馏塔实施的蒸馏或精馏操作。对于从某种已知组成的液相混合物中分离出某几个目标产物的分离过程，可以设计出采用不同流程、不同塔数的多种流程方案。这些方案相应的设备投资、操作费用等会有很大差异。从中选择经济的、能满足分离要求的最佳方案，是化工过程系统工程设计研究中一项复杂的系统综合任务。

1.2　化工过程生产操作控制

化工过程生产操作工况的调节，主要是对物料流温度、压力、流量、液位、组成等操作参数的调节。20 世纪四五十年代的早期过程控制技术，采用基地式控制仪表实施单输入、单输出的简单回路控制，控制目标主要是保持生产工况平稳。其后又出现了单元组合式控制仪表，并从简单控制回路发展出串级、前馈补偿等控制系统。这种早期的过程控制技术，其特点为各个控制回路都是相互独立的，优点是当某一控制回路出现故障时，不致影响其他回路的正常工作，系统的可靠性易于得到保障。分散控制的缺点在于，对于规模范围较大、被控参数较多的对象来说，较多的控制回路需要相应设置较多的硬件；此外，这种分散的控制，难以实现总体优化的控制方案。

自 20 世纪 60 年代以来，化工过程向着大型化、连续化发展，出现了单系列年产 30 万吨合成氨装置、年产 30 万吨乙烯的轻油裂解装置。这些巨型装置要求检测、控制的生产操作参数数量很多，并需要更优良的控制质量。这就对过程控制技术提出了更高的要求。由于当时计算机的发展，计算机应用迅速渗入各个领域，过程控制也开始了应用计算机的尝试。

计算机用于化工过程控制，可以把各个控制回路的运算、控制、显示都集中于计算机来实现。这种集中控制可以大大节省硬件成本，便于同时分析各个控制回路的信息，为实现全系统的优化控制提供了条件。但这种集中控制，一旦发生计算机故障则将出现全控制系统瘫痪的危险。虽有运行双工计算机的尝试，但仍难达到可靠性的保障。由于这种缺陷的困扰，曾使计算机控制技术一度陷于难以发展的困境。20 世纪 70 年代中期分散系统的出现，使计算机控制技术出现了灿烂的应用前景。

1.2.1　集散系统

随着化工装置规模的增大，被控对象参数、控制回路的增多，为了满足对工业控制计算机应具备高度可靠性和灵活性的要求，出现了分布式控制系统（distributed control system，DCS），又称集散系统。这是把计算机技术、控制技术、通信技术、图像显示技术等集成为一体化的计算机控制系统。集散系统吸取了分散系统和集中系统两者的优点，集是指管理、操作、控制这三个方面的集中，散是指功能分散、负荷分散和危险分散，这就克服了分散系统难以实现全局系统控制的缺点，也克服了集中系统的危险集中。

国际上有很多专业公司向市场推出了 DCS 产品，如美国的 Honeywell 公司推出 TDC-3000、Foxboro 公司推出 SPECTRUM、Fisher 公司推出 PROVOX、Bailey 公司推出 NETWORK90、Taylor 公司推出 MOD-300，日本的横河公司推出 CENTUM 等。我国中控科技集团的 SUPCON 也得到了越来越广泛的应用。

我国化工、石化装置从 1981 年开始引进、应用了 DCS。当前国内化工装置使用的 DCS 约有 400 套，石化装置使用的 DCS 约有 300 套。目前大部分化工装置都采用了 DCS 控制系统。

当前 DCS 的发展前景是：向扩大应用覆盖面方向发展；向管控一体化方向发展；DCS 产品向开放化和标准化方向发展；向现场在线技术发展。

1.2.2　DCS 的先进控制与优化控制

当前，国内化工、石油化工系统应用的 DCS 系统较为普遍，但各企业应用水平参差不齐。一般而言 DCS 作为计算机控制系统，远远没能充分发挥出计算机的作用。这些 DCS 中的控制回路基本还是依循比例积分微分（PID）规律的。每一条控制回路的设定值还都是通过键盘由人工设定的。

PID 控制模式是以单元组合控制仪表为基础的。由计算机执行控制运算远比控制仪表功能高超很多。目前已经出现了很多先进的控制规律，如自适应控制、预估值控制、模糊控制、智能控制等。以这些先进的控制置换 DCS 中现有的 PID 控制，在控制质量上将会有显著的提高。

在化工生产实践中为实现高产、优质、低耗的最佳工况，应向 DCS 各控制回路给定最佳设定值。但化工过程运行工况是随多种因素的改变而不断变化的。因而，应该随着运行工况的变化估选相应的设定值。为此，应在 DCS 上位机安装运行过程的数学模型，按既定的目标函数进行优化计算。从而实现 DCS 优化控制。

针对国内 DCS 现状实施先进控制和优化控制的技术改造，以及将人工智能技术与化工装置的生产过程相结合，是提高 DCS 效能的重要技术措施。

1.3　化工过程的分析与合成

20 世纪 60 年代初，在化学工程、系统工程、运筹学、数值计算方法、过程控制论等学科边缘，产生了过程系统工程，也称化工过程系统工程。这个新学科的任务，就是以系统工程的思想、方法用于解决化工过程系统的设计、开发、操作、控制等问题。其主要任务就是进行系统工程的分析与合成。实施化工过程分析、合成的手段是运算描述过程系统的数学模型，这种模型的运算称作化工过程系统模拟。

1.3.1　化工过程系统的分析

化工过程分析，主要是分析过程系统的运行机制、影响因素、过程模型的数学描述、目标函数的建立、优惠工况下的最佳操作参数等。例如，我国某年产 30 万吨乙烯装置改扩建为 45 万吨装置，竣工投产后达到了预期的产量，但能耗超标。装置的扩建增容可以降低产品的成本，但从过程内涵探求节能降耗的措施也是降低成本的重要途径。如何选择这类问题的对策，就要对这套工艺装置进行分析，要在对过程系统进行系统分析的同时，也要作必要的单元分析和物料、能量利用的分析。分析的目标是使所选择方案在技术上先进、可行，在经济上优越、合理。

对于操作工况的分析也就是通常说的生产操作调优。众所周知，化工过程操作工况由于受到各种因素的影响是经常变化的。因而，为了实现优惠工况需要经常进行操作调优。生产操作调优又分为离线调优、在线调优。离线调优由于易受人为因素的干扰，难以收到理想的效果。由于当前国内的 DCS 装置应用已相当普遍，实施在线闭环控制调优已是当务之急。

1.3.2　化工过程系统的合成

化工过程系统合成包括反应路径合成、换热网络合成、分离序列合成、过程控制系统合成，特别是要解决由各个单元过合成总体过程系统的任务。如上节的例子：该套扩建不久的年产 45 万吨乙烯装置，又面临着进一步扩建为 60 万吨规模的任务。这就要吸取前次扩建的经验，应该在既要达到产量要求又要达到能耗指标的前提下完成扩建方案。这是一个大系统的合成问题，是一个按既定目标函数寻优的系统合成问题。由于化工过程系统的复杂性，这类优化问题常常具有非线性、奇异、有约束、多极值等现象。传统的寻优方法由于它们在求解策略上的局限性，对这类问题的求解往往是无能为力的，模拟退火法和进化算法在化工过程合成的优化求解问题中得到了相当广泛的研究和应用，在各种进化算法中遗传算法颇受关注。

1.4　化工过程模拟系统

20世纪初期，对于化工过程的开发、设计，只是采用由实验室到中间厂逐级放大的经验方法。到了30年代出现了以相似论为基础得出准数方程的办法。与此同时还出现了建立数学模型的模拟放大法。50年代后期，由于计算机的应用以及数值计算的发展，应用数学模拟的方法基本上解决了大部分单元过程的开发放大问题。即只需一些最基本的单元过程实验数据，就可以利用数学模型在计算机上解决其开发放大问题。据报道，丙烯二聚反应由实验室数据可放大到工业反应器设计，放大倍数可达1700倍。甲苯歧化反应过程的放大倍数为6000倍。提升管催化过程的放大倍数达到80000倍。

20世纪50年代末期，人们开始尝试在计算机上实现由各种单元过程组成的化工过程工艺流程的开发设计问题。第一个完成这种工艺流程模拟计算的是美国的Kellogg公司。该公司于1958年开发了FLEXIBLE FLOWSHEET。这个模拟系统可以用于计算整个工艺流程的物料平衡、能量平衡以及进行开发设计的多方案评比问题。Kellogg公司应用这个模拟系统在60年代，开发了单机组、大容量、低能耗的合成氨新工艺流程装置设计。

这种在计算机上模拟化工过程工艺流程的软件，称为化工流程模拟系统。应用化工流程模拟系统进行化工过程工艺开发设计的这种技术，称作计算机辅助过程设计CAPD（computer aided process design）。

1.4.1　化工流程稳态模拟系统

化工流程模拟系统是稳态模拟系统。稳态模拟的特点是，描述过程对象的模型中不包括时间参数，即是把过程中的各种因素都看成是不随时间而变化的。然而在大规模连续化的工艺流程中，物料是以连续流动的状态在系统中被加工的，过程中的各种参数总是随时间不断变化的，稳态是不存在的，因而稳态更精确地应当被称为定常态（steady state）。稳态模拟只不过是对动态过程到达平稳状态的一种简化处理，事实上这种处理是很必要的。

化工流程模拟系统从20世纪60年代以来，其发展已经历了三代。第一代模拟系统是在20世纪50年代末期至20世纪60年代开发的。如美国Kellogg公司开发的FLEXIBLE FLOWSHEET、美国Houston大学开发的CHESS（chemical engineering simulation system）。第二代模拟系统是在20世纪70年代开发的，相比第一代在功能、规模方面都有很大进步。具有代表性的系统有美国Monsanto公司开发的FLOWTRAN、美国Braun公司开发的PF10（process flow）、日本千代田工程公司开发的CAPES（computer aided process engineering system）等。第三代模拟系统是由美国能源部委托麻省理工学院L. B. Evans教授主持开发的ASPEN（advanced system of process engineering）。ASPEN的开发是针对以煤为原料解决能源工艺为背景的。而第二代模拟系统以处理气-液系统为其特长，不具备处理固体物料的功能。ASPEN的开发工作从1976年起，组织了杜邦、埃克森、孟山都、飞马石油等50家公司投入力量，历时5年耗资600万美元，于1981年完成交付使用。ASPEN具有更大更强的功能。该软件后经Aspen Tech公司开发成商品软件Aspen Plus，已经成为化工过程模拟、设计的重要工具性软件。我国也正在组织开发具有自主知识产权的化工过程模拟、设计软件。

国内最早引进的模拟软件是南京化学公司研究院于1978年从丹麦TOPΦE公司引进的GIPS，这是个合成氨工艺专用的流程模拟系统。在20世纪80年代国内又引进了Aspen Tech公司的ASPEN PLUS，先后约有30套；美国Simulation Science公司的PROCESS（PRO/Ⅱ）约26套；Hydrotech公司的HYSIM在30套左右等。目前在化工设计过程中，Aspen Plus和Process得到了广泛的应用。

国内在20世纪70年代开始进行化工流程模拟系统的开发工作。一些设计院所、研究院所、高校等单位开发的模拟系统，可以对石油气分离、基本有机合成、合成氨等工艺系统进行工况模拟、操作、开发设计等。国内向市场推出的商品软件 ECSS（engineering chemical simulation system）是青岛化工学院开发的化工流程模拟系统。

1.4.2　动态模拟系统

在化工过程工艺生产中存在着相当多的动态过程（dynamics state），它们是不允许简化处理为稳态过程的。如精细化学品、染料中间体、农药生产中的间歇操作过程。其正常生产操作周期中，总是包括装料、开车、反应、停车、卸料，这些过程的工艺参数都是时间的函数。即便是连续生产过程，也有开车、停车、事故处理等动态过程。对于这些过程的分析都需要进行动态模拟。

早期的过程动态模拟软件有 1969 年加拿大 McMaster 大学开发的 DYNSYS、1970 年美国 Houston 大学开发的 PRODYC。1972 年美国杜邦公司开发了 DYFLO，这个动态模拟软件中的一些主要用 FORTRAN 语言编写的程序，已由原开发者 Roger G. E. Franks 在他的专著 "Modeling and Simulation in Chemical Engineering" 中公开发表。DYFLO 中提供的各化工过程动态模拟模块都具有接口，并有控制器模块及积分和非线性代数方程解法模块，还引入了物料流数组的概念，为应用提供了方便。1974 年美国 Michigan 大学开发了 DYSCO，这个软件在 DYFLO 基础上加上了调度管理功能，从而使这个软件具有了通用软件的性能。日本科学家与工程师协会（JUSE）与英国 CAD 中心（CADC）联合开发了 DPS，成为商品化的化工过程动态模拟系统软件。其后，日本千代田化工建设公司开发了 DOPL，日本三井东亚化工公司又推出 MODYS 等。

20 世纪 70 年代末期至 80 年代期间，化工过程动态模拟技术在美、日、西欧等国家和地区进入广泛应用阶段。例如，美国的鲁姆斯公司已将动态模拟技术用于系统可行性分析、先进控制系统方案设计。日本的一些大型化工建设工程公司也将动态模拟技术用于进行新建大型化工厂工艺及控制系统的设计。

20 世纪 80 年代，由动态模拟技术衍生出了用于培训工人的模拟培训器。美国生产模拟培训器的厂家有 Simulation Control Co.、Autodynamics Co. 以及 Atlantic Simulation Inc. 等。这些公司推出了可用于天然气工厂、乙烯厂、炼油厂、液化石油厂、电厂、造纸厂等成套装置的动态模拟培训器。我国东方仿真的 CBT（Computer Based Training/Teaching）在很多化工、石化企业中都有所应用。

1.5　化工企业 CIPS 技术

化工过程分析与合成的任务是以高产、优质、低耗为目标，寻求工艺生产中设备和流程的合理配置方案以及最优生产工况的操作。在生产实践中人们认识到，寻求化工过程优惠工况的依据，不仅来自工艺过程本身，而必须遵循的根本性依据是企业的经营决策。为实现企业最佳经营和生产决策的手段是当代的 CIMS 技术。

1.5.1　CIMS 技术

CIMS（computer integrated manufacturing system）直译为计算机集成制造系统。

1974 年美国 Joseph Harrington 博士在 "Computer Integrated Manufacturing" 一书中，根据计算机技术的发展预测对机械制造业生产组织的影响，首次提出了 CIMS 概念。在其论述基础上进一步发展为，通过计算机硬、软件，综合运用现代管理技术、制造技术、信息技术、自动化技术、系统工程技术，将企业生产活动中有关的人、技术、经营管理三要素及其信息流、物质流有机集成为实施优化运作的大系统，形成了 CIMS。

　　由于当代市场经济竞争非常激烈，因而需要这种以市场驱动模式组织生产的 CIMS 技术。事实上进入 20 世纪 80 年代以来，企业界已经认识到降低劳动力成本问题已经到达了某种极限，焦点应该转移到如何提高企业的整体效益。例如：实行准时生产制（just-in-time，JIT）减少库存及流动资金；采用精良生产原则（lean production）去掉一切不产生价值的环节；强化信息系统对市场需求作出快速反应等。正是由于存在着这种实际的需要，CIMS 出现后不久即被广泛接受并被付诸实施。1984 年欧共体提出的 ESPRI 计划，其中就有一项是计算机集成化生产。

　　CIMS 涵盖了一个制造企业的设计、制造、经营管理等多个方面，包括先进制造技术（advanced manufacturing technology，AMT）、敏捷制造（agile manufacturing，AM）、虚拟制造（virtual manufacturing，VM）、并行工程（concurrent engineering，CE）。CIMS 技术的发展不仅为企业的设计、生产制造提供一个新的视角，也表明企业生产活动与企业管理的结合。进一步地，物资需求计划（material requirement planning，MRP）根据产品结构各层次关系，以每个物品为计划对象，形成了工业制造企业内物资计划管理模式。MRP 力求兼顾市场需求预测和订单来确定产品的生产计划。在此基础上发展起来的制造资源计划 MRP Ⅱ，以生产计划为中心，把产、供、销、财看成一个整体，使其协调运转。在 MPR Ⅱ 的基础上进一步发展起来的企业资源计划 ERP（Enterprise Resources Planning），面向大型集成化企业进行资源管理，目前已经扩展到各行各业，形成了企业管理与生产之间的高效匹配。

1.5.2　CIPS 技术

　　化工、石油化工企业，特别是一些特种化学品、精细化工产品的生产企业，由于这类化学品具有附加值高、批量小和市场生命短等特点，要求新产品开发周期短、上市快；迅速捕捉市场需求信息；并要求生产工艺装备是具有适应多种产品的柔性系统。化工企业界对应用 CIMS 技术有很大的兴趣。但 CIMS 是以加工工件为单位的制造工业为对象而提出的，对于化工、石化等这类过程工业企业来说并不完全适合。不论从化工系统工程学术研究方面来看，还是从企业界对过程工程的实际要求来说，都认为应该有适合于过程生产企业的相当于 CIMS 的概念和模式。1986 年欧洲各国把它称作 CIPS（computer integrated process system）。

　　以 CIPS 的概念和方法组织过程生产企业的运作环节，包括生产控制、调度、管理、经营决策、市场分析、新产品设计及研究开发，直到销售和售后服务、用户意见反馈等，形成以市场为驱动、全局优化的企业系统，将收到显著的经济效益。但随着 CIMS 技术的拓展和 ERP 软件的广泛应用，CIPS 技术并未得到更广泛的使用。

1.6　人工智能技术在化工过程中的应用

　　随着化工过程系统工程学科的发展，各种化工过程系统基本上都可以用数学模型来描述。但由于实际化工过程的复杂性，其中还有许多现象具有离散的、非数值的、模糊的、不确定的特性，例如试探法则的运用、匹配条件的约束等。对这类对象建立数学模型非常困难。实际上对这类问题的处理，通常是由有经验的技术专家凭借他们的专业技术来解决的。由于实际经验来自不同的专家，因而解决同一个问题的办法可能彼此之间是有差异的。人工智能技术的应用，为解决这类问题辟出了新径。

1.6.1　人工智能技术

　　人工智能（artificial intelligence，AI）是 1956 年提出的对人类思维过程进行模拟的一种方法、工具。当代人工智能技术发展中，用计算机模拟人脑的思维过程，有两种不同的成功途径：一种是宏观的模拟；另一种是微观的模拟。

宏观模拟是从人在思维时的心理活动出发，分析、研究人是如何运用知识、逻辑而解释问题的，从而掌握人脑的逻辑思维规律。运用计算机模拟这个过程，选出与人的思维过程相一致的结果，这就是专家系统（expert system，ES）。微观模拟则是从人脑的生理结构出发，模拟人脑在思维过程中的生理活动，从而得出和人脑思维过程相一致的结果。这种微观模拟包括建立神经元（脑细胞）模型，以及它们相互间传递信息的网络结构模型。这就是人工神经网络（artificial neural networks，ANN）。随着计算机技术和人工智能本身的发展，人工智能这一交叉和前沿学科取得了越来越快的发展，其原理和范式也在不断扩展，除大脑模拟外，符号处理、统计学法、集成方法逐渐成为人工智能的组成部分。人工智能的应用也迅速扩展到交通运输、医疗诊断、人机对弈、语言翻译、机器视觉、自动规划等多个领域，原来只存在于科学幻想小说中的场景已经逐渐在现实生活中出现，在某些领域，人工智能已经可以逐渐替代人类。人工智能发展所带来的安全可控问题也正在引起人类的关注。

1.6.2　专家系统

专家系统的关键组成是知识库与推理机制，专家系统适用于求解那些非数值的，不确定的或模糊的问题。

1965 年美国斯坦福大学研制出可根据化合物分子式及其质谱数据来推断分子结构的计算机程序系统 DENDRAL。该系统的出现标志着人工智能领域专家系统的诞生。20 世纪 70 年代先后出现了一批成功的专家系统，如用于诊断和治疗感染性疾病的 MYCIN、用于诊断和治疗青光眼疾病的 CASNET、用于诊断内科疾病的 INTERNIST 以及用于找矿的 PROSPECTOR 等。这表明专家系统解答问题的能力，在一定范围内达到了人类专家的水平。70 年代中期以前开发的专家系统多属于解释型（如 DENDRAL、PROSPETOR）和诊断型（如 MYCIN、CASNET、INTERNIST 等）。70 年代后期又出现了其他类型的专家系统，如设计型、规划型、控制型等。对化工生产过程的危险与可操作性分析（Hazard and Operability Study，HAZOP）就可以利用专家系统进行辅助。

1.6.3　人工神经网络

自提出以来，人工神经网络的应用无论在广度上还是深度上都取得了迅速发展。其应用领域涉及医学、国防、运输、通信、工业生产、电子、航空航天以及金融管理等方面。例如：医疗方面的心肌梗死早期诊断、心电图分类；气象方面的防震控制系统、闪电系统；通信信息方面的通信业务量控制、通信网动态路径选择、信息库自动检索；军事方面的多目标跟踪、战斗机飞行控制、声源定位；金融管理方面的支票及票据验收、股票行情分析等。

当前市场上推出的各种计算机虽然已经历过多代的更迭，但其体系结构仍然沿袭冯·诺伊曼计算机的模式。传统计算机的计算能力主要依赖中央处理器（central processing unit，CPU），其工作可分为取指令、指令译码、执行指令、访存取数和结果写回 5 个步骤，CPU 的计算能力依赖于超大规模集成电路的发展，随着硅晶体管制备面临的物理极限，芯片发展过程中曾展现出的摩尔定律也遇到难以逾越的障碍。1999 年 NVIDIA 公司在 Geforce256 图形处理芯片发布时提出图形处理器（graphics processing unit，GPU）概念，在此基础上推出统一计算设备架构（compute unified device architecture，CUDA）并行计算平台，使计算从 CPU 向 CPU 与 GPU 协同处理的方向发展，也为计算能力的提升提供了一种新的选择。GPU 的并行计算的特性与神经网络的并行计算在本质上高度契合，使其在处理大规模矩阵运算和神经网络模型时表现出卓越的性能，这一特性为人工智能技术的发展提供了强大的工具。

1.6.4　人工智能技术在化工过程系统中的应用

在 20 世纪 80 年代，美国的一些大学开发了许多用于化工过程的专家系统。例如：Carnegie-Mellon

大学 1982 年开发了用于换热网络综合的 HEATEX，1985 年又开发了用于选择汽液平衡估算模型的 CONPHYDE，1987 年开发了用于筛选催化剂的 DECADE；Washington 大学 1985 年开发了用于系统结构开发的 CAPS，1988 年开发了用于过程设计的 KNOD；Columbia 大学于 1987 年开发了故障诊断的 MODEX，1988 年又开发了 MODEX2；Ohio 大学 1988 年开发了精馏塔设计的 STILL；Maryland 大学 1988 年开发了用于精馏塔控制设计的 DICODE 等。国内的一些大学从 20 世纪 80 年代末也开始了专家系统的研制，例如：大连理工大学 1988 年开发了用于分离系统选择的 SELEX；清华大学 1989 年开发了用于换热网络综合的 SPHEN；石油大学 1990 年开发了炼油工程 ORDEES；北京化工大学 1990 年开发了用于分离序列综合的 SEPSES 等。

　　人工神经网在当前化工过程领域，已成为普遍用于建模、诊断、综合、识别、控制等方面的得力工具。

2 化工过程系统稳态模拟与分析

○○ —————— ○○ ○ ○○ ——————

2.1 典型的稳态模拟与分析问题

蒸发是化工过程中最简单、最常见的单元操作之一。蒸发过程如图 2-1 所示。本节从一个单元操作实例开始，用发酵液的分离问题来展开稳态过程模拟与分析的讨论，力图使学生建立起单元操作与过程系统的基本概念。

【例 2-1】 利用发酵法生产乙醇时，由于发酵产物乙醇对菌种的抑制作用，发酵液中的乙醇浓度达到 5%～7% 时就会因产物抑制作用使发酵速率降低，当发酵液中所含乙醇浓度达到 7%～12% 时，发酵过程就会停止，因此生物发酵法只能获得较低浓度的乙醇溶液，需要通过蒸馏或精馏技术进行提浓。已知发酵液流率 $F_1 = 50\mathrm{kg/min}$，其中含 95%（质量分数）的水和 5%（质量分数）的乙醇（$x_1 = 0.05$）。建立蒸发器的模型，计算产品和废液的总流率 F_2、F_3，同时计算产品和废液中乙醇的含量 x_2、x_3。

解：模型化方法是人类认识客观世界的一个重要工具，也是化工过程分析的重要手段。

首先，通过合理的假设，对蒸发器进行简化，建立理想化的蒸发器物理模型。再利用简化的物理模型，通过物质和能量守恒、相平衡（化学反应平衡）、传递速率方程等基本规律，建立起相应的数学模型。最后对数学模型求解。这就达成了利用基本的物理、化学、数学规律对过程进行分析的目的。

在我们所能认知的客观世界中，世界可以看作被由三维的空间维度和一维的时间维度所构成的时-空而描述的，任何一个物理量的变化均可表示为对三个空间维度和一个时间维度的偏微分。在本章所讨论的稳态（steady state）过程时，我们人为假设所讨论的过程中的物理量不随时间变化，因而该物理量对时间的偏导数 $\dfrac{\partial}{\partial t} = 0$。

在本例中，我们更多地关心产品和废液中的乙醇浓度，因而忽略传递速率（如热交换过程中的热量传递、汽液两相的相际传质过程、蒸发器内流体流动的非均匀性及其动量传递）所引起的复杂过程，建立起忽略时间参数的平衡模型。

通过增加保温等手段，可以将装置的散热尽可能减小，因此，为简化后续分析，我们假设装置的热损失为 0。同时忽略因设备材质或结构尺寸引起的局部不均匀性；忽略化学反应的副反应（如乙醇的醚化反应、氧化反应、分解反应）；忽略非关键组分，仅考察乙醇和水两组分的变化。

由此，可将实际过程简化为图 2-1 所示的物理模型。

对两组分体系，我们可以假设关键组分的摩尔分率为 x（$0 \leqslant x \leqslant 1$），则另一组分的摩尔分率为 $1-x$。本例以乙醇为关键组分。

分别利用质量守恒、单组分的质量守恒、能量守恒及相平衡理论，利用简化的物理模型，建立相应的数学模型，即 MESH 方程。

质量衡算方程（mass balance，M 方程）：

$$F_1 = F_2 + F_3 \qquad (1)$$

组分的质量衡算方程（fraction summation，S 方程）：

$$F_1 x_1 = F_2 x_2 + F_3 x_3 \qquad (2)$$

焓衡算方程（enthalpy balance，H 方程）：

$$H_1 F_1 + Q = H_2 F_2 + H_3 F_3 \qquad (3)$$

相平衡方程（phase equilibrium，E 方程）：

$$x_2 = f(x_3) \qquad (4)$$

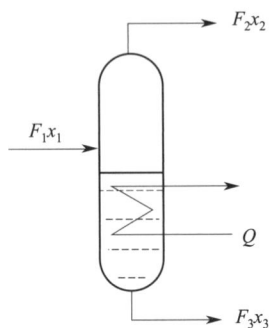

图 2-1 蒸发过程示意图

式中　　Q——外部加热器引入的热量；

　　　　f——相平衡关联式，可通过操作条件（T、P），利用常用的化工热力学模型计算获得；

H_1, H_2, H_3——原料、产品和废液的焓，可根据操作条件（T、P）和组分性质及组分浓度，利用化工热力学模型计算获得，或也可通过数据手册获得。

在上述模型中，如果方程均为线性方程，联立方程，可解得 F_2、F_3、x_2、x_3。该问题共有 4 个方程，解 4 个未知数，问题的自由度为 0，是一个典型的模拟问题。

然而，在上述求解过程中，存在两个难点。

一是数据物性的计算，包括各物流焓的计算、相平衡关系的计算，都需要通过复杂的化工热力学模型来计算获得，而对不同体系，由于各组分的分子间相互作用的不同，需要采用不同的热力学模型来进行计算。因而化工过程模拟类软件都需要带有一个丰富的热力学模型软件库。

二是在上述求解过程中，为方便求解，我们简单假设了上述模型方程均为线性方程。实际上根据化工热力学的知识，无论是物流的焓还是相平衡关系，都是典型的非线性方程，甚至还是隐函数形式的方程。对这类非线性方程，可通过线性化方法使其在局部转化为线性模型，再通过迭代方法逼近真实解。

问题思考　非线性方程的线性化近似

对于一条连续性曲线，在进行线性化近似时，其原理可通过泰勒定律（Taylor's theorem）来解释：当已知函数在某一点处的各阶导数值时，可以利用这些导数值为系数，建立原函数在这一点附近的泰勒多项式；随着多项式阶数的增加，所构建的泰勒多项式与原函数的一致性也越高。$y = \sin(x)$ 曲线在 $x = 0$ 处进行的泰勒展开示意图如图 2-2 所示。

$$P_n(x) = f(x_0) + \frac{f'(x_0)}{1!}(x - x_0) + \frac{f''(x_0)}{2!}(x - x_0)^2 + \cdots + \frac{f^{(n)}(x_0)}{n!}(x - x_0)^n$$

由上面泰勒公式可以看出，当 $(x - x_0)$ 非常小时，即在 x_0 点附近时，高阶项的值会变得很小，此时忽略高阶项对计算所带来的误差也相应变小。从计算方便起见，只考虑一阶项时，该函数 $P_n(x)$ 变成了线性方程，这就是函数 $f(x)$ 的线性化近似。

从几何意义上来说，对函数 $f(x)$ 在 x_0 处做线性化近似，就相当于在 x_0 处对函数 $f(x)$ 作一条切线，并利用该切线代替原函数 $f(x)$。$y = \sin(x)$ 曲线在 $x = 0$ 处切线近似如图 2-3 所示。

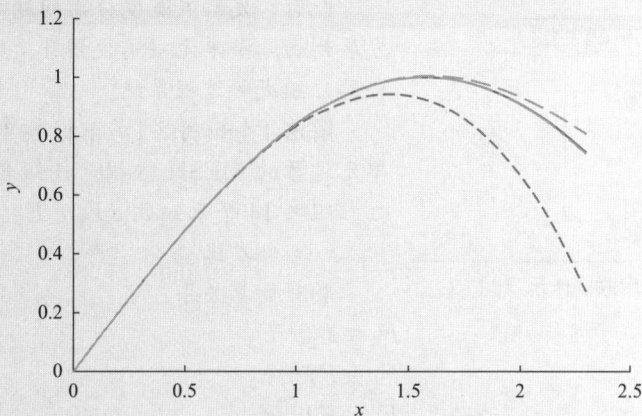

图 2-2 y= sin（x）曲线在 x= 0 处进行的泰勒展开示意图
[实线是 $y=\sin(x)$ 在图示范围内的数据连线，不同虚线代表了一阶、二阶、三阶近似值连线。可以看出，三阶近似值与原函数值在所示范围内一直吻合良好]

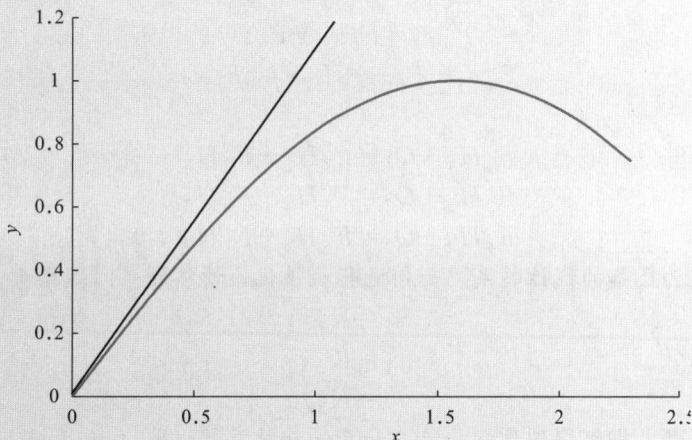

图 2-3 y= sin（x）曲线在 x= 0 处切线近似

可以看出，当利用切线代替原函数 $f(x)$ 进行方程组求解时，如果所求出的解与所设定的初值 x_0 相距过远时，切线与原函数 $f(x)$ 的差距很大。此时，应当以所求出的解作为新的初值，在这一点处对原函数 $f(x)$ 重新做线性化近似，并利用新做的线性化近似方程代入方程组进行联立求解。如此迭代至收敛为止。

根据上述方程组，结合物性计算的程序，可以编制出对闪蒸器进行模拟的软件模块。在一些其他的过程模拟软件中，也有专门的闪蒸模块，可用于在给定操作条件下求解闪蒸单元的出口结果。在本书中，将这类子程序称为模块。每一个这样的模块都对应于一个相应的单元操作。每个模块中除包含描述该单元操作的相关方程外，还应包含有相关的物性计算程序，如在本例中，可用于计算不同温度、压力、体系组成下的相平衡关系，以及不同条件下的物流的焓值等。模块可用方框图表示。

根据给定的体系、闪蒸器的操作条件（如压力 P、温度 T 及输入热量 Q）、进口条件（如 F_1、x_1），利用该模块即可求算出 F_2、F_3、x_2、x_3 等参数。

【例 2-2】　对于上述发酵液分离过程，仅通过一级闪蒸过程，受汽液平衡（VLE）的限制，浓缩后的乙醇浓度仍然很低。若对产品中乙醇含量提出设计要求，如规定乙醇含量达到 80% 以上，则仅通过单个蒸发器就不能满足分离要求了，必须至少设计 3 个蒸发器串联，将发酵液逐级提浓，如图 2-4 所示。

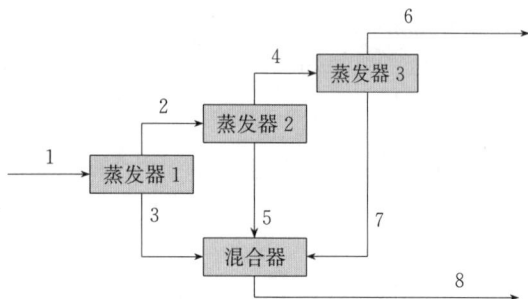

图2-4　3个蒸发器串联操作示意图

此时，发酵液蒸发分离问题由单个蒸发器的单元操作发展到由4个单元（蒸发器1、蒸发器2、蒸发器3和混合器）组成的过程系统。

解法1：如例2-1，根据各单元间的关系，列出每个单元过程的 MESH 方程，并组合成一个大的方程组，该方程组共14个未知数（F_2，F_3，…，F_8；x_2，x_3，…，x_8）、14个方程。

物料衡算关系：

$$F_1 = F_2 + F_3$$
$$F_2 = F_4 + F_5$$
$$F_4 = F_6 + F_7$$
$$F_3 + F_5 + F_7 = F_8$$

组分衡算关系：

$$F_1 x_1 = F_2 x_2 + F_3 x_3$$
$$F_2 x_2 = F_4 x_4 + F_5 x_5$$
$$F_4 x_4 = F_6 x_6 + F_7 x_7$$
$$F_3 x_3 + F_5 x_5 + F_7 x_7 = F_8 x_8$$

热量衡算关系：

$$F_1 H_1 + Q_1 = F_2 H_2 + F_3 H_3$$
$$F_2 H_2 + Q_2 = F_4 H_4 + F_5 H_5$$
$$F_4 H_4 + Q_3 = F_6 H_6 + F_7 H_7$$

相平衡关系（假定为已知的线性关系。如何进行线性化，请参照［问题思考］）：

$$x_2 = K_1 x_3$$
$$x_4 = K_2 x_5$$
$$x_6 = K_3 x_7$$

对上述方程联立求解，即可得到目标物流6和8的相关参数（F_6、x_6 和 F_8、x_8）。

解法2：在例2-1中，如果已经编制了相对通用化的闪蒸器模块，从图2-4可以看出，我们可以利用闪蒸器1的进口物流1的条件（F_1、x_1）和该单元的操作条件（T_1、P_1、Q_1），运用该模块计算可得出 F_2、F_3、x_2、x_3；再由闪蒸器2的进口物流2的条件（F_2、x_2）和该单元的操作条件（T_2、P_2、Q_2），可求出闪蒸器2的出口参数 F_4、F_5、x_4、x_5；再由闪蒸器3的进口物流4的条件（F_4、x_4）和该单元的操作条件（T_3、P_3、Q_3），可求出闪蒸器3的出口参数 F_6、F_7、x_6、x_7；然后由混合器的模型，利用进口条件（F_3、F_5、F_7、x_3、x_5、x_7）可求出出口条件 F_8、x_8。

可以看出，对于解法1，只需3个闪蒸器和1个混合器所组成的工艺流程，列出相关的模型方程，即可求解出相应的出口条件 F_6、F_8、x_6、x_8。这个解法看起来思路更简洁、清晰。但是，当过程系统中包含的单元操作较多时，模型方程的数量也会快速增长，对这类多个方程多个变量组成的大型方程组，其求解难度也会急速增大。而且，即使当工艺流程发生很小的变化时，方程组也会不同，其求解方法和步骤将会发生很大变化。因而，很难建立起通用的模型方程组的求解方法，即很难建立起通用的求解程序（模块）。

而对于解法2，相比于解法1，尽管步骤增加了很多，但由于每次求解过程所涉及的方程组数量小，相当于把一个复杂问题变成了多个简单问题的组合，大大降低了求解难度。而且，由于在例2-1中我们已经建立了相应的通用化模块，只需要多次利用这些通用化模块或者其他软件中所附带的通用化模块，即可快速对该过程系统进行求解。

可见，以上求解过程系统模型方程组的过程，就是对过程系统的模拟。而且也可以看出，与单元操作不同，过程系统的特点是涉及多个不同的单元操作，这些单元操作因连接关系的不同，其求解方法和难度也会有很大区别。

在本例中，解法 1 一般称为联立方程法或面向方程法。解法 2 是利用已建立的各单元模块，按照工艺流程的特点，顺序地从一个模块到下一个模块进行计算，直至求出过程系统的出口为止。该方法可形象地称为序贯模块法。

📝 问题思考　过程系统与单元操作

在上例中，尽管我们所建立的模型系统很小、很简单，仅由 3 个串联的闪蒸器和一个混合器构成，但已经形成了一个小的过程系统。观察这个过程系统，可以发现，过程系统是由多个单元操作通过一定的流程而组合起来的。随后续内容的展开，我们会发现，当这些流程发生改变时，过程系统的功能也会随之发生变化。

尽管过程系统也是由单元操作构成的，但由于过程系统中往往包含着多个单元操作，因而其复杂性比单单一个单元操作要复杂得多。当单元操作数量变大时，这种复杂性会呈现几何级数的增加，这从前面例子的方程组中方程数量以及所带来的求解难度就可以看出。

而且，当进行系统优化时，通过前两个例子，可以看出，例 2-1 中由 4 个方程、4 个未知数所组成的方程组，与例 2-2 中由 14 个方程、14 个未知数所组成的方程组，其优化点是不会相同的。即：单元操作的优化，并不等同于整个过程系统的优化。过程系统处于最优操作状态时，各单元操作也未必处于其最佳操作状态。本书重点在于过程系统的优化，这是不同于前修课程中多关注于单元操作的特点。

在复杂的过程系统模拟、设计、优化时，由于其模型过于复杂，往往我们会把其中单元操作的模型简化写为 $F(x)$，甚至于将过程系统的模型方程组简化写为 $F(x)$。请学生务必根据上下文进行认真体会。

如果在过程系统中，我们已知的条件不是进口物流的条件，而是对出口物流加以限制，此时相当于一个设计型问题。从解法 1 的特点可以看出，对 14 个方程，在不影响未知数个数的前提下，改变相应的未知数，对求解过程来说没有什么变化。而对于解法 2，由于所利用的单元操作模块都是利用进口物流的条件来求出物流的条件，并顺序地进入下一个模块的计算。因此，对这类已知出口求进口的设计型问题，只能先假定一个进口条件，利用序贯模块法求出口条件，再验证出口条件是否达到设计要求，如不符合要求，则需要重新假设新的进口条件，进行迭代计算。当过程系统涉及的单元操作（或对应的模块）数量增加时，迭代计算的工作量和计算耗时是一个需要关注的问题。

【例 2-3】　如图 2-4 所示的 3 个蒸发器简单串联操作，可使产品乙醇浓度达到 80% 的设计要求，但乙醇的回收率较低，大部分乙醇作为废液被排出。若同时要求原料中乙醇的回收率也达到 50%，则必须设计带有再循环物流的操作系统，如图 2-5 所示。蒸发器 1 的轻组分（乙醇溶液）进入蒸发器 2 进一步提浓，重组分（水为主的稀乙醇溶液）进入蒸发器 3 回收乙醇。蒸发器 2 的轻组分作为产品采出，蒸发器 3 的重组分作为废液排放。

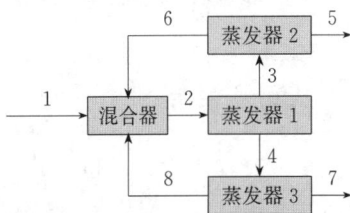

图 2-5 带有再循环物流的操作系统

同例 2-2，我们用两种解法分别进行求解。

解法 1：仍然是建立起该过程系统中各单元模块的方程组，结合过程系统内的流程连接方程，同样是 14 个方程和 14 个未知数，可以用和例 2-2 相似的方法求出结果。

学生可以对比一下，本例与例 2-2 所建立的模型方程组，不仅数量一致，方程形式也非常相似。观察这两组方程，也可以看出，方程组中零元素占了很大比例。两例中的求解策略会因系数矩阵中非零元素的不同而产生很大变化。方程组的相似性也意味着通过方程组来倒推过程系统的流程会非常困难。

解法 2：不同于例 2-2，由于要利用闪蒸器 1 进行计算时，需要知道物流 2 的相关参数；而物流 2 作为混合器的出口物流，需要先知道物流 6 和 8 的参数；而物流 6 和 8 作为闪蒸器 2 和 3 的出口，又需要先知道闪蒸器 1 出口物流 3 和 4 的参数。因而，在求解这类具有再循环回路的过程系统时，需要先假定某一些物流参数的值（即先给定猜值），打开循环回路（称为断裂），再利用序贯模块法逐个计算各单元模块。例如我们可以先假定物流 2 的参数，由闪蒸器 1、2、3 三个模块求解出物流 6、8 的参数，并进而利用混合器的模块求出物流 2 的参数。如果求解出来的结果与猜值一致或小于给定的误差范围，该模拟过程收敛；反之需要重新设定猜值，重新进行迭代求解。

📝 问题思考　迭代求解

当求解一个非线性方程时，其求解难度可能较大。有时为简化求解过程，会通过迭代的方法进行数值求解。

迭代求解通过重复性地应用某个过程或近似方程，通过逐步逼近的方式来找到方程的近似解。当迭代求解的精度设置得足够时，该近似解与精确解的偏差很小。

（1）迭代求解的基本步骤

例如，在求解非线性方程 $f(x)=0$ 的解时，可以重复如下过程：

① 人为假设一个初始的猜值（guess value），设为 x_0。

② 计算 $f(x_n)$ 的数值，当 $f(x_n)$ 与 0 的差值较大时，表明 x_n 并不是所追求的解。当 $f(x_n)$ 与 0 的差值小于设定的误差限时，则把 x_n 作为求出的近似解，结束迭代过程。

③ 通过某种迭代算法，利用 x_n 产生一个新的猜值 x_{n+1}。

④ 重复步骤②、③。

（2）常见的迭代算法

在迭代求解过程中，迭代算法是一个关键因素，不同的迭代算法，其迭代次数、每次的迭代计算的工作量是不同的。以下是一些常见的迭代算法：

① 牛顿迭代法（Newton's method）：多用于求解方程 $f(x)=0$ 的解。

② 梯度下降法（gradient descent）：多用于求解函数 $f(x)$ 的最小值。

③ 雅各比迭代法（Jacobi Iteration）：多用于求解线性方程组的解。

④ 二分法（bisection method）：多用于求解方程 $f(x)=0$ 的解。

除此之外，还有很多的优化算法也可以用于迭代过程。

在这些迭代算法的选择中，要根据具体问题的性质和求解要求，选择适合的迭代（优化）算法。

📝 问题思考

在上述描述中，所列出的迭代算法，有的求函数 $f(x)=0$ 的解（即求解问题），有些则是求函数 $f(x)$ 的最小值（即优化问题），那么，求解问题和优化问题有什么相同与不同点呢？

从序贯模块法的求解过程可以看出，对这类具有再循环回路的过程系统，在使用序贯模块法时，我们需要解决：

① 确定有哪些再循环回路。

② 对哪些物流进行设定猜值，以断裂开相应的全部回路。如在本例中，我们可以断裂物流 2，也可以同时断裂物流 6 和 8，或同时断裂物流 3 和 4。到底有多少组物流的组合可以断裂开全部回路，如何

判断哪种断裂组合比另一种好（判断标准），如何找到最好的断裂物流组合，都是在使用序贯模块法时必须解决的。

③ 应如何对断裂物流设定猜值，使达到收敛的速度更快。

④ 如何调整下一次的猜值，即收敛算法。

⑤ 如何判断收敛，即收敛的判据。

以上发酵液分离问题，通过对产品浓度和回收率进行限制，分离过程逐步复杂，涉及的单元模块逐渐增多。除此之外，在实际化工过程中，由原料纯度、副反应等因素引起的复杂性也可能导致过程系统的单元模块数量急剧增多。以乙烯直接水合生产乙醇为例，该过程的核心是固定床催化反应器，在其中乙烯与水发生水合反应 $C_2H_4+H_2O \longrightarrow C_2H_5OH$，受反应平衡限制，乙烯经过反应器的单程转化率仅5%，未反应的乙烯在分离器中回收再返回反应器，以实现乙烯原料的完全转化。产品乙醇可通过蒸馏获得。这一假想过程仅需要如图 2-6 所示的 3 个单元操作即可实现。但由于原料中含有杂质，并存在副反应，分离系统必须处理乙醚、异丙醇、乙醇及其他物质，导致实际工业过程更加复杂，如图 2-7 所

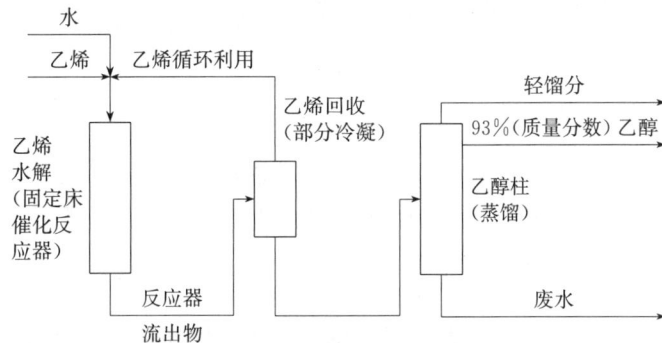

图 2-6　乙烯水合制乙醇的假想过程

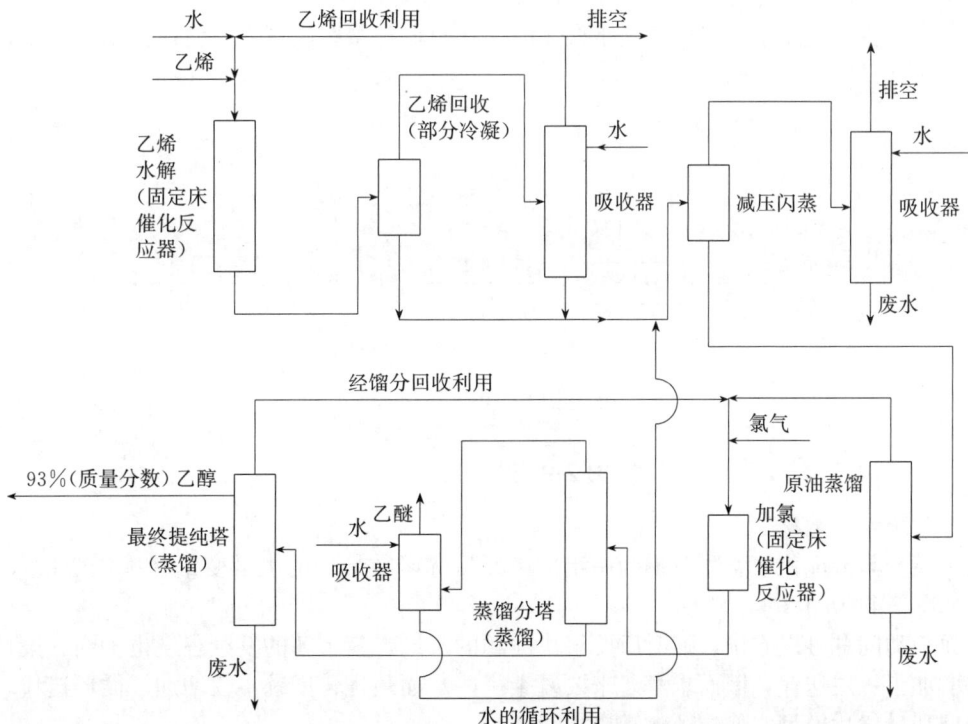

图 2-7　乙烯水合制乙醇的实际过程

示。实际过程中增加了 3 台吸收塔、2 台蒸馏器、1 台减压闪蒸器和 1 台加氢反应器，以分离各类杂质，提高原料利用率，回收产物中的乙醇。

即使对于这类简单的化学反应过程，其实际工艺流程也相当复杂。因而，采用联立方程法时，其模型方程组和未知数的个数将十分巨大，而且模型方程多为非线性方程，更增大了求解的难度。而采用序贯模块法时，建立起相应的单元操作模块，识别出再循环回路，找出最优断裂物流组合，设定猜值和收敛模块，并进而达到收敛，其计算难度也将很大。

尽管过程系统的基本构成单元是我们所熟悉的单元操作，但过程系统的模拟更多地关注于单元操作之间通过工艺而连接成的系统，并不是和前修课程一样关注于单元操作本身。因而对过程系统的模拟问题，其难度和所面临的问题将远远大于对单元操作的模拟。本章将在前修课程中对单元操作学习的基础上，着眼于由各单元操作连接而成的过程系统的特性，熟悉和掌握过程系统模拟和分析的思路与方法。

2.2 过程系统模拟的三类问题及三种基本方法

2.2.1 过程系统模拟的三类问题

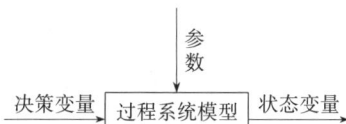

图 2-8 过程系统的模拟分析

化工过程系统的稳态模拟与分析，就是对化工工艺流程系统进行稳态模拟与分析。模拟是对过程系统模型的求解。通过这种求解可以解决下述的三类问题。

（1）过程系统的模拟分析

对某个给定的过程系统模型进行模拟求解，可得出该系统的全部状态变量，从而可以对该过程系统进行工况分析，如图 2-8 所示。

（2）过程系统设计

当对某个或某些系统变量提出设计规定要求时，通过调整某些决策变量使模拟结果满足设计规定要求，如图 2-9 所示。

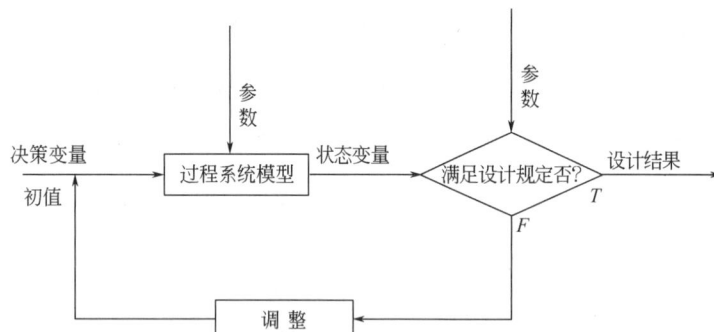

图 2-9 过程系统设计

（3）过程系统参数优化

过程系统模型与最优化模型联解得到一组使工况目标函数最佳的决策变量（优化变量），从而实施最佳工况，如图 2-10 所示。

比较上面三类问题可以看出，针对所要解决问题的不同，其求解的复杂程度也不同。设计问题比模拟分析问题增加了一层迭代，因而求解起来要复杂一些。而最优化问题不仅增加了循环迭代，还增加了目标函数模型和最优化模型，使求解过程更加复杂。

本章仅涉及前面两类问题，过程系统参数优化问题留待后面章节介绍。

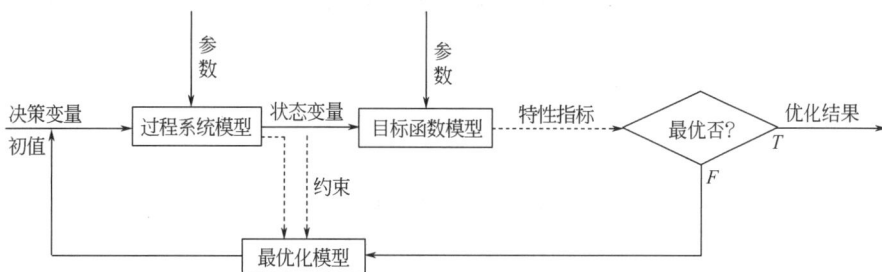

图 2-10　过程系统参数优化

2.2.2　过程系统模拟的三种基本方法

过程系统模拟往往非常复杂，手工计算是难以胜任的。20 世纪 50 年代末，计算机的发展为过程系统的整体研究提供了技术手段。此后，各种类型的过程系统模拟软件如雨后春笋不断出现。化工过程系统模拟的基本方法可归纳为三类：序贯模块法（sequential modular method）、面向方程法（equation oriented method）、联立模块法（simultaneously modular method）。

（1）过程系统模拟的序贯模块法

序贯模块法于 20 世纪 60 年代开发成功，是开发最早、发展最成熟、应用最广的过程系统模拟方法。目前绝大多数的过程系统模拟软件（如 ASPEN、PRO/Ⅱ）都属于这一类。这种方法的基本部分是模块（子程序），即是一些用以描述物性、单元操作以及系统其他功能的模块。各种特定的过程系统，可由组合起来的各种单元模块进行描述。序贯模块法对过程系统的模拟，是以单元模块的模拟计算为基础的。依据单元模块入口的物流信息，以及足够的定义单元特性的信息，可以计算出单元出口物流的信息。序贯模块法就是按照由各种单元模块组成的过程系统的结构，序贯地对各单元模块进行计算，从而完成该过程系统的模拟计算。

序贯模块法的优点是：与实际过程的直观联系强；模拟系统软件的建立、维护和扩充都很方便，易于通用化；计算出错时易于诊断出错位置。

序贯模块法的主要缺点是计算效率较低，尤其是解决设计和优化问题时计算效率更低。计算效率低是由于序贯模块法本身的特点所决定的。对于单元模块来说，信息的流动方向是固定的，只能根据模块的输入物流信息计算输出物流信息，而且在进行系统模拟过程中，对物料、单元模块计算、断裂物流收敛计算等，将进行三重嵌套迭代。虽然如此，序贯模块法仍不失为一种优秀的方法。但在处理过程设计和优化问题时，由于其循环迭代嵌套甚至可高达五层（图 2-11），以致其求解效率就太低了。

（2）过程系统模拟的面向方程法

面向方程法又称联立方程法，20 世纪 60 年代末由英国帝国理工学院 Sargent 教授首创并开展了大量相关研究。面向方程法是将描述整个过程系统的数学方程式联立求解，从而得出模拟计算结

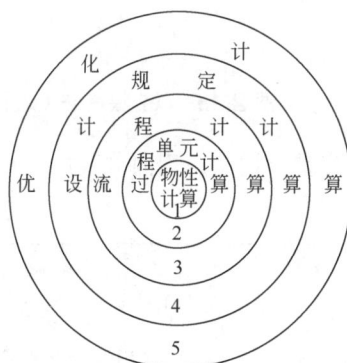

图 2-11　序贯模块法的迭代循环圈

果。面向方程法可以根据问题的要求灵活地确定输入、输出变量，而不受实际物流和流程结构的影响。此外，面向方程法就好像把图 2-11 中的循环圈 1～4 合并成为一个循环圈（图 2-12）。这种合并意味着其中所有的方程可以同时计算和同步收敛。因此，面向方程法解算过程系统模型快速有效，对设计、优化问题灵活方便，效率较高。面向方程法一直被认为是求解过程系统的理想方法，但由于在实践上存在的一些问题而没被广泛采用。其难点在于：形成通用软件比较困难；不能利用现有大量丰富的单元模

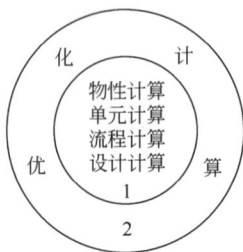

图 2-12　面向方程法
的迭代循环圈

块；缺乏实际流程的直观联系；计算失败之后难以诊断错误所在；对初值的要求比较苛刻；计算技术难度较大等。但是由于其具有显著优势，这种方法一直备受人们的青睐。

（3）过程系统模拟的联立模块法

联立模块法最早是由 Rosen 提出的。这种方法将过程系统的近似模型方程与单元模块交替求解。联立模块法又被称作双层法。Rosen 采用简单的线性分率模型，对必须联立求解的非线性方程组进行线性化，得到一组粗糙的线性方程组进行求解，这种解决问题的思路为联立模块法奠定了基础。Mahalec 等（1971）、Umeda 和 Nisho（1972）吸收了 Rosen 的思路，采用微分分率模型或者差分近似 Jacobi 矩阵代替线性分率模型，从而大大提高了近似线性模型的精度，并使联立模块法实用化。

联立模块法的思路如图 2-13 所示。该法在每次迭代过程中都要求解过程的简化方程，以产生新的猜值，并将这一猜值作为严格模型单元模块的输入，再通过严格模型的计算产生简化模型的可调参数。

联立模块法兼有序贯模块法和面向方程法的优点。这种方法既能使用序贯模块法积累的大量模块，又能将最费计算时间的流程收敛和设计约束收敛等迭代循环合并处理（图 2-14），通过联立求解达到同时收敛。

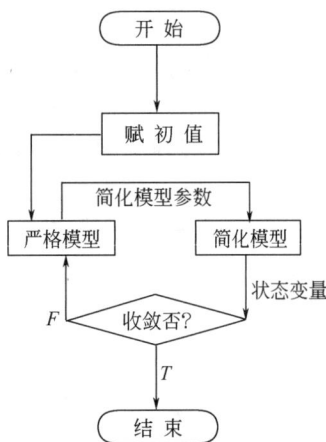

图 2-13　联立模块法（双层法）

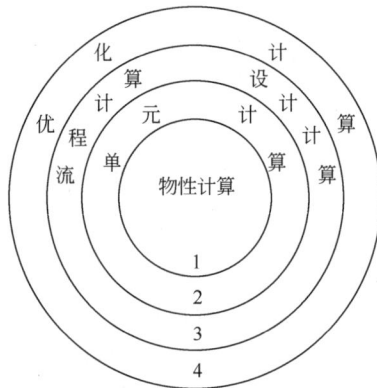

图 2-14　联立模块法的迭代循环圈

序贯模块法、面向方程法、联立模块法等的优缺点列于表 2-1。

表 2-1　过程系统稳态模拟的三种方法对比

方法	优点	缺点	代表软件系统
序贯模块法	（1）与工程师直观经验一致，便于学习使用； （2）易于通用化，已积累了丰富的单元模块； （3）需要计算机内存较小； （4）有错误易于诊断检查	（1）再循环引起的收敛迭代很费机时； （2）进行设计型计算时，很费机时； （3）不宜用于最优化计算	PROCESS（美） CONCEPT（英） CAPES（日） ASPEN（美） FLOWTRAN（美）
面向方程法	（1）解算快； （2）模拟型计算与设计型计算一样； （3）适合最优化计算，效率高； （4）便于与动态模拟联合实现	（1）要求给定较好的初值，否则可能得不到解； （2）计算失败后诊断错误所在困难； （3）形成通用化程序有困难，故使用不便； （4）难以继承已有的单元操作模块	ASCEND-Ⅱ（美） SPEEDUP（英）

方法	优点	缺点	代表软件系统
联立模块法（双层法）	（1）可以利用前人开发的单元操作模块； （2）可以避免序贯模块法中的循环流迭代； （3）比较容易实现通用	（1）将严格模型做成简化模型时，需要花费机时； （2）用简化模型来寻求优化时，其解与严格模型优化解是否一致，有争论	TISFLO(德) FLOWPACK-Ⅱ(英)

2.3 过程系统模拟的序贯模块法

2.3.1 序贯模块法的基本原理

序贯模块法的基础是单元模块（子程序），通常单元模块与过程单元是一一对应的。过程单元的输入物流变量即为单元模块的输入，单元模块的输出即为过程单元的输出物流变量（图 2-15）。单元模块是依据相应过程单元的数学模型和求解算法编制而成的子程序。如图 2-15(a) 中的闪蒸单元，可依据闪蒸单元模型和算法编制成闪蒸单元模块。单元模块具有单向性特点。给定其输入物流变量及参数可计算出相应的输出物流变量。但是，序贯模块法不能由输出变量计算输入变量，也不能由输入、输出变量计算模块参数。即，序贯模块法无法直接解设计、优化问题。

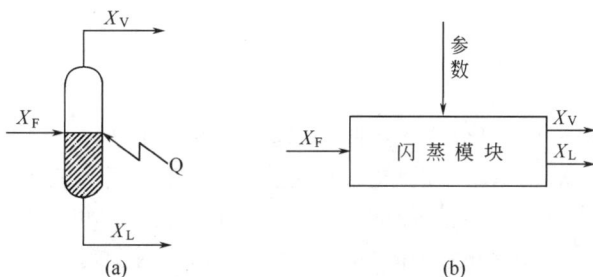

图 2-15 过程单元与单元模块

序贯模块法的基本思想是：从系统入口物流开始，经过接受该物流变量的单元模块的计算得到输出物流变量，这个输出物流变量就是下一个相邻单元的输入物流变量。依此逐个地计算过程系统中的各个单元，最终计算出系统的输出物流。计算得出过程系统中所有的物流变量值，即状态变量值。

以序贯模块法实施过程系统的模拟计算，通常是把系统输入物流变量及单元模块参数（如与环境交换但与物流无关的能量流、反应程度、分割比、几何尺寸等）作为决策变量。

> **问题思考　决策变量与状态变量**
>
> 决策变量和状态变量是化工过程系统模拟中的两个重要概念。
> （1）决策变量（decision variables）
> 决策变量是指模型中可以由用户或优化算法直接控制和调整的变量，从某种意义上来说，决策变量类似于数学上的自变量。它们通常用于描述系统的操作条件、设计参数或控制策略。决策变量的选择和调整直接影响系统的性能和目标函数的优化。
> 一般来说，决策变量是可以直接调整、调控的参数，它们的值不依赖于系统的其他变量，如反应器的温度、压力、进料流量、催化剂用量等。而在优化问题中，决策变量是优化算法的操作对象，通

过调整它们的值来实现目标函数的最大化或最小化。

（2）状态变量（state variables）

状态变量是描述系统当前状态的变量，反映了系统在给定操作条件下的行为和特性。状态变量通常是由系统的动态行为、物理化学过程或平衡关系决定的，而不是直接由用户控制。

状态变量的值通常依赖于系统的其他变量（包括决策变量和输入条件），并通过模型方程计算得出。因此，在这一点上，它有些类似于数学上的因变量。

状态变量用于描述系统的内部状态，例如物料的浓度、温度分布、压力分布等。

在过程系统模拟中，决策变量与状态变量呈现出因果关系，决策变量通过影响系统的操作条件，间接决定了状态变量的值。在过程系统的优化问题上，决策变量是优化算法的输入，而状态变量是优化算法的输出。优化的目标通常是通过调整决策变量来使状态变量达到期望的值或满足某些约束条件。

在数量上，一般状态变量的数目远远多于决策变量。

在前面三级闪蒸的例子中，各闪蒸器的操作条件（T、P、Q）以及进料物流参数（F_1、x_1）是决策变量，而所求的 14 个未知数均为状态变量。对于三级闪蒸过程的模拟，尽管我们所关心的仅仅是两股出口物流所对应的 4 个参数，但其余 10 个状态变量也是我们求解过程中需要一一解出的。而在一个精馏塔的模拟中，由于所涉及的塔板数量（汽液平衡计算次数）可能多达数十块，因此在计算过程中的状态变量可能多达数百个；而对应的决策变量只有几个，所关心的结果也只有决策变量或部分决策变量，即，只有几个变量。在复杂的过程系统模拟中，这种状态变量远大于决策变量的情况会更加严重。

序贯模块法的求解与过程系统的结构有关。当涉及的系统为无反馈联结（无再循环流）的树形结构时，系统的模拟计算顺序与过程单元的排列顺序是完全一致的。

对于具有反馈联结的系统（不可分割子系统），其中至少存在这样一个单元，其某个输入物流是后面某个单元的输出物流，如图 2-16(a) 中的单元 A。这时就不能直接实施序贯的求解计算，因为在尚未计算 A、B、C 等模块之前还不知道物流 S4 的变量值。因此，在用序贯模块法处理具有再循环物流系统的模拟计算时，需要用到断裂（tearing）和收敛（convergence）技术。

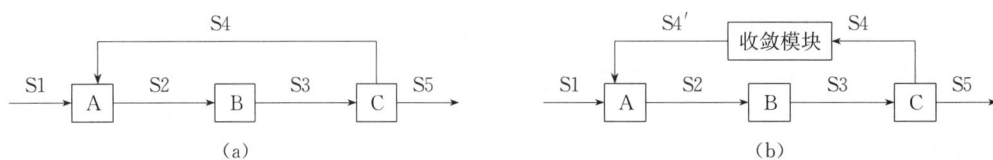

图 2-16　具有反馈的系统与收敛单元

对于具有反馈的过程系统，通过断裂技术可以打开回路，以便采用序贯模块法进行求解。在断裂物流处设置一个收敛单元，如图 2-16(b) 所示。首先假定物流 S4′ 的变量值，然后依次计算单元模块 A、B、C 得到物流 S4 的变量值。收敛单元比较 S4 与 S4′ 的相应变量值。若不等，则改变 S4′ 的新的变量值，重复上述过程直到 S4 与 S4′ 两个变量值相等为止。

从图 2-16(b) 可以看到，收敛单元不仅可以设置在物流 S4 处，也可以设置在物流 S2 或 S3 处。对于复杂系统，收敛单元设置的位置不同，其效果和计算量也将不同。究竟设置在何处为好，这要通过断裂技术去解决。此外，如何得到新的 S4′ 变量值，如何保证计算收敛，如何加快收敛，这都取决于收敛算法，当然这也与断裂物流变量的特性有关。

【例 2-4】　乙醇在反应器中通过发酵得到，在这个高度简化的理想流程中，假定通过发酵可以将 2kg 的谷物转化为 1kg 水和 1kg 乙醇。已知，进料流率为 100kg/min，其中谷物占 20%（质量分数），水占 80%（质量分数）。反应器效率为 $E=0.25$。发酵产物经过滤后，乙醇-水溶液作为产品采出，剩余为浆液。在浆液中，每 10kg 的谷物中仍含 1kg 的水/乙醇溶液。5%（质量分数）的浆液排放掉，其余浆液返回发酵罐再进行发酵。求：（1）产品乙醇-水溶液的质量流率；（2）产品中乙醇的质量分数。

解：根据以上对乙醇发酵-分离过程的描述，画出该过程的工艺流程图，如图 2-17 所示。各物流中谷物的质量流率为 x_i kg/min，乙醇的质量流率为 y_i kg/min，水的质量流率为 z_i kg/min。图中每个设备标有设备序号，流股从一个设备流出又流入另一个设备，均标有方向和序号。流股每通过一个设备会引起流股部分信息的变化，故视为一新的流股，流股序号发生变化。

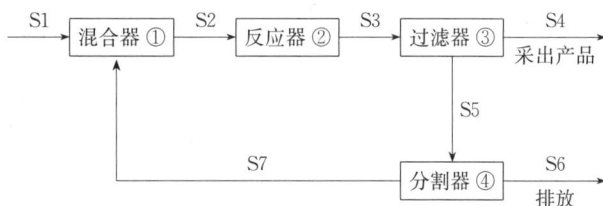

图 2-17 乙醇发酵-分离过程的模拟流程

该过程共涉及 4 台设备（混合器①、反应器②、过滤器③和分割器④）和 7 个流股。流股 S1 为原料，在混合器①中与返回的浆液（流股 S7）混合，流出流股 S2 进入反应器②进行发酵，产物（流股 S3）进入过滤器③分离，产品为乙醇-水溶液（流股 S4），过滤后浆液（流股 S5）在分割器中被分割为流股 S6 和流股 S7，流股 S6 排放，流股 S7 返回流股混合器①与原料流股 S1 混合。4 台设备可认为是 4 个单元模块，针对每个单元模块建立数学模型。

本过程是具有反馈联结的系统，混合单元①中的输入流股 S7 是其后面分割单元④的输出物流。因此，不能直接实施序贯求解，必须采用断裂技术打开回路。将流股 S7 断裂，设置收敛单元，首先设定流股 $S7'$ 中各组分质量流量的初值（假设均为 0），然后依次计算模块①、②、③、④得到流股 S7 中各组分质量流量（图 2-18），若假设值与计算值不等，采用直接迭代法重复计算，假设值与计算值相等时迭代结束。具体计算过程见表 2-2。

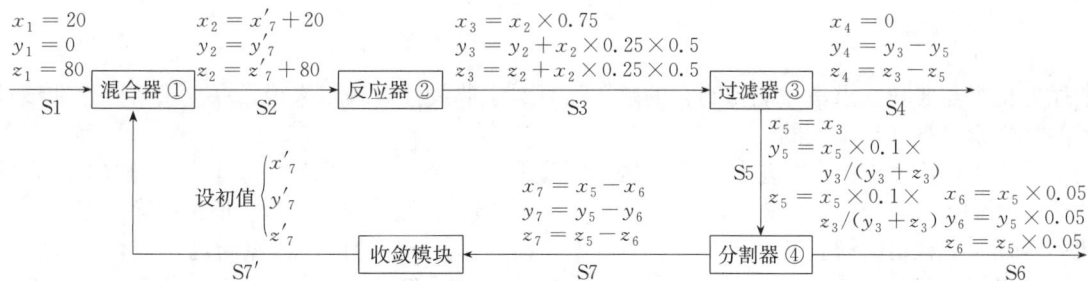

图 2-18 计算流程图

经过 29 步迭代计算，$S7'$ 中各组分质量流率与 S7 中各组分的质量流率相等，计算结束。各流股中谷物、水和乙醇的质量流率见表 2-3。产品乙醇-水溶液（流股 S4）的质量流率为 97.1 kg/min，其中乙醇的质量分数为 0.0249。

除上述方法外，还可直接列出各单元该过程系统的方程，组成方程组。该方程组有 17 个未知数、17 个方程，且为非线性方程组，计算过程较烦琐，不在此详述，计算结果与序贯模块法一致，见表 2-3。

表 2-2　迭代计算结果（一）

迭代次数	S7′	S7	迭代次数	S7′	S7
1	$x_7'=0$	$x_7=14.3$	$\vdots$	$\vdots$	$\vdots$
	$y_7'=0$	$y_7=0.0419$		$x_7'=49.6$	$x_7=49.6$
	$z_7'=0$	$z_7=1.38$	29	$y_7'=0.442$	$y_7=0.443$
2	$x_7'=14.3$	$x_7=24.4$		$z_7'=4.51$	$z_7=4.51$
	$y_7'=0.0419$	$y_7=0.117$		$x_7'=49.6$	$x_7=49.6$
	$z_7'=1.38$	$z_7=2.32$	30	$y_7'=0.443$	$y_7=0.443$
3	$x_7'=24.4$	$x_7=31.6$		$z_7'=4.51$	$z_7=4.51$
	$y_7'=0.117$	$y_7=0.192$			
	$z_7'=2.32$	$z_7=2.97$			

表 2-3　迭代计算结果（二）

流股	流率/(kg/min)			流股	流率/(kg/min)		
	谷物	乙醇	水		谷物	乙醇	水
S1	20	0	80	S5	52.2	0.466	4.75
S2	69.6	0.443	84.5	S6	2.61	0.0233	0.238
S3	52.2	9.14	93.2	S7	49.6	0.443	4.51
S4	0	8.67	88.5				

Excel VBA 编程迭代过程

2.3.2　再循环物流的断裂

（1）断裂的基本概念

首先考察方程组的断裂。假设有一个由 4 个方程、4 个未知变量组成的方程组：

$$\begin{cases} f_1(x_2,x_3)=0 \\ f_2(x_2,x_3,x_4)=0 \\ f_3(x_1,x_2,x_3,x_4)=0 \\ f_4(x_1,x_2,x_4)=0 \end{cases} \tag{2-1}$$

上述方程组需要联立求解才能得到它的解。而且对于非线性方程组来说，联立求解 4 个非线性方程所组成的方程组，难度是很大的。

但是，也可以用另外的方式进行求解。例如：先假设一个 x_2 的猜值，则可从 f_1 解出 x_3，然后由 f_2 解出 x_4，再由 f_3 解出 x_1，最后，可以利用 f_4 来检验最初设定的猜值 x_2 是否正确。如果 f_4 为零，则可认为得到了方程组的解。若此处的 f_4 不为零，则需修正 x_2 的值，再重新进行迭代计算。这样就把 1 个四维求解问题降阶成了 4 个一维问题，从而简化了计算难度。这种通过迭代把高维方程组降阶为低维方程组的办法称为断裂。如用有向图（图 2-19）描述式(2-1)，断裂的意义就很清楚了。

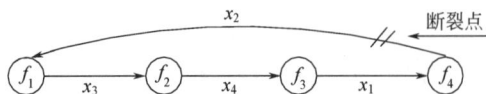

图 2-19　有向图

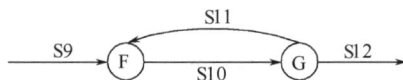

图 2-20　不可分割子系统（一）

在过程系统中，当含有再循环物流时则构成不可分割子系统，对其求解可有两种方式：一种方式是对不可分割子系统中的全部方程组进行联立求解；另一种方式是利用断裂技术打开回路，再通过迭代计算使断裂物流变量收敛。

考察过程系统中的不可分割子系统，如图 2-20 所示，断裂物流可以选为 S10，当然也可以选为 S11。选择不同的断裂物流，则其相应的迭代序列也不一样。

$$序列一：S10 \longrightarrow G \xrightarrow{S11} F \xrightarrow{S10} G \xrightarrow{S11} F \cdots$$

$$序列二：S11 \longrightarrow F \xrightarrow{S10} G \xrightarrow{S11} F \xrightarrow{S10} G \cdots$$

从表面上看，上列的两种计算序列似乎没有什么很大的区别。但实际上，由于系统中各物流及其变量特性的不同，在收敛计算中是存在较大差异的。如何选择断裂物流、确定迭代序列，是实施序贯模块法进行过程系统模拟计算中必须解决的问题。

（2）断裂方法的研究

20 世纪 60 年代初，Rubin 提出了断裂的思想。此后，随着流程模拟技术的不断发展，有关断裂的研究报道不断出现。综合这些研究，判断最佳断裂的准则分为 4 类：

① 断裂的物流数最少。

② 断裂物流的变量数最少。

③ 断裂物流的权重因子之和最少。

④ 断裂回路的总次数最少。

以上的几个准则可以用一个统一的数学关系来表达：

$$\min \sum_{j=1}^{n} \rho_j x_j$$
$$\text{s.t.} \quad \sum_{j=1}^{n} a_{ij} x_j \tag{2-2}$$

$$(i=1，\cdots，m，代表回路；j=1，\cdots，n，代表物流)$$

式中　ρ_j——权重因子；

$$x_j = \begin{cases} 0，流股 j 未断裂； \\ 1，流股 j 被断裂； \end{cases}$$

$$a_{ij} = \begin{cases} 0，流股 j 不属于回路 i； \\ 1，流股 j 属于回路 i。 \end{cases}$$

式(2-2)约束方程的含义是每个回路至少要被断裂一次。准则①设定 $\rho_j = 1$；准则②令 ρ_j 为物流变量数；准则③中 ρ_j 为可根据物流性质而取的选择值，如物流变量对计算过程灵敏度大小的估计值；准则④的 ρ_j 等于每个断裂物流所切断的回路总数。

（3）回路矩阵及断裂组

在介绍再循环回路断裂方法之前，先介绍一下回路的表示方法及断裂组的概念。要断裂再循环物流，必须先识别出再循环回路，并借助一定的方法描述它们。

通常，一个不可分割子系统可能会包含若干个再循环回路，如图 2-21 给出的系统就是一个不可分割子系统，其中包含有四个再循环回路。将包含两个以上流股，且其中的任何单元只被通过一次的回路，定义为简单回路（simple cycle）。如图 2-21 中的 Ⅱ-S2-Ⅲ-S4-Ⅱ 回路，其中包含 S2、S4 两个流股，物流从 Ⅱ 单元

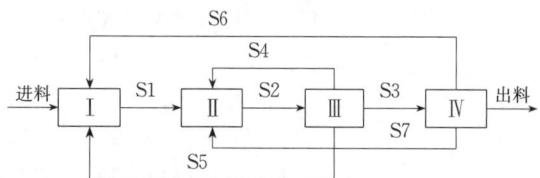

图 2-21　含有四个简单回路的不可分割子系统

经 S2 流股到 Ⅲ 单元，再通过 S4 流股回到 Ⅱ 单元，形成一个循环回路，其中 Ⅱ、Ⅲ 单元仅被通过一次，因此是一个简单回路。类似的，Ⅰ-S1-Ⅱ-S2-Ⅲ-S5-Ⅰ 回路、Ⅰ-S1-Ⅱ-S2-Ⅲ-S3-Ⅳ-S6-Ⅰ 回路、Ⅱ-S2-Ⅲ-S3-Ⅳ-S7-Ⅱ 回路也都是简单回路（图 2-22 用不同的虚线标出了这四个简单回路）。

而图 2-21 中 Ⅰ-S1-Ⅱ-S2-Ⅲ-S4-Ⅱ-S2-Ⅲ-S5-Ⅰ 构成的回路就不是一个简单回路，因为其中的单元 Ⅱ 和单元 Ⅲ 都被通过了两次。要注意的是，这个回路是可以分解为两个简单回路的组合。即，简单回路是

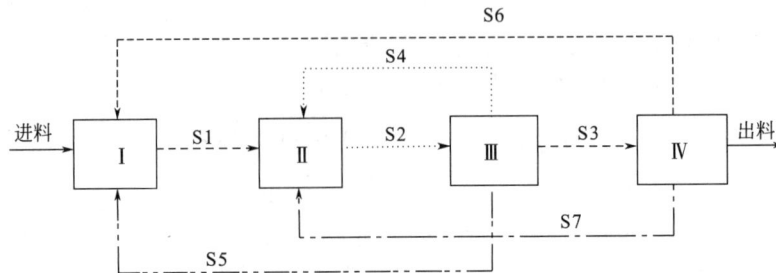

图 2-22　不可分割子系统中所对应的四个简单回路

循环的基本单元，因此识别出所有的简单回路，并断裂开所有的简单回路，系统的循环就可以全部断裂开了。

过程系统中的简单回路可以用回路矩阵（loop/stream matrix）表示。矩阵中的行代表回路，列代表物流。若某回路 i 中包括有物流 j 则相应的矩阵元素 $a_{ij}=1$，否则为空白或零。图 2-21 中的简单回路可用回路矩阵表示如下：

$$\begin{array}{c} \quad\quad\ \ \text{S1 S2 S3 S4 S5 S6 S7} \\ \begin{array}{c} A \\ B \\ C \\ D \end{array} \left[\begin{array}{ccccccc} & 1 & & 1 & & & \\ 1 & 1 & & & & 1 & \\ 1 & 1 & 1 & & & & 1 \\ & 1 & 1 & & & & 1 \end{array}\right] \end{array} \quad\quad (2\text{-}3)$$

对于比较简单的系统，可以由人工方法找出其全部简单回路；对于大型的复杂系统则难以用人工的办法去识别其简单回路，就需要由专门的算法去识别。

一个不可分割子系统可以包括若干个简单回路。能够把全部简单回路至少断裂一次的断裂流股组称为有效断裂组。有效断裂组可以分为多余断裂组（redundant tearing set）和非多余断裂组（nonredundant tearing set）。如有从一个有效断裂组中至少可以除去一个流股，得到断裂组仍为有效断裂组，或者该有效断裂组存在对某个回路的二次断裂，则原有效断裂组为多余断裂组，否则为非多余断裂组。

（4）Upadyhe-Grens 断裂法

美国加州大学的 Upadhye 等提出了一种类似动态规划法的寻求最佳断裂物流的算法。考察图 2-23 给出的不可分割子系统及其相应的回路矩阵：

$$\begin{array}{c} \quad\quad\quad\quad\quad \text{流股} \\ \begin{array}{c} \text{回路} \\ A \\ B \\ C \\ D \end{array} \begin{array}{c} 1\ 2\ 3\ 4\ 5\ 6\ 7 \\ \left[\begin{array}{ccccccc} 0 & 1 & 0 & 1 & 0 & 0 & 0 \\ 1 & 1 & 0 & 0 & 1 & 0 & 0 \\ 1 & 1 & 1 & 0 & 0 & 1 & 0 \\ 0 & 1 & 1 & 0 & 0 & 0 & 1 \end{array}\right] \end{array} \end{array} \quad\quad (2\text{-}4)$$

权重 W_j　2　9　2　3　3　4　2

为了对该不可分割子系统的高维求解进行降维运算，需将该子系统中的某些回路进行断裂。从对应于图 2-23 的回路矩阵可见，使简单回路（A、B、C、D）都达到断裂的方案并不是唯一的。如断裂物流 2 或是断裂物流 4、5、6、7（断裂物流组）都可以实现回路（A、B、C、D）的断裂。于是，这就有两个需要解决的问题：一是要有一种能把所有的有效断裂物流组都能搜索出来的办法；二是要能把最优断裂组从中选择出来。对此，Upadyhe 等提出了搜索断裂组的替代规则。

① 替代规则

令 $\{D_1\}$ 为一有效断裂组，A_i 为全部输入流均属于 $\{D_1\}$ 的单元（至少有一个这样的单元存在，

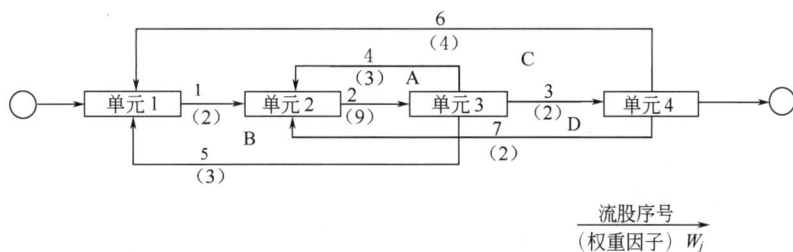

流股序号
────────→
（权重因子）W_j

图 2-23 不可分割子系统（二）

否则〔D_1〕为无效断裂组）。将 A_i 的所有输入流用 A_i 的全部输出流替代，构成新的断裂组。令得到的新的断裂组为〔D_2〕，则：

（a）〔D_2〕也是有效断裂组；

（b）对于直接迭代，〔D_2〕与〔D_1〕具有相同的收敛性质。

由替代规则联系起来的所有断裂组的集合，定义为断裂族。因而，从某一有效断裂组出发，反复利用替代规则可以得到属于同一断裂族的全部断裂组。

② 断裂族的分类

断裂族的类型可以分为三类。

（a）非多余断裂族，不含有多余断裂组的断裂族；

（b）多余断裂族，仅含有多余断裂组的断裂族；

（c）混合断裂族，同时含有多余断裂组和非多余断裂组的断裂族。

（5）寻求最优断裂组的算法

Westerberg 根据上述的思路，提出了一个寻找最优断裂组的算法，步骤如下：

① 从任一有效断裂开始，运用替代规则。

② 如果在任何一步中出现有两次被断裂的物流（二次断裂组），则消去其中的重复物流。消去重复后断裂组则作为进行下一步的新起点。

③ 重复步骤①、②，直到不再有二次断裂组出现，且每个"树枝"上有重复的断裂组出现时为止。从最后一个新的起点开始，其后出现的所有不重复的断裂组成为非多余断裂组。

④ 非多余断裂组中总权值最小的断裂组为最优断裂组。

【**例 2-5**】用 Upadhye-Grens 断裂法寻求图 2-23 中的最优断裂组。

解：从有效断裂组〔S1，S2，S3〕开始，反复利用替代规则，过程如图 2-24 所示。图中箭头侧标注的物流为被替代的物流。

图 2-24 说明：标记 ** 表示找到多余断裂组，消去重复物流后，再重新开始替代过程；

标记 * 表示重复出现的断裂组，在此终止替代过程。

从图 2-24 的替代过程中找出了如下的非多余断裂族：

〔S2〕

〔S1，S4，S7〕

〔S3，S4，S5〕

〔S4，S5，S6，S7〕

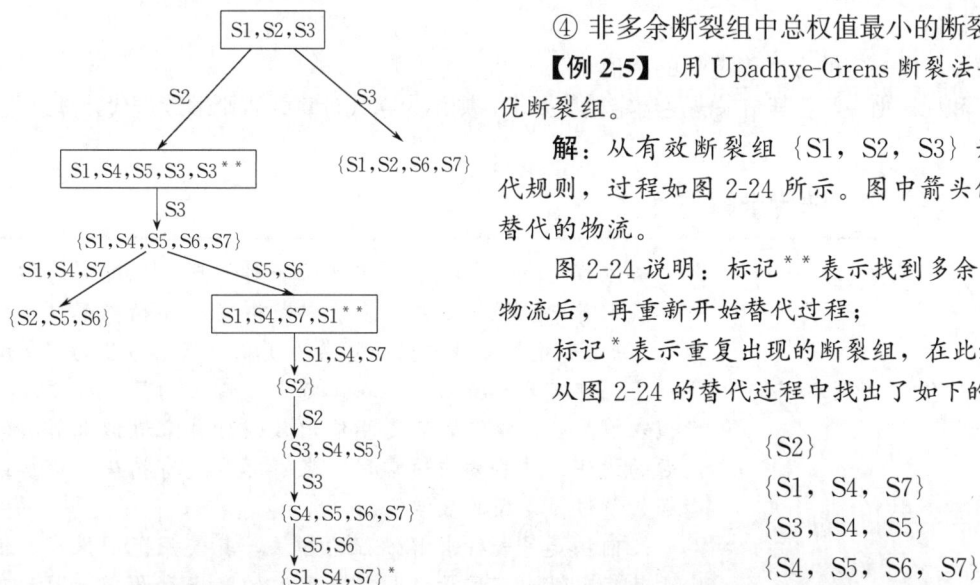

图 2-24 替代过程

由步骤④得到它们相应的总权值为：

$$9$$
$$2+3+2=7$$
$$2+3+3=8$$
$$3+3+4+2=12$$

所以，断裂组 {S1，S4，S7} 为最优断裂组。

有效断裂组
的搜索方法

通过断裂可以把不可分割子系统中的回路物流打开，从而可以利用序贯模块法对该过程系统进行模拟计算。这种模拟计算的开始是首先要设定起始物流变量的猜值，计算的终点则在于该猜值与计算值的收敛。

2.3.3 断裂物流变量的收敛

执行断裂物流变量收敛功能的模块称作收敛单元模块，如图 2-16(b)所示。

设 x 为断裂物流变量的猜值，y 为经过程系统模型模拟计算得出的断裂物流变量的计算值，如图 2-25(a)所示。

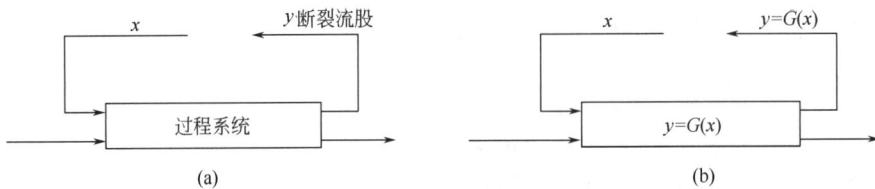

图 2-25 不可分割子系统的断裂物流

断裂物流变量的收敛问题，实际上是个迭代求解非线性方程组的问题：

$$x=y=G(x) \tag{2-5}$$

式中，G 为描述过程系统的非线性方程组。显然，非线性方程组 G 没有具体的函数形式，它只是一系列单元模块计算的结果。因而，当断裂物流变量猜值 x 与计算值 y 之差小于收敛容差 ε 时：

$$y-x=G(x)-x<\varepsilon \tag{2-6}$$

则 x 为断裂物流变量的收敛解。

收敛单元的功能总计有如下的三个作用：

① 获取猜值的初值 x^0。

② 根据计算值 y，以一定的方法确定新的猜值 x。

③ 比较猜值 x 和计算值 y，若其结果满足给定精度要求，则结束迭代计算；否则继续迭代计算过程。

✎ **问题思考　解方程、迭代求解与优化**

解方程是我们在数学上常见的一种问题，在过去的学习中，我们曾学过很多公式、方法以获得方程的精确解（解析解）。但随着我们接触方程的复杂性变高，求解方程的解析解往往变得非常具有挑战性。在工程上，常用的另一种方法是数值求解。数值求解方法是指使用数值计算来近似求解数学问题的方法。这些方法通常用于求解那些没有精确解析解或者解析解过于复杂的数学问题。

几何法是另一种求解方程的方法，其使用范围很窄。但由于其直观性，可用于说明各类方法的特点和原理。因此我们用几何法来说明方程求解、迭代计算、优化等问题之间的

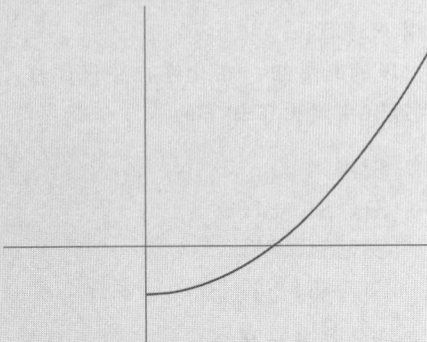

一致性。

一般来说，一个解方程问题总可以通过移项等变换，写成以下形式：

$$f(x)=0 \tag{2-7}$$

如果对于多维问题，F 是多个方程构成的方程组，X 是一组变量的组合。对于过程系统的模拟，F 方程组就是过程系统的模型方程组，X 则对应于决策变量和状态变量的组合。因此过程系统的模型方程可以写为：

$$F(X)=0 \tag{2-8}$$

过程系统的模拟问题就是解一个方程组式(2-8)，找到使方程组式(2-8) 中 $F(X)=0$ 的解。因 X 中同时包含决策变量和状态变量，求解过程可以只求解出 X 中的决策变量即可。

因多维问题在图形上表示起来存在困难，我们仍针对方程式(2-7) 中的一维方程问题进行描述。多维问题的求解方法与一维问题是一样的。

对于一维解方程问题，以 x 为横坐标，$f(x)$ 值为纵坐标，可作出 $f(x)$ 的曲线。所谓解 $f(x)=0$ 的方程问题，就是求曲线 $f(x)$ 与横坐标轴的交点问题。

数值求解方程式的方法有很多，以下是一些常见的方法。

(1) 二分法是当函数 $f(x)$ 连续时，只要找到使函数值分别为正和负的一个区间。因函数连续，在这个区间中必有一个函数 $f(x)$ 为 0 的点。其示意图如图 2-26 所示。

首先找到两个点 x_1、x_2，使得 $f(x_1)$ 和 $f(x_2)$ 异号，$f(x_1)$ 和 $f(x_2)$ 分别处于横坐标轴的上方和下方。然后取 x_1、x_2 的中点 x_3，判断 $f(x_3)$，在 $f(x_1)$ 和 $f(x_2)$ 之中取与 $f(x_3)$ 异号的 (本例中为 x_1)，以互相异号的两个点为新的初值 (本例中为 x_1、x_3)，再取其中点。重复这一过程，当两点之间的距离足够小 (满足精度要求) 时，则可认为已经找到函数 $f(x)=0$ 的近似解。

有时可以通过某种算法，取区间两点中的某个点，以加快计算速度 (减少迭代次数)。但此时每次计算 (迭代) 的计算工作量明显加大。

(2) 牛顿法是通过函数的导数来快速逼近根的值。其示意图如图 2-27 所示。

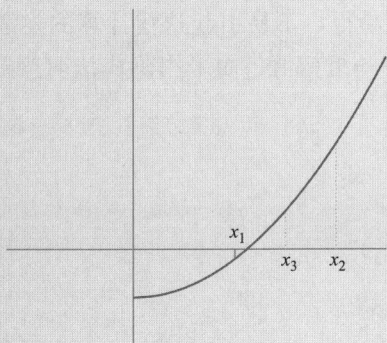

图 2-26 二分法解方程的过程示意图　　图 2-27 牛顿法解方程的过程示意图

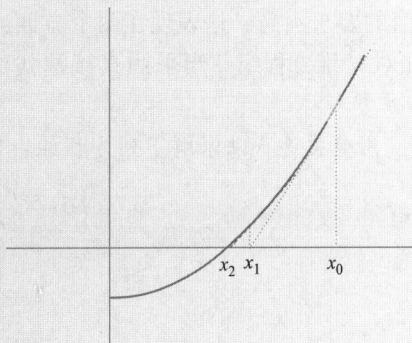

取一个初值 x_0，以这一点为起点，作一条过 $(f(x_0),x_0)$ 的切线，切线与 x 轴的交点设为 x_1，再以 x_1 为起点，重复这一过程。当两次迭代的差值小于精度要求时，该点即为函数 $f(x)=0$ 的解。

牛顿法计算速度快，但只适用于连续且可导的函数。另外，每次求导过程的计算量也较大。为解决数值法求解导数的难点，用差分代替微分，用割线代替切线，所对应的算法称为割线法 (secant method)。割线法类似于牛顿法，但不需要计算导数，通过函数的两个近似点来逼近根的值。

此外，还有固定点迭代法 (fixed point iteration)、超松弛迭代法 (successive over-relaxation, SOR) 等迭代方法也是常用的方法。

对多维问题，高斯消元法（Gaussian elimination）、LU 分解法（LU decomposition）、雅可比迭代法（Jacobi iteration）、高斯-塞德尔迭代法（Gauss-Seidel iteration）、牛顿-拉弗森方法（Newton-Raphson method）、拟牛顿法（quasi-Newton method）也是常用的迭代方法。蒙特卡洛方法（Monte Carlo method）则通过随机抽样来求解方程的近似解，适用于复杂或高维问题。

对于迭代问题，如式(2-9)所示，可表示为：

$$x = y = G(x) \tag{2-9}$$

构造一个新的函数 $F(x)$，令 $F(x) = G(x) - x$，将该方程进行变形，式(2-9)的迭代问题就转化成了一个解方程问题了：

$$F(x) = G(x) - x = 0 \tag{2-10}$$

因此，迭代问题实质上就是一个解方程问题。而解方程问题通过方程的变形，也可以转化为迭代问题。

对于 $f(x) = 0$，如果构造一个新的函数 $|f(x)|$ 或 $f^2(x)$（在计算过程中绝对值常用求平方来代替），新函数将是一个非负函数，当 $f(x) = 0$ 有解时，新构造的函数最小值为 0。因此，解方程问题也可转化为优化问题，利用一些常用的优化算法来求解方程。如梯度下降法（gradient descent）、共轭梯度法（conjugate gradient method）、最小二乘法（least squares method）等。

另外需要说明的一点是，随着计算机技术的发展，这些算法都已经有对应的软件，掌握了这些算法的基本原理后，就可以选择合适的计算软件，加快计算的过程。

对于本课程，重点在于理解化工过程系统模拟、设计、优化的基本原理和方法，而这一过程中不可避免地会涉及大量的数学计算、求解。有效地利用计算软件工具，可以避免陷入过于细节的数学求解过程，而把注意力集中于化工过程系统的本质上。

可见，收敛单元实质上就是一个数值迭代求解非线性方程组的子程序。求解非线性方程组的数值计算方法很多，但适合于收敛单元的数值计算方法一般应尽可能满足下列要求：

① 对初值的要求不高。这表现在两个方面：一是初值易得，不易引起迭代计算的发散；二是初值的组数少。如对 n 维方程组，当采用直接迭代法时只需要一组初值，而采用割线法时则需要 $n+1$ 组初值。

【例 2-6】 用直接迭代法求解下列方程组：

$$\begin{cases} x_1 = (4 - x_3^{0.5})^3 / x_2 \\ x_2 = (81 - x_1^2 - x_3^2)^{0.5} \\ x_3 = (33 - x_1^{0.5}) / x_2 \end{cases}$$

解：令猜值为 $x_1^0 = 2$；$x_2^0 = 10$；$x_3^0 = 5$，用直接迭代法求解的迭代过程如表 2-4 所示；令猜值为 $x_1^0 = 6$；$x_2^0 = 3.5$；$x_3^0 = 5$ 用直接迭代法求解的迭代过程如表 2-5 所示。

表 2-4 迭代计算过程的收敛

k	x_1^k	x_2^k	x_3^k	k	x_1^k	x_2^k	x_3^k
1	2	5	10	12	0.9968	7.9960	3.9968
2	0.5488	7.2111	3.1586	13	1.0017	8.0020	4.0022
3	1.5229	8.4096	4.4735	14	0.9989	7.9989	3.9989
4	0.7964	7.6596	3.7773	15	1.0006	8.0007	4.0007
⋮	⋮	⋮	⋮				

表 2-5　迭代计算过程的发散

k	x_1^k	x_2^k	x_3^k	k	x_1^k	x_2^k	x_3^k
1	6	3.5	5	4	1.532	5.526	21.210
2	1.568	4.472	8.729	5		发散	
3	0.256	1.532	7.099				

✎ **小问题**

有兴趣的同学可以利用二分法、牛顿法等不同方法求解这个方程组。

② 数值稳定性好。通常，迭代收敛过程有四种可能的情况，见图 2-28。好的迭代方法应该是对各种问题都能得到收敛解。

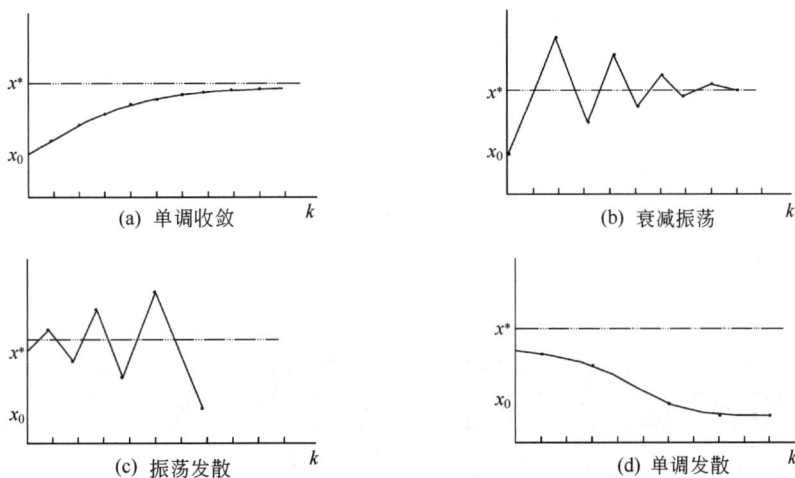

图 2-28　迭代过程的四种情况

(k 为迭代次数；x_0 为初值；x^* 为迭代过程的解)

③ 收敛速度快。对收敛速度的影响主要有三个因素：一是迭代次数；二是函数 $G(x)$ 的计算次数；三是矩阵求逆的次数。

序贯模块法中的函数 $G(x)$ 没有具体的函数形式，每计算一次函数值就相当于做一次流程回路的模拟计算。有些非线性方程组的数值解法，要求计算函数 $G(x)$ 的导数，即差分：

$$\frac{\partial G(x)}{\partial x} = \frac{\Delta G(x)}{\Delta x}$$

而每求一次导数就要做两次流程模拟计算。因此，对于断裂物流的收敛，好的非线性方程组的数值迭代次数少，而且应该尽量避免导数计算和矩阵求逆。这样才可能获得高的收敛速度。

✎ **小问题**

有兴趣的同学可以比较一下二分法、牛顿法等不同方法的收敛速度。

④ 占用计算机存储空间少。

进行断裂物流计算的很多，应用较为广泛的有直接迭代法、有界 Wegstein 法、主特征值法、Broyden 法等几种，见表 2-6。

表 2-6　一些过程模拟系统计算中采用的迭代方法

系　统 ＼ 方　法	直接迭代法	有界 Wegstein 法	主特征值法	Broyden 法
CHESS		√		√
CAPES		√	√	√
CONCEPT		√		
FLOWTRAN		√		
ASPEN	√	√		√

注：√表示采用了此方法。

扩展内容　直接迭代法

直接迭代法是将计算值 y^k 作为下一轮迭代的猜值 x^{k+1} 而实施迭代计算。即：

$$x^{k+1}=y^k \tag{2-11}$$

将式(2-9) 代入上式得到迭代公式：

$$x^{k+1}=G(x^k) \tag{2-12}$$

非线性方程组式(2-9) 的另外一种形式为：

$$F(x)=x-G(x)=0 \tag{2-13}$$

从上式可得到直接迭代法的另一种迭代公式：

$$x^{k+1}=x^k-F(x^k) \tag{2-14}$$

将上式与牛顿迭代公式

$$x^{k+1}=x^k-\left(\frac{\partial F}{\partial x}\right)^{-1}_{x=x^k}F(x^k) \tag{2-15}$$

比较可知，直接迭代法的雅可比矩阵为单位矩阵。直接迭代法的特点是方法简单，且只需要一组初值，不需计算导数和逆矩阵。然而该法的弱点是迭代次数多、收敛速度慢，且对初值要求较高。

扩展内容

为了改善直接迭代法的收敛行为，人们提出了阻尼直接迭代法，或称加权直接迭代法，其公式为：

$$x^{k+1}=qx^k+(1-q)G(x^k) \tag{2-16}$$

式中，q 为阻尼因子，可以人为给定：$q=0$，为直接迭代；$0<q<1$，为加权直接迭代，可改善收敛的稳定性；$q<0$，为外推直接迭代，可以加速收敛，但稳定性下降；$q \geqslant 1$，无意义。

【例 2-7】 三级闪蒸过程如图 2-29 所示。

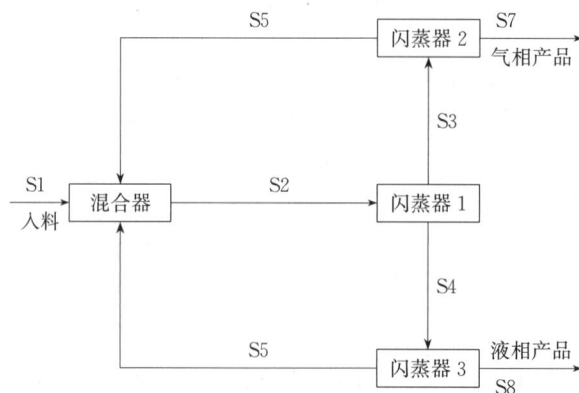

图 2-29　三级闪蒸过程

图中，入料流量为 453.6mol/h，入料组成为丁烷 30%、戊烷 40%、己烷 30%。入料温度为 121.1℃，压力为 1723.7kPa。三个闪蒸器的压力均为 709.5kPa。在以下两组不同的闪蒸温度下，分别用直接迭代法和阻尼直接迭代法计算汽相和液相产品的流量和组成。阻尼因子分别取值为 0.5、0.3、−0.2、−0.3、−0.7、−0.9。

（1）第一组闪蒸温度

闪蒸器 1，106.9℃；闪蒸器 2，98.9℃，闪蒸器 3，114℃。

（2）第二组闪蒸温度

闪蒸器 1，107.2℃；闪蒸器 2，94.0℃；闪蒸器 3，119.2℃。

解：依据闪蒸条件设该闪蒸过程为理想体系，三个闪蒸器均为等温闪蒸过程，建成相应的单元模块。并将图 2-29 绘成图 2-30 的三级闪蒸过程模拟模块流程。

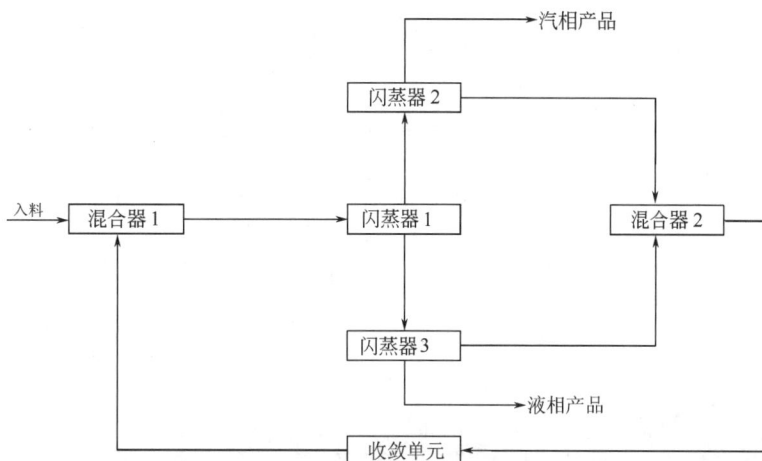

图 2-30 三级闪蒸过程的模拟模块流程

按图 2-30 所示的模拟流程，对两组闪蒸条件进行模拟计算，结果分别如表 2-7、表 2-8 所示。

表 2-7　进料组成条件 1 和组成条件 2 不同组分所对应的流量

流股		流量/(kmol/h)		
		丁烷	戊烷	己烷
组成条件 1	气相产品	110.7	82.0	19.3
	液相产品	25.3	99.2	116.8
组成条件 2	气相产品	120.6	79.9	11.0
	液相产品	15.7	101.2	125.2

表 2-8　进料组成条件 1 和组成条件 2 不同阻尼因子所对应的计算时间

阻尼因子		0.5	0.3	0.0	−0.2	−0.3	−0.5	−0.7	−0.9
计算时间/s	组成条件 1	60	40	25	18	16	23	35	发散
	组成条件 2	188	132	94	78	70	61	51	45

从上例可见，阻尼因子 q 值的选取具有较大的任意性和经验性。1958 年 Wegstien 提出了一种简便的方法，可以弥补这种阻尼因子取值困难的弱点。

↘ 扩展内容　Wegstein 法

① 一维 Wegstein 法

求解一维代数方程:

$$x = g(x) \tag{2-17}$$

Wegstein 迭代公式如下:

$$x^{k+1} = qx^k + (1-q)g(x^k) \tag{2-18}$$

式中:

$$\left. \begin{aligned} q &= \frac{S}{S-1} \\ S &= \frac{g(x^k) - g(x^{k-1})}{x^k - x^{k-1}} \end{aligned} \right\} \tag{2-19}$$

对于隐式一维代数方程:

$$f(x) = x - g(x) = 0 \tag{2-20}$$

相应的迭代公式称作割线法, 其迭代公式可从 Wegstein 迭代公式导出。

从式(2-20) 可得出:

$$g(x^k) = x^k - f(x^k)$$

将上式代入式(2-18):

$$x^{k+1} = qx^k + (1-q)[x^k - f(x^k)] = x^k - (1-q)f(x^k) \tag{2-21}$$

从式(2-18) 和式(2-19) 得到:

$$1 - q = \frac{1}{1-S} = \frac{x^k - x^{k-1}}{f(x^k) - f(x^{k-1})}$$

上式代入式(2-21), 则有:

$$x^{k+1} = x^k - \frac{x^k - x^{k-1}}{f(x^k) - f(x^{k-1})} f(x^k) \tag{2-22}$$

式(2-22) 就是割线法的迭代公式。由此可见, Wegstein 法与割线法是相通的。通常, 隐式方程具有更大的普遍性, 所以割线法常为人们所熟知。在流程模拟领域中, 物流回路是用显式方程描述的, 因而多用 Wegstein 法。由式(2-18) 可见, 一维 Wegstein 法需要有两个初值, 其中第一个初值是设置的猜值, 第二个初值可根据第一个初值按直接迭代法得到。

② 有界 Wegstein 法

从例 2-7 可见, 阻尼因子 q 的取值不当可使迭代计算收敛缓慢甚至发散。Wegstein 法虽然无须人为选定 q 值, 但是也会因为 q 值不当导致坏的收敛行为。所谓有界 Wegstein 法就是凭借经验人为地把 q 值限定在一定的范围内, 以改善收敛行为, 即:

$$q_{\min} \leqslant q \leqslant q_{\max} \tag{2-23}$$

例如: 在 FLOWTRAN 流程模拟系统中, 取 $q_{\min}$ 为 -5, $q_{\max}$ 取为 0; 而在 CHESS 系统中, 当 $q > 0$ 或 $q < -10$ 时, 令 $q = 0$。

③ 多维 Wegstein 法

如果是多维方程组

$$x_i = g_i(x_1, x_2, \cdots, x_n) \quad (i = 1, \cdots, n)$$

可以将式(2-18) 分别用于每一个分量。令初始猜值为 x^0, 则第二个初值可由直接迭代得到:

$$x^1 = G(x^0)$$

其他各点可用下式迭代：

$$x_i^{k+1}=(1-q_i)g_i(x_1^k,x_2^k,\cdots,x_n^k)+q_ix_i^k \quad (i=1,\cdots,n) \tag{2-24}$$

式中：

$$q_i=\frac{S_i}{S_i-1} \tag{2-25}$$

$$S_i=\frac{g_i(x^k)-g_i(x^{k-1})}{x_i^k-x_i^{k-1}} \quad (i=1,\cdots,n) \tag{2-26}$$

直接把一维 Wegstein 迭代公式用于多维方程的各个分量的做法，在数学上是不严格的，因为它忽略了变量之间的交互作用。

④ 严格多维 Wegstein 法

严格法即不是直接把式(2-18)用于每个分量，而是用向量代替变量，通过矩阵运算进行迭代求解。对于 n 维方程，这一方法需要 $n+1$ 组初始猜值 $(x^0,x^1,\cdots,x^n)$，其迭代公式如下：

$$x^{k+1}=Qx^k+[I-Q]G(x^k) \tag{2-27}$$

式中：

$$Q=-(1-A)^{-1}A$$
$$A=(\delta G)(\delta x)^{-1}$$

对于第一步迭代：

$$\delta x=\begin{bmatrix}\delta x^1\\\delta x^2\\\vdots\\\delta x^n\end{bmatrix} \quad \delta G=\begin{bmatrix}\delta G^1\\\delta G^2\\\vdots\\\delta G^n\end{bmatrix}$$

式中：

$$\delta x^k=x^k-x^0$$
$$\delta G^k=G^k-G^0 \quad (k=1,\cdots,n)$$

对于第二步迭代，用 x^{k+1} 替代掉 x^0，以此类推，直至迭代收敛。

此法虽然严谨，但需要多组初始猜值，以致给计算过程带来不便，所以在实际应用中更多采用的是式(2-24)。

问题思考　收敛判据

断裂物流迭代计算的收敛判据，通常是猜值与计算值的绝对误差或相对误差：

$$\|F(x^k)\|=\|x^k-G(x^k)\|\leqslant\varepsilon \tag{2-28}$$

$$\frac{\|F(x^k)\|}{\|x^k\|}\leqslant\varepsilon \tag{2-29}$$

式中，ε 是人为给定的容差值。根据实际工程需要，技术人员可以很方便地给出 ε 的数值。容差值的大小对收敛速度有着直接的关系，因而它对迭代时间产生影响。一个合适的容差值应能使迭代时间不过长，同时又能使计算结果具有一定的精度。

2.3.4　序贯模块法解设计问题

一般设计问题往往要对产品物流变量以及中间物流变量提出某些设计规定需求，例如对产品提出的浓度范围，并要求通过调整原料物流信息或设备操作条件，使过程系统的出口产品浓度满足设计的要求。然而，序贯模块法具有计算方向不可逆的特点，单元模块的计算只能按从输入到输出的方向进行，因而不能将设计规定要求直接指定为决策变量，只能通过调整某些决策变量或系统参数使计算结果满足设计要求。从数学的观点解释，这实际上是一个方程求根过程：

$$C(p)=H(p)-D=0 \tag{2-30}$$

式中　D——设计规定向量；

　　　p——决策变量与系统参数向量；

　　　H——过程系统方程组。

在这个运算过程中，要比较计算值 $H(p)$ 与设计规定值 D，通过调整参数 p 及迭代计算，最终使计算值 $H(p)$ 与设计规定 D 相等。这个过程是设置"控制模块"来实现的。

例如，图 2-31 为一个具有再循环物流的流程，设置有控制模块的过程模拟系统，通过调整反应温度使产品物流 S5 的浓度满足设计规定。计算步骤如下：

① 估计反应单元的温度为 T。

② 估计再循环物流 S4。

③ 依次计算混合单元、反应单元、分离单元，得到新的 S4′ 的值。

④ 比较 S4 与 S4′，若两者相等则进行下一步，若不相等则返回②。

⑤ 在收敛单元内比较 S5 和设计值，若两者不相等则返回①，若相等则计算结束。

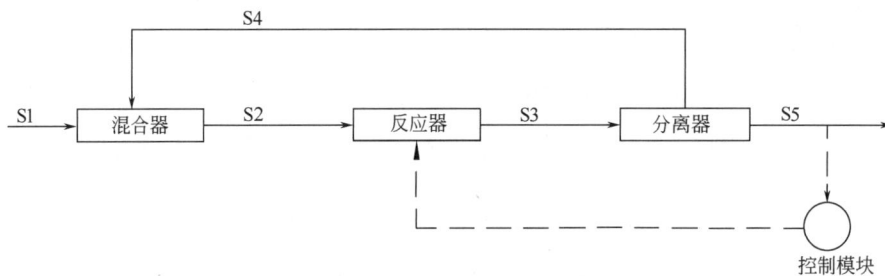

图 2-31　具有再循环物流的过程系统

控制模块的设置增加了迭代循环圈，这也必然导致计算量的增加。为了提高收敛速度，有人提出了联立求解再循环物流方程和设计方程：

$$\begin{cases} G(x,p)-x=0 \\ H(x,p)-D=0 \end{cases} \tag{2-31}$$

这就是所谓的同时收敛，就是使断裂物流变量 x 和系统参数 p 同时逼近收敛解，从而大大地提高了收敛速度。

2.4　过程系统模拟的面向方程法

用序贯模块法进行过程系统模拟计算，由于具有收敛计算的循环圈以致大大地增加了计算量。对于过程系统的设计计算问题和参数优化问题，情况将更为严重，甚至不能用序贯模块法去求解。因此，人们把注意力投向了面向方程法。

2.4.1　面向方程法的原理

面向方程法的基本思想是，把描述过程系统的所有数学模型汇集到一起，形成一个非线性方程组进行求解。即：

$$F(x,w)=0 \tag{2-32}$$

式中　x——状态变量向量；

　　　w——决策变量向量；

　　　F——系统模型方程组，其中包括：物性方程；物料、能量、化学平衡方程；过程单元间的联结
　　　　　　方程；设计规定方程等。

对于过程系统模型方程组而言，决策变量和状态变量的地位是等同的。比之序贯模块法，面向方程法在决策变量的确定上要随意得多。通常可以把设计规定的变量（如系统出口浓度）直接指定为决策变量。从这一角度出发，可以认为面向方程法在求解一般模拟问题和设计问题上是没有差异的。

通常过程系统模型方程组总是稀疏方程组。其中每个方程只含有几个非零元素。例如方程组：

$$\sum_{j=1}^{1000} a_{i,j}x_j = b_i \qquad (i=1,2,\cdots,1000)$$

这是个 1000 阶的线性方程组。其中任意一个方程：

$$a_{100,50}x_{50} - a_{100,75}x_{75} + a_{100,512}x_{512} = b_{100}$$

该方程只有三个非零系数。其他的 999 个方程也具有类似的形式。过程系统模型的方程数和变量数往往都很大，但每个方程涉及的变量数一般只有几个。

方程的稀疏性可以用稀疏比 Φ 来衡量：

$$\Phi = \frac{\text{非零系数个数 } N}{(\text{方程组阶数 } n)^2} \tag{2-33}$$

对于 $n=1000$，$N=5000$ 的方程，其稀疏比 Φ 为 0.5%。仅系数矩阵就要占用 $n^2=10^6$ 个计算机存储单元，而其中 995000 个单元的内容为零，因此大量的运算是在零与零之间进行的。由此可见，用常规数值法求解稀疏方程组是很不经济的，有时还会因计算机容量的限制而无法运算。因此，人们开发了大量的处理稀疏方程组的数值算法。

面向方程法的核心问题是求解超大型稀疏非线性方程组，求解方法大致分为两类：一类是降维求解法；另一类是联立求解法。

2.4.2　大型稀疏非线性方程组的降维解法

根据方程组稀疏性的特点，人们提出了分解方程组的方法。即把大型稀疏方程组分解成若干个小的非稀疏方程组，然后依次分别求解，从而达到降维和增大稀疏比的目的。

（1）方程组的分解概念

对于 n 阶稀疏方程组，常常可以找到一个包含有 k_1 个变量的 k_1 阶子方程组。这个 k_1 阶子方程组可以单独求解。其余的 $n-k_1$ 个方程中还可以再找出包含有 k_2 个变量的 k_2 阶子方程组，这个子方程组也可以单独求解。重复这一过程，最终将把原方程组分解成一系列可顺序求解的子方程组。

下面通过例题说明方程组分解的概念。

【例 2-8】　求解方程组：

$$\begin{cases} f_1 = x_1 + x_4 - 10 = 0 \\ f_2 = x_2^2 x_3 x_4 - x_5 - 6 = 0 \\ f_3 = x_1 x_2^{1.7}(x_4-5) - 8 = 0 \\ f_4 = x_4 - 3x_1 + 6 = 0 \\ f_5 = x_1 x_3 - x_5 + 6 = 0 \end{cases} \tag{1}$$

解：这个方程组看起来似乎很难解。但利用它的稀疏特点和分解技术可以将其转化成几个小的方程组，从而使总量得到简化。用事件矩阵表示上述方程组：

$$
\begin{array}{c}
\quad\ \ x_1\ x_2\ x_3\ x_4\ x_5 \\
\begin{array}{c}f_1\\f_2\\f_3\\f_4\\f_5\end{array}
\begin{bmatrix}
1 & 0 & 0 & 1 & 0 \\
0 & 1 & 1 & 1 & 1 \\
1 & 1 & 0 & 1 & 0 \\
1 & 0 & 0 & 1 & 0 \\
1 & 0 & 1 & 0 & 1
\end{bmatrix}
\end{array}
$$

经过重新排序，可以使其成为一个块下三角矩阵：

$$
\begin{array}{c}
\quad\ \ x_1\ x_4\ x_2\ x_3\ x_5 \\
\begin{array}{c}f_1\\f_4\\f_3\\f_5\\f_2\end{array}
\begin{array}{l}
\left.\begin{array}{cc}1 & 1\\ 1 & 1\end{array}\right. \\
\begin{array}{ccc}1 & 1 & [1]\end{array} \\
\begin{array}{c}1\end{array} \quad \begin{array}{cc}[1 & 1]\end{array} \\
\begin{array}{ccc}\quad 1 & 1 & [1 & 1]\end{array}
\end{array}
\end{array}
$$

由这一矩阵可以看到，f_1 和 f_4 只与变量 x_1 和 x_4 有关，因此可以优先联解：

$$
\begin{cases}
f_1 = x_1 + x_4 = 10 \\
f_4 = -3x_1 + x_4 = -6
\end{cases}
$$

得到 $x_1 = 4$，$x_4 = 6$，然后可以求解 f_3：

$$
f_3 = x_1 x_2^{1.7}(x_4 - 5) - 8 = 4x_2^{1.7}(6-5) - 8 = 0
$$

得到 $x_2 = 1.5034$，最后，方程 f_2 和 f_5 可以联解：

$$
\begin{cases}
f_2 = x_2^2 x_3 x_4 - x_5 = (1.5034)^2 \cdot 6x_3 - x_5 = 6 \\
f_5 = x_1 x_3 - x_5 = 4x_3 - x_5 = -6
\end{cases}
$$

得到 $x_3 = 1.2550$，$x_5 = 11.0202$，

由上例可见，把原方程组分解成若干个联立求解的小方程组后，使这些小方程组的稀疏比 Φ 与原方程组相比要大得多。若小方程组的稀疏比 Φ 接近1，可用常规数值解法求解，若稀疏比仍很小可继续分解。

方程组的分解方法有回路搜索法和矩阵法两大类。下面仅讨论基于有向图的回路搜索法。

（2）回路搜索法分解方程组

回路搜索法分解方程组，是在描述方程组的有向图上进行的。为了用有向图表示方程组的结构，首先必须对每个方程指定一个变量作为其输出变量。

① 输出变量的指定方法

✎ 问题思考　输出变量的概念

在数学模型或算法中，输出变量是指由输入变量经过某种计算或处理后得到的结果。在编程和软件开发中，输出变量是指程序运行后向用户或外部系统传递的结果。在函数或方法中，返回值可以被视为输出变量。输出变量反映了输入变量和系统内部逻辑的综合影响。理解输出变量的作用和意义，对于分析和优化系统至关重要。

在函数 $y=f(x)$ 中，y 是输出变量，而 x 是输入变量。在迭代算法中，每次迭代后得到的解可以被视为输出变量。

如本例中，方程 $f_1=x_1+x_4-10=0$，可以改写为 $x_1=x_4-10$，此时可以看作方程 f_1 的输出变量为 x_1。在某种意义上，可以理解为方程 f_1 的作用是利用该方程中其他变量信息，计算得出 x_1 的值。类似地，其他方程也可转换成以对应变量为输出变量的函数。

输出变量是可通过其所存在的方程中其他变量求解的变量，且每个变量只能被指定一次作为输出变量。例如，对例 2-8 中的方程组可指定一组输出变量，如下列矩阵中用括号标记的矩阵元素：

$$\begin{array}{c} \\ f_1 \\ f_2 \\ f_3 \\ f_4 \\ f_5 \end{array} \begin{array}{ccccc} x_1 & x_2 & x_3 & x_4 & x_5 \\ \left[\begin{array}{ccccc} (1) & & & 1 & \\ & 1 & 1 & 1 & (1) \\ 1 & (1) & & 1 & \\ 1 & & & (1) & \\ 1 & & (1) & & 1 \end{array}\right] \end{array}$$

输出变量指定方法的步骤是，选事件矩阵中元素最少的行和元素最少的列的交点处元素对应的变量，作为优先指定的输出变量，然后从事件矩阵中删去该输出变量对应的行和列；重复上述过程直至矩阵中所有的行和列都被删掉。

② 画出有向图

用有向图表示方程和变量的关系。图中每个节点代表一个方程。如果方程 f_i 的输出变量存在于 f_j 中，则从节点 f_i 向 f_j 作一有向边。图 2-32 为例 2-8 中式（1）方程组的有向图表示。这个图代表了方程间的信息流动方向。

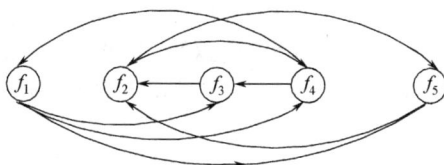

图 2-32　对应于例 2-8 中式（1）方程组的有向图

③ 回路搜索

利用回路搜索法分解方程组的过程，如下例所示。

【例 2-9】　对例 2-8 所给的方程组用回路搜索法进行分解。

解：如图 2-33 从节点 f_i 开始回路搜索得到数串：$f_1 \rightarrow f_3 \rightarrow f_2 \rightarrow f_5 \rightarrow f_2$

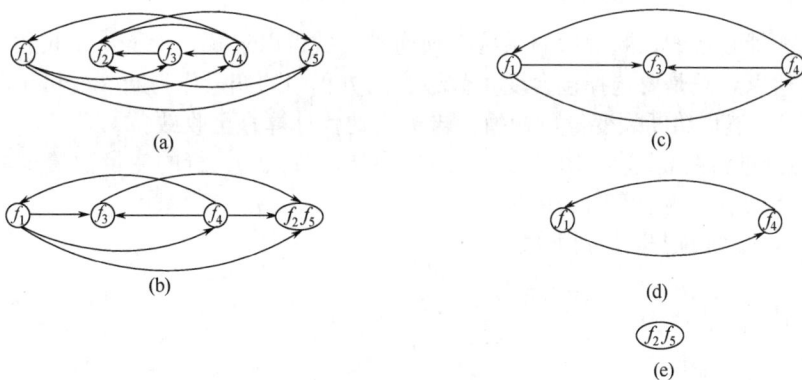

图 2-33　回路搜索过程

将节点 f_2 和 f_5 合并得到组合节点（$f_2 f_5$），由于组合节点（$f_2 f_5$）无任何输出边，删去（$f_2 f_5$）及其所有输入边，得到数串：

$$f_1 \rightarrow f_3$$

节点 f_3 也无输出边，删去 f_3 及其输入边。然后从 f_1 继续搜索，得到数串：

$$f_1 \rightarrow f_4 \rightarrow f_1$$

合并节点 f_1 和 f_4 得到组合节点 $(f_1 f_4)$。依次删去的节点和组合节点记入下表：

方程组	(组合)节点
1	$(f_2 f_5)$
2	f_1
3	$(f_3 f_4)$

它们分别代表原方程组分解后得到的小方程组，其求解按从后到前的顺序进行。

④ 不可分解稀疏方程组的断裂降维解法

考察某方程组的事件矩阵：

$$
\begin{array}{c}
\quad\;\; x_1 \; x_2 \; x_3 \; x_4 \; x_5 \; x_6 \\
\begin{array}{c} f_1 \\ f_2 \\ f_3 \\ f_4 \\ f_5 \\ f_6 \end{array}
\left[
\begin{array}{cccccc}
1 & & 1 & & (1) & 1 \\
 & 1 & & (1) & 1 & 1 \\
 & & & & 1 & (1) \\
1 & & (1) & & & \\
 & (1) & & 1 & & \\
(1) & 1 & 1 & 1 & &
\end{array}
\right]
\end{array}
\tag{2-34}
$$

图 2-34 是式(2-34) 的有向图表示，该式也是个稀疏方程组。利用回路搜索法对其分解后发现，该方程组是不可分解方程组，该原方程组必须联立求解。对于这种情况，需要通过断裂来达到进一步降维和增大稀疏比的目的。

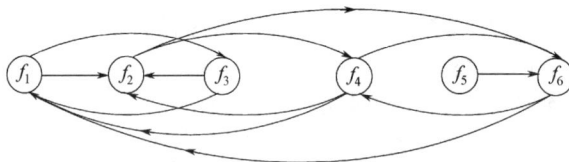

图 2-34　式（2-34）方程组的有向图表示

利用有向图法进行方程组分解的过程

断裂与收敛是相辅相成的，断裂后的系统必须通过收敛得以求解。为了易于收敛，因而总是希望断裂的变量数最少。所以，总是要选择包含变量数最少的方程中的变量作为断裂变量，断裂变量数等于该方程中的变量数减 1。然后给断裂变量赋初值，再进行迭代计算直至收敛。

以式(2-34) 为例进行断裂降维求解。式(2-34) 中 f_3、f_4、f_5 行的变量数最少，都只有两个。选择 f_3 中的 x_5 为断裂变量，从而解出 x_6。

把 f_3 行和 x_5、x_6 列删去，得到下式：

$$
\begin{array}{c}
\quad\; x_1 \; x_2 \; x_3 \; x_4 \\
\begin{array}{c} f_1 \\ f_2 \\ f_4 \\ f_5 \\ f_6 \end{array}
\left[
\begin{array}{cccc}
1 & & 1 & \\
 & 1 & & 1 \\
1 & & 1 & \\
 & 1 & & 1 \\
1 & 1 & 1 & 1
\end{array}
\right]
\end{array}
\tag{2-35}
$$

该式为五行四列，有一个多余方程（它是由删除断裂变量 x_5 产生的）。f_6 行含有的变量最多，暂不考虑（因为容易引起耦联，不利于分解），对其余的四行、四列进行重排，可得到下式：

$$
\begin{array}{c}
\begin{array}{cccc} x_1 & x_3 & x_2 & x_4 \end{array}\\
\begin{array}{c} f_1 \\ f_4 \\ f_2 \\ f_5 \\ f_6 \end{array}
\left[\begin{array}{cccc}
1 & 1 & & \\
1 & 1 & & \\
 & & 1 & 1 \\
 & & 1 & 1 \\
1 & 1 & 1 & 1
\end{array}\right]
\end{array}
\qquad (2\text{-}36)
$$

上式中可联解 $f_1 f_4$ 和 $f_2 f_5$（此时 x_5、x_6 为已知）。然后计算 f_6，检验是否满足，若不满足，则修改断裂变量 x_5 的值，重复上述的计算，直至满足 f_6 方程为止。

通过上例可以看到，断裂可以使不可分解的稀疏方程组继续分解。

2.4.3　联立拟线性方程组法解大型稀疏非线性方程组

大型稀疏非线性方程组的另一种求解方法是把非线性方程组线性化。然后联立求解线性方程组。由于线性化引入了误差，所以要借助迭代使线性化方程组的解，逐渐逼近非线性方程组的解。

（1）线性化方法

对于 n 维非线性方程组：

$$F(x)=0 \qquad (2\text{-}37)$$

用 n 维线性方程组逼近：

$$F(x)\approx Ax+B=0 \qquad (2\text{-}38)$$

该拟线性方程组的解（用下标 QL 表示）为：

$$x_{\mathrm{QL}}=-A^{-1}B \qquad (2\text{-}39)$$

对式(2-39)作台劳展开可得到牛顿迭代解（用下标 NR 表示）：

$$x_{\mathrm{NR}}^{k+1}=x^k-(J^k)^{-1}F(x^k) \qquad (2\text{-}40)$$

式中，J 为雅可比矩阵：

$$
J=\left[\begin{array}{ccc}
\dfrac{\partial f_1}{\partial x_1} & \cdots & \dfrac{\partial f_1}{\partial x_n} \\
\vdots & & \vdots \\
\dfrac{\partial f_n}{\partial x_1} & \cdots & \dfrac{\partial f_n}{\partial x_n}
\end{array}\right]
$$

把式(2-38)代入式(2-40)，得到：

$$x_{\mathrm{NR}}^{k+1}=x^k-(J^k)^{-1}(A^k x^k+B^k)$$

若令 $J=A$，则上式为：

$$x_{\mathrm{NR}}^{k+1}=x^k-(A^k)^{-1}(A^k x^k+B^k)=-(A^k)^{-1}B^k=x_{\mathrm{QL}}^{k+1}$$

牛顿迭代具有二阶收敛特性。若令线性化方程的系数矩阵 A 等于雅可比矩阵 J，则式(2-38)的迭代形式为：

$$x_{\mathrm{QL}}^{k+1}=-(A^k)^{-1}B^k \qquad (2\text{-}41)$$

也具有二阶收敛。上式中的系数 A 和 B，可从式(2-39)得到：

$$J^k x^{k+1}=J^k x^k-F(x^k) \qquad (2\text{-}42)$$

令

$$A^k=J^k$$

则式(2-42)成为：

$$A^k x^{k+1}=-B^k \qquad (2\text{-}43)$$

这正是式(2-38)。可见，系数 A 和 B 均是向量 x 的函数。从 x 的第 k 次近似解 x^k 可以计算得到 J^k、

$F(x^k)$，从而得到 A^k 和 B^k。将 A^k 和 B^k 代入式(2-43)，便得到线性方程组。

过程系统的模型方程组一般由线性方程和非线性方程组成，因而线性化的对象应该是非线性方程。设式(2-37)中的第 j 个方程为非线性方程：

$$f_j(x_i)=0 \tag{2-44}$$

则上式的线性化形式为：

$$\sum_{i=1}^{n}\left[\left(\frac{\partial f_j}{\partial x_i}\right)^k x_i^{k+1}\right]=\sum_{i=1}^{n}\left[\left(\frac{\partial f_j}{\partial x_i}\right)^k x_i^k\right]-f_j^k \tag{2-45}$$

【例 2-10】 组分 A 的稀溶液在常温下离解：

$$A \rightleftharpoons 2B$$

其数学模型如下：

质量平衡

$$C_A+\frac{1}{2}C_B=C_A^*$$

热力学平衡

$$kC_A-C_B^2=0$$

式中，C_A 与 C_B 分别是组分A、B的浓度；C_A^* 是组分A的初始浓度；k 是该反应的平衡常数。求当 $k=2$，$C_A^*=1$ 时平衡态的组分浓度。

解：质量平衡式是线性方程，热力学平衡式是非线性方程，首先利用式(2-45)对热力学平衡式线性化，得到：

$$kC_A-2C_B^{(p)}C_B=-[C_B^{(p)}]^2 \tag{1}$$

式中，p 为迭代次数。上式与质量平衡式构成线性方程组：

$$\begin{bmatrix} 1 & 1/2 \\ k & -2C_B^{(p)} \end{bmatrix}\begin{bmatrix} C_A \\ C_B \end{bmatrix}=\begin{bmatrix} C_A^* \\ -C_B^{(p)^2} \end{bmatrix} \tag{2}$$

令初值 $C_B^{(0)}=1.5$，对上式求解，经过四次迭代，可得到解的收敛值 $C_B=1$。迭代过程如表 2-9 所示。

✍ 问题思考

此外，还可以得到原方程的另一种线性化方程（即直接迭代公式）：

$$\begin{bmatrix} 1 & 1/2 \\ k & -C_B^{(p)} \end{bmatrix}\begin{bmatrix} C_A \\ C_B \end{bmatrix}=\begin{bmatrix} C_A^* \\ 0 \end{bmatrix} \tag{2-46}$$

用同样的初值 $C_B^{(0)}$ 迭代计算，结果列入表 2-9。从表中可以看出，两种方法都可以收敛到解。但第一种方法的收敛速度明显比第二种方法快。这是由于牛顿迭代法具有二次收敛的特点，而直接迭代法只是线性收敛。

表 2-9 两种线性化方程迭代解的比较

例 2-10 中式(2)	式(2-46)	例 2-10 中式(2)	式(2-46)
$C_B^{(0)}=1.5$	$C_B^{(0)}=1.5$		$C_B^{(5)}=0.986667$
$C_B^{(1)}=1.0675$	$C_B^{(1)}=0.8$		$C_B^{(6)}=1.0067711$
$C_B^{(2)}=1.001250$	$C_B^{(2)}=1.111111$		$C_B^{(7)}=0.996656$
$C_B^{(3)}=1.000001$	$C_B^{(3)}=0.947368$		$C_B^{(8)}=1.001675$
$C_B^{(4)}=1.000000$	$C_B^{(4)}=1.027027$		

（2）稀疏线性方程组的解法

稀疏非线性方程组经线性化后得到的线性方程组仍然是稀疏的，从而把求解稀疏非线性方程组的问题，转化成求解稀疏线性方程组的问题。用常规的消去法求解大型稀疏线性方程组是不经济的，而且计算效率较低。为了减少求解大型稀疏线性方程组所需的计算时间和存储空间，通常采用下列两方面的技术：只对非零元素进行计算；只存储非零元素（如压缩存储技术）。

① 术语

在介绍这两种技术之前，先介绍两个术语：填充量和主元容限。

（a）填充量

用高斯消去法对式(2-47)进行消元过程的同时，会在原来零元素处引入非零元素。

$$
\begin{bmatrix}
\times & & \times & & \times & & \\
\times & \times & & & & & \times \\
\times & & \times & & & & \\
 & & & \times & & & \\
 & \times & & \times & & & \\
 & & & & & \times & \\
\times & & & & & & \times
\end{bmatrix}
\tag{2-47}
$$

例如，在消去第一列对角线以下的非零元素（2，1）、（3，1）、（7，1）时，原为零元素的位置（2，3）、（2，6）、（3，6）、（7，3）、（7，6）变成了非零元素，如式(2-48)所示。

$$
\begin{bmatrix}
\times & & \times & & \times & & \\
 & \times & \otimes & & & \otimes & \times \\
 & & \times & & & \otimes & \\
 & & & \times & & & \\
 & \times & & \times & & & \\
 & & & & & \times & \\
 & & \otimes & & & \otimes & \times
\end{bmatrix}
\tag{2-48}
$$

新出现的非零元素称作填充量。填充量与消元成零的非零元素之差称作填充增量。填充量与主元选取的次序有关。例如，用式(2-49)中对角线上的第一个元素作为主元素，消去第一列上的其他元素将导致在所有的零元素处产生非零元素，即填充量达到最大。

$$
\begin{array}{cccccc}
 & 1 & 2 & 3 & 4 & 5 \\
1 & \times & \times & \times & \times & \times \\
2 & \times & \times & & & \\
3 & \times & & \times & & \\
4 & \times & & & \times & \\
5 & \times & & & & \times
\end{array}
\tag{2-49}
$$

如果把式(2-49)变换成式(2-50)，将使消去过程中的填充量减少到零。

$$
\begin{array}{cccccc}
 & 5 & 4 & 3 & 2 & 1 \\
5 & \times & & & & \times \\
4 & & \times & & & \times \\
3 & & & \times & & \times \\
2 & & & & \times & \times \\
1 & \times & \times & \times & \times & \times
\end{array}
\tag{2-50}
$$

在求解大型稀疏线性方程组时，应该尽可能地减少填充，否则将会使计算效率大大下降。然而，减少填充与提高数值稳定性和计算精度是矛盾的。例如，为了减少填充，需要把式(2-50)中的元素 a_{55}

作为主元素，但如果它的绝对值很小时，将会引入较大的误差，致使计算精度、数值稳定性变差。

（b）主元容限

在主元消去法中，通常把绝对值最大的元素作为主元，然后进行消元。其目的是提高计算的精度。但是，如果这样选取的主元恰好导致较大的填充，那么将引起计算效率的下降。因此，往往宁愿选择一个绝对值不是最大，且不会引起填充量过大的元素作为主元。为此，人为地规定了一个界限 $\varepsilon > 0$，当矩阵元素的绝对值大于 ε，该元素就具备了作为主元的资格，若它引入的填充量也不是很大，就可定为主元。这个界限 ε 称为主元容限。其值可以通过经验给定，但它应该满足提高计算精度和减少填充量的统一要求。

② Bending-Hutchison 算法

该算法是在全元消去法的基础上派生出来的一种求解稀疏线性方程组的算法。其核心是避免填充，同时保证计算的精度。在介绍算法前先给出下述定义：

（a）用过的：凡是与被选作主元的元素有关的方程和变量，都称作"用过的"，反之为"未用过的"；

（b）横列（rank）：未用过的方程中包含的未用过的变量数；

（c）纵列（file）：未用过的变量在未用过的方程中出现的次数。

根据上述定义，挑选主元素的过程如下：

（a）选择纵列最小的变量，如果纵列最小的变量不止一个，任选其中一个；

（b）在与此变量有关的方程中，选择横列最小的方程所对应的元素作为主元；

（c）如果横列最小的方程不止一个，则选择绝对值最大的元素作为主元；

（d）检验选出的主元的绝对值是否大于由用户给出的主元容限，如果不大于，则暂时把此变量放在一边，返回（a），否则进行下一步；

（e）用这样选择出的主元进行常规的高斯消元，然后返回（a）。

上述过程中，步骤（a）和（b）都是为了避免填充。而步骤（c）和（d）是为了保证计算精度和系数矩阵非奇异。下面通过一个例子进一步说明稀疏矩阵的这个消元过程。

【例 2-11】 图 2-35 为一个物流分割器及混合器构成的简化流程。

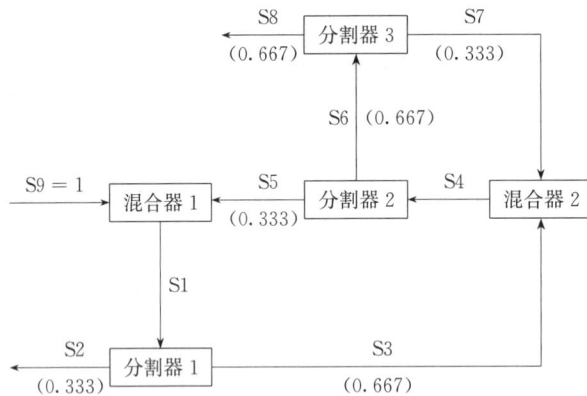

图 2-35 由物流分割器及混合器组成的简化流程

图 2-35 括号中的数字为分割比。由此可以得出各流股关系的方程。以 S1 和 S2 为例：

因
$$F_1 = -0.333S1 + S2 = 0$$
故
$$S2 = 0.333S1$$

类似地可以导出其他流股间关系的方程式，由此可见，描述这一流程的数学模型为一稀疏线性代数方程组，其系数矩阵如表 2-10 所示。

表 2-10　原始方程组的增广矩阵

方程号＼变量名	1	2	3	4	5	6	7	8	9	右侧
(1)	0.333	−1								
(2)	0.667		−1							
(3)			1	−1			1			
(4)				−0.333	1					
(5)				0.667		1				
(6)						0.333	−1			
(7)						0.667		−1		
(8)	−1				1				1	
(9)									1	1

　　从表中可以看到，第 2 列和第 8 列均只含有一个元素，即纵列等于 1。根据步骤（a）和（b），这两个元素必须分别选作方程（1）和方程（8）的主元（用元素下的横线表示）。由于这两列中并无其他元素，所以不用执行消元过程。接下去，第 3 列、第 5 列、第 7 列、第 9 列均含有两个非零元素，即纵列等于 2。人为地选第 3 列。该列中的非零元素存在于方程（2）和方程（3）中，而方程（2）横列为 2，方程（3）的横列为 3，根据步骤（b）至（d）选方程（2）中的该元素为主元。根据步骤（e），消去方程（3）中第 3 列的元素，这将导致方程（3）中的第一列产生一个非零元素（表 2-11）。反复进行上述过程，直到形成表 2-12 那样的形式。然后进行回代过程，解出每个变量的值（表 2-13）。整个运算过程如表 2-14 所示。

表 2-11　主元选择的中间结果

方程号＼变量名	1	2	3	4	5	6	7	8	9	右侧
(1)	0.333	−1								
(2)	0.667		−1							
(3)	0.667			−1			1			
(4)				0.333	−1					
(5)				0.667		−1				
(6)						0.333	−1			
(7)						0.667		−1		
(8)	−1				1				1	
(9)									1	1

表 2-12　完成主元选择后的增广矩阵

方程号＼变量名	1	2	3	4	5	6	7	8	9	右侧
(1)	0.333	−1								
(2)	0.667		−1							
(3)				−0.558						−0.667
(4)				0.333	−1					
(5)				0.667		−1				
(6)						0.333	−1			
(7)						0.667		−1		
(8)	−1			0.333						−1
(9)									1	1

表 2-13 回代后得到的变量值

变量号	1	2	3	4	5	6	7	8	9
值	1.40	0.46	0.93	1.20	0.40	0.80	0.26	0.53	1.00

表 2-14 表 2-10 中方程的主元素选择过程

	选择主元素	消去元素	产生元素	改变元素
(a)	V2E1 V8E8 V3E2 V7E6 V5E4 V9E9 ...	V3E3 V7E3 V5E8 V9E8	V1E3 V6E3 V4E8 RHSE8	
(h)	V1E3 V6E5 V4E8 ...	V1E8 V6E8		V4E8,V6E8 V4E8

注：V 为变量，E 为方程，RHS 为右侧。

2.5 过程系统模拟的联立模块法

2.5.1 联立模块法的原理

序贯模块法和面向方程法都存在一些缺陷，经过比较不难看出，这两种方法的缺陷是互相补偿的（表 2-15）。也就是说，一方的缺点恰恰是另一方的优点。在面向方程法的缺陷尚未排除之前，是否可以找到一种折中的办法，以沟通这两种方法之间的裂缝呢？联立模块法就是在这样的前提下产生出来的一种新的方法，它不仅基本上兼备了上述两种方法的优点，更重要的是它可以使花费了大量人力、物力开发出的过程单元模块得以充分利用。广义地说，联立模块法可定义为利用黑箱过程模块，灵活求解模拟问题的方法。

表 2-15 两种系统模拟方法的比较

内　容	序贯模块法	面向方程法	内　容	序贯模块法	面向方程法
占用存储空间	小	大	对初值要求	低	高
迭代循环圈	多	少	计算错误诊断	易	难
计算效率	低	高	编制、修改程序	较易	较难
指定设计变量	不灵活	灵活			

联立模块法与序贯模块法的共同之处在于面向模块；与面向方程法共同之处在于联立求解过程系统模型方程。联立模块法利用严格模块产生相应的简化模型方程的系数，然后把所有的简化模型方程汇集到一起进行联解（图 2-36），得到系统的一组状态变量。由于简化模型是严格模块的近似，所以计算结果往往不是问题的解，必须用严格模块对这组解进行计算，修正简化模型的系数。重复这一过程，直到收敛到原问题的解。

联立模块法的特点是：

① 把序贯模块法中最费时、收敛最慢的回路迭代计算，用由简化模型组成的方程组的联解而代之，

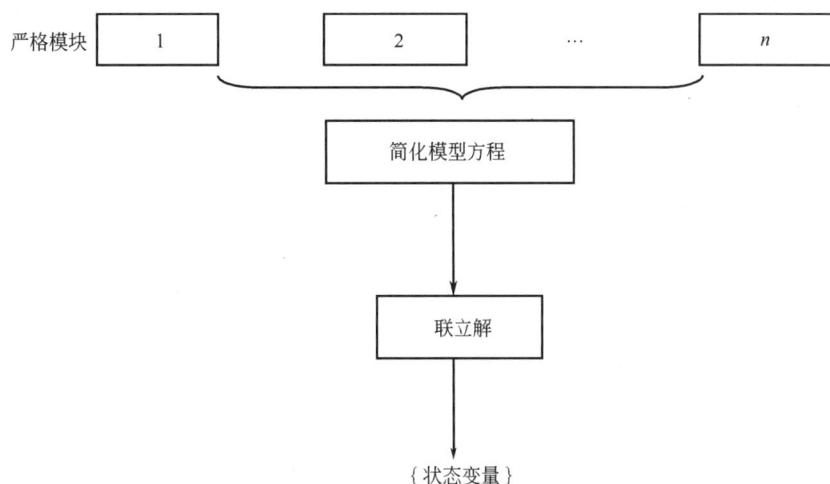

图 2-36　联立模块法

从而使计算加速，尤其是处理有多重再循环流或有设计规定要求的问题时，具有较好的收敛行为。因此，联立模块法计算效率较高。

②　由于单元模块数比过程方程数要少得多，所以简化模型方程组的维数比面向方程法也小得多，求解起来也容易得多。

③　能利用大量原有的丰富的序贯模块软件。可在原有序贯模块模拟器上修改得到联立模块模拟器。

由此可见，联立模块法兼有序贯模块法和联立方程法的优点：

①　计算效率较高。

②　对初值要求较低。

③　迭代循环圈较少。

④　计算出错时诊断较容易。

⑤　能利用大量原有的软件。

模拟计算过程如图 2-37 所示。

初值的取得可以采用两种办法：一种是猜值；另一种是用序贯模块法迭代求解几次，得到各点的初值。

从上面的分析还可以看到，简化模型只关联单元的输入、输出变量，单元的变量在简化模型中不出现，因此方程组的维数比严格模型要低得多，在求解时比面向方程法要容易得多。此外，联立求解方式在处理有多重再循环流或有设计规定要求的问题时具有较好的收敛性。

前面已经提到，序贯模块法和联立模块法的循环迭代圈数不一样，因此不易于用全流程的迭代次数衡量算法的好坏。由于大量的计算消耗在单元模块上，因此人们提出用流程贯通次数作为评价的依据。所谓贯通就是序贯计算流程中的每个单元模块一次。对序贯模块法而言，流程贯通次数等于迭代次数。

联立模块法的计算效率主要依赖于简化模型的形式。一般来说，简化模型应该是严格模块的近似，同时具有容易建立、求解方便的特点。下面介绍如何利用严格模块产生近似简化模型。

2.5.2　建立简化模型的两种切断方式

为了建立简化模型，必须首先划分简化模型的对象范围。

有两种划分方法：一种是以过程单元为基本单位建立简化模型；另一种是以回路为基本单位建立简化模型。

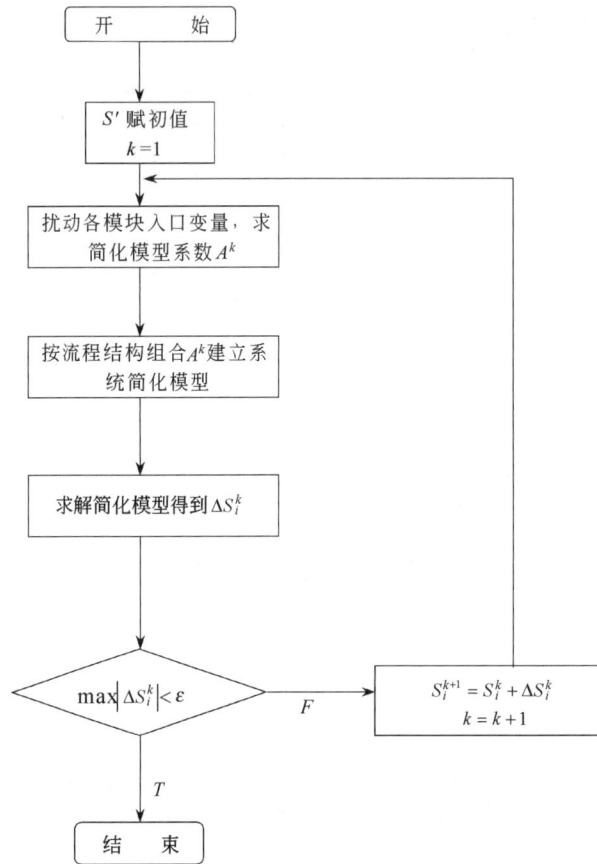

图 2-37 联立模块法计算逻辑框图

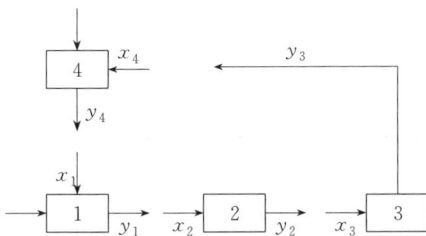

图 2-38 联结物流全切断方式

这两种划分策略分别与两种切断方式相对应：一种是联结物流全切断方式；另一种是回路切断方式。

（1）联结物流全切断方式

这种方式相当于把所有过程单元之间的联结物流全部切断，形成一系列互相独立的过程单元（图 2-38）。

下面通过一个例题加深对联立模块法的理解。

【例 2-12】 用联立模块法对图 2-29 给出的三级闪蒸过程进行稳态模拟。

解：

（1）建立简化模型

严格单元模块的输入流股变量向量 x 与输出流股变量 y 之间有严格模型：

$$y = G(x)$$

上式的一阶泰勒展开式为：

$$y = y_0 + G'(x_0)(x - x_0)$$

即

$$y - y_0 = G'(x_0)(x - x_0)$$

令 $A = G'(x_0)$，$\Delta y = y - y_0$，$\Delta x = x - x_0$，便可得到严格模型的线性增量简化模型：

$$\Delta y = A \Delta x \tag{1}$$

利用式(1)分别对每个过程单元写出其简化模型：

混合器： $$\Delta S2 = A_{25} \Delta S5 + A_{26} \Delta S6 + A_{21} \Delta S1$$

闪蒸器 1：　　　　　　　　　　　　　　　$\Delta S3 = A_{32}\Delta S2$

$\Delta S4 = A_{42}\Delta S2$

闪蒸器 2：　　　　　　　　　　　　　　　$\Delta S7 = A_{73}\Delta S3$

$\Delta S5 = A_{53}\Delta S3$

闪蒸器 3：　　　　　　　　　　　　　　　$\Delta S6 = A_{64}\Delta S4$

$\Delta S8 = A_{84}\Delta S4$

由于混合器的严格模型为线性模型，且系统入料流股变量为给定值，所以有：

$$A_{25} = A_{26} = A_{21} = I$$

$$\Delta S1 = 0$$

即　　　　　　　　　　　　　　　　$\Delta S2 = I\Delta S5 + I\Delta S6$

把上述线性简化模型写成矩阵形式的迭代格式，则有：

$$\begin{bmatrix} I & & & -I & -I & & \\ -A_{32} & I & & & & & \\ -A_{42} & & I & & & & \\ & -A_{53} & & I & & & \\ & & -A_{64} & & I & & \\ & -A_{73} & & & & I & \\ & & -A_{84} & & & & I \end{bmatrix}^k \begin{bmatrix} \Delta S2 \\ \Delta S3 \\ \Delta S4 \\ \Delta S5 \\ \Delta S6 \\ \Delta S7 \\ \Delta S8 \end{bmatrix}^k = 0 \qquad (2)$$

显而易见式（2）是一个维数不高的稀疏线性方程组。

（2）从严格模块计算简化模型的系数

式（2）中的系数矩阵可通过对严格模块的扰动计算得到。前面我们假定 $A = G'(x_0)$，也就得到了 A。而 A 是从一阶台劳展开式得到的。偏离 x_0 点后便会产生偏差，因此要不断进行修正。

分别对每个单元建立简化模型，然后把单元简化模型、联结方程、设计规定方程集合到一起组成过程系统的简化模型，由于切断了全部联结物流，描述整个过程系统的简化模型方程数为：

$$n_e = 2\sum_{i=1}^{n_c}(c_i + 2) + n_d \qquad (3)$$

式中　n_e——系统简化模型方程数；

n_c——联结物流数；

n_d——设计规定方程数；

c_i——联结物流组分数。

如果不考虑设计规定方程，用线性增量模型作为单元的简化模型，则图 2-38 中的过程系统的简化模型如下。

单元模型：

$$\Delta y_1 = A_1 \Delta x_1$$

$$\Delta y_2 = A_2 \Delta x_2$$

$$\Delta y_3 = A_3 \Delta x_3 \qquad (4)$$

$$\Delta y_4 = A_4 \Delta x_4$$

联结方程：

$$\Delta y_1 = \Delta x_2$$

$$\Delta y_2 = \Delta x_3$$

$$\Delta y_3 = \Delta x_4 \qquad (5)$$

$$\Delta y_4 = \Delta x_1$$

把式(4) 和式(5) 写成矩阵形式：

$$\begin{bmatrix} -A_1 & & & & I & & & \\ & -A_2 & & & & I & & \\ & & -A_3 & & & & I & \\ & & & -A_4 & & & & I \\ I & & & & -I & & & \\ & I & & & & -I & & \\ & & I & & & & -I & \\ & & & I & & & & -I \end{bmatrix} \begin{bmatrix} \Delta x_1 \\ \Delta x_2 \\ \Delta x_3 \\ \Delta x_4 \\ \Delta y_1 \\ \Delta y_2 \\ \Delta y_3 \\ \Delta y_4 \end{bmatrix} = 0 \qquad (6)$$

流股全切断方式很类似于面向方程法。主要区别在于后者是严格模型方程，变量数也要大得多（包括单元内部变量）。

对于一个包括 100 个联结流股，每个流股有 8 个组分，10 个设计规定系统，其系统简化模型数为：
$$n_e = 2 \times (8 + 2) \times 100 + 10 = 2010$$

由此可见，对于较大的系统，流股全切断方式建立的简化模型方程数是很大的。Sargent 从式(6) 中消去物流联结方程，即合并式(4) 和式(5)，从而使简化模型的维数大大减少：

$$\begin{bmatrix} I & & & -A_1 \\ -A_2 & I & & \\ & -A_3 & I & \\ & & -A_4 & I \end{bmatrix} \begin{bmatrix} \Delta y_1 \\ \Delta y_2 \\ \Delta y_3 \\ \Delta y_4 \end{bmatrix} = 0 \qquad (7)$$

此时简化模型方程数为：

$$n_e = 2 \sum_{i=1}^{n_c} (c_i + 2) + n_d \qquad (8)$$

比较式(3) 式(8) 可知，简化模型数几乎减少一半，因此称这种切断方式为半切断方式，例 2-12 中采用的就是半切断方式。尽管如此，在处理实际问题时。式(7) 的维数往往还是很大的。因此人们又提出了回路切断方式。

(2) 回路切断方式

回路切断方式相当于把若干个单元作为一个"虚拟单元"处理，建立虚拟单元的简化模型。虚拟单元所包含的各单元间的联结流股变量则不出现在简化模型中，从而大大降低了简化模型的维数。

通常是以循环回路为一个虚拟单元，切断再循环流股，故称之为回路切断方式。图 2-39 虚线内的回路构成了一个虚拟单元。

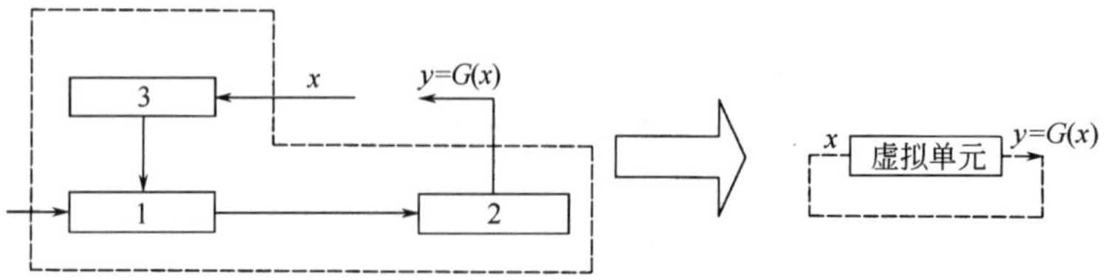

图 2-39 回路切断方式

虚拟单元的简化模型与联结方程、设计规定方程一起构成了系统的简化模型。系统简化模型方程数为：

$$n_e = 2\sum_{i=1}^{n_t}(c_i + 2) + n_d \tag{2-51}$$

式中，n_e 为系统简化模型方程数；n_t 为切断再循环流股数；n_d 为设计规定方程数；c_i 为联结物流组分数。由于切断的再循环流数 n_t 比联结流股数 n_e 要少得多，因此一些简单的方程求解技术就可以处理这样的流程模型。

回路切断方式很类似序贯模块法，简化模型的系数是通过序贯计算虚拟单元中的严格模块得到的。不同之处在于，联立模块法回路切断方式是联立求解系统简化模型的，而序贯模块法则是各回路分别收敛的。

【例 2-13】　以回路切断方式建立三级闪蒸过程系统的线性增量简化模型。

解：首先必须确定切断流位置。对于图 2-29 中给出的三级闪蒸系统，不难凭观察选定最佳切断流为 S2，因为它可以同时切断两个再循环流，使迭代计算具有最少的切流变量。为了更加直观，将图 2-29 改画成图 2-40(a)。若把图 2-40(a) 中虚线框内的部分看作黑箱（虚拟单元），则系统简化成图 2-40(b)。同样，用线性增量模型作虚拟单元的简化模型如下：

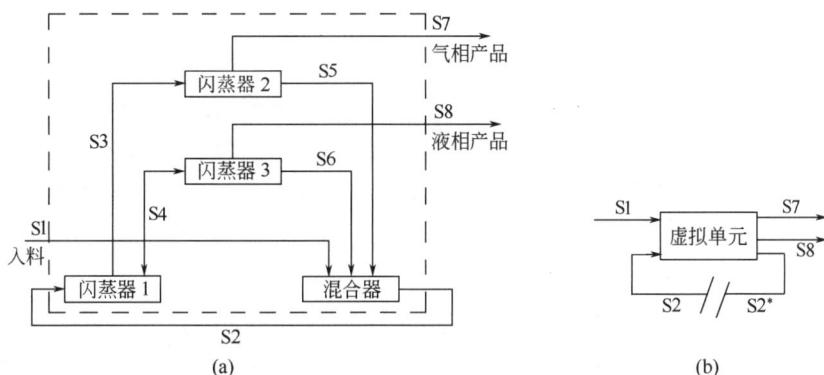

图 2-40　三级闪蒸过程的回路切断方式

$$\Delta S7 = A_{72}\Delta S2$$
$$\Delta S8 = A_{82}\Delta S2$$
$$\Delta S'2 = A_{22}\Delta S2 \tag{1}$$
$$\Delta S2 = \Delta S2' \tag{2}$$

式(1)、式(2) 合并，得到：

$$(I - A_{22})\Delta S2 = 0 \tag{3}$$

用矩阵表示为：

$$\begin{bmatrix} (I-A_{22}) & 0 & 0 \\ -A_{72} & I & 0 \\ -A_{82} & 0 & I \end{bmatrix}\begin{bmatrix} \Delta S2 \\ \Delta S7 \\ \Delta S8 \end{bmatrix} = 0 \tag{4}$$

上式中的第一行可以独立求解，得到 $\Delta S2$。一旦解出 S2，分别代入第二、三行，则可得到 $\Delta S7$、$\Delta S8$。因此，可以把式(3) 看作三级闪蒸过程回路切断方式的系统简化模型。

2.6　氨合成工艺流程的模拟与分析

氨合成工艺流程是从合成气开始，以氨合成反应塔为核心，生产产品氨的高压合成回路流程。它是合成氨工艺流程中继原料气制备、净化之后的部分流程。如图 2-41 所示，F1 是进入该流程的合成气，

F6 产出的产品液氨。这是一个典型的带有物流循环回路的工艺流程。

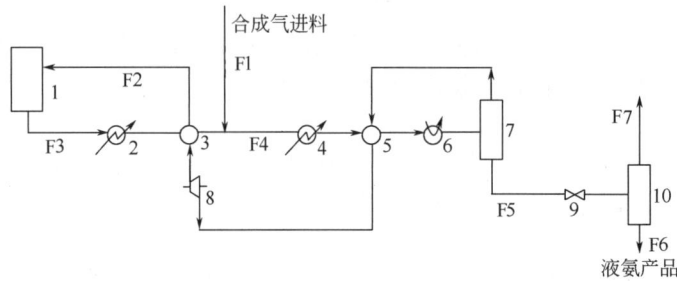

图 2-41　氨合成工艺流程图
1—氨塔；2—锅炉给水预热器；3—换热器；4—水冷器；5—换热器；
6—氨冷器；7—氨分离器；8—循环气压缩机；
9—节流阀；10—低压氨罐

2.6.1　氨合成工艺流程的模拟

用序贯模块法实施氨合成工艺流程的模拟，首先需要确定断裂物流，以打开该流程中循环物流的回路。对于这个氨合成工艺流程，最合适的断裂物流是 F2，即进入氨塔的循环气。需要建立的过程单元模块有氨合成催化反应单元、换热单元、循环气压缩单元、节流单元、液氨分离单元等。

（1）氨合成催化反应单元

该单元的核心内容是建立催化剂筐中的氨合成催化反应动力学计算模型。

如选用 Dyson-Simon 的动力学方程：

$$W = K_1 a_{N_2} \left(\frac{a_{H_2}^3}{a_{NH_3}^2} \right)^{\alpha} - K_2 \left(\frac{a_{NH_3}^2}{a_{H_2}^3} \right)^{\beta} \tag{2-52}$$

式中　　　　　　W——氨合成反应速率，$kmol/(h \cdot m^3)$；

K_1，K_2——正、逆反应速率常数；

a_{H_2}，a_{N_2}，a_{NH_3}——氢、氮、氨组分的活度；

α，β——常数，α 取值为 0.5，$\beta = 1 - \alpha$。

由该动力学方程可导出沿催化剂层高度氨浓度的变化率模型。

设 X 为催化剂层高度（m），Y_{NH_3} 为氨分子分率，则可由式（2-52）导出沿催化剂层高度氨的浓度分布模型如下：

$$\frac{d(Y_{NH_3})}{dX} = C(1-\varepsilon) \frac{\varepsilon_1 \rho_0 (1 - Y_{NH_3})^2}{G} K_T \left(K_a^2 a_{N_2} \frac{a_{H_2}^{1.5}}{a_{NH_3}} - \frac{a_{NH_3}}{a_{H_2}^{1.5}} \right) \tag{2-53}$$

式中　ρ_0——氨分解气混合气体密度，kg/m^3；

G——流经床层气体的质量流量，kg/h；

K_T——反应速率常数；

K_a——平衡常数。

考虑到氨塔催化剂筐外侧死气保温层结构的绝热效果良好，环隙气体温升可以忽略不计，则催化剂层的热平衡为：

$$NC_p dT = -(\Delta H_R) dN_{NH_3} \tag{2-54}$$

式中　N——通过床层反应混合气体的千摩尔流量；

C_p——反应混合气体的比热容；

ΔH_R——氨合成反应热效应；

T——床层温度。

从而可导出催化剂床层中沿床高的温度分布模型如下：

$$\frac{\mathrm{d}T_j}{\mathrm{d}X_j}=-\frac{\Delta H_R}{(1+Y_{NH_3})C_p}+\frac{\mathrm{d}(Y_{NH_3})_j}{\mathrm{d}X_j} \tag{2-55}$$

（2）换热单元

所有合成气或循环气换热过程的热平衡都按焓平衡计算：

$$H_{换热前}=H_{换热后} \tag{2-56}$$

（3）降压节流单元

液氨降压节流过程按等焓模型计算：

$$H_{节流前液体}=H_{节流后气体}+H_{节流后液体} \tag{2-57}$$

（4）气体压缩单元

循环气的压缩按等熵模型计算：

$$S_{压缩前}=S_{压缩后} \tag{2-58}$$

则绝热可逆压缩过程的理想功 A_s 等于绝热可逆等熵过程的焓变 ΔH_s：

$$A_s=-\Delta H_s \tag{2-59}$$

设循环压缩机的过程效率 $\eta=0.73$。因而循环压缩机的实际功耗：

$$W_s=\frac{A_s}{\eta} \tag{2-60}$$

（5）液氨分离单元

根据气液相平衡参数 K_i 按气液分离过程的物料平衡建立模型：

$$L_i=\frac{V_i+L_i}{1+K_i\dfrac{V}{L}} \tag{2-61}$$

$$x_i=\frac{L_i}{\sum L_i},\quad y_i=\frac{V_i}{\sum V_i}$$

（6）热力学物性数据估算单元

在建立上述各类单元模块中总是要用到一些热力学数据，如气相的焓 H、熵 S、热容 C_p 等。应该注意根据工艺流程中处理物料的特性及其工艺条件（温度、压力）的特点，选取合适的估算模型。对于氨合成系统推荐应用 M-H 方程。

$$p=\sum_{i=1}^{5}\frac{F_i(T)}{(V-b)_i} \tag{2-62}$$

（7）气液相平衡数据估算单元

在氨合成工艺流程中，合成气经冷却、冷凝后分离产品液氨的氨分离过程，是个多元体系气液相分离过程。该分离体系中含有的组分有 CH_4、Ar、H_2、N_2、NH_3。在工艺模拟计算中，该单元过程的模型化和模拟是按多元气液相平衡过程计算的。

在多元气液相平衡体系中，若体系温度 T 低于组分1的临界温度 T_{c1}，但大于其他组分 i（$i\neq1$）的临界温度 T_{ci}，即 $T_{c1}>T>T_{ci}$ 时，组分1为溶剂，各组分 i 则为气体溶质。在这种情况下，溶剂的液相逸度 f_1^L 与溶质的液相逸度 f_i^L，具有两种不同的数学表达式：

$$f_1^L=r_1x_1f_{pure,1}^{p_{1,s}}\exp\int_{p_1}^{p}\frac{V_1\mathrm{d}p}{RT} \tag{2-63}$$

$$f_i^L=r_i^*x_1H^{p_{1,s}}\exp\int_{p_1}^{p}\frac{\overline{V_i^\infty}\mathrm{d}p}{RT} \tag{2-64}$$

式中，r_1、r_i^* 为溶剂、溶质的系数；$p_{1,s}$ 为溶剂的饱和蒸气压力；$f_{\text{pure},1}^{p_{1,s}}$ 为纯溶剂在饱和蒸气压力下的逸度；V_1 为溶剂的摩尔体积；$\overline{V}_i^\infty$ 为溶质 i 在溶剂中无限稀释摩尔体积。至于 $\varPhi_i$ 这个气相组分逸度分系数，则需要选择合适的状态方程来进行计算。

（8）收敛单元

针对图 2-41 所示的流程建立模拟系统，选取 F2 作为断裂物流，在进入氨塔之前设置收敛单元。给出适当的 F2 初值，并比较经过各模块序贯计算之后得出的新 F2。按给定的容许误差 ε 予以评判。按要求选定收敛算法，如直接迭代法或 Wegstein 法等。

2.6.2　氨合成工艺生产工况的模拟分析

（1）生产工况

某厂引进了 Kellogg 年产 30 万吨合成氨装置一套。投产后产品产量达到了设计指标，但某些操作参数与原设计指标有较大的出入，特别是氨合成部分。

按技术方提出的氨合成流程工艺生产操作数据如下：

① 新鲜气成分：$CH_4=0.0091$；$Ar=0.003$；H_2：$N_2=3$：1。

② 循环气惰性气含量：$CH_4=0.1006$；$Ar=0.0355$。

③ 氨合成塔出口气氨浓度：$NH_3=0.136$。

④ 液氨分离器：温度 -12.2℃；压力 21.7MPa（221.5kgf/cm^2）。

⑤ 氨塔：入塔气压力 23.52MPa（240kgf/cm^2）；入塔气温度 140.6℃；塔出口温度 301℃。

⑥ 氨塔内第一、第二、第三催化剂床层的入口温度：$T_1=410$℃；$T_2=456$℃；$T_3=454$℃。

⑦ 循环压缩机：入口压力 21.54 MPa（216.8kgf/cm^2）；出口压力 23.62 MPa（241.0kgf/cm^2）。

⑧ 原料气（标准状态）：消耗定额为 2976m^3/t NH$_3$。

氨合成生产工艺流程如图 2-42 所示。

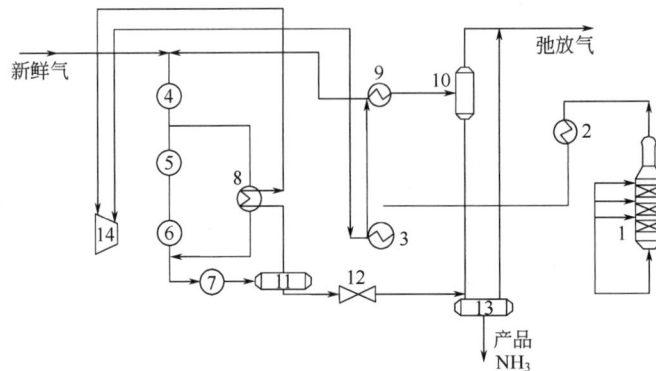

图 2-42　氨合成生产工艺流程
1—氨合成塔；2—锅炉给水预热器；3—热交换器；4—水冷却器；
5—第一氨冷却器；6—第二氨冷器；7—第三氨冷器；8—冷热交换器；
9—放空气氨冷器；10、11—液氨分离器；12—节流减压阀；
13—低压氨罐；14—循环压缩机

投产后，考核生产负荷达到设计能力 104.4% 的时候，氨合成塔入口压力为 19.306 MPa（197kgf/cm^2），合成塔的出口温度为 314.2℃，原料气（标准状态）消耗定额 3034.48m^3/t NH$_3$。这种实际生产工况有两个不利的严重后果：一是氨塔出口温度超标达 13.2℃，按氨塔出口超温最大限度是 10℃，过高的超温将影响氨塔设备安全；二是原料气消耗定额过高，为原设计的 101.97%。

（2）模拟分析

按定性分析，出现这种偏差的原因是由于催化剂初期活性较高所致。针对这种情况需要制定合理的氨合成过程的操作条件。降低合成压力，或是提高循环气中的惰气含量都可降低氨塔出口温度，但是哪一种更合适，如何确定生产操作参数的定量数据，这就要靠对氨合成工艺的模拟计算来确定了。

建立 Kellogg 氨合成流程的模拟系统，可借用上一节中建立的各个过程单元模块，并以进入氨塔前的循环气作为断裂物流，设置收敛单元。在日产产品合成氨 1038.5t 的前提下，依据技术方的基本设计数据（新鲜气成分、氨塔入口温度、氨塔内各催化剂床层的入口温度、氨分离器温度、循环压缩机出入口压差等）。设取氨塔至液氨分离器间的压降为 1.81 MPa（18.5kgf/cm²）。按序贯模块法针对这个流程实施改变合成压力条件的工况模拟，以及改变循环气惰气含量的工况模拟。

① 改变合成压力条件的工况模拟

对氨塔入口压力为 24 MPa、22 MPa、20 MPa、19 MPa 四种条件进行工况模拟。模拟计算结果见图 2-43。

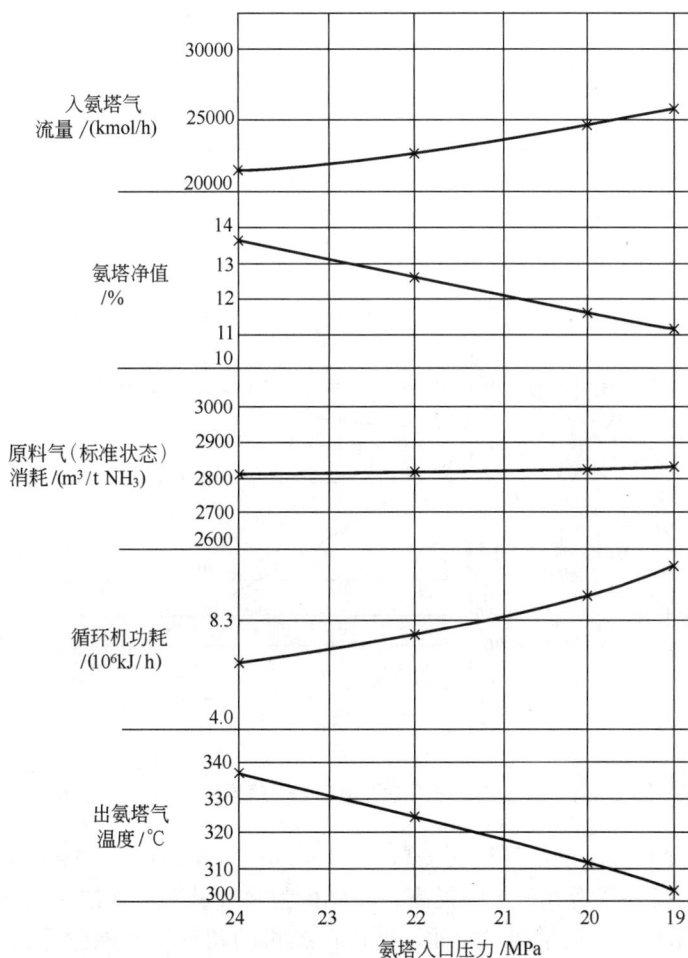

图 2-43 氨合成流程操作压力变化时的工况变化

从图 2-43 可以看出，如果按照技术方的原数据进行氨合成工艺生产，氨塔入口压力 24MPa，则氨塔出口温度将是 336℃。而氨塔出口温度的最高限度为 310℃。因而这是生产上所不能容许的。

从模拟计算结果可见当氨塔入口压力降至 19MPa 时，氨塔出口温度为 302.79℃。可见，实施降压生产是一个可考虑的方案。但合成压力的降低也必然带来氨合成率的降低，这必然带来增大循环气量的后果。为了满足日产产品氨 1038.5t 的产量指标要求，循环气量由 21608kmol/h 增加到了 25893kmol/h。由于循环气量的增大，致使循环压缩机的功耗由 6.77×10^6 kJ/h 增加到 10.37×10^6 kJ/h，相应的增大了 1.53 倍。氨合成过程的降压操作，对原料气（标准状态）的消耗量也是有的，但变化不大。由 2813.67m³/t NH₃ 增加到 2824.7m³/t NH₃。

② 改变循环气惰气含量的工况模拟

按技术方原数据，氨塔入口压力仍取 23.5MPa。改变循环气中的惰气含量，工况模拟计算结果数据绘于图 2-44。

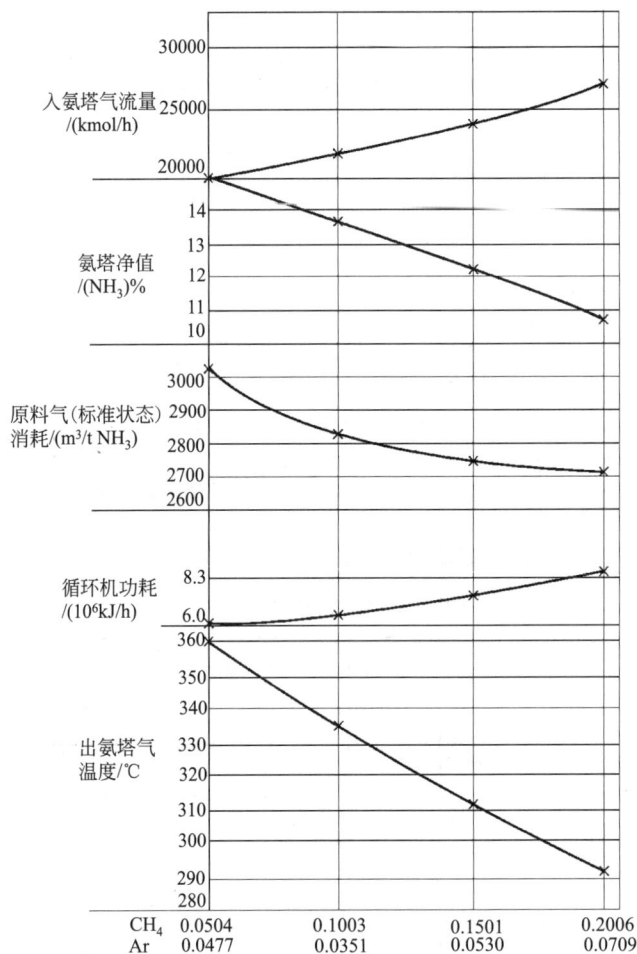

图 2-44 氨合成流程循环气中不同惰气含量下的工况变化

从图 2-44 可见，当循环气中的惰气浓度提高到 CH₄＝0.175，Ar＝0.062 时，氨塔出口温度将可降至 300℃。在实际生产上循环气惰气含量的提高是靠减少弛放气量来实现的。惰气含量的提高也将降低合成率，这也必将导致循环气量的增加。因此，循环压缩机的功耗将比原设计数据增加了 1.17 倍，达到 7.94×10^6 kJ/h。由于弛放气量的减少，原料气（标准状态）消耗比原设计数据降低至原来的 97%，达到了 2730m³/t NH₃。

纵观降低合成压力与提高惰气含量这两种工艺生产条件的调整方案，后者是有利的。

不论实施哪一种调整方案，为满足氨塔内各催化剂床层的入口温度的要求，对各段冷激气的流量都需要进行调整。这些定量操作数据都可由前述的过程模拟系统计算得出详细结果。

2.7　过程系统稳态模拟软件

2.7.1　ASPEN

Aspen Plus 起源于 20 世纪 70 年代后期，于 1981 年底完成，1982 年 Aspen Tech 公司成立并将其商品化，称为 Aspen Plus。Aspen Plus 是基于稳态化工模拟、优化、灵敏度分析和经济评价的大型化工流程软件，用于模拟各种操作过程，从单个操作单元到整个工艺流程的模拟。Aspen Plus 界面如图 2-45 所示。

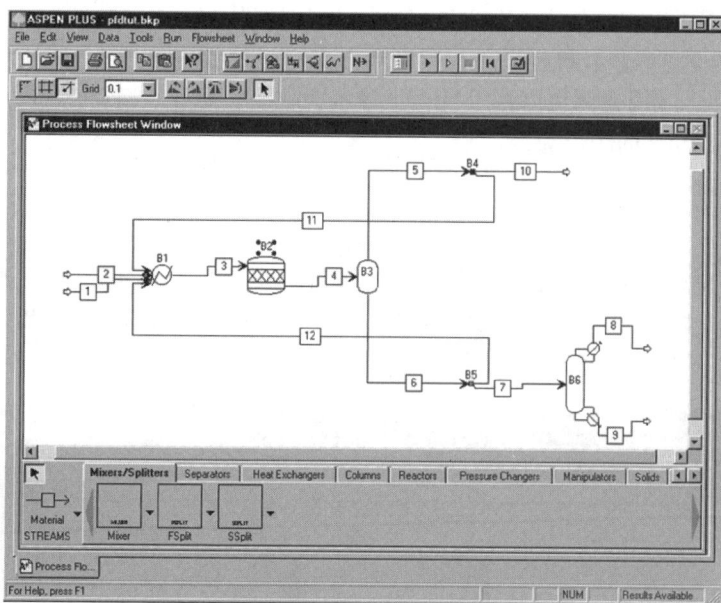

图 2-45　Aspen Plus 界面

Aspen Plus 解算方法为序贯模块方法，对流程的计算顺序可以由用户自定义，也可以由程序自动产生。对于有循环回路和设计规定的流程进行迭代收敛。Aspen Plus 采用先进的数值计算方法，能使循环物料和设计规定迅速而准确地收敛。这些方法包括直接迭代法、正割法、拟牛顿法、Broyde 法等。Aspen Plus 可以同时收敛多股断裂（tear）流股、多个设计规定，甚至收敛有设计规定的断裂流股。应用 Aspen Plus 的优化功能，可寻求工厂操作条件的最优值以达到任何目标函数的最大值。可以将任意工程和技术经济变量作为目标函数，对约束条件和可变参数的数目没有限制。

Aspen Plus 主要是由物性数据库、单元操作模块和系统实现策略三个部分组成的。

（1）物性数据库

Aspen Plus 自身拥有两个通用的数据库：Aspen CD——Aspen Tech 公司自己开发的数据库；DIP-PR——美国化工协会物性数据设计院设计的数据库。另外，还有多个专用数据库。Aspen Plus 具有工业上最适用而完备的物料系统。其包含 1773 种有机物、2450 种无机物、3314 种固体物、900 种水溶电解质的基本物性参数。对 UNIQUAC 和 UNIFAC 方程的参数也收集在数据库中。计算时可自动从数据库中调用基础物性进行传递物性和热力学性质的计算。同时，Aspen Plus 还提供了几十种用于计算传递物性和热力学性质模型的方法。对于强的非理想液态混合物的活度系数模型主要有 UNIFAC、UNIQUAC 等。Aspen Plus 还提供灵活的数据回归系统，使用实验数据来求物性参数，可以回归实际应用中的任何类型的数据，计算任何数据参数，包括用户自编的程序。

（2）单元操作模块

Aspen Plus 中有五十多种单元操作模型，如混合、分割、换热、闪蒸、精馏、反应等，通过这些模型和模块的组合，能模拟用户所需的流程。除此之外，Aspen Plus 还提供了灵敏度分析和工况分析模块。利用灵敏度分析模块，用户可以设置某一变量作为灵敏度分析变量，通过改变此变量的值模拟操作结果的变化情况。采用工况分析模块，用户可以对同一流程几种操作工况进行分析。

（3）系统实现策略（数据输入—解算—结果输出）

Aspen Plus 提供了操作方便、灵活的用户界面，以交互式图形界面（GUI）来定义问题，控制计算和灵活地检查结果。具有各种图形、文本操作和编辑功能，帮助和指导用户进行流程模拟。用户完成数据输入后，即可进行模拟计算，以交互方式分析计算结果，按模拟要求修改数据，调整流程，或修改或调整输入文件中的任何语句或参数。提供了包括拷贝、粘贴等目标管理功能，能方便地处理复杂的流程图。图例符号编辑器使用户能够建立新的设备及 PFD 图例符号，修改已存在的图例符号。

Aspen Plus 经过 20 多年来不断地改进、扩充和提高，已先后推出了十多个版本，成为举世公认的标准大型流程模拟软件，应用案例数以百万计。全球各大化工、石化、炼油等过程工业制造企业及著名的工程公司都是 Aspen Plus 的用户。

2.7.2　PRO/Ⅱ

PRO/Ⅱ是一款历史最久的、通用性的化工稳态流程模拟软件，最早起源于 1967 年美国模拟科学公司（SimSci）开发的世界上第一个蒸馏模拟器 SP05。1973 年 SimSci 公司推出基于流程图的模拟器，1979 年又推出基于 PC 机的流程模拟软件 Process，即 PRO/Ⅱ的前身。PRO/Ⅱ界面如图 2-46 所示。

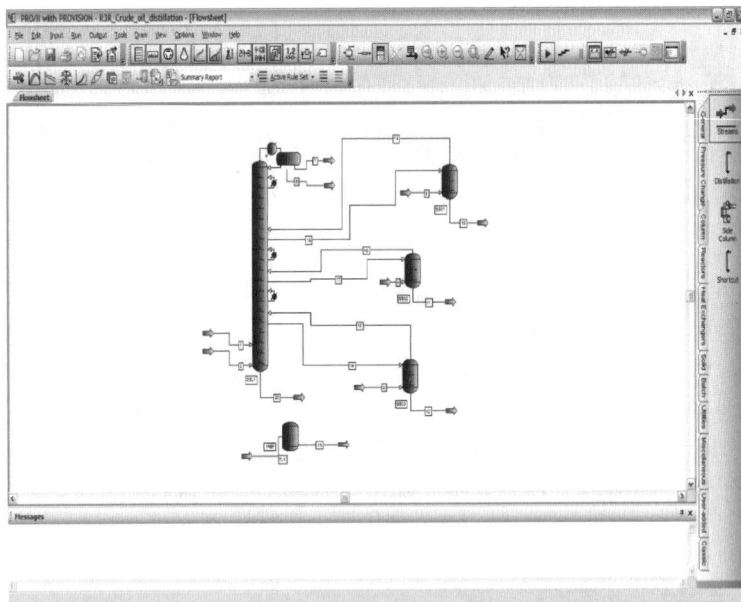

图 2-46　PRO/Ⅱ界面

PRO/Ⅱ拥有完善的物性数据库、强大的热力学物性计算系统，以及多种单元操作模块。PRO/Ⅱ在功能上具有以下特点。

（1）拥有强大的物性数据库

PRO/Ⅱ的组分数超过 1750 种。此外，PRO/Ⅱ允许用户定义或覆盖所有组分的性质，亦可以自己定义库中没有的组分，自定义组分的性质可以通过多种途径得到或者生成。用户可以用 PRO/Ⅱ中 DATAPREP 程序查看和操作纯组分的性质数据，也可以用它生成自定义组分的性质数据，当然，还可以通过 DATAPREP 生成用户自己的纯组分库。

（2）拥有丰富的单元操作模块

PRO/Ⅱ典型的化学工艺模型包括合成氨、共沸精馏和萃取精馏、结晶、脱水工艺、无机工艺、液-液抽提、苯酚精馏以及固体处理等工艺。较为常用的有：精馏模型，包括简捷模型、反应精馏和间歇精馏、两/三相精馏、四个初值估算器、电解质、液-液抽提以及填料塔的设计和核算、塔板的设计和核算、热虹吸再沸器；换热器模型，包括管壳式、简单式和 LNG 换热器，可以进行区域分析、加热/冷却曲线绘制；反应器模型，包括转化和平衡反应器、活塞流反应器、连续搅拌罐式反应器、在线 FOR-TRAN 反应动力学反应器、吉布斯反应器、变换和甲烷化反应器、沸腾釜式反应器、间歇反应器。对于聚合物反应，PRO/Ⅱ提供了连续搅拌釜反应器、活塞流反应器、刮膜蒸发器。对于固体反应，PRO/Ⅱ提供了包括结晶/溶解器、逆流倾析器、离心分离器、旋转过滤器、干燥器、固体分离器、旋风分离器。

（3）图形界面友好、灵活

图形界面使用户很方便地搭建某个装置甚至是整个工厂的工艺过程，并允许以多种形式浏览数据和生成报表。其主要特点如下：灵活的流程搭建和数据输入，基于颜色的输入向导，用户可配置的缺省值，单元操作和物流的搜索功能，方便的数据查看窗口，先进的报表功能，强大的制图功能。

PRO/Ⅱ可用于流程的稳态模拟、物性计算、设备设计、费用估算、经济评价、环保评测等，并可以模拟整个生产厂从管道、阀门到复杂的反应以及分离过程在内的几乎所有的装置和流程。目前 PRO/Ⅱ已经广泛用于各种化工过程的质量和能量平衡计算，提供了全面的、有效的、易于使用的解决方案。PRO/Ⅱ尤其在油气加工、炼油、化工、化学、工程和建筑、聚合物、精细化工和制药等行业得到了广泛的应用。

PRO/Ⅱ软件自 20 世纪 80 年代进入我国后，受到广大用户的好评，已成为各高校化工专业和科研机构最常用的流程模拟工具之一。

3 化工过程系统动态模拟与分析

○○ —— ○○ ○ ○○ ————

3.1 化工过程系统的动态模型

3.1.1 化工过程系统的动态特性

动态特性是化工过程系统最基本的特性之一。在涉及间歇过程、连续过程的开停工、连续过程本征参数依时变化、控制系统的合成、过程系统局部与全局特性分析以及利用人为非定常态操作，来强化过程系统性能和实现技术目标等问题时，都需要系统动态特性的知识。不仅如此，动态特性还可以用来帮助我们辨识某些系统的结构、过程的机理和估计描述系统性能的模型参数，甚至作为诊断过程系统运行故障的手段。例如：精细化学品生产中经常采用间歇蒸馏、间歇反应、半连续反应等技术，过程系统的状态本身就是随时变化的；而连续过程的开、停工阶段，系统的状态也是随时变化的，因此，怎样操作才能缩短开、停工时间，就要涉及系统动态特性的问题。此外，化工过程系统常常具有很强的非线性特性，对于这样的系统，要安全、顺利地开停工，动态特性的知识就尤为重要。某些连续过程，由于催化剂迅速失活或者催化剂在系统内循环过程中依次经过处于不同操作条件的区域（如循环流化床催化反应器中的过程和催化剂迅速失活的固定床催化反应器中的过程），实质上都是非定态的。作为被控制系统合成的基础，在考虑非线性过程系统的操作、设计和控制等工程实际问题时，定态多重性、定态稳定性、参数敏感性等系统定性分析的内容，也只有从其内在的、动态特性分析的角度才能解决。近 20 年来，诸如间歇过程的优化、变压吸附、变温吸附、化学反应器强制周期操作等人为非定态操作技术的发展，也促使人们更深入地去了解、研究和利用过程系统的动态特性。

总之，化工过程系统动态特性知识，对于在化学工程与工艺、化工过程自动化以及相关领域工作的人员来说，都是十分重要的、基本的。

3.1.2 化工过程系统的动态模型

无论我们碰到和处理上述哪一类与过程系统动态特性有关的实际问题，所需要的最核心、最本质的知识，是如何科学地描述过程系统动态特性的规律，这意味着必须选择或者建立一种既能反映过程系统本质特性，又相对简单明了的数学模型。模型化（modeling）是现代化学工程方法论的重要组成部分，尤其是过程动态学的核心。

根据对过程系统中状态变量分布特征的不同描述方式，一般可以把数学模型分为集中参数模型、分布参数模型和多级集中参数模型。集中参数模型认为状态变量在系统中呈空间均匀分布，如强烈搅拌的反应罐就可以用这一类模型来描述。分布参数模型认为状态变量在系统内呈现非均匀，但一般是连续的空间分布，如管式反应器的模型通常就用分布参数模型。多级集中参数模型一般用于描述多级串联、级内状态变量均匀分布的过程，如板式塔内的传质分离过程等。事实上，对于大多数过程系统，状态变量在其中的分布既不可能是均匀分布的，也不是多级均匀分布的，更不可能出现像模型描述的那种连续分布。模型往往只是简化了的近似描述而已。正因为如此，对于一个特定的过程系统，无论其中状态变量的真实分布特征如何，往往可以等价地用不同类型的模型来描述。例如，对于均相管式反应器，既能用带有弥散项（有效传递项）的分布参数模型，也能很好地、近似等价地用多级集中参数模型来描述。对于萃取塔等设备的过程模型，也有类似的情况。

📖 问题思考　集中参数模型、分布参数模型的时-空特点

我们生活的客观世界可描述为 3 个空间维度＋1 个时间维度，描述过程系统中的变量 a 的变化规律时，可以根据其对这 4 个维度的变化而分成不同的模型。一般用 x、y、z 来指代 3 个空间维度，用 t 来指代时间维度。

当
$$\frac{\partial a}{\partial t}=0$$

此时意味着变量 a 的值不随时间而变化。即 a 的值仅对空间的 3 个维度发生变化。这时的模型对应于第 2 章所学习的定常态（稳态）系统模型。

对 3 个空间维度的变化也需要用偏微分方程来进行描述。但有时通过对称性原理或其他原理进行简化后，往往可以仅对其中 1 个维度的变化进行研究，此时描述变量 a 的方程可以转化为常微分方程。当我们把单元操作看作一个单元、仅关心其入口物流信息、操作条件信息和出口物流信息时，相当于仅仅关注变量 a 在入口和出口所对应的点处的信息，描述变量 x 的方程可以进一步简化为代数方程。

当
$$\frac{\partial a}{\partial t}\neq0$$

此时意味着变量 a 的值同时随时间和空间而变化。即 a 的值仅对时间和空间的 4 个维度发生变化。这时的模型对应本章所学习的非定常态（动态）系统模型。

一般来说，当变量 a 在时-空所对应的 4 个维度均发生变化时，往往只能用偏微分方程或方程组来描述，其求解过程较为困难。

当
$$\frac{\partial a}{\partial t}\neq0$$

且
$$\frac{\partial a}{\partial x}=\frac{\partial a}{\partial y}=\frac{\partial a}{\partial z}=0$$

此时意味着变量 a 的值不随空间位置发生变化，而仅随时间变化。比如在强烈搅拌的反应釜中，有时我们会忽略局部浓度、温度、压力等的变化，将其视为在釜内的不同位置均相同。此时对应于集中参数模型，因变量仅对时间 1 个维度发生变化，模型方程可以简化为常微分方程（组）。

对于由多个集中参数模型所构成的体系，例如多个搅拌釜的串联过程，变量在每个釜内可视为均匀一致，在不同釜之间出现突变，这就相当于建立起多个集中参数模型的方程组，并对其联立求解。此时对应于多级集中参数模型，模型方程是代数方程与常微分方程的组合。

当
$$\frac{\partial a}{\partial t}\neq0$$

且空间维度上至少有一个
$$\frac{\partial a}{\partial x}\neq0$$

变量 a 的值同时随时间和空间的维度发生变化，对应于分布参数模型。此时只能用代数方程和偏微分方程组来描述，求解困难，往往要用数值方法进行求解。

　　根据建立模型的不同方法，一般可以将数学模型分为统计模型、确定性模型和介于两者之间的半经验模型。统计模型又称为经验模型，纯粹由统计、关联输入输出数据而得。其表达方式往往很简单，因而只需做少量计算就能得到所要的结果，但是它的致命弱点是只能应用到建立模型时采集数据所涉及的那些操作条件，或者可以略作小范围的外推。确定性模型又称为机理模型，在化工过程系统领域内，除极少数机械过程之外，确定性模型都是通过对所研究的系统或者系统内某个微元，列出质量、能量和动量守恒关系式，系统（或微元）内外质量、能量和动量交换速率系数计算式，相关的相平衡关系，以及化学反应速率表达式（如果有化学反应的话）和化学反应平衡常数计算式（如果化学反应可逆的话）而建立起来的。这些，实际上就像在化工原理、化学反应工程等课程中所一再说明和运用过的那样。由于在建立确定性模型时通常仅仅做了少数几项假设，它所处理的是更一般的情况，因而模型的普遍适用性更强。确定性动态模型的数学表达形式如表 3-1 所示。

表 3-1　化工过程系统确定性动态模型的数学表达形式

模型类型	模型表达形式	应用实例
集中参数模型	代数-常微分方程组	理想搅拌罐反应器动态模型等
分布参数模型	代数-偏微分方程组	填料塔、管式反应器动态模型等
多级集中参数模型	代数-常微分方程组	板式塔动态模型，串联 CSTR 动态模型等
混合模型	上述二、三类模型的混合形式	多个单元过程组合而成的系统

　　近年来，人工智能技术的迅速发展及其在化工中的应用，大大推动了过程系统模型描述和性能模拟方法的进步，这突出地反映在人工神经网络技术在过程系统性能模拟方面的应用。人类的思维依靠大脑，而神经生物学和解剖学的研究成果证明，大脑是由非常非常多的基本单元—神经元交织在一起的网状结构。每一个神经元都具有接收、处理和传送信息的功能。一旦神经末梢受到的刺激超过一定的水平，就可能引发某些电化学效应，产生神经脉冲，并通过神经元之间的联系在网状结构中传播，最终导致一系列生理活动。人工神经元网络数学模型就是对上述生物神经元网络主要特性与功能的描述，因而这种模型在很多方面与人类智能类似，它对信息的处理响应速度快，自适应性强，具有自学习能力等，在过程系统动态模拟与控制方面显示出与其他类型的模型相比独特的优势。但限于篇幅，本章对此将不作更具体的介绍，有兴趣的读者可以参考已经大量出版的各种有关参考书。

3.1.3　确定性动态模型的数学处理

　　要利用确定性动态模型来预测、揭示化工过程系统的内在规律，解决与动态学特性有关的工程实际问题，都必须对所涉及的数学模型进行必要的数学处理。这些数学处理，可以被大致分为如下三大类。

　　（1）正问题——模型方程组的求解

　　所谓模型方程（组）的正问题，通常是指所有的参数（包括设计、物性、传递和操作参数等）都已给定，要求利用模型来预测系统的状态分布及其在时间域的运动（变化）情况。这一类问题在工程实际上经常会碰到。例如，预测给定操作条件下系统的性能，换句话说是对系统的操作性能进行模拟。又如，考察某些模型参数的变化对系统性能的影响，即，系统的参变性能分析。再如，在控制系统设计中利用模型来帮助"发生"系统的输入-输出关系等。

　　解决正问题，要求在给定的初值条件（对集中参数和多级集中参数系统）或初、边值条件（对于分布参数系统）下求解模型方程组。这就可能涉及代数方程组、常微分方程组和偏微分方程组，以及它们的混合方程组的求解问题。由于化工过程通常具有强烈的非线性特性，求模型方程组的分析解往往是不可能的，不得不借助于计算机求数值解。因此，应当通过实际运用，掌握如何利用求解代数方程组、常微分方程组初值问题、偏微分方程初边值问题的若干通用程序去处理与模型方程组求解有关的问题。

（2）逆问题——模型参数的估计

实际上，我们也常常碰到另一类问题，即已经从实验装置或生产装置上采集到在非定常态条件下系统状态变量随时间变化的信息，要求从中估计出描述这一非定常态过程的模型中某些未知参数的数值。即，已知状态在时间域的运动情况，要求估计模型参数。这样的问题通常就称为模型的逆问题。例如，对于一套连续操作、理想混合的搅拌罐反应器（CSTR）的开工过程，可以利用下列数学模型来描述：

$$\frac{du}{dt} = f(u, \mu) \tag{3-1}$$

$$t = 0 \text{ 时，} u = u(0) = u_0 \tag{3-2}$$

式中，u、u_0 分别代表任一时刻和起始时刻的状态向量；μ 代表未知而且待估计的参数向量。模型参数估计就是为了确定参数向量 μ 的最优值，使在式(3-2) 限制下，式(3-1) 的解最大限度地逼近已采集到的状态变量在不同时刻的离散数据。通常可以表示为下面的最优化问题（最小二乘法）：

$$\min F = \sum_i^N \sum_j^M (u_{i,j}^d - u_{i,j}^c)^2 = f(\mu) \tag{3-3}$$

式中，F 为最优化的目标函数或评价函数；$u_{i,j}^d$ 代表第 i 个状态变量在 j 时刻的采集数据；$u_{i,j}^c$ 代表第 i 个状态变量在 j 时刻的模型计算值，即在 j 时刻式(3-1) 和式(3-2) 的解。也就是说，最优化的目标函数被定义为在 M 个离散时刻状态变量的采集值与模型计算值偏差的平方和。状态变量在不同时刻的采集值是已知的，因而 F 的值取决于求解式(3-1) 时待定参数向量 μ 的取值，也就是说 F 是 μ 的函数。参数估计就是寻找 μ 的最优值，使 F 达到全局最小值。

✎ 问题思考

在上一章中，我们已经就解方程问题、迭代问题、优化问题的一致性进行了说明，根据上一章的讲解，当式(3-3) 中的函数 $F(u)$ 中的变量存在最优值可以使计算值与实测值相一致时，函数 $F(u)$ 就会存在一个等于 0 的值。因函数 $F(u)$ 是一个非负的函数，其最小值为 0。因此，函数 $F(u)$ 的最小值问题就变成了一个求解 $F(u)$ 中的参数，使其满足 $F(u)=0$ 的解方程问题。

在实际过程中，由于实测值不可避免地存在误差，因此能满足 $F(u)=0$ 的参数很难存在，因此我们利用求函数 $F(u)$ 的最小值的方法，来代替求 $F(u)=0$ 的点。

该方法称为最小二乘法。最小二乘法（least squares method）通过最小化误差的平方和来寻找一组数据的最佳函数匹配。这种方法常用于曲线拟合、参数估计等领域。最小二乘法的基本思想是：给定一组观测数据点，找到一个函数，使得所有数据点到该函数曲线的垂直距离的平方和最小。这个距离的平方和称为残差平方和（residual sum of squares，RSS）。最小二乘法的优点是计算简单，易于实现，对数据的分布没有严格要求。但它对异常值敏感，可能需要进行数据预处理。

完成类似于式(3-3) 的最优化计算，涉及计算数学中最优化方法这一分支。一些常用的、相对较成熟的最优化方法，通常都已编写成通用程序，在某些手册、专著、软件中都可以查到，学习本课程的学生和其他读者只需结合参数估计的实际问题，掌握这些通用程序的具体应用就可以了。应当指出的是，当参数向量的维数稍高时，目标函数曲面的形状可能是很复杂的，常常会出现多个极值点。利用一般的优化方法，目标函数往往只收敛于某些局部极小值而并不是全局最小值。为了处理在变量 μ 变化的大范围内，求全局最小值的问题，近年来又发展出一些新的算法，如遗传算法、模拟退火算法等，如果需要，读者可以参考有关的著作。

还应当指出，工程技术上碰到的另一类重要的实际问题，即操作、设计和控制的优化问题，所涉及的计算在原则上、计算数学上与逆问题是类似的，只不过式(3-3) 中的目标函数将根据问题的性质和优化目标的不同，做专门的定义，而且 μ 这时分别是指操作、设计或控制参数。

（3）过程系统的定性分析

如前所述，由于化工过程系统通常具有很强的非线性性质，因而有可能出现定常态多重性、定常态稳定性、参数敏感性、自激振荡，甚至更复杂的时间序列结构。原则上讲，这些问题都可以通过确定性模型来分析、处理。为了简单起见，我们可以把这一类问题归结为动态微分方程（组）的定性分析，它对应于现代应用数学中非常活跃的一个分支——非线性分析或非线性现象与复杂性分析。

✏️ **问题思考　化工过程的定态多重性**

化工系统的定态多重性是指在某一确定条件下，系统可以存在或到达多个不同的定态。这种现象在化工过程中较为常见，尤其是在涉及非线性动力学的系统中。定态多重性的根本原因在于系统的非线性特性。化工过程通常由一系列方程描述，包括线性方程、非线性代数方程和微分方程。当这些方程组中包含非线性项时，即使未知量数和独立方程数相等，也可能存在多个解。

从数学意义上来说，定态多重性对应于非线性方程组的多个解，或者说非线性曲线间存在多个交点，如图 3-1、图 3-2 所示。

图 3-1　定态多重性示意图　　　　　图 3-2　移热和放热曲线图

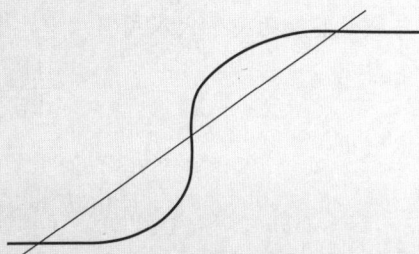

在化学反应工程中，我们学过 CSTR 存在化学反应时的放热曲线和移热曲线，有兴趣的同学可以再复习一下。在后面的章节中，我们会对这一过程进行更详细的分析。

概括起来，本节简要说明了为什么要研究化工过程系统的动态特性和怎样研究化工过程系统的动态特性，并处理与之相关的各种实际问题。作为学习的一个引导，读者未必能一下子理解上述概括性说明的全部含义，这是不奇怪的，我们希望读者学习完本章的全部内容之后再回过头来重读本节，也许会有更深刻的体会。

最后应指出，限于篇幅，本章只讨论基于确定性模型的、化工过程系统动态特性的模拟与分析。

3.2　连续搅拌罐反应器的动态特性

化工过程系统可能涉及不同类型的单元过程，它们之间组合成为一个工艺流程的方式也是多种多样的。既然如此，为什么我们要选择连续搅拌罐反应器作为研究对象呢？除了这种反应器本身在工业上的重要性之外，还由于将其作为讨论化工过程系统动态特性的一个例子，是非常具有代表性的。因为，它通常采用集中参数模型来描述系统的特性，在模型的类型上有典型性；在模型的数学处理方法方面，与其他类型的化工过程系统集中参数模型也有相似性；此外，它常常要涉及非线性系统的定性分析问题，这一点也具有典型性，所运用的分析方法具有普遍意义。

3.2.1 动态数学模型

下面，我们按照由浅入深的方法，通过几个实际的示例来介绍几种参数模型的建立和数学处理方法。

【例 3-1】 敞口连续操作搅拌罐的流量计算。如图 3-3 所示的连续操作搅拌罐，进料量为 F_i，搅拌罐中原有料液高度为 H_0，试求取自开工后排料量的变化关系。假设搅拌罐的横截面积为 A，排液量与罐中料液的高度成正比关系，即 $F_o = kH$。

首先，根据质量守恒原理，对敞口连续搅拌罐列出质量衡算关系：

$$质量累积速率＝质量流入速率－质量流出速率$$

其中

$$质量累积速率＝\frac{d(V\rho)}{dt}＝A\rho\frac{dH}{dt} \tag{1}$$

$$质量流入速率＝F_i\rho \tag{2}$$

$$质量流出速率＝F_o\rho \tag{3}$$

因此：

$$A\rho\frac{dH}{dt}＝F_i\rho－F_o\rho \tag{4}$$

将排液量与液位高度的关系代入式（4）中，并化简，可得：

$$\frac{dH}{dt}＝\frac{F_i}{A}－\frac{k}{A}H \tag{5}$$

因此，可以解出：

$$\ln(F_i－kH)＝-\frac{k}{A}t＋C \tag{6}$$

将初始化条件 $t=0$ 时，$H=H_0$ 代入式（6），并化简可以求得：

$$H＝\frac{1}{k}\left[(kH_0－F_i)e^{-\frac{k}{A}t}＋F_i\right] \tag{7}$$

式（7）就是罐中液位高度随时间的变化关系，排液量与时间的变化关系为：

$$F_o＝(kH_0－F_i)e^{-\frac{k}{A}t}＋F_i \tag{8}$$

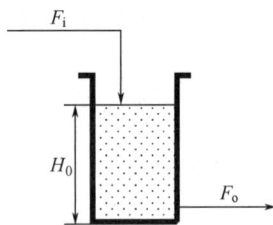

图 3-3　敞口搅拌罐示意图　　　**图 3-4**　搅拌罐中液位高度随时间的变化关系

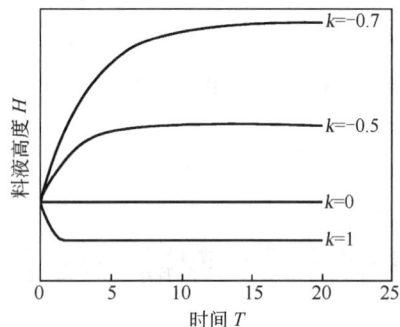

图 3-4 是例 3-1 中不同的 k 值时罐中液位高度随时间的变化关系示意图。图中每条曲线的右侧分别指明了计算所用的 $kH_0－F_i$ 的值，即 $t=0$ 时刻料液排出速度与流入速度之差。从图中可以看出，随时间的增加，罐中液位高度呈指数式变化，并逐渐达到一个近似的稳定值。对于不同的 $kH_0－F_i$ 的值，罐中液位高度随时间的变化关系有所不同。

第三章

> ✏️ **问题思考　排液量与液位高度的关系**
>
> 　　在上例中，我们人为地假设了罐的排液量与液位高度间成线性关系。这一假设是为了学生能对上例得到解析解。但认真地思考一下，排液量与液位之间的关系应当是什么呢？
>
> 　　在化工原理中，我们学过管路阻力的知识。假定排液口在罐的最下方，在排液口的出口处，其压力等于大气压，而罐内排液口位置的压力等于液体的静压强。二者之差，等于流体流过出口管路的阻力降，即，在流体流出排液口时，排液口处于罐内处与出液口处之间的静压差，会转化为流体流动的动压，而动压与管路阻力降相等。此外，管路出口阻力降与流体流速的平方成正比。在给定管路截面积不变时，流体流速与流体流量之间正相关。因此管路阻力降与流量的平方成正比，而由前面的说明可知，管路阻力降与液位正相关。由此可进一步地推导出，罐内液位与出口流量的平方成正相关。相应地，出口流量与液位的关系式并不应当是 $F_o = kH$，而应当是 $F_o = kH^{1/2}$。
>
> 　　但当 $F_o = kH^{1/2}$ 时，所求解的方程组形式复杂，很难得到解析解。

【例 3-2】 搅拌罐内含盐量的动态模型。

　　搅拌罐示意图如图 3-3 所示。初始情况是槽内盛有 V_0 的水，把浓度为 c_i 的盐水以恒定流量 F_i 加入槽内，与此同时完全混合后的盐水以恒定流量 F_o 排放，试求槽内盐水浓度 c 的变化规律。

　　盐水溶液的总物料衡算关系：

$$\frac{\mathrm{d}V}{\mathrm{d}t} = F_i - F_o \tag{1}$$

　　盐组分的物料平衡：

$$\frac{\mathrm{d}(Vc)}{\mathrm{d}t} = F_i c_i - F_o c \tag{2}$$

　　即：

$$V\frac{\mathrm{d}c}{\mathrm{d}t} + c\frac{\mathrm{d}V}{\mathrm{d}t} = F_i c_i - F_o c \tag{3}$$

　　式（3）表明有两项累积量，第一项是因浓度变化而引起的，第二项是由体积变化所引起的，这两项皆与求解有重要关系。将式（1）代入式（3），并化简，可得：

$$\frac{\mathrm{d}c}{\mathrm{d}t} = \frac{F_i}{V}(c_i - c) \tag{4}$$

　　将式（1）积分，并利用初始条件 $t=0$ 时，$V=V_0$，可以得出：

$$V = (F_i - F_o)t + V_0 \tag{5}$$

　　代入式（4），并化简为：

$$\frac{1}{c_i - c}\mathrm{d}c = \frac{F_i}{(F_i - F_o)t + V_0}\mathrm{d}t \tag{6}$$

　　积分式（6），可以求出：

$$\ln(c_i - c) = -\frac{F_i}{F_i - F_o}\ln[(F_i - F_o)t + V_0] + B \tag{7}$$

　　其中，B 为积分常数。将初期条件 $t=0$ 时，$c=0$ 代入式（7），可以解出 B，于是式（7）可以化简为：

$$c = c_i - c_i V_0^{\frac{F_i}{F_i - F_o}}[(F_i - F_o)t + V_0]^{-\frac{F_i}{F_i - F_o}} \tag{8}$$

式(8)是普遍情况下例 3-2 的分析解，但其中隐含有条件 $F_i > F_o$，这是在式(5)中所包含的隐含条件；当 $F_i < F_o$ 时，当 t 足够大时，式(5)应当分段进行求解。当 $F_i = F_o$ 时，存在 $V = V_0$，此时，问题的分析解为：

$$c = c_i - c_i \mathrm{e}^{-\frac{F_i}{V_0}t} \tag{9}$$

图 3-5 给出了 $c_i = 1$ 时，对不同的 F_i，本例罐中浓度随时间的变化关系。可以看出，对任何一种情况，随着时间的延长，罐中浓度最终将逐渐达到 c_i。

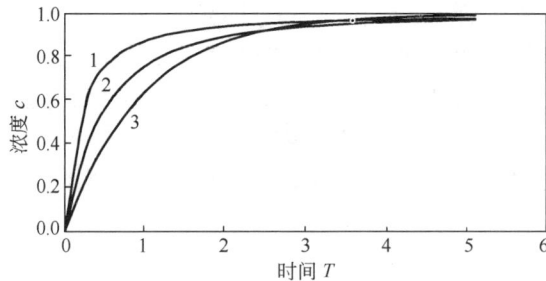

图 3-5 搅拌罐中浓度随时间的变化关系
1—$F_i = 5F_o$；2—$F_i = 2F_o$；3—$F_i = F_o$

问题思考　分部微分的物理意义

在上例中，对于 $\dfrac{\mathrm{d}(Vc)}{\mathrm{d}t}$ 的求解，我们利用了分部微分。在数学上，通过分部微分，我们有：

$$\frac{\mathrm{d}(Vc)}{\mathrm{d}t} = V\frac{\mathrm{d}c}{\mathrm{d}t} + c\frac{\mathrm{d}V}{\mathrm{d}t}$$

该式在物理意义上表明，对于罐内盐组分的质量增长，在极小的微元时间内，假设分别是由两部分引起的：一是在这一时间微元内体积不变，仅发生浓度变化而引起的盐的增量；二是在这一时间微元内浓度不变，仅发生体积变化而引起的盐的增量。盐组分的质量增长是由这两部分的加和而得到的。

这一物理意义非常重要，在后面精馏塔的动态分析中，我们还会再次利用分部微分的概念。

例 3-1 和例 3-2 是集中参数模型中的两个特例，在其中，通过一些理想化的假设，削减了过程的复杂性，使得该过程可以通过数学方式精确求解。但这只是连续搅拌罐式反应器的简化模型，对于一般的连续搅拌罐式反应器，除总物料衡算和组分物料衡算外，还存在着伴随化学反应的热效应以及反应罐本身的热衡算。对于这种复杂的过程，是不太可能通过数学方法精确求解的，一般要通过数值方法进行积分运算，方可求得过程的解。

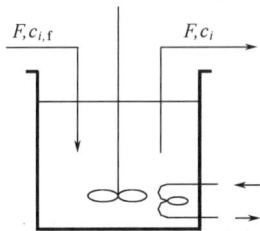

图 3-6 连续操作搅拌罐反应器

讨论图 3-6 所示的连续操作搅拌罐反应器。为了突出寓于这个例子中带普遍意义的思想、方法和实际应用，通常假定反应罐内处于分子级理想混合，且为液相均相反应，因此可以认为反应混合物的温度和组成在反应区里是均匀的。如果进一步假定反应区的容积不随时间变化，则加料与排料的流量也可以认为是近似相等的，即 $F_{in} = F_{out} = F$。对于一个包含 M 个组分和 N 个反应的系统，可以分别写出每一个组分的质量守恒式和反应区的能量守恒式，如下。

i 组分质量守恒式：

$$V \frac{\mathrm{d}c_i}{\mathrm{d}t} = F(c_{i,\mathrm{f}} - c_i) + VR_i \quad (i=1,2,\cdots,M) \tag{3-4}$$

反应区能量守恒式：

$$V\rho C_p \frac{\mathrm{d}T}{\mathrm{d}t} = F\rho C_p(T_\mathrm{f} - T) - UA(T - T_c) + V\sum_{j}^{N} R_j(-\Delta H_j) \quad (j=1,2,\cdots,N) \tag{3-5}$$

式中，V、F 分别代表反应区容积和加料容积流量；c_i、$c_{i,\mathrm{f}}$ 分别代表反应器内和加料中第 i 组分的浓度；t 表示时间；T、T_f 分别代表反应区内和加料混合物的温度；U 表示反应液体与冷却剂之间热交换的总传热系数；A 表示反应液体与冷却剂之间的总传热面；T_c 表示冷却剂平均温度；ρ、C_p 分别代表反应混合物的平均密度与比热容；$-\Delta H_j$ 表示第 j 个反应的热效应；R_j 表示第 j 个反应的速率；R_i 表示因化学反应引起的第 i 个组分浓度的变化速率。并且有：

$$R_i = \sum_j \mu_{i,j} R_j = \sum_j \mu_{i,j} R_j(\bar{c}, T) \tag{3-6}$$

式中，$\mu_{i,j}$ 表示第 j 反应计量式中 i 组分的系数。

式(3-4)、式(3-5) 通常受下列初始条件的约束：

$$t=0 \text{ 时，} c_i = c_{i,0}, \ T = T_0 \tag{3-7}$$

式(3-4)～式(3-7)就构成所讨论的连续操作搅拌罐反应器的动态数学模型。

✏ 问题思考

运用化学反应工程课程中关于化学反应计量学的知识，还可以对上述模型进行简化。换句话说，不必对所有 M 个组分，而仅仅需要对少于 M 的几个着眼组分写出质量守恒式(3-4)，从而减少了模型涉及的常微分方程的个数。至于其他非着眼组分的浓度，完全可以利用"在化学反应过程中，所涉及的每一种元素的总原子数守恒"这一化学计量学基本原理，通过相应的代数方程（组）来推算。

3.2.2　模型的数学处理与应用（Ⅰ）

由式(3-4)～式(3-7)构成的动态数学模型的正问题，在计算数学上是典型的常微分方程组的初值问题。通常可以利用龙格-库塔（Runge-Kutta，R-K）法、基尔（Gill）法等通用程序来求数值解。在一般情况下，R-K 法已能满足要求。对于某些特殊情况，例如反应的热效应强、活化能高等，这时浓度和温度随着时间的变化在某些时段可能非常激烈，采用一般的 R-K 法可能引起计算的不稳定性，难以制约，就需要采用像 Gill 法之类具有一定自适应性的方法。

✏ 问题思考　数值积分

在高等数学的学习中，我们对积分有了一定的了解，但我们经常发现，很多积分过程非常复杂，尤其在计算机计算中，很难形成通用的、对各种函数均可以适用的软件算法。为此，我们需要了解数值积分。

我们仍以一维变量的积分作为例子。在几何意义上，积分就是一个求曲线下方的面积之和的过程。计算的起始点 x_1、x_2 对应于积分时变量 x 的积分上下限。

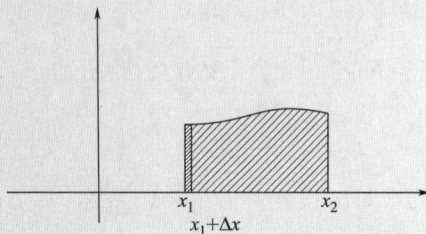

因此，我们可以将上述图形中的阴影部分的面积，分割成无数细小的多边形，分别求取其面积，再将其面积加和，就得到了 $[x_1, x_2]$ 之间曲线所覆盖的总面积。

当 Δx 很小时，因为用于计算的多边形的形状与原曲线不一致，而对计算带来的误差也会很小，因此，多边形的形状可以选择为矩形、梯形等多种形状。因其形状不同，以及 Δx 的大小不同，对精度产生的影响会不同，但另一方面计算所需的工作量也会不同。

常微分问题的初值问题，也可以理解为一个积分问题。

例如，已知：

$$\frac{\mathrm{d}y}{\mathrm{d}x} = x^2 + x + y + y^{0.5}$$

初始条件为 $y(0) = 1$，求 $x = 2$ 时 y 的值，即 $y(2)$ 等于多少？

设：

$$f(x, y) = x^2 + x + y + y^{0.5}$$

则可简化为：

$$\frac{\mathrm{d}y}{\mathrm{d}x} = f(x, y)$$

此时这个常微分方程的初值问题，就是对 $f(x, y)$ 在 $x = [0, 2]$ 处求积分的问题。

龙格-库塔法是一种经典的求解常微分方程初值问题的方法，它利用的就是上述原理。不过其在每一步计算中使用了多个中间点来形成原函数的近似解，从而提高了计算精度。四阶龙格-库塔法是常用的。这些中间点的设置可理解为对原函数的泰勒展开式的截断。基尔法是一种四阶龙格-库塔法的变体，只是其系数经过特殊选择，以提高数值求解过程的精度和稳定性。

此外，还有很多不同的方法都可以用于求解数值积分。而且这些方法很多都已经形成了通用的软件，可以很方便地使用。

(1) 应用 1：开工过程分析

由式(3-4)～式(3-7)构成的动态数学模型，可以用于连续操作搅拌罐反应器的开工过程分析。例如：

① 计算开工过程所需的时间。只要从给定的初始条件出发，对式(3-4)～式(3-6)求数值解，求取直至状态变量的每一个分量 c_i ($i = 1 \sim M$)、T 接近定常值所需的时间，就是近似的开工时间。

② 研究初始条件对开工过程的影响。计算方法与①是类似的，只是反复改变不同的初始条件，通过数值分析考察初始条件（开工条件）的不同对开工时间的影响，了解在开工过程中系统状态变化的经历与初始条件的相互关系，从而可以帮助制定适当的开工方案，达到既缩短开工时间，又不致使开工过程出现某些工艺上不允许的温度和（或）浓度。

(2) 应用 2：动态响应的数字仿真

在控制系统合成过程中，了解被控制对象的输入-输出关系是最基本的需要。传统的方法是在对象（如精馏塔、反应器）上进行实验测试，既耗费人力物力，还可能会干扰系统的正常操作。利用数字仿真技术来了解对象的动态响应特性，即输入-输出关系，就要简单得多。通常的做法是，首先建立过程系统的确定性动态数学模型；然后需要确定，应当考察哪些通道的输入-输出关系，即确定输入变量；

最后把给定的定常状态作为初始条件，逐一考察每一个输入变量在设计值上下阶式改变某个百分数对状态变量（输出）的影响。通常把结果表示成状态变量瞬时值与定常值之间的偏差随时间的变化曲线，而将输入变量变化的百分数作为参变量。

利用这种数字仿真技术，从式(3-4)～式(3-7)构成的动态模型出发，不难得出一个连续操作搅拌罐反应器的输入-输出关系。

3.2.3　模型的数学处理与应用（Ⅱ）

如前所述，由式(3-4)～式(3-7)描述的过程系统，常常表现出强非线性系统特有的一系列复杂性质，如定态多重性、稳定性，参数敏感性，自激振荡，甚至像混沌现象这一类复杂的时间序列结构。通过定性分析，就可以揭示诸如在什么条件下会出现这些复杂性质的规律性。

（1）定态多重性

观察式(3-4)、式(3-5)可以发现，方程左端是变量对时间的导数。方程左端为0，在物理意义上代表着变量对时间的导数为0。即，变量的值不随时间而变化。此时方程就退化为一个定常态过程。

系统的定态对应于令式(3-4)、式(3-5)左端为零时，相应非线性代数方程组的解。如果有多重根，就意味着系统有可能出现多重定态。换句话说，在设计参数（像 V、A 等）、物性参数（像 ρ、C_p 等）和操作参数（像 F、$c_{i,f}$、T_f 等）都不变的情况下，我们可以看到不止一个定常状态。在非线性方程组，这对应于非线性方程组的多个根。至于实际上看到的是哪一个定态，这要取决于开工条件。关于这一点，在以后的讨论中自然还会涉及，这里就不多叙述了。

当某个具体的反应体系中只有一个着眼组分时，常常也可以用更直观的图解方法来确定系统是否会出现多重定态，具体的做法在化学反应工程课程中已经介绍过了，这里也不赘述。

（2）定态的局部稳定性

定态操作只是一种理想的操作状态，因为所有的操作变量事实上不可能始终保持恒定，总是多多少少会存在这样那样的干扰，从而相应地使系统的状态偏离定常态。这里所说的定态局部稳定性，是指由瞬时小干扰引起的对定常态的偏离，在扰动因素消失后，系统是否具有自动回复原始定常态的能力？如果有，就说该定常态是局部稳定的，或者说对小扰动是稳定的。反之，就是局部不稳定的。显然，定态局部稳定性在工程实际上是非常重要的性质，因为，只有具有局部稳定性的定态，才能保证在不配备控制装置的条件下，即使反复经受各种瞬时小干扰，也能持续地自动保持原状态。也就是说系统的状态始终在定常态附近小范围内波动，从而保证操作性能稳定不变。

像式(3-4)～式(3-7)那样的非线性集中参数动态数学模型的定常态局部稳定性，是非线性分析或运动稳定性理论的经典问题，在许多教科书和专著中都有详尽的描述，在这里仅引用其主要结论：如果在给定的定态附近，模型常微分方程组的雅可比矩阵的所有特征值都具有负实部，则该定常态是渐近稳定的。根据这一原理，可以推导出适用于某个具体体系某一指定定常态局部稳定性的判据。

✏️ **问题思考**

雅可比矩阵的特征值代表着什么？为什么当其都具有负实部时，该定常态才是稳定的？这与优化方法有什么关系？

兹以下面的例子予以说明。

假定讨论发生在 CSTR 中的一个均相一级不可逆放热反应 $A \rightarrow B$，反应速率可以表示为 $R = kC_A$，其中，$k = k_0 \exp\left(-\dfrac{E}{R_g T}\right)$ 是反应速率常数，k_0 是指前因子，E 是反应的活化能，R_g 是通用气体常数。

按照上述集中参数动力学系统定常态局部稳定性的一般原理，要使原始常微分方程组雅可比矩阵所有特征值都具有负实部，必须同时满足下面两个不等式，即：

$$\frac{F}{V}+k(T_S)+\frac{UA}{VC_p\rho}+\frac{k(T_S)UA}{FC_p\rho}>k(T_S)\left(\frac{-\Delta H}{C_p\rho}\right)\frac{E}{R_gT_S^2}c_{A,S} \tag{3-8}$$

$$\frac{2F}{V}+k(T_S)+\frac{UA}{VC_p\rho}>k(T_S)\left(\frac{-\Delta H}{C_p\rho}\right)\frac{E}{R_gT_S^2}c_{A,S} \tag{3-9}$$

式中，T_S、$c_{A,S}$ 分别表示定常态下的反应温度和 A 组分浓度；其他符号已如前述。

事实上，以上两个不等式就是所讨论定常态（$c_{A,S}$、T_S）的局部稳定性判据，通常，对于设计中已经指定的定常态，就可以利用它们对其局部稳定性进行检验。如果不满足，又未配备自动控制系统，就必须重新调整某些设计参数，例如降低 c_A、F，增大换热面积 A 等，然后重新检验，直到满足稳定性条件为止。

（3）状态空间分析

状态空间分析是一种图解方法，借助于它，可以非常直观地了解非线性集中参数系统的一系列动态性质。

所谓状态空间（state space），也称为相空间（phase space），在这里是指以每一个独立变量作为一个坐标轴定义的实数空间。例如，对于式(3-4)~式(3-7)描述的系统，是指由 C_1，C_2，…，C_L 和 T 作为坐标轴定义的实空间（其中下标 L 表示着眼组分个数）。在这个空间内的一个点，表示一个状态，或者说定义了一个状态向量，这个点也称为相点。相点的轨迹称为相轨线，简称轨线，它反映了从某个特定的初始状态出发，状态演变的历史，由众多的轨线构成，反映了在所关心的状态变量变化范围内，系统所有动态学定性特征的图形称为相轨线图，简称相图。从状态空间分析，或者说从相空间分析，就是指利用相图来分析系统的动态特性。

那么，像式(3-4)~式(3-7)所描述的系统，怎样获得它的相图呢？下面首先简单介绍作出相图的原理。

【例 3-3】 存在单个一级不可逆反应 $A\rightarrow B$。试画出其相图。

在本例中，因为只存在一个化学反应，利用化学反应计量学原理，只需要有一个着眼组分，设为 A。B 的物质的量可通过 A 的物质的量的减少量而计算出来。式(3-4)~式(3-7) 相应地可以写成：

$$\frac{dc_A}{dt}=\frac{F}{V}(c_{A,f}-c_A)-k_0\exp\left(-\frac{E}{R_gT}\right)c_A \tag{1}$$

$$\frac{dT}{dt}=\frac{F}{V}(T_f-T)-\frac{UA}{VC_p\rho}(T-T_C)+\left(\frac{-\Delta H}{C_p\rho}\right)k_0\exp\left(-\frac{E}{R_gT}\right)c_A \tag{2}$$

初始条件为：

$$t=0 \text{ 时}, \ c_A=c_{A,0}, \ T=T_0 \tag{3}$$

对于任意给定的某一初始条件式(3)，利用龙格-库塔法或其他适当的求解常微分方程组初值问题的方法，可以得到式(1)、式(2) 的数值解：

t	0	t_1	t_2	…	t_L	…	t_∞
c_A	$c_{A,0}$	$c_{A,1}$	$c_{A,2}$	…	$c_{A,L}$	…	$c_{A,S}$
T	T_0	T_1	T_2	…	T_L	…	T_S

其中下标 S 表示定常态（steady state）。由于只有 c_A、T 两个状态变量，以 c_A 为横坐标，T 为纵坐标，所以这时的状态空间是一个二维空间，即状态平面，或称为相平面。将上面得到的 c_A 和 T 的瞬

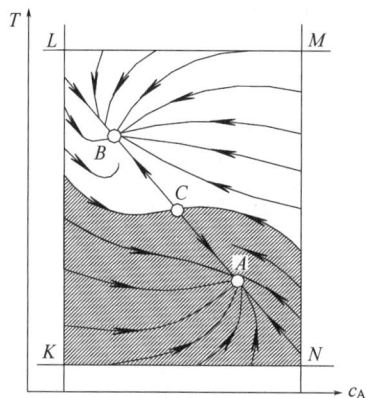

图 3-7 在 CSTR 中一级不可逆放热
反应 A→B 可能的一种相平面图

时数据标注在相平面上，并连成标注了运动方向的光滑曲线，就得到一条相轨线。

改变不同的初始条件，即把式（3）中的 $c_{A,0}$、T_0 改为不同的初始值。从不同的初始条件出发，仿照上述方法可以作出不同的轨线。由足够多的轨线就可以绘出类似图 3-7 那样的相平面图。

应当注意的是，尽管所形成的相平面图、相轨线是由不同时间的 c_A-T 所组成的，但在由 c_A-T 构成的相空间中，并不包含时间的参数，因此，从相平面图中是无法反映出系统的状态变化的快慢的。要得到系统状态变化快慢的信息，需要构成一个由 c_A、T、t 所构成的三维空间图才能反映出来。有兴趣的学生可以自行尝试一下。

尽管从相平面图当中看不出状态变化的速度，但它直观地提供了相当丰富的、关于状态演变规律的信息：系统可能出现三个不同的定常态，其中 A 和 B 是局部稳定的，C 是不稳定的。通过不稳定定常态，并且箭头指向它的两条轨线将相平面分成为两个区域，一个是 A 定常态的稳定域，另一个是 B 的稳定域，等等。对于所讨论的反应体系，这些信息是非常重要的。例如，倘若通过技术、经济与环境评价之后我们认为定态 A 是较优的，那么立即就可以判断这个定常态是局部稳定的，并且能够确定它的稳定域；此外还可以看出，只要以定常态 A 的稳定域内任何一种状态（任何一点）作为开工状态，系统都能够自动达到该定常态。

以上仅仅用一个非常简单的例子，说明了集中参数系统动态模型状态空间分析的原理及其应用。事实上，要利用这种思想去分析一个具体体系，还不可避免地遇到一系列实际问题。例如：相图的定性特征（有多少个定常态？它们的稳定性如何？是否存在孤立的封闭轨线等）及其细节与模型参数间的关系；如何通过尽可能少的计算就能画出系统的相图并且保证充分反映其定性特征等。这些问题，已经涉及更深入的非线性数学知识，有兴趣的读者可以查阅其他参考书。

综合本节内容，应当再次指出，我们的目的是以连续搅拌罐反应器（CSTR）的动态模型作为例子，比较系统地介绍可以用集中参数模型描述的、过程系统动态行为的分析方法及其应用。

3.3　精馏塔的动态特性

在化工生产中经常会遇到一些具有相似的多级系统，其中最典型的例子就是多级串联的 CSTR 反应器和板式精馏塔。在这些过程中，通常每一级都可用一组相似的一阶或二阶微分方程来表示，尤其当这些方程式的系数矩阵呈双或三对角线形式排列时，它的特征解可用解析法求得，求解时可用有限差分法和差分微分法。

✎ 问题思考　微分-差分、切线-割线的关系

差分和微分在形式上相似，但含义和应用领域有所不同。差分（difference）是离散数学中的一个概念，它描述了序列中相邻项之间的变化，是离散的。而微分（differential）是微积分中的一个概念，它描述了函数在某一点的瞬时变化率，是连续的。差分可以看作是微分在离散情况下的近似。

在几何上，与此相对应的是切线与割线的关系。

切线是指与曲线或圆相交于唯一一点的直线。对于圆来说，切线在切点处与圆的半径垂直；对于一般的曲线，切线可以看作是曲线在某一点处的"最佳线性近似"。切线的斜率（如果存在）等于曲线在该点的导数。

割线是指与曲线或圆相交于两个不同点的直线。割线可以看作是连接曲线上两点的直线。割线的斜率可以通过两点坐标计算得到。当割线的两个交点逐渐靠近并最终重合时，割线就变成了切线。在微积分中，切线的斜率是函数在某一点的导数，而割线的斜率是函数在两点之间的平均变化率。当割线的两个交点无限接近时，割线的斜率就趋近于切线的斜率，即导数。

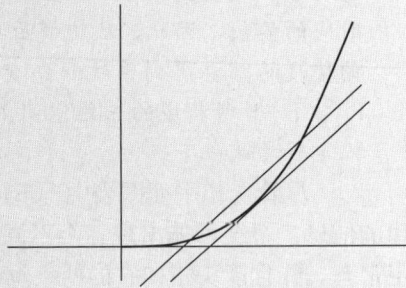

上图是切线与割线的局部放大图。该图中的切线斜率对应于曲线在该点的导数。而另一条"弦"，则对应曲线在该点附近的两点间的连线，是曲线的割线。而割线的斜率则对应于曲线在该点附近的差分。

利用微分（导数）与差分或切线与割线的关系，在计算软件上可以把难以求取的导数问题转化为数值计算方便求取的差分问题，从而利用数值计算软件对方程进行求解。

问题思考 有限差分法与微分方程

有限差分法是一种求解微分方程的常用方法。它通过将微分方程中的导数用差分商来近似，从而将连续问题离散化为代数方程组，以便在计算软件中求解。有限差分法简单易懂且易于实现，但对于复杂条件的求解时，因其精度限制可能带来处理困难。

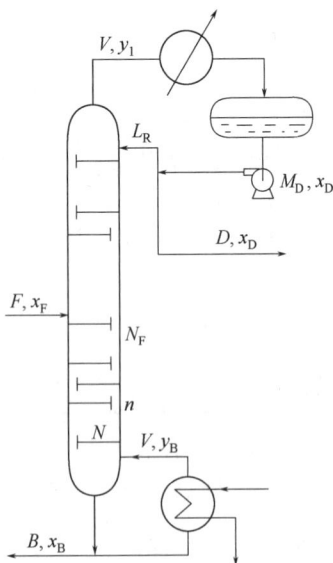

本节的目的在于，以图 3-8 所示的二元板式精馏塔作为研究对象，讨论怎样利用多级集中参数模型对其动态特性进行模拟与分析。设全塔共有 N 块塔板，塔顶冷凝器为全冷凝器，塔底设有间接加热的再沸器，在第 N_F 板加料。在图 3-8 以及下面的讨论中涉及的符号包括：

F，D，B——加料量，馏出液采出量和残液采出量，kmol/h；

L——回流量，kmol/h；

V——蒸气量，kmol/h；

M——持液量，kmol；

y，x——汽相与液相易挥发组分的摩尔分数；

Q——塔釜加热量，kJ/h；

η——再沸器单位产汽系数。

涉及的下角标包括：

B——塔底；

D——馏出液；

图 3-8 连续操作精馏塔示意图

F——加料板序号，自上而下计；

f——原料；

n——塔板序号；

R——塔顶回流。

3.3.1 动态数学模型

（1）基本假设

为了突出处理问题的思路和方法，通常都首先讨论经过大大简化了的问题，为此，采用了下列基本假设：

① 每块塔板上汽相与液相分别为理想混合，因而两相可以各自采用集中参数模型来描述。

② 两组分的摩尔汽化热近似相等，汽相和液相在沿塔轴向运动过程中，显热变化对热量衡算的影响以及热损失的影响均可忽略不计。

③ 泡点进料。

④ 塔内压力恒定。

⑤ 离开每一块塔板的汽液两相处于平衡状态。

⑥ 每块塔板上持液量远大于持汽量，后者及其变化可以忽略不计。

利用基本假设②和③，立即可以导出任意两块塔板间上升蒸汽量恒定的结论，从而使模型变量的数目大大减少，因此不必对每一块塔板都做热量衡算，模型方程的数目也就相应地减少。引入基本假设⑤，是为暂时避开塔板上的传质动力学这一至今并未很好解决的复杂问题。

（2）动态数学模型

在这些基本假设的基础上，通过每一块塔板的总物料衡算、易挥发组分衡算、全凝器与馏出液罐的总物料衡算和难挥发组分衡算、再沸器热量衡算与汽液平衡关系，即可列出整个精馏塔的动态数学模型：

① 全凝器及馏出罐总物料衡算

$$\frac{dM_D}{dt}=V-L_R-D \tag{3-10}$$

② 全凝器及馏出液罐易挥发组分衡算

$$\frac{d(M_D X_D)}{dt}=VY_1-(L_R+D)X_D \tag{3-11}$$

③ 第 n 块塔板总物料衡算

$$\frac{dM_n}{dt}=L_{n-1}-L_n \tag{3-12}$$

④ 第 n 块塔板易挥发组分衡算

$$\frac{d(M_n X_n)}{dt}=L_{n-1}X_{n-1}-L_n X_n+V(Y_{n+1}-Y_n) \tag{3-13}$$

⑤ 离开第 n 块塔板汽液相浓度关系

$$Y_n=f(X_n) \tag{3-14}$$

根据基本假设⑤，这应当是相平衡关系。

⑥ 对于加料板，与第 n 块塔板相似的可以得到下列守恒关系与平衡关系式：

$$\frac{d(M_F)}{dt}=L_{F-1}-L_F+F \tag{3-15}$$

$$\frac{d(M_F X_F)}{dt}=L_{F-1}X_{F-1}-L_F X_F+FX_f+V(Y_{F+1}-Y_F) \tag{3-16}$$

$$Y_F=f(X_F) \tag{3-17}$$

⑦ 再沸器及塔底总物料衡算

$$\frac{\mathrm{d}M_\mathrm{B}}{\mathrm{d}t}=L_\mathrm{N}-V-B \tag{3-18}$$

⑧ 再沸器及塔底易挥发组分衡算

$$\frac{\mathrm{d}(M_\mathrm{B}X_\mathrm{B})}{\mathrm{d}t}=L_\mathrm{N}X_\mathrm{N}-VY_\mathrm{B}-BX_\mathrm{B} \tag{3-19}$$

⑨ 离开再沸器及塔底的汽液相浓度关系

$$Y_\mathrm{B}=f(X_\mathrm{B}) \tag{3-20}$$

⑩ 再沸器热量衡算

$$V=Q\eta \tag{3-21}$$

⑪ 此外，根据流体动力学原理，还可以得到每一块塔板上经降液管回流的液体量与该板上持液量的函数关系：

$$L_n=\varphi(M_n) \tag{3-22}$$

这是由于 L_n 应当与降液管上方溢流压头 h_n（堰溢压头）成正比关系，即 $L_n\propto h_n$，而 M_n 显然也与 h_n 成正比关系，即 $M_n\propto h_n$。

综合上述，可以看出共计可列出 $4N+6$ 个独立的关系式，但是涉及 $4N+10$ 个未知变量，它们是 N 个 X_n、N 个 Y_n、N 个塔板回流量 L_n、N 个塔板持液量，加上馏出液贮罐持液量 M_D、馏出液成分 X_D、馏出液采出量 D、回流至第一块塔板的液体量 L_R、再沸器与塔底持液量 M_B、再沸器液相采出量 B、上升蒸汽量 V 和离开再沸器汽、液相成分 Y_B 与 X_B，以及输入再沸器的热量 Q。未知数数目大于独立函数关系的数目，在数学上是一个不确定系统。考虑到实际上 Q、L_R、D 和 B 是人工或自动调节器干预的输入和输出量，因而这些量要么直接给定，要么通过调节作用给出相应的函数关系，从而使模型涉及的函数关系的数目与变量数相等，再对每一个常微分方程给出相应的初值条件后，问题是可以求解的。

3.3.2　模型的数学处理与应用

通常，在讨论动态模型的具体应用之前，应当首先将涉及易挥发组分衡算的微分方程左端，按函数乘积的导数展开的规则将其展开，然后利用相应的总物料衡算式代入其中，以消去展开式中关于 M 的导数项，从而使所有常微分方程的左端都化为单变量导数的形式，并使模型转化成为相对容易处理的代数—常微分方程组（如果相平衡关系和塔板溢流量与持液量之间的关系都能用函数式表示的话）。

作为模型处理的另一个一般性问题，应当说明一下各块塔板温度的计算。事实上，多组分混合物任一组分两相平衡的条件应当写成以下形式：

$$y_{i,n}=\psi_i(X_{i,n},P_n,T_n) \tag{3-23}$$

式中，i 表示组分代号；n 与前述相同，表示塔板序号。考虑到塔内压力恒定的假设后，可以把 P_n 作为常参数从上式剔除，因此有：

$$y_{i,n}=\psi_i(X_{i,n},T_n) \tag{3-24}$$

显然，如果用上式去代替前述模型中所有易挥发组分的相平衡关系，又变成了一个未知量数目大于独立函数与独立微分方程个数之和的不定问题。幸而我们从多元混合物相平衡原理还可以补充下列汽相组成归一化条件：

$$\sum_i y_{i,n}=\sum_i \psi_i(X_{i,n},T_n)=1 \tag{3-25}$$

从而重新使问题封闭。

由于温度是以隐函数形式出现在模型中，所以无论是把整个模型作为一个大的联立代数—常微分方程组来求解，还是逐板迭代计算，每块塔板上两相组成与温度的确定都必须通过反复迭代。例如，给定液相组成和温度，计算汽相"平衡组成"，再代入上述汽相组成归一化式加以检验，若不满足，再调整温度重算，直至迭代、收敛至满足归一化条件为止。

从上面的分析看出，尽管为了使问题得到简化已经做了这么多假设，而且仅仅讨论一个二元精馏问题，要利用其动态模型进行过程系统的模拟与分析，计算量也是很大的。因此，精馏塔数学模型的处理方法和计算策略，历来是从事过程模拟研究的人十分关注的。比较有效的计算方法也很多，本书仅结合应用的目的介绍其中的个别方法，更详尽的内容可以从一些专著中找到。

（1）开工过程模拟与分析

以下讨论连续操作精馏塔开工过程模拟的问题。

经过上面所述的初步处理，消去微分方程中乘积（MX）对时间的导数后，模型可以写成：

$$\frac{\mathrm{d}M_\mathrm{D}}{\mathrm{d}t}=V-L_\mathrm{R}-D \tag{3-26}$$

$$\frac{\mathrm{d}M_n}{\mathrm{d}t}=L_{n-1}-L_n \tag{3-27}$$

$$\frac{\mathrm{d}M_\mathrm{F}}{\mathrm{d}t}=L_{\mathrm{F}-1}-L_\mathrm{F}+F \tag{3-28}$$

$$\frac{\mathrm{d}M_\mathrm{B}}{\mathrm{d}t}=L_\mathrm{N}-V-B \tag{3-29}$$

$$M_\mathrm{D}\frac{\mathrm{d}X_\mathrm{D}}{\mathrm{d}t}=V(Y_1-X_\mathrm{D}) \tag{3-30}$$

$$M_n\frac{\mathrm{d}X_n}{\mathrm{d}t}=L_{n-1}(X_{n-1}-X_n)+V(Y_{n+1}-Y_n) \tag{3-31}$$

$$M_\mathrm{F}\frac{\mathrm{d}X_\mathrm{F}}{\mathrm{d}t}=L_{\mathrm{F}-1}(X_{\mathrm{F}-1}-X_\mathrm{F})+F(X_\mathrm{f}-X_\mathrm{F})+V(Y_{\mathrm{F}+1}-Y_\mathrm{F}) \tag{3-32}$$

$$M_\mathrm{B}\frac{\mathrm{d}X_\mathrm{B}}{\mathrm{d}t}=L_\mathrm{N}(X_\mathrm{N}-X_\mathrm{B})+V(X_\mathrm{B}-Y_\mathrm{B}) \tag{3-33}$$

$$Y_n=f(X_n) \tag{3-34}$$

$$Y_\mathrm{F}=f(X_\mathrm{F}) \tag{3-35}$$

$$Y_\mathrm{B}=f(X_\mathrm{B}) \tag{3-36}$$

$$L_n=\varphi(M_n) \tag{3-37}$$

$$L_\mathrm{F}=\varphi(M_\mathrm{F}) \tag{3-38}$$

$$V=Q\eta \tag{3-39}$$

假设给定了 M_D、M_n、M_F、M_B 和 X_D、X_n、X_F 和 X_B 的初始值，并且 F、Q 为已知，要求考察在全回流（$D=0$）和不采出塔底残液（$B=0$，相当于暂时将其泵入一个容量很大的容器）的条件下，开工过程的动态特性。如前所述，在 F、Q、D 和 B 已知并给定了 M 和 X 的初值后，问题是可解的，图 3-9 表示一种可行的计算策略。

给定 Q 后，可以由式(3-39)计算 V（因为 η 是可事先给出的一个常参数）。由每块塔板上 M 的初值，从式(3-27)可以计算 L。根据 X 的初值，和假定的温度 T 的初值（用于迭代计算），从相平衡关系计算 Y，然后检验每块板和再沸器内汽相组成是否满足 $\sum\limits_i Y_{i,n}=1$，若不满足，重新调整各塔板及再沸器温度，再算，直至满足上述汽相组成归一化条件。利用 V、L、X、Y 数据对给定的时间步长求解常微分方程的初值问题，检验馏出液浓度是否达到要求？残液浓度是否达到要求？若任一指标不合格，再以所得 M、X 更新原始数据后重新计算，若馏出液和残液浓度都达到要求，则输出 M、X 等随时间变化的结果，并停止计算。

（2）输入-输出关系的仿真计算

在 3.2.2（2）节中我们已经谈到，可以利用动态数学模型进行仿真计算的方法，获得设计控制系统所需要的、过程系统的输入-输出关系。通常是想知道在某一个设计定常态处，从某一个输入通道（对这里讨论的连续精馏塔，可以是 F、Q 和 X_f，等等）对相应的变量做一阶式变化，例如 ΔF、ΔQ 或 ΔX_f，系统的状态将会随着时间发生什么样的变化？

对于任意给定的某一个输入变量的增量，可以将定态条件下的状态变量作为初始值，仿照图 3-9 所示的计算策略求解模型微分方程，从而得到输出变量的响应数据。

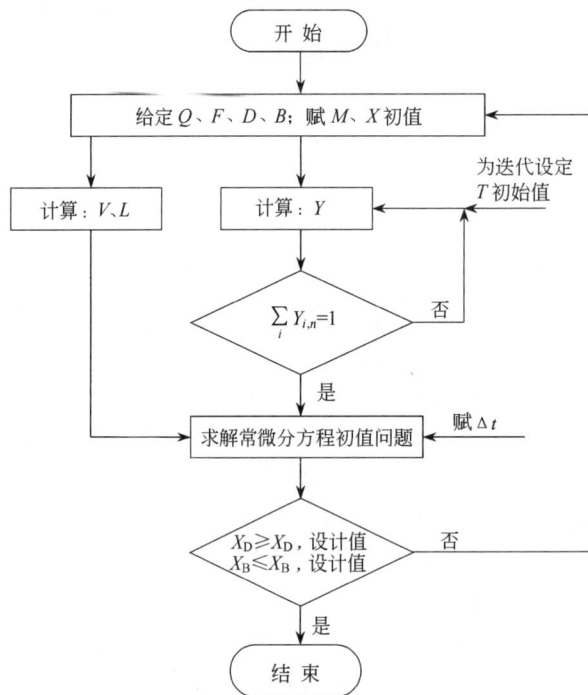

图 3-9　开工过程模拟计算的策略

如果输入变量的增量很小，可以首先将模型微分方程写成扰动微分方程的形式，即以状态变量的瞬时值对其定态值之差作为新状态量（如 ΔM、ΔX）的微分方程，然后将其在定常态附近局部线性化，使之简化为线性常微分方程组，求解亦可因而更方便。关于这方面更详尽的叙述，可以参考有关专著。

3.3.3　更实际的问题

上面两小节都只讨论每块塔板上均达到平衡的二元精馏问题。事实上，许多实际问题都要比它复杂得多。例如，对于塔板上汽液两相不平衡的问题，就需要同时利用相平衡关系和有关塔板效率的知识，来确定离开该塔板的汽、液两相组成间的相互关系。又如对于多元精馏，微分方程的个数无疑会更多，平衡关系以及由液相组成计算汽相组成的环节，也将变得更为烦琐、复杂等。但是，利用建立在平衡塔板基础上的、二元精馏塔的动态模型作为例子，来说明精馏塔动态模型的建立方法、模拟计算策略和它的应用，已经够了。

3.4　变压吸附过程的模拟与分析

　　本节将以变压吸附（PSA）空气分离制氮过程作为实例，讨论利用分布参数动态模型，进行过程系统动态特性模拟与分析的问题。

　　变压吸附是最近二三十年发展起来的，在工业上已经得到广泛应用的吸附分离技术。其基本原理是利用平衡吸附量随着压力的提高而增加的规律，人为地使吸附塔的操作压力周期性变化，从而实现吸附、解吸分离过程。加压阶段，流体混合物中的易吸附组分被吸附在吸附剂表面上，从而与难吸附组分分离开；难吸附组分则从吸附塔流出来。在减压阶段，被吸附组分从吸附剂上解吸出来。吸附系统经过吹扫再生即可用于下一个循环。显然，被吸附组分在吸附剂上和在气相中的浓度，不但沿着吸附塔的轴向变化，而且也随着时间变化。因而这是一种典型的人为非定常态操作，并且只能采用分布参数动态数学模型才能描述其操作特性。

　　一套变压吸附装置可能设置一台吸附塔，也可能包含多台吸附塔，这既取决于被分离气体混合物的组分数、组成、吸附分离的难易，也取决于经济方面的考虑和对操作平稳程度的要求。以下用一套具有两台吸附塔、以炭分子筛作为吸附剂，吸附分离空气，制备氮气的变压吸附装置作为例子，说明如何利用分布参数动态模型来模拟其操作特性，分析操作特性与有关参数之间的相互关系。

3.4.1　数学模型的建立

　　（1）双塔式变压吸附空气分离制氮的原理

　　当用炭分子筛作为吸附剂时，由于空气中氧与氮分子的动力直径不同，氧在吸附剂孔道中的扩散系数比氮要大两个数量级，所以当干燥的空气通过装填了炭分子筛吸附剂颗粒的固定床吸附塔时，空气中的氧被迅速吸附，而氮分子大多数随气流带出吸附塔。只要吸附剂装填量足够多，就有可能得到纯度较高的产品氮气，通常氮的纯度可以达到99.5%（摩尔分数）。

　　双塔式变压吸附空气分离制氮装置示意图如图3-10所示。通常其每一个循环可以分为四个阶段：加压、吸附、放空与吹扫（用所生产的部分氮气）。为了节能，近年来，又在上述几个阶段的基础上增加了均压阶段，即利用一台吸附塔降压的气体使另一台已放空吹扫过的吸附塔升压，至两塔压力均等后，原处于降压的塔继续放空，另一塔进一步加压、吸附。因此，就每一台吸附塔而言，其循环过程包括加压吸附、均压和放空吹扫。由于放空吹扫与加压吸附时间相等，一台吸附塔放空吹扫时，另一台正处于加压吸附阶段，因此，除了时间很短的均压阶段，在装置出口处都有氮气源源不断地流出，如果再设置一台产品氮气贮罐，就可以平稳地供气。图3-11表示一台吸附塔达到稳定操作之后在一个周期内压力变化的情况。

　　（2）数学模型的建立

　　① 基本假设

　　根据在炭分子筛上变压吸附空气分离制氮的特点，对吸附过程做如下假设，以便使问题的处理得到简化：

　　（a）作为原料的干燥空气，其流量、组成和温度稳定。

　　（b）忽略吸附热效应的影响，认为PSA循环是等温过程（实验研究证明，这一假设对于吸附塔直

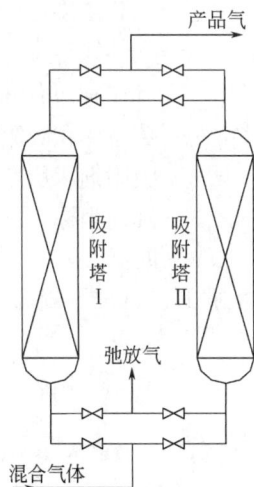

图3-10　双塔式变压吸附空分制氮装置示意图

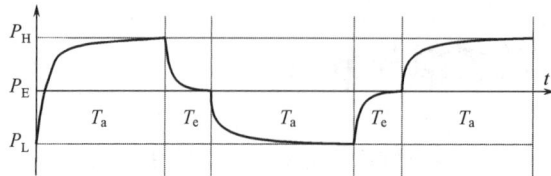

图 3-11　双塔式变压吸附循环过程

径不太大时是合理的)。

(c) 在吸附塔内压力随位置变化的数量,远小于操作压力(通常操作压力约为 0.7MPa),因而可以近似认为压力是均匀的。

(d) 气体流速径向均匀分布,即可以利用一维模型来描述。

(e) 考虑气相轴向有效扩散。

(f) 由于在气相沿塔流动过程中,被吸附的氧占总气量的比例较大,应当考虑气体流速沿轴向的变化。

(g) 氧气和氮气的吸附平衡可以用 Henry 定律来描述(实验证明的确如此)。

(h) 每个气相组分与炭分子筛吸附剂之间传质过程的速率,可以利用线性推动力模型来描述。

② 动态数学模型

(a) 流动气相各组分的质量衡算

从一台吸附塔中,取出长度为 dz、垂直于气流方向的一小段吸附床,在很短的时间 dt 内对氧(用 A 表示)和氮(用 B 表示)进行物料衡算,然后各项除该微分单元体体积与微分时间间隔的乘积 (Fdz)(dt),并做必要的简化,就可以得到:

$$\frac{\partial c_A}{\partial t} - D_L \frac{\partial^2 c_A}{\partial Z^2} + v \frac{\partial c_A}{\partial Z} + c_A \frac{\partial v}{\partial Z} + \left(\frac{1-\varepsilon}{\varepsilon}\right)\frac{\partial q_A}{\partial t} = 0 \tag{3-40}$$

$$\frac{\partial c_B}{\partial t} - D_L \frac{\partial^2 c_B}{\partial Z^2} + v \frac{\partial c_B}{\partial Z} + c_B \frac{\partial v}{\partial Z} + \left(\frac{1-\varepsilon}{\varepsilon}\right)\frac{\partial q_B}{\partial t} = 0 \tag{3-41}$$

式中　c——气相浓度,mol/m^3;

　　　v——气体线速度,cm/s;

　　D_L——气相轴向有效扩散系数,cm^2/s;

　　　q——单位体积吸附剂的吸附量,mol/m^3;

　　　ε——吸附剂床层空隙率;

　　　Z——轴向坐标,cm;

　　　t——时间,s。

根据假设(h),气固两相间的传质速率可由下式表示:

$$\frac{\partial q_A}{\partial t} = k_A(q_A^* - q_A) \tag{3-42}$$

$$\frac{\partial q_B}{\partial t} = k_B(q_B^* - q_B) \tag{3-43}$$

式中　q^*——平衡吸附量,mol/m^3;

　　　k——吸附速率常数,s^{-1}。

根据假设(g),可以将平衡吸附量写成:

$$q_A^* = K_A c_A \tag{3-44}$$

$$q_B^* = K_B c_B \tag{3-45}$$

式中　K——平衡常数，无量纲。

（b）流动气相的总物料衡算

其总物料衡算为：

$$\frac{\partial c}{\partial t}+c\frac{\partial v}{\partial Z}+\left(\frac{1-\varepsilon}{\varepsilon}\right)\left(\frac{\partial q_A}{\partial t}+\frac{\partial q_B}{\partial t}\right)=0 \tag{3-46}$$

式中，$c=c_A+c_B$。显然，在式（3-40）、式（3-41）和式（3-46）之中，只有两个是独立的，例如可以保留式（3-40）和式（3-46）。这样，式（3-40）和式（3-42）～式（3-46)就构成了一台吸附塔的动态数学模型。其边界和初始条件分别是：

边界条件：

$$D_L\frac{\partial c_A}{\partial Z}\Big|_{Z=0+}=-v\Big|_{Z=0}\left(-c_A\Big|_{Z=0-}-c_A\Big|_{Z=0+}\right) \tag{3-47}$$

$$\frac{\partial c_A}{\partial Z}\Big|_{Z=L}=0 \tag{3-48}$$

$$v\big|_{Z=0}=\begin{cases}v_{o,H} & \text{（加压吸附）}\\ 0 & \text{（降压均压）}\\ v_{o,L} & \text{（降压吹扫）}\\ \varphi(t) & \text{（加压均压）}\end{cases} \tag{3-49}$$

式中，$\varphi(t)$表示加压均压阶段床层进口处的流速，应当等于另一吸附塔减压均压阶段出口处的流速。

对于刚开工的情况，初始条件是：

$$t=0\text{ 时，}c_A(Z,0)=q_A(Z,0)=q_B(Z,0)=0 \tag{3-50}$$

在达到稳定循环状态后，初始条件是：

$$t=0\text{ 时，}c_A(Z,0)=c_A^0(Z) \tag{3-51}$$

$$q_A(Z,0)=q_A^0(Z) \tag{3-52}$$

$$q_B(Z,0)=q_B^0(Z) \tag{3-53}$$

（3）数学模型的无量纲化

对于较复杂的模型微分方程，通常在正式求解之前都宁可将其无量纲化，为此定义下列无量纲变量和无量纲综合参数：

$$\left.\begin{aligned}&Y_A=\frac{c_A}{c},X_A=\frac{q_A}{c},X_B=\frac{q_B}{C},V=\frac{v}{v_0}\\&x=\frac{Z}{L},\tau=\frac{tu_0}{L}\\&P_e=\frac{Lu_0}{D_L},\alpha_A=\frac{k_AL}{u_0},\alpha_B=\frac{k_BL}{u_0}\end{aligned}\right\} \tag{3-54}$$

利用这些定义，可将原始模型微分方程无量纲化为更简洁的形式：

$$\frac{\partial Y_A}{\partial\tau}=\frac{1}{P_e}\times\frac{\partial^2Y_A}{\partial X^2}-V\frac{\partial Y_A}{\partial X}+\left(\frac{1-\varepsilon}{\varepsilon}\right)\times$$

$$\{(Y_A-1)\alpha_A(K_AY_A-X_A)+Y_A\alpha_B[K_B(1-Y_A)-X_B]\} \tag{3-55}$$

$$\frac{\partial X_A}{\partial\tau}=\alpha_A(K_AY_A-X_A)-X_A\frac{1}{P}\times\frac{\partial P}{\partial\tau} \tag{3-56}$$

$$\frac{\partial X_B}{\partial \tau} = \alpha_A [K_B(1-Y_A)-X_B] - X_B \frac{1}{P} \times \frac{\partial P}{\partial \tau} \tag{3-57}$$

$$\frac{\partial V}{\partial x} = -\frac{1}{P} \times \frac{\partial P}{\partial \tau} - \left(\frac{1-\varepsilon}{\varepsilon}\right) \{\alpha_A(K_AY_A-X_A) + \alpha_B[K_B(1-Y_A)-X_B]\} \tag{3-58}$$

相应地，可以将边界条件写成：

$$\frac{\partial Y_A}{\partial x}\Big|_{X=0} = -P_eV\left(Y_A\Big|_{X=0-} - Y_A\Big|_{X=0+}\right) \tag{3-59}$$

$$\frac{\partial Y_A}{\partial x}\Big|_{X=1} = 0 \tag{3-60}$$

$$\left. \begin{aligned} V|_{x=0} &= 1.0\text{（加压吸附）} \\ &= 0 \quad \text{（降压均压）} \\ &= G \quad \text{（降压吹扫）} \\ &= \varphi(\tau)\text{（加压均压）} \end{aligned} \right\} \tag{3-61}$$

3.4.2 动态模型的数学处理

迄今为止，在关于变压吸附空气分离制氮过程的模拟研究中，多数人都采用一种将偏微分方程组转化为近似等价的常微分方程组来求解的方法——正交配置法来对模型偏微分方程组进行数值解。这种方法较为准确而且相对简单。它的基本原理如下。

正交配置法是求解微分方程（组）的一种近似方法。它的基本思想是，在微分方程（组）定义域内选定一些特定的点作为内配置点，然后求使这些点处与真实解之间残差为零的近似解。以轴向坐标 Z 和时间 t 为自变量的一个二阶偏微分方程的求解为例说明。其过程如下：

① 首先通过无量纲化使关于 Z 的定义域变为 $[0,1]$，然后构造一个正交多项式形式的试解：

$$Y(Z,t) = \sum_{i=0}^{N+1} d_i(t)z^i \tag{3-62}$$

② 用关于 Z 的 N 阶正交多项式（如雅可比多项式、勒让德多项式等）的 N 个互异根作为 Z 轴上内配置点的坐标，即：

$$P_N(Z_j) = 0 \tag{3-63}$$

式中，j 是内配置点序号，$j=1$，2，$\cdots$，N。

由式(3-62)写出在这些点处的 Y 和它对 Z 的一、二阶偏导数：

$$Y(Z_j,t) = \sum_{i=0}^{N+1} d_i(t)Z_j^i \tag{3-64}$$

$$\frac{\partial Y}{\partial Z}\Big|_{Z_j} = \sum_{i=0}^{N+1} iZ_j^{i-1}d_i(t) \tag{3-65}$$

$$\frac{\partial^2 Y}{\partial Z^2}\Big|_{Z_j} = \sum_{i=0}^{N+1} i(i-1)Z_j^{i-2}d_i(t) \tag{3-66}$$

③ 令

$$\left. \begin{aligned} Q_{j,i} &= Z_j^i \\ G_{j,i} &= iZ_j^{i-1} \\ K_{j,i} &= i(i-1)Z_j^{i-2} \end{aligned} \right\} \tag{3-67}$$

则可以将所有在配置点处的试解写成向量矩阵的形式:

$$Y = Qd; \quad \frac{\partial Y}{\partial Z} = Gd; \quad \frac{\partial^2 Y}{\partial Z^2} = Kd \qquad (3\text{-}68)$$

因为以 N 阶正交多项式的 N 个互异根作为内配置点上的坐标,所以 Q 是满秩的,可以求逆,从而有:

$$\left.\begin{array}{l} d = Q^{-1}Y \\[2mm] \dfrac{\partial Y}{\partial Z} = GQ^{-1}Y = AY \\[2mm] \dfrac{\partial^2 Y}{\partial Z^2} = KQ^{-1}Y = BY \end{array}\right\} \qquad (3\text{-}69)$$

换句话说,在任一配置点处,Y 的一、二阶导数均可以用所有配置点处 Y 值的线性组合来表示。

④ 因此若在任一内配置点 Z_j 处将式(3-67)和式(3-69)代入原偏微分方程,可以得到 N 个关于 t 的常微分方程。

对于 $z=0$ 和 $z=1$ 两个边界点,也可以类似地得到两个方程。

⑤ 于是,共计得到 $N+2$ 个常微分方程,其中包括了 $Y(Z=0,t)$,$Y(Z_1,t)$,…,$Y(Z_j,t)$,…$Y(Z=1,t)$ 共计 $N+2$ 个因变量,因此可以利用龙格-库塔法等来求解。

显然,内配置点越多,所得到的近似解越准确。但是,一般令 $N=4\sim6$ 已足够了。通常,为了方便起见,对于指定的整数 N,内配置点 Z_j 的值和矩阵 A、B 的元素数值都可以事先算好,列成数据表格,以帮助我们完成第④步的转换。

利用这种方法的基本思想,可以将原偏微分方程组的无量纲形式转化为相应的常微分—代数方程组。因为具体的转换工作十分烦琐,在此不作详细介绍,有兴趣的读者可以在参考了有关正交配置法原理的著作、文献之后自行练习。

从上例也可以看出,对于分布参数模型,由于变量在时-空的至少 2 个维度上都在不断变化,需要通过偏微分方程组来对变量进行描述。对于偏微分方程组的求解,即使我们采用数值计算方法,其过程也是相当复杂的。鉴于本书的重点仍在于对化工过程系统的本质规律的描述,对这类复杂方程的求解问题,学生可以在掌握基本思想和原理的基础上,对计算过程进行大致了解即可,不宜过多地陷入数学求解的细节而忽略了化工过程系统的本身。

3.4.3　模型的应用

(1) 开工过程的模拟预测

利用前述动态模型和计算方法,开发了用于模拟分析和设计目的的计算机软件,并用它对一套小型制氮装置的开工过程进行了模拟预测,并将结果与在该装置上测试的数据做了比较。

小型装置的性能、规格如表 3-2 所列。

表 3-2　小型制氮装置的性能与规格

项目	规格	项目	规格
设计产气量(标准状态)/(m³/h)	1.0	床层空隙率	0.32
单塔吸附剂填装量/kg	7.5	吸附剂种类	BF-CMS
吸附塔高度/mm	800	吸附剂尺寸/mm	$\phi2\times(2\sim5)$
吸附剂填装高度/mm	720	吸附剂密度/(kg/m³)	0.8388×10^3
吸附塔直径/mm	152		

测定操作特性的试验是在 24℃下进行的，事先完成的基础研究确定了氧和氮在这一温度下的吸附平衡常数：

$$K_A（氧）=4.95；\quad K_B（氮）=4.44$$

至于气固两相间的传质系数，分别采用下列数据：k_A（氧）$=8.32\times10^{-2}\mathrm{s}^{-1}$；当压力 p 在 $p_L\sim p_E$ 之间，k_B（氮）$=4.86\times10^{-2}\mathrm{s}^{-1}$；当压力 p 在 $p_E\sim p_H$ 之间，k_B（氮）$=9.36\times10^{-3}\mathrm{s}^{-1}$。

其中，p_L、p_E 和 p_H 分别表示放空压力、均压压力和加压吸附压力。理论上，传质系数与所在气相浓度有关，因而与操作压力有关，但因 k_A 本身较大，进行压力修正对模拟结果影响很小，所以没有修正。k_B 则做了相应的修正。应当说明，上述 k_A、k_B 的值都是用模拟结果与部分实验数据拟合的办法估计出来的。

图 3-12 表示吸附塔出口处氧含量随循环次数增加急剧下降的情况。为了对照，也列出了实验测定的数据。可以看出，在开工大约 20 个循环后，吸附塔出口处氧的含量已经小于 1%（摩尔分数）；模拟预测与实验数据十分接近。开工过程中氧的轴向浓度分布的模拟结果如图 3-13 所示。可以推测，模拟预测也是可信的，因为它所依据的是与图 3-12 涉及的同一种模型。

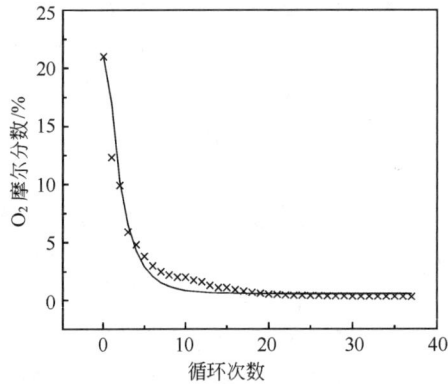

图 3-12 出口处氧浓度与开工过程循环次数的关系

［实验条件：$p_H=3.1\times10^5\mathrm{Pa}$；$p_L=1.0\times10^5\mathrm{Pa}$；

T_a（吸附时间）$=60\mathrm{s}$；T_e（均压时间）$=2\mathrm{s}$；

$v_{0,H}=4.32\mathrm{cm/s}$；$v_{0,L}=3.56\mathrm{cm/s}$］

×实验数据；— 模拟结果

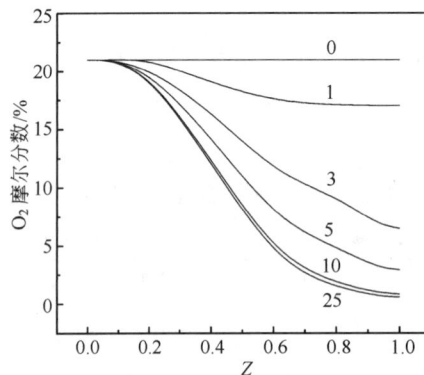

图 3-13 开工过程氧浓度瞬态轴向分布

（用于计算的条件与图 3-12 相同）

（2）系统操作特性模拟

从图 3-13 的模拟结果可以看出，从开工时刻算起，经过十多个循环以后，相邻两个循环的性能已经十分接近。我们把相邻两循环对应时刻状态变量分布重叠的状态称为循环定态，或稳定循环。在一个稳定循环的不同时刻，状态变量的分布并不相同，因而仍然是一种非定常态操作。利用上述模型，同样可以对其性能进行模拟和预测。图 3-14 表示对稳定循环不同时刻氧浓度轴向分布的预测计算结果，作为对照，同时标出了相应的实测数据。模拟的对象仍然是前面提到的小型变压吸附空分制氮装置，平衡常数和传质系数也与以上模拟计算所采用的数据相同，其他参数之值如图 3-12 的说明。

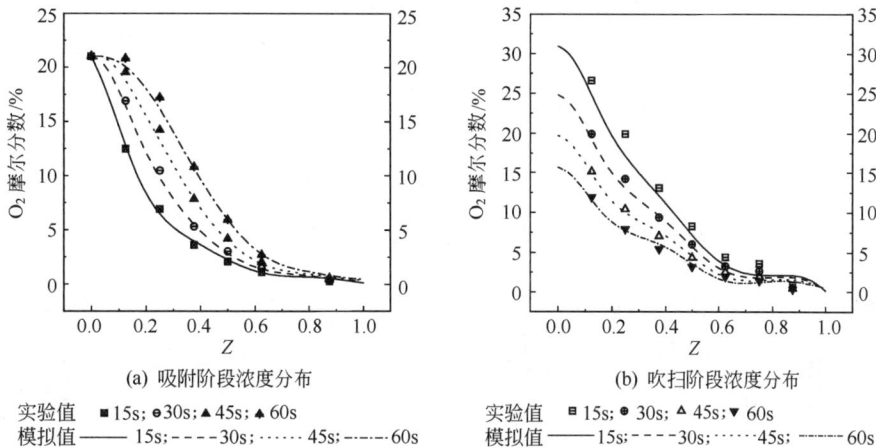

(a) 吸附阶段浓度分布

实验值　■15s；⊕30s；▲45s；▲60s
模拟值　——15s；----30s；……45s；-·-·-60s

(b) 吹扫阶段浓度分布

实验值　⊟15s；●30s；△45s；▼60s
模拟值　——15s；----30s；……45s；-·-·-60s

图 3-14　一个稳定循环内氧浓度分布的变化情况

［实验条件：$v_{0,H}=3.55$cm/s；$v_{0,1}=1.67$cm/s；$T_a=60$s；

$T_e=2$s；$p_H=3.1×10^5$Pa；$p_L=1.0×10^5$Pa］

（3）操作参数对性能的影响

还可以利用模拟计算的方法，考察操作参数变化对系统性能的影响。例如操作压力、气体流速等。这一部分计算研究和性能分析的工作，建议读者自己去做。

4 化工过程系统的优化

○○ ——→ ○○ ○ ○○ ————————

4.1 概述

优化是使用专门的方法来确定最优的成本，并对某一问题或某一过程的设计进行有效求解的方法。在进行工业决策时，这一技术是主要的定量分析工具之一。在化工厂以及许多其他工业工程的设计、建设、操作和分析中所涉及的大部分问题均可使用优化方法进行求解。本章将考察优化问题的基本特点和求解方法，并描述其典型的优点以及在石化和化工工业中的应用。

由于优化方法所涉及的数学问题较为复杂，且难度较大，为了避免使学生过多地陷入优化过程的数学细节，而忽略对过程系统本质的关注，我们尽可能利用图解等方法，力求简洁地将相关优化方法的原理介绍给大家。应当再次强调的是，化工过程分析与合成是在原系统工程的基础上发展起来的一门新课程，相比于系统工程这一化工专业的核心课程，化工过程分析与合成更力图使学生的关注点由过多的数学问题，回归到对化工过程系统的本质规律的认识。

随着计算机技术及网络技术的发展，已经有越来越多的专业的或免费的优化软件和软件包可供利用，有一些常用的优化算法还可以找到其公开的源代码。这使得学生们更可以方便地利用这些工具进行相应的计算和求解。这也恰恰使得我们可以淡化对优化问题求解的数学细节，而更多地关注于其基本原理、思路，更多地关注于优化技术在化工过程系统中的应用问题。这是本书第二版编写的主要出发点。更多化工过程优化的内容可参考《化工过程优化》一书。

对于一个典型的工程问题，某一过程既可以用一些具体的方程来描述，也可以仅仅通过实验数据来表述。这时就需要一个确定的标准，如最小成本。优化的目的就在于找到使过程达到最佳性能的变量值。在投资和操作成本之间通常会存在一个折中。需要进行描述的因素，即过程或模型以及性能标准，构成了最优化"问题"。

在化工过程设计和工厂操作中的典型问题有很多（也许是无限多）求解方法。优化是在各种高效定量分析方法中找到一个最优的方法。计算机及其相关软件的发展使计算变得可行而且更加高效。但是，要通过计算机获取有用的信息，需要：①对过程和设计进行临界分析；②建立适宜的性能目标（如需要完成的工作是什么）；③注意利用以往的经验，这有时也被称作工程评价。

优化可以应用在一个公司的任意层次上，其应用范围包括车间、设备、单个装置及某个装置中的子系统，甚至更小的个体。优化问题存在于任何层次上。因而，优化问题可以包括整个公司、某一个车间、一个过程、单个的单元操作、单元操作中的某个装置或者其中的某个中间系统。在一个典型的工厂中，优化可用于以下三个方面：①管理；②过程设计和装置规范；③车间操作（图 4-1）。

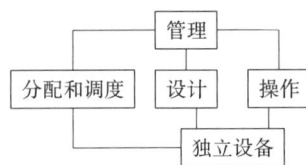

图 4-1 不同的优化层次

管理人员在做出决策时要考虑项目评价、产品的选择、总体预算、销售成本和研发成本、新车间建设的时间和地点等。但在这个层次上，许多信息只能是定性的或者是极不确定的。

从事过程设计和装置选择的人所关心的是过程和操作条件的选择。如：选择间歇过程还是连续过程，需要反应器的数量，车间的结构布置，如何安排流程使得操作效率最高，单元设备的最佳尺寸等。这些问题可以通过过程设计模拟或者流程软件的辅助设计来解决。

另外，在过程设计中还有很多特殊的决策，包括装置的选择和不同过程单元设备材料的选择。

工厂操作还包括安排好一周或者一天的原料分配。在工厂操作中同样关心运输的问题，以达到最小成本。例如，产品的订货频率、生产的时序安排和送货的时序安排等，这些对于降低操作成本是很关键的。

由于化工厂的复杂性，要对一个指定的工厂进行彻底的优化，工作量是很可观的。有时常常会依赖于"不完全优化"，这是一种特殊的"子优化"变形。子优化是对操作或问题的某一方面进行的优化，在优化中忽略了一些因素，而这些因素对工厂或过程系统有着直接或间接的影响。当建立问题存在难度，或者没有现成的技术可以得到全部问题的合理解时，子优化通常是很有用的。

不过，对于各个子优化的元素，并没有必要保证能使整个系统达到全局最优。子系统的目标可能与全局目标并不完全一致。

通过对化工过程系统的分析，可以建立过程系统的稳态和动态数学模型。这些数学模型是对实际过程系统进行模拟的基础。所谓系统仿真（或系统模拟），实际上就是建立过程的数学模型。

对于化工过程系统来说，建立数学模型不仅仅是为了对过程进行模拟，其最终目的是要对过程进行优化。实际上，人们对过程优化并不陌生，在化工装置的设计及操作中，人们一直都在自觉或不自觉地应用优化的概念。比如，在实际生产中不断调节反应器的温度、压力以保证原料的转化率最大；在精馏塔设计中选择适当的回流比，以保证较少的热量消耗和塔板数；确定冷、热物流的匹配方式，以便充分利用系统内部热量，降低公用工程消耗。前两者属于参数优化问题，第三种属于结构优化问题。

结构优化和参数优化是过程系统的两大类优化问题，它们贯穿于化工过程设计和化工过程操作。结构优化考虑的是流程方案的优化，在多种可行方案中找出费用最小的流程结构，还要保证该方案满足安全、环保、易操作等方面的要求。后面第 7 章换热网络结构的设计就属于结构优化，它属于过程系统合成问题。参数优化是在流程结构给定的条件下进行的，因此其优化对象主要是过程系统参数。实际操作中，由于各种因素的影响，工艺指标不会完全与设计值相符，同时催化剂性能和设备状况会随时间发生变化，因此应根据实际情况不断调整操作条件，以满足工艺指标的要求。

不论是结构优化还是参数优化，最终目的都是为了以最小的投入获得最大的收益。对于大规模化工生产过程，生产效益已经成为关注的焦点，因此化工过程系统的优化也就变得十分重要。

除了过程系统优化问题本身以外，还存在"求解方法的最优化"。由于过程系统比较复杂，在进行优化之前，首先要分析问题属于哪种类型：是连续操作还是间歇操作，是稳态过程还是动态过程，是单目标优化还是多目标优化，是有约束问题还是无约束问题。然后选择建立何种模型进行优化：是机理模型还是统计模型或智能模型等。有了数学模型，最后要考虑用什么样的最优化方法进行求解。总之，对于不同的系统，要确定优化问题的类型；对于同一种问题，要考虑哪种建模方法最合适；在模型求解时，要考虑哪种最优化算法最有效。

本章和第 5 章着重介绍过程系统参数优化问题，在第 7 章和第 8 章介绍过程系统综合，即结构优化问题。

4.2 化工过程系统优化问题基本概念

4.2.1 最优化问题的数学描述

所谓最优化，就是在给定条件下获得最好的结果。在数学上，求解最优化问题就是要找到一组使得目标函数 J 达到最大或最小的决策变量。由于目标函数 J 的最小值就是 $-J$ 的最大值，即：

$$\min J = \max[-J]$$

所以求最小值的方法完全可以用于求解最大值问题，由此得到最优化问题的通用数学表达式：

求目标函数的最小值：

$$\min J = \min F(\boldsymbol{y}) \tag{4-1}$$

服从于不等式约束条件：

$$g(\boldsymbol{y}) \geqslant 0 \tag{4-2}$$

及 n 个等式约束条件：

$$e(\boldsymbol{y}) = 0 \tag{4-3}$$

式中，$\boldsymbol{y}$ 为 n 维优化变量向量，$\boldsymbol{y} = (y_1, y_2, \cdots, y_n)^{\mathrm{T}}$。

由此可见，最优化问题通常由下列几个基本要素组成：目标函数，优化变量，约束条件与可行域。

(1) 目标函数

目标函数（又称性能函数、评价函数）是最优化问题所要达到的目标。两组不同的决策，其好坏优劣要以它们使目标函数达到多少为评判标准。对于过程系统参数的优化问题，其目标函数可以是：系统的产量最大；系统的经济收益最大；系统的能量消耗最小；系统的原料利用率最高；系统的操作成本最低；系统的投资成本最低；系统的稳定操作周期最长等。

有时人们希望达到的目标可能需要同时满足上述目标函数中的几个，这就是所谓多目标问题。

(2) 优化变量

式(4-1)~式(4-3)中的向量 $\boldsymbol{y}$ 为 n 维优化变量向量。对于过程系统参数优化问题，优化变量向量就是过程变量向量。过程变量向量主要由两部分组成，即决策变量和状态变量。决策变量等于系统的自由度，它们是系统变量中可以独立变化以改变系统行为的变量；状态变量是决策变量的函数，它们是不能独立变化的变量，服从于描述系统行为的模型方程。如果用 r 维 $\boldsymbol{w}$ 表示决策变量，m 维 $\boldsymbol{x}$ 表示状态变量，则过程系统模型方程

$$f(\boldsymbol{w}, \boldsymbol{x}) = 0 \tag{4-4}$$

确定了 $\boldsymbol{x}$ 与 $\boldsymbol{w}$ 之间的函数关系。

通常称式(4-4)为状态方程，它表示的是系统状态变量与决策变量之间的关系。状态方程数目与状态变量 $\boldsymbol{x}$ 的维数相同。若状态方程数等于过程变量数 n，则意味着不存在可独立变化的决策变量，亦即系统自由度为零。此时无最优解可寻，只有状态方程构成的非线性方程组的唯一解。换言之，自由度为零的系统优化问题就是系统模拟问题。

某些情况下，过程变量向量还包括 s 维单元内部变量向量 $\boldsymbol{z}$，因此，状态方程的一般形式为：

$$f(\boldsymbol{w}, \boldsymbol{x}, \boldsymbol{z}) = 0 \tag{4-5}$$

一般来说，在过程系统优化问题中，决策变量数仅占整个过程变量中的一小部分，比如，过程变量数为 10^4，决策变量数为 50。这一特性在缩小优化搜索时是很有用的。

(3) 约束条件和可行域

当过程变量向量 $\boldsymbol{y}$ 的各分量为一组确定的数值时，称为一个方案。实际上，有的方案在技术上行不通或明显地不合理。因此，变量 $\boldsymbol{y}$ 的取值范围一般都要给以一定的限制，这种限制称为约束条件。

　　状态方程限制了状态变量与决策变量间的关系，因此，也可以看作是一种约束条件。对于设计参数优化问题，设计规定要求也是一种约束条件。

　　尽管有些最优化问题可以没有约束条件，但许多实际问题往往都是有约束条件的。过程系统参数的优化问题显然都是有约束条件的。约束条件有等式约束和不等式约束之分。

　　过程系统参数优化的不等式约束条件，包括过程变量的不等式约束条件和不等式设计规定要求，记作：

$$g(\boldsymbol{w},\boldsymbol{x}) \geqslant 0 \tag{4-6}$$

　　等式约束条件由等式设计规定要求和尺寸成本关系式两部分组成，分别表示为：

$$h(\boldsymbol{w},\boldsymbol{x}) = 0 \tag{4-7}$$

$$c(\boldsymbol{w},\boldsymbol{x},\boldsymbol{z}) = 0 \tag{4-8}$$

以及状态方程式(4-5)(包括各种衡算方程、联结方程等)：

$$f(\boldsymbol{w},\boldsymbol{x},\boldsymbol{z}) = 0$$

　　满足约束条件的方案集合，构成了最优化问题的可行域，记作 R。可行域中的方案称为可行方案。每组方案 $\boldsymbol{y}$ 为 n 维向量，它确定了 n 维空间中的一个点。因此，过程系统最优化问题是在可行域中寻求使目标函数取最小值的点，这样的点称为最优化问题的最优解。

　　综上所述，过程系统优化问题可表示为：

$$
\begin{aligned}
&\min F(\boldsymbol{w},\boldsymbol{x}) \\
&\text{s. t. } f(\boldsymbol{w},\boldsymbol{x},\boldsymbol{z}) = 0 \\
&\quad\quad c(\boldsymbol{w},\boldsymbol{x},\boldsymbol{z}) = 0 \\
&\quad\quad h(\boldsymbol{w},\boldsymbol{x}) = 0 \\
&\quad\quad g(\boldsymbol{w},\boldsymbol{x}) \geqslant 0
\end{aligned} \tag{4-9}
$$

式中　$\boldsymbol{w}$——决策变量向量 $(w_1,\cdots,w_r)$；

　　　　$\boldsymbol{x}$——状态变量向量 $(x_1,\cdots,x_m)$；

　　　　$\boldsymbol{z}$——过程单元内部变量向量 $(z_1,\cdots,z_s)$；

　　　　F——目标函数；

　　　　f——m 维流程描述方程组（状态方程）；

　　　　c——s 维尺寸成本方程组；

　　　　h——l 维等式设计约束方程；

　　　　g——不等式设计约束方程。

　　对于上述优化问题，变量数为 $m+r+s$，等式约束方程数为 $m+l+s$，显然，问题的自由度为：

$$d = 变量数 - 方程数 = r - l$$

这就是说，自由度 d 等于决策变量数 r 减等式设计约束方程数 l。若 $l=0$，自由度等于决策变量数 r；若 $r=l$，自由度等于零，此时最优化问题的解是唯一的（即等于约束方程的交点），没有选择最优点的余地；若 $l>r$，则最优化问题无解。由此可见，$l<r$ 是最优化问题有解的必要条件之一。这一点在给出等式设计规定时是要特别注意的。

【例 4-1】　求一个受不等式约束的最优化问题。

$$\min f(x_1,x_2) = (x_1-3)^2 + (x_2-2)^2 + 1$$

　　服从于约束条件：

$$x_1^2 - x_2 - 3 \leqslant 0$$

$$x_2 - 1 \leqslant 0$$

$$x_1 \geqslant 0$$

　　这个目标函数在三维坐标上为一个抛物线旋转体，其最小值位置在点 (3，2)。目标函数在平面上投影成一族以 (3，2) 为圆心的圆。如果不考虑约束条件，使目标函数达到最小值的点就是 $x_1=3$，$x_2=2$。但是，由于有约束条件，就要考虑可行域，可行域是由

$$x_1^2 - x_2 - 3 = 0, \ x_2 - 1 = 0, \ x_1 = 0$$

三边所围成的区域。这时，最优解只能是可行域内与点（3，2）距离最近的点，这个点为：

$$x_1^* = 2, \ x_2^* = 1$$

当我们求解仅含一个或两个线性或非线性等式约束时，也可以考虑直接代入法。直接代入法是：明确求解一个变量，并进而从问题公式中消去该变量。这可以通过直接代入问题的目标函数和约束方程而实现。在许多问题中，相比于保留全部约束条件并实施一些有约束最优化的方式来说，通过数学处理消去一个单一的等式约束的方式往往要容易得多。

为更直观地表示优化问题，我们可以用几何图形的方式进行形象的说明。为简化作图的难度，我们将例 4-1 问题进行简化，并分别采用直接代入法和图形法进行求解，如例 4-2。

【例 4-2】

$$\min f(\boldsymbol{x}) = 4x_1^2 + 5x_2^2$$
$$\text{s. t. } 2x_1 + 3x_2 = 6$$

x_1 或 x_2 都能被很容易地消去。在这里，我们求解 x_1：

$$x_1 = \frac{6 - 3x_2^2}{2}$$

将上式代入原优化方程 $f(x)$。以单一 x_2 为变量的新的等价目标函数是：

$$f(x_2) = 14x_2^2 - 36x_2 + 36$$

原问题中的约束条件已被消去了，并且 $f(x_2)$ 是一个无约束函数，自由度为 1（一个独立变量）。这与后面要讨论的将有约束最优化问题转化为无约束最优化问题是一样的。现在我们可以通过求 f 的一阶微分，并令之等于零来最小化目标函数，解出 x_2 的最优值：

$$\frac{\mathrm{d}f(x_2)}{\mathrm{d}x_2} = 28x_2 - 36 = 0 \qquad x_2^* = 1.286$$

得到 x_2^* 后，就可以直接由原约束条件求得 x_1^*：

$$x_1^* = \frac{6 - 3x_2^*}{2} = 1.071$$

关于上述问题的几何描述，需要将目标函数想象为三维空间中的一个抛物面的表面，如图 4-2 所

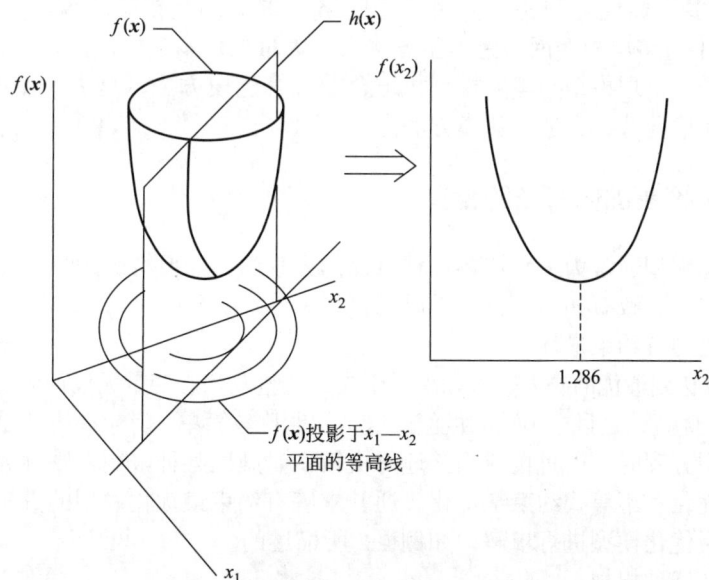

图 4-2 例 4-2 的示意图

示。抛物面和平面的交点的投影是一条抛物线，代表将约束实施于 $f(x_2)=x_2$ 平面。然后我们发现这条抛物线的最小值点。先前描述的消去过程就等同于将交点轨迹投影在 x_2 轴上。交点轨迹也可以投影在 x_1 轴上（通过消去 x_2）。可以思考一下，所得到的 x^* 结果和其他方法一样吗？

在含有 n 个变量、m 个等式约束条件的问题中，可以尝试通过直接代入法消去 m 个变量。如果所有等式约束都能去除，并且没有不等式约束条件，那么，就能将目标函数对剩余的 $(n-m)$ 个变量求微分，并且令其微分等于 0。或者可以用无约束优化的软件求解 x^*。如果目标函数是凸函数，并且约束形成一个凸域，那么任一驻点就是一个全局极小值。不过实际中可以采取这种简单方式求解的情况很少，甚至不允许消去任何的等式约束。

4.2.2 最优化问题的建模方法

和过程模拟一样，建立过程系统优化问题的模型方程时，也要根据问题的实际情况，采用不同的建模方法。

对于过程机理清楚的问题，一般采用机理模型进行优化，其优点是结果比较精确。由于机理模型的约束方程是通过分析过程的物理、化学本质和机理，利用化学工程学的基本理论（如质量守恒、能量守恒、化学反应动力学等基本规律）建立的一套描述过程特性的数学模型及边界条件，因此其形式往往比较复杂，一般具有大型稀疏性特点，需要用特殊的最优化方法进行求解，求解方法选择不当，会对优化的迭代计算速度产生很大的影响。

对于过程机理不很清楚，或者机理模型非常复杂，难以建立数学方程组或数学方程组求解困难的问题，则往往通过建立黑箱模型进行优化。其中常用的就是统计模型优化方法。它直接以小型实验、中间试验或生产装置实测数据为依据，只着眼于输入-输出关系，而不考虑过程本质，对数据进行数理统计分析从而得到过程各参数之间的函数关系。这种函数关系通常比较简单。统计优化模型的优点是模型关系式简单，不需要特殊的最优化求解算法。缺点是外延性能较差，即统计模型只适用于原装置操作条件的优化，而不适用于其他场合。

多层神经网络模型是黑箱建模方法中另一种比较有效的方法。在最近 10 年中，它被广泛用于过程系统模拟和优化问题。它也是基于实际生产数据或实验数据，但它在许多方面优于一般的统计回归模型。比如：在理论上，它适用于任何生产过程系统，寻优速度较快，具有自学习、自适应能力（因此也称为智能模型），尤其适用于多目标优化问题。多层神经网络的求解都有相应的算法，比如常用的 BP 算法（back propagation）。不过多层神经网络建模型方法需要大量的样本数据，而且存在局部极值问题。

除此之外，还可采用机理模型与黑箱模型相结合的混合建模方法。总之，在进行过程系统优化时，要根据优化对象的实际情况选择合适的建模方法。

4.2.3 化工过程系统最优化方法的分类

最优化问题的机理模型通常为一套描述过程特性的方程组，需要特殊的最优化方法进行求解。求解最优化问题的方法很多，大致有如下几种分类原则：

（1）无约束最优化与有约束最优化

在寻求使目标函数达到最优的决策时，如果对于决策变量及状态变量无任何附加限制，则称为无约束最优化。此时问题的最优解就是目标函数的极值。这类问题比较简单，其求解方法是最优化技术的基础。

在建立最优化模型方程时，若直接或间接地对决策变量施以某种限制，则称为有约束最优化。其中又可分为等式约束最优化和不等式约束最优化。通常求解有约束最优化模型的方法是通过把有约束最优化问题转化成无约束最优化模型进行求解。如例 4-2 所描述的。

（2）线性规划与非线性规划

根据目标函数及约束条件线性与非线性性质，可将求解方法分为线性规划 LP（linear programming）和非线性规划 NLP（non-linear programming）两大类。

当目标函数及约束条件均为线性函数时，称为线性最优化，或线性规则。线性规划是最优化方法中比较成熟的技术。

当目标函数或约束条件中至少有一个为非线性函数时，则称为非线性最优化，或非线性规则。过程系统参数的优化通常都属于非线性规划。然而，由于求解非线性规则问题往往比较困难，所以有时也将其近似地线性化，然后用比较成熟的线性规划技术求解。如果目标函数为二次型，而约束条件为线性函数，则称为二次规划问题。二次规划是从线性规划到非线性规划的过渡，是最简单的一种非线性规划。

（3）单维最优化和多维最优化

根据优化变量的数目，可将问题分为单维最优化和多维最优化。只有一个可以调节的决策变量的单维最优化问题是最简单的典型问题。研究单维最优化的方法具有基本的意义，这是因为复杂的多维最优化问题往往可以转化为反复应用单维最优化方法来解决。

（4）解析法与数值法

根据解算方法，则可分为解析法和数值法。解析法又称为间接最优化方法。这种方法只适用于目标函数（或泛函）及约束条件有显函数表达的情况。它要求把一个最优化问题用数学方程式表示出来，然后用导数法或变分法得到最优化的必要条件，再通过对必要条件方程求解得到优化问题的最优解。古典的微分法、变分法、拉格朗日乘子法和庞特里亚金最大值原理等都属于解析法。

数值法又称为直接最优化方法，或优选法。这类方法不要求目标函数为各种变量的显函数表达式，而是利用函数在某一局部区域的性质或一些已知点的数值，逐步搜索、逼近，最后达到最优点。

（5）可行路径法和不可行路径法

对于有约束最优化问题，视其如何处理约束条件，又可分为可行路径法和不可行路径法。可行路径法的整个搜索过程是在可行域内进行的，也就是说，对于变量的每次取值，约束条件均必须满足。因此，对于每一次优化迭代计算（统计模型除外）均必须解算一次过程系统模型方法（即状态方程）f，也就是做一次全流程模拟计算。同时，要解算式(4-6)～式(4-8)。这类方法简单可靠，但计算量很大。

不可行路径法的整个搜索过程并不要求必须在可行域内进行，可以从不可行域向最优解逐步逼近，但在最优解处必须满足条件。在这类方法中，所有的过程变量同时向使目标函数最优而又能满足所要求条件的方向移动。这类方法的求解过程有可能不稳定，但计算量比可行路径法显著减少。计算量少的主要原因是比可行路径少一层迭代环节。

最优化方法很多，而且还在不断发展，以提高求解效率和可靠性。有许多这方面的专著，这里不再系统地介绍这部分内容，而只涉及那些较为优秀的或最新的方法。

4.3　化工过程系统最优化问题的类型

如本章开始所述，对于不同的阶段和对象，化工过程系统最优化问题，可分为过程系统参数的优化、过程系统结构的优化以及过程系统管理的优化。过程系统结构的优化属于过程系统合成问题，将在第 7 章和第 8 章讨论。

4.3.1　过程系统参数优化

过程系统的参数优化包括设计参数优化和操作参数优化。所谓设计参数优化，就是把最优化技术应用于过程系统模型，寻求一组使目标函数达到最优，同时又满足各项设计规定要求的决策变量（即设计变量）。根据最优设计方案可计算单元设备的尺寸。

然而，实际生产操作条件不可能完全符合优化设计结果，如原料成分的变化、生产负荷与设计负荷的偏离、季节对环境温度的影响等。因此，必须根据环境和条件的变化来调节决策变量（即操作变量），从而使整个过程系统处于最佳状态，也就是目标函数达到最优。这就是操作参数优化问题。例如，通过操作参数优化计算，可以找到对应系统条件下的精馏塔最佳回流比、操作压力、反应器最佳反应温度和再循环流量等。如果操作参数与生产装置的测试系统连接在一起，随时根据检测仪表送来的信息进行优化计算，然后将计算结果信息直接送往控制系统，则称为在线操作优化。

过程系统的设计参数优化和操作参数优化的区别在于优化对象不同，前者优化的是设计变量，后者优化的是操作变量，但就其数学本质而言并没有什么根本的区别，优化的对象都是决策变量。

当用机理模型描述过程系统的参数优化问题时，模型方程分为稳态优化模型和动态优化模型。

稳态又称作定常态，稳态优化模型中的过程变量、目标函数和约束条件均不随时间的变化而改变。

稳态集中参数优化模型由代数方程组成，可以为下列的数学形式：

$$\min F(\boldsymbol{w}, \boldsymbol{x}) \tag{4-10}$$

$$\text{s. t.}\ f(\boldsymbol{w}, \boldsymbol{x}, \boldsymbol{z}) = 0 \qquad \text{（流程描述方程）}$$
$$c(\boldsymbol{w}, \boldsymbol{x}, \boldsymbol{z}) = 0 \qquad \text{（尺寸，成本方程）}$$
$$h(\boldsymbol{w}, \boldsymbol{x}) = 0 \qquad \text{（等式设计约束）}$$
$$g(\boldsymbol{w}, \boldsymbol{x}) \geqslant 0 \qquad \text{（不等式设计约束）}$$

式中各符号的意义与 4.2.1 节中所述相同。

稳态优化模型通常适用于稳态过程系统设计参数优化和离线操作参数优化。从控制论的角度，称稳态系统优化为离散系统优化。

动态优化模型中引入了时间变量，过程变量、目标函数和约束条件均可为时间变量的函数。集中参数的动态优化模型，通常由常微分-代数方程组成，它的一般形式为：

$$\min J = \min \left\{ \int_{t_0}^{t_f} F[\boldsymbol{x}(t), \boldsymbol{w}(t), t] \mathrm{d}t, \boldsymbol{s}[\boldsymbol{x}(t_f), t_f] \right\} \tag{4-11}$$

$$\text{s. t.}\ \frac{\mathrm{d}\boldsymbol{x}(t)}{\mathrm{d}t} = f[\boldsymbol{x}(t), \boldsymbol{w}(t), t]$$
$$g[\boldsymbol{x}(t), \boldsymbol{w}(t), t] \geqslant 0$$
$$c[\boldsymbol{x}(t), \boldsymbol{w}(t), t] = 0$$

初始条件：

$$\boldsymbol{x}(t_0) = x_0$$

式中　$\boldsymbol{x}(t)$——m 维状态函数向量；

　　　$\boldsymbol{w}(t)$——r 维决策函数向量；

　　　　f——微分形式状态方程；

　　　　g——不等式约束和不等式设计规定方程；

　　　　c——等式状态方程及等式设计规定方程；

　　　　t——时间变量；

　　　　t_0——初始时刻；

　　　　t_f——终止时刻。

由于动态模型描述的是时间连续系统，故从控制论的角度又称其为连续系统优化。动态优化模型与稳态优化模型的主要区别在于，前者的解不是一组简单的数值，而是时间的函数。

动态优化模型一般适用于解决动态过程（如间歇过程、开停车过程等）的优化设计和优化操作问题，大致可以分为以下几种类型：

① 找到 $\boldsymbol{w}(t)$ 的最优变量规律，使得在规定时间内到达 $\boldsymbol{x}(t)$ 的指定值的系统规模最小。

② 系统规模已定，找到 $\boldsymbol{w}(t)$，使一定时间内 $\boldsymbol{x}(t_f)$ 值为最大。

③ 系统规模已定，找到 $\boldsymbol{w}(t)$，使得达到 $\boldsymbol{x}(t)$ 的指定值的时间最短。

【例 4-3】 一个间歇式理想混合反应器的最优操作，假设反应器内进行的是可逆放热反应：

$$A \underset{}{\overset{k}{\rightleftharpoons}} B+Q$$

并假定通过改变其冷却衬套内冷却剂的温度，对反应器实现最优控制。描述该反应器内过程进行的基本方程为：

$$\frac{\mathrm{d}x_A}{\mathrm{d}t}=-r[x_A(t),T(t)]$$

$$\frac{\mathrm{d}T}{\mathrm{d}t}=\frac{q_r}{C_p}r[x_A(t),T(t)]-\frac{\lambda F}{VC_p}(T-T_c)$$

式中　x_A——反应器内 t 时刻反应物 A 的浓度；

T——反应器内 t 时刻的温度；

T_c——冷却衬套内 t 时刻的温度；

r——化学反应速率，它是 x_A 与 T 的函数；

q_r——反应热效应；

V——反应器内反应物的体积；

λ——反应物的热导率；

F——通过器壁的传热面积；

C_p——反应物的比热容。

本题的任务是要在给定的初始条件下：

$$x_A(t_0)=x_a,\quad T(t_0)=T_0$$

寻求 T_c 随时间的变化规律，使得反应物能在最短时间内达到给定的转化率。也就是说，要选择一个随时间的温度分布 $T_c(t)$，使得目标函数为最小：

$$J=t_f-0=\int_0^{t_f}\mathrm{d}t$$

这就是所谓最短时间控制问题。在此 T_c 为操作变量，x_A 和 T 是状态变量。借助于最优化技术，可从上述动态优化模型解出使得目标函数 J 最小的最优解 $T_c^*(t)$，同时可得到相应的最优状态轨线 $T^*(t)$ 和 $x_A^*(t)$。

4.3.2　过程系统管理最优化

对于现有工厂，除了操作工况的优化外，还存在管理上的最优化。过程系统管理的最优化主要从以下几个方面考虑。

（1）资源的合理分配

工厂里的蒸汽、冷却水等公用工程，通常都是供给全厂所有车间使用的，只有合理地分配，才可以减少外购公用工程量，从而获得最好的经济效益。同样对于几个车间共用一种化工原料的过程系统，也有类似的问题。

（2）时序问题

在以下场合会碰到如何最合理地排出操作时间表的问题：

① 多组反应器中的催化剂再生。

② 间歇操作的流程中每个设备的运行周期。

③ 设备的维护和检修。

④ 多产品车间的生产运行。

（3）多产品生产过程的排产计划

对一个给定生产厂的多个产品的生产计划排定及对一个生产装置网络的生产计划协调，都会出现利润最大的优化问题。因为生产装置是现成的，所以只考虑加工成本变量。在这种情况下，往往可以形成线性模型。

4.4　化工过程中的线性规划问题

线性规划是运筹学的一个重要分支。作为一种最优化方法，线性规划理论完整、方法成熟、应用比较广泛。

4.4.1　线性规划问题的数学描述

（1）线性规划数学模型的标准形式

线性规划是求一组非负变量，这些变量在满足一定的线性约束条件下，使一个线性函数达到极小或极大，即：

$$\min(\text{或 max})[c_1x_1+c_2x_2+\cdots+c_nx_n]$$
$$\text{s. t.} \ a_{11}x_1+a_{12}x_2+\cdots+a_{1n}x_n(\geqslant,=,\leqslant)b_1$$
$$a_{21}x_1+a_{22}x_2+\cdots+a_{2n}x_n\ (\geqslant,\ =,\ \leqslant)\ b_2$$
$$\vdots \qquad\qquad \vdots$$
$$a_{m1}x_1+a_{m2}x_2+\cdots+a_{mn}x_n(\geqslant,=,\leqslant)b_m \qquad (4\text{-}12)$$
$$x_1\geqslant0,\ x_2\geqslant0,\ \cdots,\ x_n\geqslant0$$
$$b_1\geqslant0,\ b_2\geqslant0,\ \cdots,\ b_m\geqslant0$$
$$(c_1,\ c_2,\ \cdots,\ c_n),\ a_{ij}\ \text{为已知常数}, i=1,\ \cdots,\ m,\ j=1,\ \cdots,\ n$$

为了便于求解，通常要把上述线性规划问题的一般模型转化成下面的标准形式：

$$\min\ (\text{或 max})\ c_1x_1+c_2x_2+\cdots+c_nx_n$$
$$\text{s. t.} \ a_{11}x_1+a_{12}x_2+\cdots+a_{1n}x_n=b_1$$
$$a_{21}x_1+a_{22}x_2+\cdots+a_{2n}x_n=b_2$$
$$\vdots \qquad\qquad \vdots$$
$$a_{m1}x_1+a_{m2}x_2+\cdots+a_{mn}x_n=b_m \qquad (4\text{-}13)$$
$$x_1\geqslant0,\ x_2\geqslant0,\ \cdots,\ x_n\geqslant0$$
$$b_1\geqslant0,\ b_2\geqslant0,\ \cdots,\ b_m\geqslant0$$

对于各种不同形式的模型，可以采用以下方法进行转化：

① 将求极大化为求极小

如果目标函数 J 是求极大值，则可按下式转换成求极小值：

$$\max(J)=\min(-J)$$

② 将不等式约束化为等式约束

对于小于等于型不等式：

$$a_{i1}x_1+a_{i2}x_2+\cdots+a_{in}x_n\leqslant b_i$$

引入新变量 $y_i\geqslant0$，将不等式化为：

$$a_{i1}x_1+a_{i2}x_2+\cdots+a_{in}x_n+y_i=b_i$$

式中，y_i 为松弛变量。

对于大于等于型不等式：

$$a_{i1}x_1+a_{i2}x_2+\cdots+a_{in}x_n\geqslant b_i$$

引入新变量，将不等式化为：

$$a_{i1}x_1+a_{i2}x_2+\cdots+a_{in}x_n-y_i=b_i$$

式中，y_i 为剩余变量。

③ 将自由变量化为非负变量

在线性规划的数学模型中，若变量 x_k 没有非负的限制，则称 x_k 为"自由变量"，通过变换：

$$x_k=x_k'-x_k'', \quad x_k'\geq 0, \quad x_k''\geq 0$$

可将一个自由变量化为两个非负变量；或者设法在约束条件和目标函数中消去自由变量。

【例 4-4】 将
$$\max J=x_1+3x_2+4x_3$$
$$\text{s. t. } x_1+2x_2+x_3\leq 5$$
$$2x_1+3x_2+x_3\geq 6$$
$$x_2\geq 0, \ x_3\geq 0$$

化为标准形。

该问题是求目标函数的极大值，将它转化成等价的极小形式：
$$\min(-J)=-x_1-3x_2-4x_3$$

约束条件中，x_1 没有非负限制，因此 x_1 是自由变量，设：
$$x_1=x_1'-x_1'', \ x_1'\geq 0, \ x_1''\geq 0$$

为第一个约束引入松弛变量 y_1，为第二个约束引入剩余变量 y_2，则问题化为如下标准形式：
$$\min(-J)=-(x_1'-x_1'')-3x_2-4x_3$$
$$\text{s. t. } x_1'-x_1''+2x_2+x_3+y_1=5$$
$$2x_1'-2x_1''+3x_2+x_3-y_2=6$$
$$x_1'\geq 0, \ x_1''\geq 0, \ x_2\geq 0, \ x_3\geq 0, \ y_1\geq 0, \ y_2\geq 0$$

也可以通过消去 x_1，将问题化成如下标准形式：
$$\min(-J)=-x_2-3x_3+y_1-5$$
$$\text{s. t. } x_2+x_3+2y_1+y_2=4$$
$$x_2\geq 0, \ x_3\geq 0, \ y_1\geq 0, \ y_2\geq 0$$

（2）线性规划模型的解

线性规划问题的标准数学模型也可以写成如下矩阵形式：
$$\min J=\boldsymbol{CX} \tag{4-14}$$
$$\text{s. t. } \boldsymbol{AX}=\boldsymbol{b} \tag{4-15}$$
$$\boldsymbol{X}\geq 0$$

式中，$\boldsymbol{C}$ 为 n 维向量，$C=(c_1,\cdots,c_n)$；$\boldsymbol{A}$ 为由系数 a_{ij} 组成的 $m\times n$ 矩阵；$\boldsymbol{b}=(b_1,\cdots,b_m)$。

对于上述线性规划问题，如果满足式(4-15)，则称为问题的可行解，全部可行解组成问题的可行域。如果可行解满足式(4-14)，则此可行解称为问题的最优解。

将矩阵 $\boldsymbol{A}$ 看成由 n 个列向量组成，即：
$$\boldsymbol{A}=(\boldsymbol{A}_1,\boldsymbol{A}_2,\cdots,\boldsymbol{A}_n)$$

设 $\boldsymbol{A}$ 的秩为 $m(m\leq n)$，从 $\boldsymbol{A}$ 的 n 列中选出 m 个线性无关的列组成一个 m 阶矩阵，假设选择的是前 m 列，用 $\boldsymbol{B}$ 表示这个矩阵，$\boldsymbol{B}$ 称为问题的一个基。它由 m 列线性无关的列向量组成：
$$\boldsymbol{B}=(\boldsymbol{A}_1,\boldsymbol{A}_2,\cdots,\boldsymbol{A}_m)$$

这些列向量称为基向量。$\boldsymbol{A}$ 中其他列向量组成矩阵 $\boldsymbol{N}$：
$$\boldsymbol{N}=(\boldsymbol{A}_{m+1},\boldsymbol{A}_{m+2},\cdots,\boldsymbol{A}_n)$$

$\boldsymbol{N}$ 中的列向量称为非基向量。这样矩阵 $\boldsymbol{A}$ 可以分解为：
$$\boldsymbol{A}=(\boldsymbol{B},\boldsymbol{N})$$

相应地把 $\boldsymbol{X}$ 分解为：

$$X = \begin{pmatrix} X_B \\ X_N \end{pmatrix} \tag{4-16}$$

于是式(4-15)可以写成：

$$AX = (B, N)\begin{pmatrix} X_B \\ X_N \end{pmatrix} = BX_B + NX_N = b \tag{4-17}$$

与 B 对应的 X_B 的分量称为基本变量，与 N 对应的 X_N 的分量称为非基本变量。由于 B 线性无关，故有：

$$X_B = B^{-1}b - B^{-1}NX_N \tag{4-18}$$

即基变量可用非基变量线性表示。若令 $X_N = 0$，则：

$$X = \begin{pmatrix} X_B \\ 0 \end{pmatrix} = \begin{pmatrix} B^{-1}b \\ 0 \end{pmatrix} \tag{4-19}$$

式(4-19)是式(4-14)的一个解，称为线性规划问题关于基 B 的基本解。若 $B^{-1}b \geqslant 0$，称 B 为可行基，此时，称式(4-16)为关于可行基 B 的基本可行解。

同样相应地将目标函数的系数向量 C 分解，即：

$$C = (C_B, C_N)$$

其中

$$C_B = (c_1, c_2, \cdots, c_m)$$
$$C_N = (c_{m+1}, c_{m+2}, \cdots, c_n)$$

按式(4-16)，目标函数 $J = CX$ 也可以用非基变量线性表示：

$$CX = (C_B, C_N)\begin{pmatrix} X_B \\ X_N \end{pmatrix} = C_B X_B + C_N X_N = C_B(B^{-1}b - B^{-1}NX_N) + C_N X_N$$

整理得到：

$$CX = C_B B^{-1}b + (C_N - C_B B^{-1}N)X_N$$

定理 1 最优性判别定理：对于线性规划问题的基 B，若有 $B^{-1}b \geqslant 0$，且 $C - C_B B^{-1}A \geqslant 0$，则对应于 B 的基本可行解 $X^* = \begin{pmatrix} X_B^* \\ 0 \end{pmatrix}$ 是线性规划问题的最优解，称为最优基本可行解，基 B 称为最优基。

定理 2 对于具有标准形式的线性规划问题：

(1) 若存在一个可行解，则必存在一个基本可行解。

(2) 若存在一个最优解，则必存在 一个最优基本可行解。

4.4.2 求解线性规划的图解法

图解法适用于变量较少的线性规划问题。它通过作图的方式，直观地显示满足约束条件的可行域和目标函数的最优解。例 4-5 就是通过图解法求出的解。

【例 4-5】 用图解法求解

$$\min J = -x_1 - 2x_2$$
$$\text{s. t. } -x_1 + 2x_2 \leqslant 4$$
$$3x_1 + 2x_2 \leqslant 12$$
$$x_1 \geqslant 0 \quad x_2 \geqslant 0$$

解： 将 x_1、x_2 看作是坐标平面上的点，将前两个约束条件写成等式，则可以在平面上画出两条直线：

$$-x_1 + 2x_2 = 4, \quad 3x_1 + 2x_2 = 12$$

四个约束条件围成的区域为可行域，$x_1 \geqslant 0$，$x_2 \geqslant 0$ 表示可行域在第一象限内，从图 4-3 可知，最优解将落在由原点、A、B、C 四个点围成的四边形内。

目标函数 J 是 x_1、x_2 线性函数，给定函数一个值 C，就可以得到平面上的一条直线 $-x_1-2x_2=C$，改变 C 的值，就得到一个平行直线族。平行直线族上落在可行域中的点都为可行解，其中使 C 取最小值的点即为最优解，从图 4-3 中可以看到，C 的最小取值为 -8，对应的点为 A $(2,3)$，因此 $x_1=2$，$x_2=3$ 为问题的最优解。

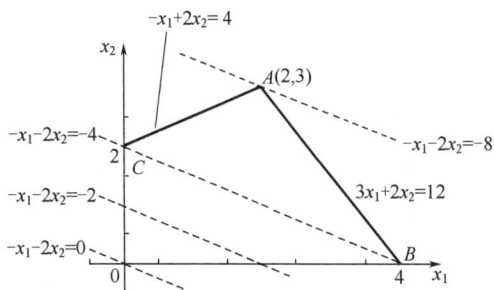

图 4-3　例 4-5 附图

4.4.3　求解线性规划问题的单纯形法

由 4.4.1 节的定理 1 和定理 2 可知，线性规划问题的目标函数的最小值（或最大值）一定在基本可行解中获得。所以在寻找最优解时，只需要考虑基本可行解就够了。单纯形法求解线性规划问题就是应用的这一思想。将式(4-14) 表示的线性规划问题，用下面的等价式表示：

$$\min J = C_B B^{-1} b + (C_N - C_B B^{-1} N) X_N$$
$$\text{s. t. } X_B = B^{-1} b - B^{-1} N X_N \tag{4-20}$$
$$X_B \geqslant 0, \quad X_N \geqslant 0$$

式中各符号的定义与 4.4.1 节中相同。记：

$$C_B B^{-1} b = y_{00}$$
$$C_N - C_B B^{-1} N = (y_{0m+1}, y_{0m+2}, \cdots, y_{0n})$$
$$B^{-1} N = \begin{bmatrix} y_{1m+1} & y_{1m+2} & \cdots & y_{1n} \\ y_{2m+1} & y_{2m+2} & \cdots & y_{2n} \\ & \cdots & & \\ y_{mm+1} & y_{mm+2} & \cdots & y_{mn} \end{bmatrix}$$
$$B^{-1} b = (y_{10}, y_{20}, \cdots, y_{m0})^{\text{T}}$$

代入式(4-20)，则式可以写成：

$$\min J = y_{00} + y_{0m+1} x_{m+1} + y_{0m+2} x_{m+2} \cdots + y_{0n} x_n$$
$$\text{s. t. } x_1 + y_{1m+1} x_{m+1} + y_{1m+2} x_{m+2} \cdots + y_{1n} x_n = y_{10}$$
$$x_2 + y_{2m+1} x_{m+1} + y_{2m+2} x_{m+2} \cdots + y_{2n} x_n = y_{20} \tag{4-21}$$
$$\cdots$$
$$x_m + y_{mm+1} x_{m+1} + y_{mm+2} x_{m+2} \cdots + y_{mn} x_n = y_{m0}$$
$$x_j \geqslant 0, \quad j = 1, 2, \cdots, n$$

式(4-21) 中每一个等式约束中含有一个且仅含有一个基变量，而且基变量用非基变量线性表示。同样，目标函数也仅用非基变量线性表示，其中非基变量 x_j 的系数 $y_{0j} = c_j - C_B B^{-1} A_j$ 称为 x_j 的检验数或相对成本系数。将式(4-21) 写成如表 4-1 所示的形式。

表 4-1　单纯形表

		x_1	x_2	$\cdots$	x_m	x_{m+1}	x_{m+2}	$\cdots$	x_n	
	$-y_{00}$	0	0	$\cdots$	0	y_{0m+1}	y_{0m+2}	$\cdots$	y_{0n}	←第 0 行
x_1	y_{10}	1	0	$\cdots$	0	y_{1m+1}	y_{1m+2}	$\cdots$	y_{1n}	
x_2	y_{20}	0	1	$\cdots$	0	y_{2m+1}	y_{2m+2}	$\cdots$	y_{2n}	
$\vdots$	$\vdots$			$\vdots$				$\vdots$		第 1~m 行
x_m	y_{m0}	0	0	$\cdots$	1	y_{mm+1}	y_{mm+2}	$\cdots$	y_{mn}	

第 0 列　　　　　　　　　　　　　第 1~n 列

表 4-1 称为对应于基的单纯形表。表中的第 1~m 行对应式的 m 个约束方程，第 0 列对应于约束方程右端的常数项，第 0 行对应于目标函数的变形：

$$-y_{00}=-J+y_{0m+1}x_{m+1}+y_{0m+2}x_{m+2}\cdots+y_{0n}x_n$$

只是省去了迭代中不会变为非基变量的变量 -J。因此表 4-1 和式（4-21）一一对应。

用单纯形法求解线性规则问题的方法如下：

① 求一个初始基本可行解。

② 从基本可行解出发，转移到另一个目标函数值更小的基本可行解。

③ 逐步迭代计算，当目标函数值不能再减小，即满足最优性条件 $C-C_B B^{-1}A\geqslant 0$ 时，计算结束，得到最优基本可行解。

下面利用实例理解单纯形方法的求解过程。

【例 4-6】 解线性规划问题

$$\min J=x_1-2x_2+x_3-3x_4$$
$$\text{s. t. } x_1+x_2+3x_3+x_4=6$$
$$-2x_2+x_3+x_4\leqslant 3$$
$$-x_2+6x_3-x_4\leqslant 4$$
$$x_j\geqslant 0,\ j=1,\ 2,\ 3,\ 4$$

解：

（1）先将原问题化为标准形

$$\min J=x_1-2x_2+x_3-3x_4$$
$$\text{s. t. } x_1+x_2+3x_3+x_4=6$$
$$-2x_2+x_3+x_4+x_5=3$$
$$-x_2+6x_3-x_4+x_6=4$$
$$x_j\geqslant 0,\ j=1,\ 2,\ 3,\ 4,\ 5,\ 6$$

（2）为标准形找出一个基本可行解

最明显的可行解就是把系数为 1 的变量留下作为基变量，并设其他变量为零，作非基变量。本问题留下 x_1、x_5、x_6，其值为约束等式右边的常系数。即：

$$x_1=6,\ x_5=3,\ x_6=4$$

剩下的变量 x_2、x_3、x_4 为非基变量：

$$x_2=0,\ x_3=0,\ x_4=0$$

可行解为 $\boldsymbol{X}=(6,0,0,0,34)^{\mathrm{T}}$，初始可行基为单位矩阵 $\boldsymbol{B}=(\boldsymbol{A}_1,\boldsymbol{A}_5,\boldsymbol{A}_6)=\boldsymbol{I}$，$\boldsymbol{C}_B=(1,0,0)$。非基变量的系数（检验数）$y_{0j}=c_j-\boldsymbol{C}_B\boldsymbol{B}^{-1}\boldsymbol{A}_j$，其中：

$$y_{02}=c_2-\boldsymbol{C}_B\boldsymbol{B}^{-1}\boldsymbol{A}_2=-2-(1,0,0)\begin{bmatrix}1\\-2\\-1\end{bmatrix}=-3$$

$$y_{03}=c_3-\boldsymbol{C}_B\boldsymbol{B}^{-1}\boldsymbol{A}_3=1-(1,0,0)\begin{bmatrix}3\\1\\6\end{bmatrix}=-2$$

$$y_{04}=c_4-\boldsymbol{C}_B\boldsymbol{B}^{-1}\boldsymbol{A}_4=-3-(1,0,0)\begin{bmatrix}1\\1\\-1\end{bmatrix}=-4$$

对应的目标函数值为：

$$y_{00}=\boldsymbol{C}_B\boldsymbol{B}^{-1}\boldsymbol{b}=6$$

（3）建立单纯形表

把 b 放入表的第 0 列，A_1，A_2，…，A_6 放入表的 $1 \sim m$ 行中，把 $-y_{00}$ 和 y_{0j} 放入表的第 0 行，组成的单纯形表如表 4-2 所示。

（4）检验可行解，看是否为最优解

最优解满足的条件是 $y_j = c_j - C_B B^{-1} A_j \geqslant 0$，从表 4-2 中可以看到有 y_{0j} 不满足条件，故初始可行解不是最优解。

（5）转移至另一个基本可行解

由于初始的基本可行解不是最优解，因此需要转移到另一个基本可行解，方法是：

（a）选择出现负检验数 y_{0j} 最小列 q（$q = \min\{j \mid y_{0j} < 0, j = 1, 2, \cdots, n\}$）作为主列，本问题中 $q = 2$。

（b）求最小比值 $\theta = \min\{y_{i0}/y_{iq} \mid y_{iq} > 0, 1 \leqslant i \leqslant m\}$，选择出现 θ 的最小行 p 作为主行，本问题中 $p = 1$。

（c）以 y_{pq} 为主元，用以下换基公式修改单纯形表：

$$y'_{pj} = y_{pj}/y_{pq}, \quad j = 1, 2, \cdots, n$$
$$y'_{ij} = y_{ij} - (y_{pj}/y_{pq}) y_{iq}, \quad i \neq p, \ j = 1, 2, \cdots, n$$

即用新基 $B = (A_1, \cdots, A_{q-1}, A_q, A_{q+1}, \cdots, A_m)$ 代替原来的 B，得新的基本可行解，重新从第（2）步开始计算，直到满足 $y_j = c_j - C_B B^{-1} A_j \geqslant 0$，即得到最优解。

单纯形表 4-2 中的分表列出了计算过程，其中 $\boxed{y_{pq}}$ 表示主元。其中分表三中 $y_{0j} \geqslant 0$，故最优解为 $X^* = (0,1,0,5,0,10)^T$，对应的目标函数值 $J = -17$。

表 4-2　例 4-6 的迭代过程

	C_B	X_B	-6	x_1	x_2	x_3	x_4	x_5	x_6
分表一				0	-3	-2	-4	0	0
	1	x_1	6	1	$\boxed{1}$	3	1	0	0
	0	x_5	3	0	-2	1	1	1	0
	0	x_6	4	0	-1	6	-1	0	1
分表二			12	3	0	7	-1	0	0
	-2	x_2	6	1	1	3	1	0	0
	0	x_5	15	2	0	7	$\boxed{3}$	1	0
	0	x_6	10	1	0	9	0	0	1
分表三			17	11/3	0	28/3	0	1/3	0
	-2	x_2	1	1/3	1	2/3	0	$-1/3$	0
	-3	x_4	5	2/3	0	7/3	1	1/3	0
	0	x_6	10	1	0	9	0	0	1

4.4.4　按原料资源供应、市场需求价格等因素进行的排产计划

化工过程存在大量排产问题。例如，纯碱生产过程的重碱工段通常由十几组塔组成，这些塔交替进行制碱和清洗操作，如何将塔群分组，合理安排制碱和清洗时间以保证重碱产量，就构成重碱生产的排产问题。又比如，一个生产多种产品的工厂，当原料成本或市场价格等因素发生变化时，为了保证全年利润，也需要重新安排生产计划。对于像重碱生产之类排产问题，由于涉及设备的生产安排、生产负荷与操作时间调整，因此建立的优化模型大都为非线性模型。而对于只涉及成本的和利润的排产问题，建立的优化模型一般为线性方程，可以采用线性规划法求解。

4.5　化工过程中非线性规划问题的解析求解

4.5.1　无约束条件最优化问题的经典求解方法

对于一个函数 $f(x_1, x_2, \cdots, x_n)$，如果其所有的一阶导数 $\dfrac{\partial f}{\partial x_i}$（$i=1, 2, \cdots, n$）都存在，则函数 $f(\boldsymbol{x})$ 的极小值的必要条件为：

$$\frac{\partial f}{\partial x_1}=\frac{\partial f}{\partial x_2}=\cdots=\frac{\partial f}{\partial x_n}=0 \tag{4-22}$$

对于满足以上方程的点成为极小值的充分条件是在这个点上所有二阶偏导数 $\dfrac{\partial^2 f}{\partial x_i \partial x_j}$（$i, j=1, 2, \cdots, n$）均存在，而且其赫森矩阵为正定。

函数 $f(\boldsymbol{x})$ 的赫森矩阵 $\boldsymbol{H}$ 定义为：

$$\boldsymbol{H}=\begin{bmatrix} \dfrac{\partial^2 f}{\partial x_1^2} & \dfrac{\partial^2 f}{\partial x_1 \partial x_2} & \cdots & \dfrac{\partial^2 f}{\partial x_1 \partial x_n} \\ & \vdots & & \\ \dfrac{\partial^2 f}{\partial x_n \partial x_1} & \dfrac{\partial^2 f}{\partial x_n \partial x_2} & \cdots & \dfrac{\partial^2 f}{\partial x_n^2} \end{bmatrix}$$

如何知道 $\boldsymbol{H}$ 是否为正定？可定义行列式为：

$$\boldsymbol{D}_i=\begin{vmatrix} \boldsymbol{H}_{11} & \cdots\cdots & \boldsymbol{H}_{1i} \\ & \vdots & \\ & \vdots & \\ \boldsymbol{H}_{i1} & \cdots\cdots & \boldsymbol{H}_{ii} \end{vmatrix} \quad (i=1,2,\cdots,n)$$

这样得到一组数值 $\{D_1, D_2, \cdots, D_n\}$，这称为 $\boldsymbol{H}$ 矩阵的主子式。如果所有的

$$D_i>0 \qquad (i=1,2,\cdots,n)$$

则赫森矩阵 $\boldsymbol{H}$ 为正定的。

根据函数存在极小值的充分必要条件，将无约束最优化问题的求解，转化为下面一组非线性方程的求解：

$$\begin{cases} \dfrac{\partial f(\boldsymbol{x})}{\partial x_1}=0 \\[2mm] \dfrac{\partial f(\boldsymbol{x})}{\partial x_2}=0 \\[2mm] \quad\vdots \\[2mm] \dfrac{\partial f(\boldsymbol{x})}{\partial x_n}=0 \end{cases}$$

其中满足 $\left(\dfrac{\partial f}{\partial x_1}\right)^2+\left(\dfrac{\partial f}{\partial x_2}\right)^2+\cdots+\left(\dfrac{\partial f}{\partial x_n}\right)^2=0$ 的点，就是方程组的解。

这种经典方法存在以下缺点：

① 对较复杂的问题，这种非线性方程组求解是相当困难的。

② 由于上述条件是满足极小，而不是最小，所以找到的解可能是局部极值，而不是全局最优值。

③ 这种经典方法只能用于导数连续的场合，当导数不连续时不能使用。然而，导数不连续之处，可能正好是最小值或最大值所在之处。

4.5.2 有约束条件最优化问题的经典求解方法

求解有约束条件最优化问题的方法很多，这里介绍比较常用的拉格朗日乘子法和罚函数法。它们的共同点在于都是将有约束最优化问题转变成无约束最优化问题。

(1) 拉格朗日乘子法

已知目标函数 $f(x_1, x_2, \cdots, x_n)$，服从等式约束条件：

$$e_j(x_1, x_2, \cdots, x_n) = 0 \qquad (j = 1, 2, \cdots, m) \tag{4-23}$$

引入拉格朗日函数 $\phi(x, \lambda)$ 可以将这个有约束的最优化问题，转化成无约束的最优化问题：

$$\phi(x, \lambda) = f(x) + \sum_{j}^{m} \lambda_j e_j(x) \quad x = (x_1, x_2, \cdots, x_n) \tag{4-24}$$

式中，λ 为拉格朗日乘子。根据无约束最优化问题的求解方法，只要式(4-24)中的函数 f 和约束 e_j 的一阶偏导数在所有各点均存在，则只要求解下列非线性方程组，就可得到最优解 x^* 和 λ^*：

$$\begin{cases} \dfrac{\partial f}{\partial x_i} + \sum_{j=1}^{m} \lambda \dfrac{\partial e_j}{\partial x_i} = 0 & i = 1, 2, \cdots, n \\ e_j(x_1, x_2, \cdots, x_n) = 0 & j = 1, 2, \cdots, m \end{cases}$$

以上共 $n+m$ 个方程，可解出 x_1^*，x_2^*，$\cdots$，x_n^* 及 λ_1^*，λ_2^*，$\cdots$，λ_m^* 个未知数。

【例 4-7】 有一个烃类催化反应器。烃类进行压缩并和蒸汽先充分混合后进入反应器。反应后的产物和未反应的原料通过蒸馏进行分离，使未反应的原料再循环使用。设原料加压所需的费用为每年 $1000p$ 元，将原料和蒸汽混合并送入反应器的输送费用为每年 $\dfrac{1}{pR} \times 4 \times 10^9$ 元，其中 p 为操作压力，R 为循环比。又设分离器将产物分离所需费用为每年 $10^5 R$ 元，未反应的原料进行再循环和压缩的费用每年为 $1.5 \times 10^5 R$ 元。每年的产量为 10^7kg。

(1) 试求最优的操作压力 p 和循环比 R，使每年总费用为最小。

(2) 若要求的 p 和 R 乘积为 900MPa，试求最优的 p 和 R。

解：

(1) 这是一个无约束最优化问题

目标函数为：

$$J = 1000p + \frac{4 \times 10^9}{pR} + 10^5 R + 1.5 \times 10^5 R$$

对 p 和 R 求导数，并令其为零，得到：

$$\frac{\partial J}{\partial p} = 1000 - \frac{4 \times 10^9}{Rp^2} = 0$$

$$\frac{\partial J}{\partial R} = 2.5 \times 10^5 - \frac{4 \times 10^9}{pR^2} = 0$$

由此解得：

$$p = 1000, \ R = 4$$

代入目标函数，得到每年费用为：

$$J = 3 \times 10^6 \ \text{元}$$

验证此解是否是极小值，将 J 对 p 和 R 求二阶导数，在 (1000, 4) 点为：

$$\frac{\partial^2 J}{\partial p^2} = \frac{4 \times 10^9 \times 2}{Rp^3} = 2$$

$$\frac{\partial^2 J}{\partial p \partial R} = \frac{4 \times 10^9}{R^2 p^2} = 250$$

$$\frac{\partial^2 J}{\partial R^2} = \frac{4 \times 10^9 \times 2}{R^3 p} = 125000$$

其赫森矩阵为：

$$\boldsymbol{H} = \begin{bmatrix} 2 & 250 \\ 250 & 125000 \end{bmatrix}$$

此矩阵为正定矩阵，因此这一点就是极小点。

（2）这是一个有约束最优化问题

$$\min J = 1000p + \frac{4 \times 10^9}{pR} + 2.5 \times 10^5 R$$

约束条件：

$$pR = 9000$$

建立拉格朗日函数：

$$\phi = 1000p + \frac{4 \times 10^9}{pR} + 2.5 \times 10^5 R + \lambda(9000 - pR)$$

ϕ 对 p 和 R 求导数，并令其为零，得：

$$\begin{cases} 1000 - \dfrac{4 \times 10^9}{p^2 R} - \lambda R = 0 \\ 2.5 \times 10^5 - \dfrac{4 \times 10^9}{pR^2} - \lambda p = 0 \\ pR = 9000 \end{cases}$$

求解以上三个方程得到：

$$p = 1500, \ R = 6, \ \lambda = 117.3$$

按（1）的方法，求 ϕ 在点（1500，6）对 p 和 R 二阶导数，同样可以证明赫森矩阵为正定，因而此点也为极小点。

（2）罚函数法

利用罚函数法求解有约束最优化问题的基本思想是通过一个惩罚因子把约束条件连接到目标函数上去，从而将有约束条件的最优化问题转化为无约束条件的问题。新的目标函数具有如下性质：当搜索到不可行点时，附加一个约束惩罚项，会使目标函数变得很大，而且离约束条件越远惩罚就越大。

已知目标函数 $f(x_1, x_2, \cdots, x_n)$，服从等式约束条件：

$$g_j(x_1, x_2, \cdots, x_n) = 0 \qquad j = 1, 2, \cdots, m \tag{4-25}$$

引入惩罚因子 k_j 将目标函数 f 转换成带罚函数的目标函数 $F(\boldsymbol{x})$：

$$F(\boldsymbol{x}) = f(x_1, x_2, \cdots, x_n) + \sum k_j [g_j(x_1, x_2, \cdots, x_n)]^2 \quad j = 1, 2, \cdots, m \tag{4-26}$$

这样有约束的最优化问题就被转化为无约束的最优化问题，可以用上面的方法进行求解。

式（4-26）中，当 k_j 为很大的正数时，只要 $\boldsymbol{x}$ 违反了约束条件，则惩罚项就会变成一个很大的正值，从而使 $F(\boldsymbol{x})$ 离最小值更远。而且 $\boldsymbol{x}$ 对约束条件偏离越大，惩罚也就越大。

显然，所求的 $F(\boldsymbol{x})$ 最小值会因 k_j 值的不同而不同。k_j 值越大，则惩罚项的权也增加，偏离约束的可能越小。当 $k_j \to \infty$ 时，则只有 $g_j(\boldsymbol{x}) = 0$ 时才能使 $F(\boldsymbol{x})$ 达到最小值，这时的解就是 $f(\boldsymbol{x})$ 的解。

【例 4-8】 已知目标函数为 $f(\boldsymbol{x}) = x_1^2 + 4x_2^2$，等式约束条件为 $x_1 + x_2 - 5 = 0$。

解：建立带有罚函数的目标函数：

$$F(\boldsymbol{x}) = x_1^2 + 4x_2^2 + k(x_1 + x_2 - 5)^2$$

对这一新的目标函数求极小值：

$$\frac{\partial F}{\partial x_1}=x_1+k(x_1+x_2-5)\rightarrow0$$

$$\frac{\partial F}{\partial x_2}=4x_2+k(x_1+x_2-5)\rightarrow0$$

化简后得到：

$$4x_2+k(5x_2-5)\rightarrow0$$

$$x_2=\frac{5k}{4+5k}$$

当 $k\rightarrow\infty$，若要使上式成立，可得 $x_2\rightarrow1$，从而得到最优解 $x_2^*=1,x_1^*=4$。

对于一般的有约束的最优化问题 $\min f(\boldsymbol{x})$，约束条件为：

$$h_i(\boldsymbol{x})=0 \qquad (i=1,2,\cdots,m)$$

$$g_j(\boldsymbol{x})\geqslant0 \qquad (j=1,2,\cdots,n)$$

建立相应的带罚函数的目标函数：

$$F(\boldsymbol{x},k)=f(\boldsymbol{x})+k\left\{\sum_{i=1}^{m}h_i^2(\boldsymbol{x})+\sum_{j=1}^{n}\min^2[g_j(\boldsymbol{x}),0]\right\}$$

式中，$\min[g_j(\boldsymbol{x}),0]$ 表示取 $g_j(\boldsymbol{x})$ 和 0 中较小的作为约束。则利用罚函数法求 $F(\boldsymbol{x})$ 最小值的计算步骤为：

① 给定初始点 $\boldsymbol{x}^0$ 及一个适当的罚因子 k。

② 求 $F(\boldsymbol{x})$ 的最小点 $\boldsymbol{x}^1$，若 $\boldsymbol{x}^1$ 可接受，则计算结束否则转向第 3 步。

③ 设 k 增大的倍数为 $a(a>1)$，用 ak 代替原来的 k，作为新的罚因子，以 $\boldsymbol{x}^1$ 为初始点，回到第 2 步。

一般来说，罚函数法是一种有效的求解方法。它的缺点是：把罚函数引入目标函数可能引入了二阶导数的不连续，因此用梯度法来搜索最小时会发生困难。同时，这种方法是从不可行区域逐步收敛到解的，这就要允许在不可行域进行函数估值，这可能会使程序计算失败，比如试图求负数的对数或求负数的平方根等。

我们进一步用图形方式对罚函数方法进行深入的说明。

【例 4-9】　求：

$$\min f(\boldsymbol{x})=(x_1-1)^2+(x_2-2)^2$$

$$\text{s. t. } x_1+x_2=4$$

$$x_1\geqslant0, \qquad x_2\geqslant0$$

解：

将约束条件改写为右端＝0 的形式：

$$x_1+x_2-4=0$$

构造罚函数：

$$P(\boldsymbol{x},r)=(x_1-1)^2+(x_2-2)^2+r(x_1+x_2-4)^2$$

在 x_1、x_2 构成的空间中，作图。给出 $r=1$，10，100，1000，即，惩罚因子 r 不断增大时的结果，如图 4-4 所示。

从图中可以看出，随着惩罚因子 r 的增大，所构造的无约束最优化函数 P 的等高线，越来越偏离原来的圆形，而呈现出椭圆的形状。当惩罚因子 r 足够大时，在所对应的最优点附近，图形几乎变成了一组平行线。而且，随着对原约束方程的微小偏离，最优化函数 P 的值会快速增大，从而迫使函数 P 的最优点只能落在原约束方程 $x_1+x_2=4$ 上。

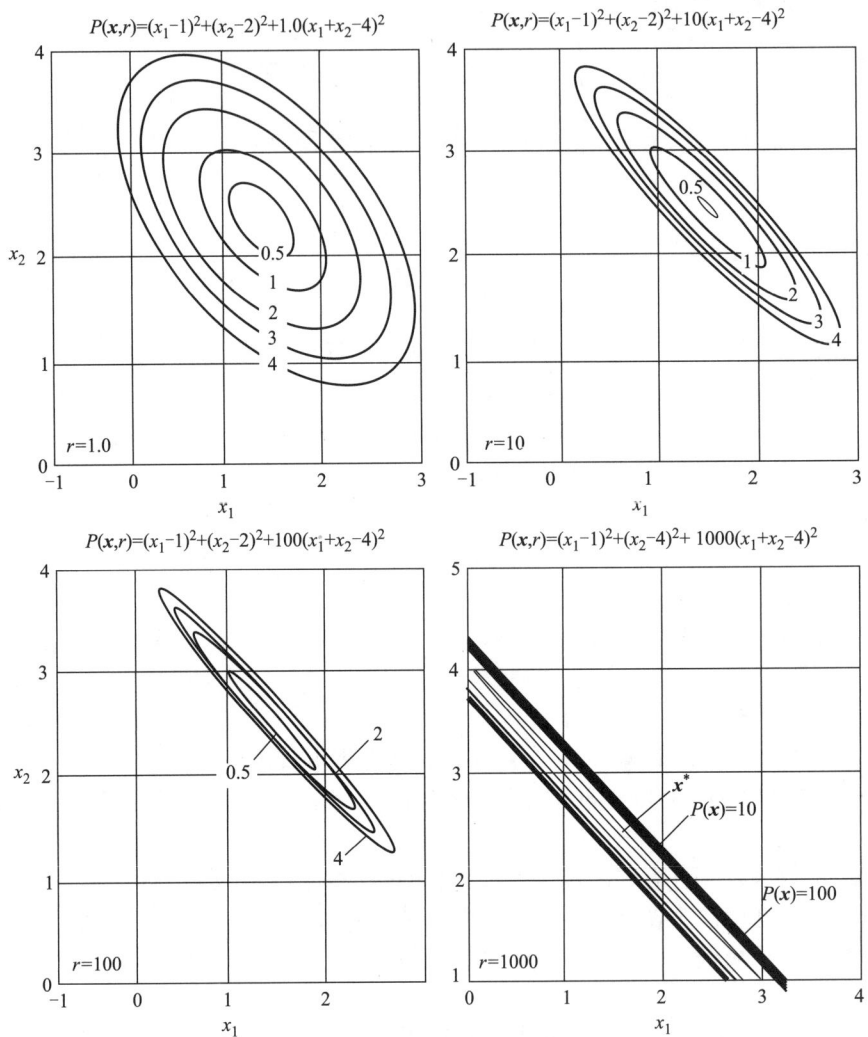

$P(\mathbf{x},r)=(x_1-1)^2+(x_2-2)^2+1.0(x_1+x_2-4)^2$

$P(\mathbf{x},r)=(x_1-1)^2+(x_2-2)^2+10(x_1+x_2-4)^2$

$P(\mathbf{x},r)=(x_1-1)^2+(x_2-2)^2+100(x_1+x_2-4)^2$

$P(\mathbf{x},r)=(x_1-1)^2+(x_2-4)^2+1000(x_1+x_2-4)^2$

图 4-4　例 4-9 示意图

4.5.3　动态系统参数的变分优化法

动态系统参数的最优化又称连续系统最优化，这是由于优化问题的解是时间 t 的连续函数。本章只涉及集中参数动态模型的优化问题。

$$\min J = \min\left\{\int_{t_0}^{t_f} F[\mathbf{x}(t),\mathbf{w}(t),t]\mathrm{d}t + s[\mathbf{x}(t_f),t_f]\right\} \tag{4-27}$$

$$\text{s. t. } \frac{\mathrm{d}\mathbf{x}(t)}{\mathrm{d}t} = f[\mathbf{x}(t),\mathbf{w}(t),t]$$

$$g[\mathbf{x}(t),\mathbf{w}(t),t] \geqslant 0$$

$$c[\mathbf{x}(t),\mathbf{w}(t),t] = 0$$

初始条件：

$$\mathbf{x}(t_0) = \mathbf{x}_0$$

式中　$\mathbf{x}(t)$ ——m 维状态函数向量；

　　　$\mathbf{w}(t)$ ——r 维决策函数向量；

f——微分形式状态方程；

g——不等式约束和不等式设计规定方程；

c——等式状态方程及等式设计规定方程；

t——时间变量；

t_0——初始时刻；

t_f——终止时刻。

上面是动态系统参数优化问题的一般模型。可以看出，目标函数随状态变量和决策变量的不同而不同，也就是说目标函数是函数的函数。在数学上，这种函数称为泛函，求泛值的问题称为变分问题。因此，连续系统的最优化问题就是一个变分问题。由于求泛函的极小问题也是一种极值问题，因此与4.5.1节介绍的一般函数 $F(x)$ 的极值问题有许多类似之处：对于无约束问题，根据极值存在的充分必要条件求极值；对于有约束的最优化问题，则先利用拉格朗日函数或罚函数，将其转化成无约束最优化问题后再求解。以下简单介绍求解变分问题的方法，即变分法。首先从最简单的无约束连续系统的优化开始讨论。

（1）无约束连续系统的最优化

① 泛函极值的必要条件

对于一个泛函：

$$I[y(x)]=\int_{x_1}^{x_2}\phi[y(x),y_x'(x),x]dx \tag{4-28}$$

当函数 $y(x)$ 经微小改变后变为 $y_1(x)$，则称：

$$\partial y=y_1(x)-y(x) \tag{4-29}$$

为函数的变分，它表示了 $y(x)$ 的微小改变。也常写为：

$$\partial y=\varepsilon\varphi(x) \tag{4-30}$$

式中，$\varphi(x)$ 是一个连续可微的任意函数；ε 是一个很小的正数，当 $\partial y\to 0$ 时，$\varepsilon\to 0$。

若 $y(x)$ 的微小改变要求在区间 $[x_1,x_2]$ 两端固定，即保持 $y(x_1)=y_1$，$y(x_2)=y_2$，则 $\varphi(x)$ 应满足 $\varphi(x_1)=\varphi(x_2)=0$，或记为：

$$\partial y(x_1)=\partial y(x_2)$$

相应于函数 $y(x)$ 的微小改变，泛函 $I[y(x)]$ 的改变量为：

$$I[y(x)+\partial y]-I[y(x)]=\int_{x_1}^{x_2}\{\phi[y+\varepsilon\varphi,y_x'+\varepsilon\varphi_x',x]-\phi[y,y_x',x]\}dx$$

将大括号内的函数用泰勒级数展开，并略去 ε 的高次项得：

$$I[y+\partial y]-I[y]\approx\partial I=\varepsilon\int_{x_1}^{x_2}\left(\frac{\partial\phi}{\partial y}\varphi+\frac{\partial\phi}{\partial y_x'}\varphi'\right)dx \tag{4-31}$$

式中 ∂I 称为泛函 $I[y(x)]$ 的第一变分。泛函 $I[y(x)]$ 取值的必要条件为：

$$\partial I\equiv 0 \tag{4-32}$$

将式（4-31）等号右侧第二项分部积分得到：

$$\int_{x_1}^{x_2}\frac{\partial\phi}{\partial y_x'}\varphi_x'dx=\left[\varphi(x)\frac{\partial\phi}{\partial y_x'}\right]\Big|_{x_1}^{x_2}-\int_{x_1}^{x_2}\varphi(x)\frac{d}{dx}\left(\frac{\partial\phi}{\partial y_x'}\right)dx \tag{4-33}$$

在端点固定，即 $y(x_1)=y_1$ 及 $y(x_2)=y_2$ 的条件下，$\varphi(x_1)=\varphi(x_2)=0$ 所以上式等号右侧第一项为零。因此：

$$\partial I=\varepsilon\int_{x_1}^{x_2}\left[\frac{\partial\phi}{\partial y}-\frac{d}{dx}\left(\frac{\partial\phi}{\partial y_x'}\right)\right]\varphi(x)dx=0 \tag{4-34}$$

由于 $\varphi(x)$ 为任意函数，不恒等于零，所以要式（4-22）成立，必然有：

$$\frac{\partial\phi}{\partial y}-\frac{d}{dx}\left(\frac{\partial\phi}{\partial y_x'}\right)\equiv 0 \tag{4-35}$$

上式就是使泛函 $I[y(x)]$ 取极值的必要条件，称为欧拉方程。有了这个方程，求泛函极值的问题就转化为求解微分方程的问题了。

对于式(4-27) 给出的优化问题，其极值为下列偏微分方程组的解：

$$\begin{cases} \dfrac{\partial F}{\partial x_i}=0 & (i=1,2,\cdots,m) \\[3mm] \dfrac{\partial F}{\partial w_j}=0 & (j=1,2,\cdots,r) \end{cases} \tag{4-36}$$

② 泛函极值的充分条件

和一般函数一样，要判断满足欧拉方程的函数是使泛函极大还是极小，还需计算第二变分 $\partial^2 I$。

对 $I[y(x)+\varepsilon\varphi(x)]-I[y(x)]$ 作泰勒级数展开，忽略 ε^2 以上的高次项，得到：

$$I[y(x)+\varepsilon\varphi(x)]-I[y(x)]\approx$$

$$\partial I+\varepsilon^2\int_{x_1}^{x_2}\left\{\frac{\partial^2\phi}{\partial y^2}\varphi^2(x)+2\frac{\partial\phi}{\partial y}\frac{\partial\phi}{\partial y_x'}\varphi(x)\varphi_x'(x)+\frac{\partial^2\phi}{\partial(y_x')^2}[\varphi_x'(x)]^2\right\}\mathrm{d}x \tag{4-37}$$

式中等号右侧第二项记为 $\partial^2 I$，称为第二变分：

$$\partial^2 I=\varepsilon^2\int_{x_1}^{x_2}\left\{\frac{\partial^2\phi}{\partial y^2}\varphi^2(x)+2\frac{\partial\phi}{\partial y}\frac{\partial\phi}{\partial y_x'}\varphi(x)\varphi_x'(x)+\frac{\partial^2\phi}{\partial(y_x')^2}[\varphi_x'(x)]^2\right\}\mathrm{d}x \tag{4-38}$$

对于满足欧拉方程的函数 $y(x)$，由式(4-33) 可知 $\partial I=0$，因此，若函数 $y(x)$ 使第二变分 $\partial^2 I>0$，则有：

$$I[y(x)+\varepsilon\varphi(x)]-I[y(x)]>0$$

即函数 $y(x)$ 使泛函 $I[y(x)]$ 取极小；若函数使第二变分 $\partial^2 I<0$，则：

$$I[y(x)+\varepsilon\varphi(x)]-I[y(x)]<0$$

即函数 $y(x)$ 使泛函 $I[y(x)]$ 取极大。这就是泛函极值的充分条件。

在 4.5.1 节中提到，Hesse 正定（或负定）是判断极小（或极大）值的充分条件，我们把第二变分 $\partial^2 I$ 写成矩阵的形式：

$$\partial^2 I=\varepsilon^2\int_{x_1}^{x_2}[\varphi(x)\ \varphi_x'(x)]\begin{bmatrix}\dfrac{\partial^2\phi}{\partial y^2} & \dfrac{\partial^2\phi}{\partial y\partial y_x'}\\[3mm]\dfrac{\partial^2\phi}{\partial y\partial y_x'} & \dfrac{\partial^2\phi}{\partial(\partial y_x')^2}\end{bmatrix}\begin{bmatrix}\varphi(x)\\[2mm]\varphi_x'(x)\end{bmatrix}\mathrm{d}x \tag{4-39}$$

其中矩阵

$$\begin{bmatrix}\dfrac{\partial^2\phi}{\partial y^2} & \dfrac{\partial^2\phi}{\partial y\partial y_x'}\\[3mm]\dfrac{\partial^2\phi}{\partial y\partial y_x'} & \dfrac{\partial^2\phi}{\partial(\partial y_x')^2}\end{bmatrix} \tag{4-40}$$

就是 Hesse 矩阵，这时大于零（或小于零）与 Hesse 的正定（或负定）是一致的，二者都可作为判定泛函极值的充分条件。

（2）有约束连续系统的最优化

① 目标函数不含终态

讨论如下连续系统的最优化问题：

$$\min J=\min\left\{\int_0^\theta F[x(t),w(t),t]\mathrm{d}t\right\} \tag{4-41}$$

$$\text{s. t. } \frac{\mathrm{d}x(t)}{\mathrm{d}t}=f[x(t),w(t),t]$$

$$x|_{t=0}=x_0$$

$$\boldsymbol{x}\mid_{t=\theta}=自由$$

该问题是求函数向量 $\boldsymbol{x}(t)$ 和 $\boldsymbol{w}(t)$，使之满足常微分形式的约束条件，且使泛函

$$J=\int_0^\theta F[\boldsymbol{x}(t),\boldsymbol{w}(t),t]\mathrm{d}t \tag{4-42}$$

极小的问题。

我们先考虑一维情况。引进拉格朗日泛函：

$$\int_0^\theta L\,\mathrm{d}t=\int_0^\theta\left\{F(\boldsymbol{x},\boldsymbol{w},t)-\lambda(t)\left[\frac{\mathrm{d}x}{\mathrm{d}t}-f(\boldsymbol{x},\boldsymbol{w},t)\right]\right\}\mathrm{d}t \tag{4-43}$$

式中 $\lambda(t)$ 称作伴随函数或拉格朗日乘子函数。

利用泛函极值必要条件欧拉方程可得：

$$\frac{\partial L}{\partial x}-\frac{\mathrm{d}}{\mathrm{d}t}\left(\frac{\partial L}{\partial x}\right)=0$$

$$\frac{\partial L}{\partial w}=0$$

$$\frac{\partial L}{\partial \lambda}=0$$

即

$$\frac{\partial F}{\partial x}+\lambda(t)\frac{\partial f}{\partial x}+\frac{\mathrm{d}\lambda(t)}{\mathrm{d}t}=0 \tag{4-44}$$

$$\frac{\partial F}{\partial w}+\lambda(t)\frac{\partial f}{\partial w}=0 \tag{4-45}$$

$$\frac{\mathrm{d}x}{\mathrm{d}t}-f=0 \tag{4-46}$$

边界条件：

$$\boldsymbol{x}\mid_{t=0}=\boldsymbol{x}_0$$

由于 $t=\theta$ 时 $\boldsymbol{x}$ 是自由的，所以由欧拉方程的推导过程式(4-33)可知，$\varphi(x_2)\neq 0$。此时只有：

$$\frac{\partial\phi}{\partial y'_x}\bigg|_{x=x_2}=0$$

才能使欧拉方程成立。因此有：

$$\frac{\partial L}{\partial x'}\bigg|_{t=\theta}=0$$

由式(4-43)有：

$$\frac{\partial L}{\partial x'}=-\lambda(t)$$

所以，$\lambda(t)$ 应满足：

$$\lambda(t)\mid_{t=\theta}=0$$

这样一来，原变分问题式(4-41)便转化成下面微分方程组的边值问题：

$$\begin{cases}\dfrac{\partial F}{\partial x}+\dfrac{\mathrm{d}\lambda}{\mathrm{d}t}+\lambda(t)\dfrac{\partial f}{\partial x}=0\\[2mm]\dfrac{\partial F}{\partial w}+\lambda(t)\dfrac{\partial f}{\partial w}=0\\[2mm]\dfrac{\mathrm{d}x}{\mathrm{d}t}-f=0\end{cases} \tag{4-47}$$

边界条件：

$$\boldsymbol{x}(0)=\boldsymbol{x}_0$$

第四章

$$\lambda(\theta)=0$$

若给定终端条件 $x(\theta)=x_f$ 的话，只需用其替代式(4-47)中的边界条件 $\lambda(\theta)=0$ 即可。和一般函数一样，上述方法称为拉格朗日方法。它也可以推广到多维状态函数和决策函数的情形：

$$\min J=\min\left\{\int_0^\theta F[x_1(t),\cdots,x_m(t),w_1(t),\cdots,w_r(t),t]\mathrm{d}t\right\} \tag{4-48}$$

$$\mathrm{s.\,t.}\ \frac{\mathrm{d}x_i(t)}{\mathrm{d}t}=f_i[x_1(t),\cdots,x_m(t),w_1(t),\cdots,w_r(t),t]\quad i=1,\cdots,m$$

边界条件：

$$x_i\mid_{t=0}=x_{i0}$$
$$x_i\mid_{t=\theta}=\text{自由}\qquad i=1,\ \cdots,\ m$$

同样可定义拉格朗日泛函：

$$L=\int_0^\theta\left\{F-\sum_{i=1}^m\lambda_i(t)[x_i'-f_i]\right\}\mathrm{d}t \tag{4-49}$$

由此可导出相应的两点边值问题：

$$\begin{cases}\dfrac{\partial F}{\partial x_i}+\dfrac{\mathrm{d}\lambda_i}{\mathrm{d}t}+\sum_{k=1}^m\lambda_{ik}(t)\dfrac{\partial f_k}{\partial x_i}=0\\[2mm]\dfrac{\partial F}{\partial w_j}+\sum_{k=1}^m\lambda k(t)\dfrac{\partial f_k}{\partial w_j}=0\quad i=1,\cdots,m\\[2mm]\dfrac{\mathrm{d}x_i}{\mathrm{d}t}-f_i=0\qquad\qquad\quad j=1,\cdots,r\end{cases} \tag{4-50}$$

边界条件：

$$x_i(0)=x_{i0}\qquad i=1,\cdots,m$$
$$\lambda_j(\theta)=0\qquad j=1,\cdots,r$$

这里共有 $2m+r$ 个方程，可解出 $2m+r$ 个未知函数 $\{x_1^*(t),\cdots,x_m^*(t),w_1^*(t),\cdots,w_r^*(t),\lambda_1^*(t),\cdots,\lambda_m^*(t)\}$，作为原问题的最优解。

【例 4-10】　具有回流的连续反应系统的最优控制问题。图 4-5 给出了具有回流的连续反应系统的方框图。浓度为 x_i 的物料以常流量 q 流入混合器，与分离器回流的物料混合后，以浓度 x_0 及流量 $q+r$ 进入反应器。反应后浓度为 x_θ，在分离器中分离出浓度为 x_f 的产品以流量 q 流出。另一部分浓度为 x_r 的物料以流量 r 回流至混合器。

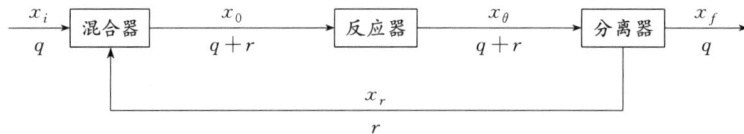

图 4-5　连续反应系统

反应器内进行不可逆吸热反应，反应动力学方程为：

$$\frac{\mathrm{d}x}{\mathrm{d}t}=\frac{kx^a}{r+q}\mathrm{e}^{-\frac{E}{RT}}=f(x,T) \tag{1}$$

式中，T 为反应温度。分离器的分割比 s 定义为：

$$s=\frac{x_f}{x_r} \tag{2}$$

令 c_1 表示纯产品的单价，c_2 表示反应器升高单位温度所消耗的能量费用，c_3 表示原料的单位成本。问题是应如何控制反应温度 T，才能在 $[0,\theta]$ 时间内获得最大的利润。

解：根据下列关系：

$$利润＝总收入－操作费用－原料成本$$

可构造目标函数：

$$J = c_1 q(1 - x_f) - c_2 \int_0^\theta T \mathrm{d}t - c_3 q x_i \tag{3}$$

原问题就是求取温度 T 与时间 t 的关系，以使得目标函数取得最大值。

分离器物料平衡为：

$$r x_r + q x_f = (q + r) x_\theta \tag{4}$$

从式（2）有：

$$x_r = \frac{x_f}{s}$$

代入式（4）后为：

$$x_f \left(\frac{r}{s} + q \right) = (q + r) x_\theta \tag{5}$$

混合器物料平衡为：

$$r x_r + q x_i = (q + r) x_0 \tag{6}$$

将式（2）代入上式得：

$$\frac{r}{s} x_f + q x_i = (q + r) x_0 \tag{7}$$

由反应速率方程有：

$$x_\theta - x_0 = \int_0^\theta f(x, T) \mathrm{d}t \tag{8}$$

式（8）代入式（7）消去 x_0，得到：

$$(q + r) x_\theta = \frac{r}{s} x_f + q x_i + (r + q) \left[\int_0^\theta f(x, T) \mathrm{d}t \right] \tag{9}$$

式（9）代入式（5）并化简，得：

$$q x_f = q x_i + (r + q) \left[\int_0^\theta f(x, T) \mathrm{d}t \right] \tag{10}$$

代入目标函数式（3）得：

$$J = c_1 q - c_1 q x_i - c_3 q x_i - \int_0^\theta [A f(x, T) + c_2 T] \mathrm{d}t = y_0 + \int_0^\theta y(x, T) \mathrm{d}t \tag{11}$$

式中，$A = c_1(r + q)$。由于 y_0 是常数，所以原问题转化为求目标函数的最大值：

$$J = \int_0^\theta y(x, T) \mathrm{d}t \tag{12}$$

引进拉格朗日泛函：

$$L = \int_0^\theta \left[y(x, T) - \lambda(t) \left(\frac{\mathrm{d}x}{\mathrm{d}t} - f(x, T) \right) \right] \mathrm{d}t \tag{13}$$

根据式（4-35），有：

$$\frac{\mathrm{d}\lambda}{\mathrm{d}t} = -\frac{\partial y}{\partial x} - \lambda \frac{\partial f}{\partial x} \tag{14}$$

$$\frac{\partial y}{\partial T} + \lambda \frac{\partial f}{\partial T} = 0 \tag{15}$$

由动力学方程式（1）和目标函数式（11）得到：

$$\frac{\partial f}{\partial x} = \frac{k a x^{a-1}}{r + q} \mathrm{e}^{-\frac{E}{RT}} \tag{16}$$

$$\frac{\partial y}{\partial x} = -A \frac{\partial f}{\partial x} \tag{17}$$

代入式(14) 得：

$$\frac{\mathrm{d}\lambda}{\mathrm{d}t} = A \frac{\partial f}{\partial x} - \lambda \frac{\partial f}{\partial x} = \frac{kax^{a-1}}{r+q}(\lambda - A)\mathrm{e}^{-\frac{E}{RT}} \tag{18}$$

上式与式(1) 相除可得：

$$\frac{\mathrm{d}\lambda}{\mathrm{d}x} = -\frac{a}{x}(\lambda - A) \tag{19}$$

方程两端自 $x(0)$ 至 $x(t)$ 积分得：

$$\ln \frac{\lambda(t) - A}{\lambda(0) - A} = \ln \frac{x^a(0)}{x^a(t)} \tag{20}$$

即

$$[\lambda(t) - A]x^a(t) = [\lambda(0) - A]x^a(0) \tag{21}$$

由式(11) 得：

$$\frac{\partial y}{\partial T} = -A \frac{\partial f}{\partial T} - c_2 \tag{22}$$

由式(1) 得：

$$\frac{\mathrm{d}f}{\mathrm{d}T} = -\frac{k}{r+q} \frac{E}{RT^2} x^a \mathrm{e}^{-\frac{E}{RT}} \tag{23}$$

将式(22) 和式(23) 代入式(15)，得到：

$$-A \frac{\partial f}{\partial T} - c_2 - \lambda(t)\frac{\partial f}{\partial T} = -[\lambda(t) - A]x^a(t)\frac{kE}{(r+q)RT^2}\mathrm{e}^{-\frac{E}{RT}} - c_2 = 0 \tag{24}$$

上式与式(21) 结合，可得：

$$-[\lambda(0) - A]x^a(0)\frac{kE}{(r+q)RT^2}\mathrm{e}^{-\frac{E}{RT}} = c_2 \tag{25}$$

上式是由拉格朗日法式(4-35) 导出来的一个关系式，表明了温度 $T(t)$ 应满足的条件。显然只有 $T(t)$ 为常数上式才会成立。因此得出结论，在等温条件下，这个反应系统能得到最大利润。

②　目标函数含终态（终态时刻固定，终端无约束）

考虑优化问题：

$$\min J = \min \left\{ s[\boldsymbol{x}(t_\mathrm{f}), t_\mathrm{f}] + \int_{t_0}^{t_\mathrm{f}} F[\boldsymbol{x}(t), \boldsymbol{w}(t), t]\mathrm{d}t \right\} \tag{4-51}$$

$$\text{s. t. } \frac{\mathrm{d}\boldsymbol{x}(t)}{\mathrm{d}t} = f[\boldsymbol{x}(t), \boldsymbol{w}(t), t]$$

$$\boldsymbol{x}(t_0) = \boldsymbol{x}_0$$

$$t_\mathrm{f} \text{ 给定}$$

其中，$\boldsymbol{x}$、$\boldsymbol{w}$ 都是向量函数。与式(4-41) 比较可知，这个优化问题的目标函数中包括一个与终态 $\boldsymbol{x}(t_\mathrm{f})$ 有关的项 $s[\boldsymbol{x}(t_\mathrm{f})]$，且该项随状态函数的变化而变化。所以，不能直接应用泛函的欧拉方程求解这一优化问题。下面用变分法推证这类优化问题极值的必要条件——最小值原理。

利用拉格朗日乘子向量函数 $\boldsymbol{\lambda}(t)$ 将式(4-51) 中的目标函数与微分约束方程结合，就构成拉格朗日函数：

$$L = s[\boldsymbol{x}(t_\mathrm{f}), t_\mathrm{f}] + \int_{t_0}^{t_\mathrm{f}} \left\{ F[\boldsymbol{x}(t), \boldsymbol{w}(t), t] + \boldsymbol{\lambda}^\mathrm{T}(t)\left[f(\boldsymbol{x}(t), \boldsymbol{w}(t), t) - \frac{\mathrm{d}\boldsymbol{x}}{\mathrm{d}t}\right] \right\}\mathrm{d}t \tag{4-52}$$

引进哈密尔顿函数：

$$H[\boldsymbol{x}(t), \boldsymbol{w}(t), \boldsymbol{\lambda}(t), t] = F[\boldsymbol{x}(t), \boldsymbol{w}(t), t] + \boldsymbol{\lambda}^\mathrm{T}(t)[f(\boldsymbol{x}(t), \boldsymbol{w}(t), t)] \tag{4-53}$$

哈密尔顿是类似于拉格朗日函数的辅助函数，其中向量函数 $\boldsymbol{\lambda}(t)$ 称为协状态变量：

$$\boldsymbol{\lambda}(t)=[\lambda_1(t),\lambda_2(t),\cdots,\lambda_n(t)]^{\mathrm{T}} \tag{4-54}$$

把哈密尔顿函数代入式（4-52），得到：

$$L=s[\boldsymbol{x}(t_{\mathrm{f}}),t_{\mathrm{f}}]+\int_{t_0}^{t_{\mathrm{f}}}\left\{H[\boldsymbol{x}(t),\boldsymbol{w}(t),\boldsymbol{\lambda}(t),t]-\boldsymbol{\lambda}^{\mathrm{T}}(t)\frac{\mathrm{d}\boldsymbol{x}}{\mathrm{d}t}\right\}\mathrm{d}t \tag{4-55}$$

将上式中最后一项 $\boldsymbol{\lambda}^{\mathrm{T}}(t)\dfrac{\mathrm{d}\boldsymbol{x}}{\mathrm{d}t}$ 分部积分后得到：

$$\begin{aligned}L=s[\boldsymbol{x}(t_{\mathrm{f}}),t_{\mathrm{f}}]+\boldsymbol{\lambda}^{\mathrm{T}}(t_{\mathrm{f}})\boldsymbol{x}(t_{\mathrm{f}})+\boldsymbol{\lambda}^{\mathrm{T}}(t_0)\boldsymbol{x}(t_0)+\\\int_{t_0}^{t_{\mathrm{f}}}\left\{H[\boldsymbol{x}(t),\boldsymbol{w}(t),\boldsymbol{\lambda}(t),t]+\left(\frac{\mathrm{d}\boldsymbol{\lambda}(t)}{\mathrm{d}t}\right)^{\mathrm{T}}\boldsymbol{x}(t)\right\}\mathrm{d}t\end{aligned} \tag{4-56}$$

当式(4-51)中的微分约束方程满足时，式(4-56)与原问题的目标函数是一致的。

设 $\boldsymbol{w}^*(t)$ 是最优决策，$\boldsymbol{x}^*(t)$ 是对应于 $\boldsymbol{w}^*(t)$ 的最优状态轨线，则目标函数最优值为：

$$\begin{aligned}L^*=s[\boldsymbol{x}^*(t_{\mathrm{f}}),t_{\mathrm{f}}]+\boldsymbol{\lambda}^{\mathrm{T}}(t_{\mathrm{f}})\boldsymbol{x}^*(t_{\mathrm{f}})+\boldsymbol{\lambda}^{\mathrm{T}}(t_0)\boldsymbol{x}(t_0)+\\\int_{t_0}^{t_{\mathrm{f}}}\left\{H[\boldsymbol{x}^*(t),\boldsymbol{w}^*(t),\boldsymbol{\lambda}(t),t]+\left(\frac{\mathrm{d}\boldsymbol{\lambda}(t)}{\mathrm{d}t}\right)^{\mathrm{T}}\boldsymbol{x}^*(t)\right\}\mathrm{d}t\end{aligned} \tag{4-57}$$

在最优决策 $\boldsymbol{w}^*$ 上加一个微小扰动 $\partial\boldsymbol{w}^*(t)$，则 $\boldsymbol{x}^*(t)$ 相应地得到一个增量 $\partial\boldsymbol{x}^*(t)$。相应的目标函数为：

$$\begin{aligned}L=s[\boldsymbol{x}^*(t_{\mathrm{f}})+\partial\boldsymbol{x}^*(t_{\mathrm{f}}),t_{\mathrm{f}}]+\boldsymbol{\lambda}^{\mathrm{T}}(t_{\mathrm{f}})[\boldsymbol{x}^*(t_{\mathrm{f}})+\partial\boldsymbol{x}^*(t_{\mathrm{f}})]+\boldsymbol{\lambda}^{\mathrm{T}}(t_0)\boldsymbol{x}(t_0)+\\\int_{t_0}^{t_{\mathrm{f}}}\left\{H[\boldsymbol{x}^*(t)+\partial\boldsymbol{x}^*(t),\boldsymbol{w}^*(t)+\partial\boldsymbol{w}^*(t),\boldsymbol{\lambda}(t),t]+\left(\frac{\mathrm{d}\boldsymbol{\lambda}(t)}{\mathrm{d}t}\right)^{\mathrm{T}}[\boldsymbol{x}^*(t)+\partial\boldsymbol{x}^*(t)]\right\}\mathrm{d}t\end{aligned} \tag{4-58}$$

从上式中减去式(4-57)，可得到由于决策变量的微小扰动所引起的泛函的变化 ΔL^*。将 ΔL^* 式中的函数 $s[\boldsymbol{x}^*(t_{\mathrm{f}})+\partial\boldsymbol{x}^*(t_{\mathrm{f}}),t_{\mathrm{f}}]$ 和哈密尔顿函数 $H[\boldsymbol{x}^*(t)+\partial\boldsymbol{x}^*(t),\boldsymbol{w}^*(t)+\partial\boldsymbol{w}^*(t),\boldsymbol{\lambda}(t),t]$ 分别在 $\boldsymbol{x}^*(t_{\mathrm{f}})$ 和 $\boldsymbol{x}^*(t)$、$\boldsymbol{w}^*(t)$ 处展开成泰勒级数，然后忽略高次项，得到泛函的第一变分：

$$\begin{aligned}\partial L^*=\left\{\frac{\partial s[\boldsymbol{x}^*(t_{\mathrm{f}}),t_{\mathrm{f}}]}{\partial\boldsymbol{x}(t_{\mathrm{f}})}-\boldsymbol{\lambda}^{\mathrm{T}}(t_{\mathrm{f}})\right\}\partial\boldsymbol{x}^*(t_{\mathrm{f}})+\int_{t_0}^{t_{\mathrm{f}}}\left[\frac{\partial H[\boldsymbol{x}^*(t),\boldsymbol{w}^*(t),\boldsymbol{\lambda}(t),t]}{\partial\boldsymbol{x}(t)}+\right.\\\left.\left(\frac{\mathrm{d}\boldsymbol{\lambda}(t)}{\mathrm{d}t}\right)^{\mathrm{T}}\partial\boldsymbol{x}^*(t)+\left(\frac{\partial H[\boldsymbol{x}^*(t),\boldsymbol{w}^*(t),\boldsymbol{\lambda}(t),t]}{\partial\boldsymbol{w}(t)}\right)^{\mathrm{T}}\partial\boldsymbol{w}^*(t)\right]\mathrm{d}t\end{aligned} \tag{4-59}$$

泛函取极值的必要条件是第一变分恒等于零，即 $\partial L^*\equiv 0$。

由于 $\partial\boldsymbol{w}^*(t)$、$\partial\boldsymbol{x}^*(t)$、$\partial\boldsymbol{x}^*(t_{\mathrm{f}})$ 是任意的，因此，$\boldsymbol{w}^*(t)$、$\boldsymbol{x}^*(t)$ 是原问题式(4-38)最优解的必要条件为（欧拉-拉格朗日方程）：

$$\boldsymbol{\lambda}(t_{\mathrm{f}})=\frac{\partial s[\boldsymbol{x}^*(t_{\mathrm{f}}),t_{\mathrm{f}}]}{\partial\boldsymbol{x}(t_{\mathrm{f}})} \tag{4-60}$$

$$\left(\frac{\mathrm{d}\boldsymbol{\lambda}(t)}{\mathrm{d}t}\right)^{\mathrm{T}}=\frac{\partial H[\boldsymbol{x}^*(t),\boldsymbol{w}^*(t),t]}{\partial\boldsymbol{x}(t)} \tag{4-61}$$

$$\frac{\partial H[\boldsymbol{x}^*(t),\boldsymbol{w}^*(t),\boldsymbol{\lambda}(t),t]}{\partial\boldsymbol{w}(t)}=0 \tag{4-62}$$

上述推导过程中假定 $\boldsymbol{\lambda}(t)$ 不变。若扰动 $\boldsymbol{\lambda}(t)$，假定 $\boldsymbol{w}(t)$ 不变，则 $\boldsymbol{x}(t)$ 也不变，可得到另一个必要条件式，推导如下。

令最优点处的 $\boldsymbol{\lambda}(t)$ 为 $\boldsymbol{\lambda}^*(t)$。则式(4-55)为：

$$L_{\boldsymbol{\lambda}}^*=s[\boldsymbol{x}(t_{\mathrm{f}}),t_{\mathrm{f}}]+\int_{t_0}^{t_{\mathrm{f}}}\left\{H[\boldsymbol{x}(t),\boldsymbol{w}(t),\boldsymbol{\lambda}^*(t),t]-[\boldsymbol{\lambda}^*(t)]^{\mathrm{T}}\frac{\mathrm{d}\boldsymbol{x}}{\mathrm{d}t}\right\}\mathrm{d}t \tag{4-63}$$

扰动 $\boldsymbol{\lambda}^*(t)$ 做微小改变 $\partial\boldsymbol{\lambda}^*(t)$，则：

$$L_\lambda^* = s[\boldsymbol{x}(t_f),t_f] + \int_{t_0}^{t_f} \left\{ H[\boldsymbol{x}(t),\boldsymbol{w}(t),\boldsymbol{\lambda}^*(t)+\partial\boldsymbol{\lambda}^*(t),t] - [\boldsymbol{\lambda}^*(t)+\partial\boldsymbol{\lambda}^*(t)]^T \frac{d\boldsymbol{x}}{dt} \right\} dt$$

(4-64)

二式相减，得到泛函的改变量 ΔL_λ^*。将 ΔL_λ^* 式中的哈密尔顿函数 $H[\boldsymbol{x}(t),\boldsymbol{w}(t),\boldsymbol{\lambda}^*(t)+\partial\boldsymbol{\lambda}^*(t),t]$ 做泰勒级数展开，并略去高次项后，得到第一变分。

对上式等号右第一项做泰勒展开，并略去高次项后代回原式，得到第一变分：

$$\delta L_\lambda^* = \int_0^{t_f} \left\{ \frac{\partial H[\boldsymbol{x}(t),\boldsymbol{w}(t),\boldsymbol{\lambda}^*(t),t]}{\partial\boldsymbol{\lambda}(t)}^T \delta\boldsymbol{\lambda}^*(t) - \delta\boldsymbol{\lambda}^*(t)\frac{d\boldsymbol{x}}{dt} \right\} dt$$

(4-65)

同样根据 $\partial L_\lambda^* \equiv 0$，有：

$$\frac{\partial H[\boldsymbol{x}(t),\boldsymbol{w}(t),\boldsymbol{\lambda}^*(t),t]}{\partial\boldsymbol{\lambda}(t)} = \frac{d\boldsymbol{x}}{dt}$$

(4-66)

由哈密尔顿的定义式(4-53)得到：

$$\frac{\partial H}{\partial\boldsymbol{\lambda}(t)} = f[\boldsymbol{x}(t),\boldsymbol{w}(t),t]$$

所以有：

$$\frac{d\boldsymbol{x}}{dt} = f[\boldsymbol{x}(t),\boldsymbol{w}(t),t]$$

(4-67)

这正是原问题式(4-51)中的约束条件。综上所述，原问题最优解的必要条件为：

$$\frac{d\boldsymbol{x}^*(t)}{dt} = f[\boldsymbol{x}^*(t),\boldsymbol{w}^*(t),t]$$

(4-68)

$$\boldsymbol{x}^*(t_0) = \boldsymbol{x}_0$$

(4-69)

$$\left(\frac{d\boldsymbol{\lambda}^*(t)}{dt}\right)^T = \frac{\partial H[\boldsymbol{x}^*(t),\boldsymbol{w}^*(t),t]}{\partial\boldsymbol{x}(t)}$$

(4-70)

$$\boldsymbol{\lambda}^*(t_f) = \frac{\partial s[\boldsymbol{x}^*(t_f),t_f]}{\partial\boldsymbol{x}(t_f)}$$

(4-71)

$$\frac{\partial H[\boldsymbol{x}^*(t),\boldsymbol{w}^*(t),\boldsymbol{\lambda}^*(t),t]}{\partial\boldsymbol{w}(t)} = 0$$

(4-72)

其中微分方程组式(4-68)和式(4-70)称作正则方程组；式(4-69)和式(4-71)是正则方程组的边界条件。$\boldsymbol{x}^*(t)$、$\boldsymbol{\lambda}^*(t)$是正则方程组的解。

如果将$\boldsymbol{x}^*(t)$和$\boldsymbol{\lambda}^*(t)$看作是已知的，而$H[\boldsymbol{x}^*(t),\boldsymbol{w}^*(t),\boldsymbol{\lambda}^*(t),t]$仅看作是决策变量$\boldsymbol{w}(t)$的函数，那么哈密尔顿函数在$\boldsymbol{w}(t)=\boldsymbol{w}^*(t)$处达到极小值，即：

$$\frac{\partial H[\boldsymbol{x}^*(t),\boldsymbol{w}^*(t),\boldsymbol{\lambda}^*(t),t]}{\partial\boldsymbol{w}(t)} = 0$$

(4-73)

从式(4-59)有：

$$\delta L^* = \int_{t_0}^{t_f} \frac{\partial H[\boldsymbol{x}^*(t),\boldsymbol{w}^*(t),\boldsymbol{\lambda}^*(t),t]}{\partial\boldsymbol{w}(t)}^T \delta\boldsymbol{w}^*(t)dt = 0$$

这就是说，若使目标函数达到最小，那么它的一个必要条件是最优决策$\boldsymbol{w}^*(t)$使哈密尔顿函数为极值（仅作为$\boldsymbol{w}$的函数）。进一步还可以证明（证明从略），如果哈密尔顿函数是极小（大），则原问题的目标函数也是极小（大）。因此，这个必要条件取名为最小（大）值原理。这样，通过应用最小值原理，本节提出的泛函J的最优化问题便可转换为普通函数H的最优化问题。

上面给的式(4-68)~式(4-72)是最小值原理的数学表达式。其中式(4-58)、式(4-70)、式(4-72)共有$2m+r$个方程，可解出$2m+r$个未知函数$\{x_1(t),\cdots,x_m(t),w_1(t),\cdots,w_r(t),\lambda_1(t),\cdots,\lambda_m(t)\}^*$作为原问题的最优解。

不难看出，最小值原理包含了拉格朗日方法的结论，当 $s[x(t),t_f]=0$ 时，两者是完全相同的。

应该指出，最小值原理仅给出求解连续系统优化问题的必要条件。在实际问题中，可根据问题的物理意义确认解的充分性。但是也有一些问题，根据最小值原理不能单值地确定最优解，这类问题称为最优控制的"奇异问题"，在此不作介绍。

【例 4-11】 理想置换反应器的最优温度分布。

设反应器内进行一级连串反应：

$$A \xrightarrow{k_1} R \xrightarrow{k_2} S$$

反应速率常数为：

$$k_1=k_{01}\exp[-E_1/RT(l)]$$
$$k_2=k_{02}\exp[-E_2/RT(l)]$$

该系统的状态方程为：

$$\frac{dx_A(l)}{dl}=k_1x_A(l)$$

$$\frac{dx_R(l)}{dl}=k_1x_A(l)-k_2x_R(l)$$

要求选择最优温度分布 $T^*(l)$，使得在理想反应器出口处（$l=L$）产品 R 的浓度 x_R 为最大。即寻求使目标函数：

$$J=x_R(L)$$

最大的 $T(l)$。

初始条件为：

$$x_A(0)=x_A^0$$
$$x_R(0)=0$$

解：

这是一个稳态分布参数过程，我们只需把时间变量看作是长度变量 l，即可以用最小值原理求解。

（1）引入协状态变量，构造哈密尔顿函数：
$$H=-\lambda_1(l)k_1x_A(l)+\lambda_2(l)[k_1x_A(l)-k_2x_R(l)] \tag{1}$$
$$=k_1x_A(l)[\lambda_2(l)-\lambda_1(l)]-k_2x_R(l)\lambda_2(l)$$

（2）由式(4-68)～式(4-71)，得到正则方程及其边界条件为：

$$\frac{\partial x_A(l)}{\partial l}=k_1x_A(l) \tag{2}$$

$$\frac{\partial x_R(l)}{\partial l}=k_1x_A(l)-k_2x_R(l) \tag{3}$$

$$\frac{\partial \lambda_1(l)}{\partial l}=-k_1x_A(l)[\lambda_2(l)-\lambda_1(l)] \tag{4}$$

$$\frac{\partial \lambda_2(l)}{\partial l}=k_2\lambda_2(l) \tag{5}$$

$$x_A(0)=x_A^0$$
$$x_R(0)=0$$
$$\lambda_1(L)=0$$
$$\lambda_2(L)=1$$

（3）由式(4-72)得到：

$$\frac{\partial H}{\partial T(l)}=\frac{k_1E_1}{R[T(l)]^2}x_A(l)[\lambda_2(l)-\lambda_1(l)]-\frac{k_2E_2}{R[T(l)]^2}x_R(l)\lambda_2(l)=0 \tag{6}$$

即有：

$$\frac{k_1}{k_2}=\frac{E_2 x_R(l)\lambda_2(l)}{E_1 x_A(l)[\lambda_2(l)-\lambda_1(l)]}$$

因为

$$\frac{k_1}{k_2}=\frac{k_{01}\exp[-E_1/RT(l)]}{k_{02}\exp[-E_2/RT(l)]}=\frac{k_{01}}{k_{02}}\exp\left[\frac{E_2-E_1}{RT(l)}\right]$$

所以

$$\frac{E_2-E_1}{RT(l)}=\ln\left(\frac{k_{02}E_2 x_R(l)\lambda_2(l)}{k_{01}E_1 x_A(l)[\lambda_2(l)-\lambda_1(l)]}\right)$$

所以

$$T(l)=\frac{E_2-E_1}{R\ln\left\{\dfrac{k_{02}E_2 x_R(l)\lambda_2(l)}{k_{01}E_1 x_A(l)[\lambda_2(l)-\lambda_1(l)]}\right\}}\tag{7}$$

（4）将 $T(l)$ 代入正则方程式（2）～式（5），可解出 $x_A^*(l)$、$x_R^*(l)$、$\lambda_1^*(l)$、$\lambda_2^*(l)$，再将它们代回式（7），即得到最优温度分布曲线函数 $T^*(l)$。

③ 目标函数含终态（终态时刻不定，终端有约束）

还有一类终端时刻 t_f 不定的问题，为了确定 t_f，还要在最终时刻附加约束条件，从而构成以下优化问题：

$$\min J=\min\left\{s[\boldsymbol{x}(t_f),t_f]+\int_{t_0}^{t_f}F[\boldsymbol{x}(t),\boldsymbol{w}(t),t]\mathrm{d}t\right\}\tag{4-74}$$

$$\text{s. t. }\frac{\mathrm{d}\boldsymbol{x}(t)}{\mathrm{d}t}=f[\boldsymbol{x}(t),\boldsymbol{w}(t),t]$$

$$\boldsymbol{x}(t_0)=\boldsymbol{x}_0$$

$$E[\boldsymbol{x}(t_f),t_f]=0$$

其中，E 为 m 维向量函数。这时引进另一个 m 维的协状态变量 $\boldsymbol{\mu}(t)$，并令：

$$L=s[\boldsymbol{x}(t_f),t_f]+\boldsymbol{\mu}^T(t)E[\boldsymbol{x}(t_f),t_f]+\int_{t_0}^{t_f}\left\{F[\boldsymbol{x}(t),\boldsymbol{w}(t),t]+\boldsymbol{\lambda}^T(t)\left[f(\boldsymbol{x}(t),\boldsymbol{w}(t),t)-\frac{\mathrm{d}\boldsymbol{x}}{\mathrm{d}t}\right]\right\}\mathrm{d}t\tag{4-75}$$

利用和前面类似的推导方法，可得终端时刻不定，且终端有约束条件的连续系统优化问题式（4-74）最优解的必要条件——最小值原理：

$$\frac{\mathrm{d}\boldsymbol{x}^*(t)}{\mathrm{d}t}=f[\boldsymbol{x}^*(t),\boldsymbol{w}^*(t),t]\tag{4-76}$$

$$\boldsymbol{x}^*(t_0)=\boldsymbol{x}_0\tag{4-77}$$

$$\left(\frac{\mathrm{d}\boldsymbol{\lambda}^*(t)}{\mathrm{d}t}\right)^T=\frac{\partial H[\boldsymbol{x}^*(t),\boldsymbol{w}^*(t),t]}{\partial\boldsymbol{x}(t)}\tag{4-78}$$

$$\frac{\partial H[\boldsymbol{x}^*(t),\boldsymbol{w}^*(t),\boldsymbol{\lambda}^*(t),t]}{\partial\boldsymbol{w}(t)}=0\tag{4-79}$$

$$\boldsymbol{\lambda}^*(t_f)=\frac{\partial s[\boldsymbol{x}^*(t_f),t_f]}{\partial\boldsymbol{x}(t_f)}+\frac{\partial E[\boldsymbol{x}^*(t_f),t_f]}{\partial\boldsymbol{x}(t_f)}\boldsymbol{\mu}^*(t_f)\tag{4-80}$$

$$\frac{\partial\psi[\boldsymbol{x}^*(t_f),t_f,\boldsymbol{\mu}^*]}{\partial t_f}+H[\boldsymbol{x}^*(t_f),\boldsymbol{w}^*(t_f),\boldsymbol{\lambda}^*(t_f),t_f]=0\tag{4-81}$$

$$E[\boldsymbol{x}(t_f),t_f]=0\tag{4-82}$$

式中，$\psi[\boldsymbol{x}^*(t_f),t_f,\boldsymbol{\mu}^*]=s[\boldsymbol{x}(t_f),t_f]+\boldsymbol{\mu}^T(t)E[\boldsymbol{x}(t_f),t_f]$；$H$ 为式（4-40）定义的哈密尔顿函数。

式（4-77）和式（4-80）为边界条件。而式（4-76）、式（4-78）、式（4-79）、式（4-81）和式（4-82）构成 $3m+r+1$ 个方程，可解出 $3m+r+1$ 个未知函数 $\{x_1(t),\cdots,x_m(t),w_1(t),\cdots,w_r(t),\lambda_1(t),\cdots\lambda_m(t),$

$\mu_1(t),\cdots,\mu_m(t),t_f\}^*$。

【例 4-12】 系统的状态方程由下列标量微分方程式表示：

$$\frac{\mathrm{d}x}{\mathrm{d}t}=u \tag{1}$$

$$x_0=-13 \tag{2}$$

设 $t_0=0$，t_f 不定，在最终时刻有等式约束条件：

$$E[x(t_f),t_f]=x(t_f)+13\mathrm{e}^{-13}=0 \tag{3}$$

求使目标函数

$$J=\frac{1}{2}x(t_f)^2+\frac{1}{2}\int_{t_0}^{t_f}(x^2+u^2)\mathrm{d}t \tag{4}$$

为最小的最优决策 $u(t)$。

解：

构造哈密尔顿函数：

$$H=\frac{1}{2}(x^2+u^2)+\lambda u \tag{5}$$

由式(4-78)得：

$$\frac{\mathrm{d}\lambda}{\mathrm{d}t}=\frac{\partial H}{\partial x}=-x \tag{6}$$

由式(4-80)有边界条件：

$$\lambda(t_f)=x(t_f)+\mu \tag{7}$$

把式(3) $x(t_f)=-13\mathrm{e}^{-13}$ 代入上式，得到：

$$\lambda(t_f)=\mu-13\mathrm{e}^{-13} \tag{8}$$

由式(4-79)有：

$$\frac{\partial H}{\partial u}=\lambda+u=0 \tag{9}$$

所以

$$u=-\lambda \tag{10}$$

由于 t_f 是未定的，所以由式(4-81)有：

$$\left[\frac{\partial\psi}{\partial t_f}+H\right]_{t=t_f}=\left[\frac{\partial\psi}{\partial t_f}+\lambda f+f_0\right]_{t=t_f}=0 \tag{11}$$

因为 $\quad\dfrac{\partial\psi}{\partial t_f}=0$

所以 $\quad[\lambda f+f_0]_{t=t_f}=0$

因为 $\quad f=u$

$$f_0=\frac{1}{2}(x^2+u^2)$$

结合式(7)，有：

$$\left[(x+\mu)u+\frac{1}{2}(x^2+u^2)\right]_{t=t_f}=0 \tag{12}$$

将 $u(t_f)=-\lambda(t_f)=-(\mu-13\mathrm{e}^{-13})$ 及 $x(t_f)=-13\mathrm{e}^{-13}$ 代入式(12)，经整理后得到：

$$\mu=0 \quad 或 \quad \mu=26\mathrm{e}^{-13}$$

因此有：

$$\lambda(t_f)=\pm13\mathrm{e}^{-13}$$

整理前面的式子可得：

$$\begin{cases} \dfrac{\mathrm{d}x}{\mathrm{d}t} = -\lambda, & x_0 = -13 \\[2mm] \dfrac{\mathrm{d}\lambda}{\mathrm{d}t} = -x, & \lambda(t_\mathrm{f}) = \pm 13\mathrm{e}^{-13} \end{cases} \tag{13}$$

解此方程得：

$$x = c_1 \mathrm{e}^{-t} + c_2 \mathrm{e}^{t}$$

根据边界条件：

$$t = 0 \text{ 时}, \quad x_0 = -13$$

$$t = t_\mathrm{f} \text{ 时}, \quad \frac{\mathrm{d}x}{\mathrm{d}t} = -\lambda(t_\mathrm{f}) = \mp 13\mathrm{e}^{-13}$$

最后可以确定：

$$c_1 = -13, \quad c_2 = 0$$

$$\mu(t_\mathrm{f}) = 0, \lambda(t_\mathrm{f}) = -13\mathrm{e}^{-13}, x = -13\mathrm{e}^{-t} \tag{14}$$

由于 $\dfrac{\mathrm{d}x}{\mathrm{d}t} = 13\mathrm{e}^{-t}$，所以有：

$$\lambda = -\frac{\mathrm{d}x}{\mathrm{d}t} = -13\mathrm{e}^{-t}, \text{ 且 } u = -\lambda$$

所以，使目标函数式（4）为最小，且满足约束式（3）的最优决策为：

$$u(t) = 13\mathrm{e}^{-t}$$

④ 连续系统参数优化的数值解法

通过前面的讨论可以知道，连续系统参数的最优化问题，可以化为联立求解微分方程组式(4-51)，或式(4-68)～式(4-72)，或式(4-76) ～式(4-82)。对于较复杂的问题，解析求解这些微分方程组是十分困难的，通常采用数值求解的方法。求解这类问题的数值方法很多，本节仅介绍一种应用梯度法的最优化计算方法。对于终端时刻固定，终端无约束的问题，求解步骤可简述如下：

（a）给决策变量赋初值 $w^0(t)$，开始迭代；

（b）若第 k 次迭代得到 $w^k(t)$，则将它代入状态方程，根据初始条件，用龙格-库塔法将状态方程从 t_0 至 t_f 进行求解，得到 $x^k(t)$；

（c）将 $w^k(t)$ 和 $x^k(t)$ 代入状态方程。根据其终端条件，应用龙格-库塔法将状态方程从 t_f 到 t_0 进行反向求解，得到 $\lambda^k(t)$；

（d）用上面求得的值计算 $\dfrac{\partial H}{\partial w}$，如果满足条件：

$$\left| \frac{\partial H}{\partial w} \right| < \varepsilon$$

则结束计算。否则用下式构成新的决策变量 $w^{k+1}(t)$：

$$w^{k+1}(t) = w^k(t) - \alpha_k \left[\frac{\partial H}{\partial w} \right]^\mathrm{T}$$

其中 α_k 由一维搜索确定；

（e）重复步骤（b）、（c）、（d）。

4.6 化工过程中非线性规划问题的数值求解

实际化工过程中的数学模型通常求解复杂、计算量大，其求解过程更多地依赖于计算机技术，数值算法因而得到了普遍的应用。数值算法主要是以加、减、乘、除等代数运算来实现模型的求解，通常是以迭代的形式逐渐逼近最优解，故又可把求解的过程看作是在可行域或非可行域内按照一定策略搜索最优值的问题。求解过程可归结为由一个初始点出发，如何不断寻找更新点，以逐渐趋近于最优解，并判断所得的点是否已足够趋近于最优解，而停止搜索的过程。

多变量问题的搜索中，有约束问题的求解是以无约束问题的求解为基础的；多变量问题的求解是以单变量搜索为基础的；单变量问题的搜索又是以解析解法中的相关定理和结论为基础的。

4.6.1　无约束非线性规划问题的搜索策略

单变量非线性规划问题的求解方法是相应多变量问题求解的基础。多变量非线性规划问题的求解思路总体上可归结为搜索方向和搜索步长的确定，即：

$$\boldsymbol{x}_{k+1} = \boldsymbol{x}_k + \alpha_k \boldsymbol{s}_k$$

式中　$\boldsymbol{x}_k$——当前搜索点；

　　　$\boldsymbol{x}_{k+1}$——新的迭代点；

　　　$\boldsymbol{s}_k$——当前搜索方向；

　　　α_k——$\boldsymbol{s}_k$ 方向上的最优步长。

一旦搜索方向 $\boldsymbol{s}_k$ 确定之后，多变量搜索问题即转化为在 $\boldsymbol{s}_k$ 方向上的单变量搜索问题，仅求解在 $\boldsymbol{s}_k$ 方向上的最优步长 α_k。

多变量线性规划问题的求解方法可以根据确定搜索方向 $\boldsymbol{s}_k$ 的不同方式，分为随机搜索、格点搜索、变量轮换法、单纯形法、最速下降法、共轭梯度法、牛顿法和拟牛顿法等。

4.6.2　变量轮换法

一个简单的优化技巧是为含有 n 个变量的目标函数选择 n 个固定的搜索方向（通常是坐标轴），然后连续使用一维搜索，使 $f(\boldsymbol{x})$ 在每一个搜索方向上最小化。该方法对具有以下形式的二阶方程特别有效：

$$f_1(\boldsymbol{x}) = \sum_{i=1}^{n} c_i x_i^2$$

因为搜索方向与主轴有共同的方向，如图 4-6(a) 所示。然而，该方法却很难应用于更一般性的二阶目标函数，例如下面的形式：

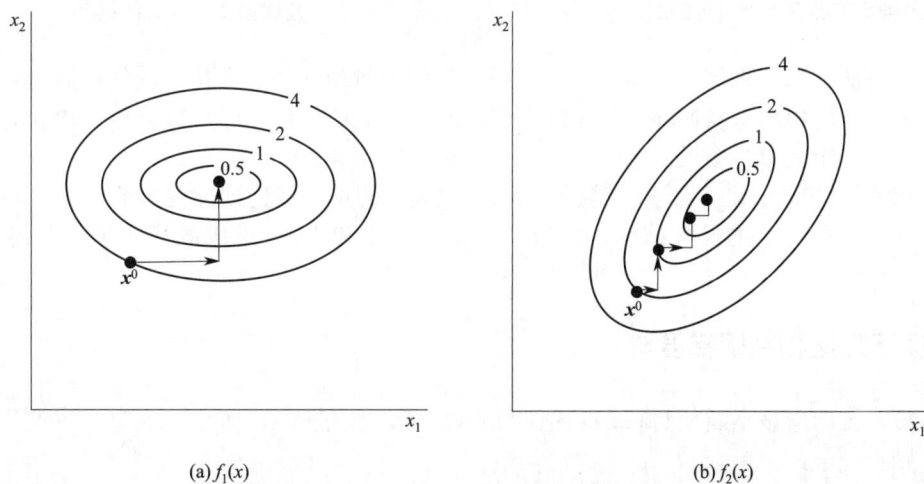

图 4-6　两个不同二阶函数的一元搜索过程

$$f_2(\boldsymbol{x}) = \sum_{i=1}^{n} \sum_{j=1}^{n} d_{ij} x_i x_j$$

如图 4-6（b）所示。对于后一种情况，随着最优值的临近，$\boldsymbol{x}$ 的变化量减小，因此要想得到高精确度，就需要很多的迭代步骤。

4.6.3　非线性规划的单纯型法

序贯单纯型法是由 Spendley、Hext 和 Himsworth（1962）建立的。这种方法可以选择单纯型法中的函数值最大点来估计 $f(\boldsymbol{x})$。在二维空间中，其图形是等边三角形。如图 4-7 所示，在三维空间中其图形就是规则的正四面体。对于单纯型的顶点，每一个搜索方向是远离顶点中有最大 $f(\boldsymbol{x})$ 值的点，因此，搜索的方向不断改变。对于一个给定尺寸的单纯型法，步长是固定的。下面以一个两变量函数为例来阐述这个程序。

在求 $f(\boldsymbol{x})$ 最小值的每次迭代中，在三角形的每个顶点上都需要估计 $f(\boldsymbol{x})$ 值。所确定的搜索方向应远离使函数值达到最大的点，并通过单纯型的质点。通过平分搜索方向且连接三角形另外两点的直线，搜索方向就会通过质点。在这个相应的方向上确定了一个新的点（图 4-7），并保存这个几何图形，然后在这个新的点上估计目标函数，就可以确定一个新的搜索方向。

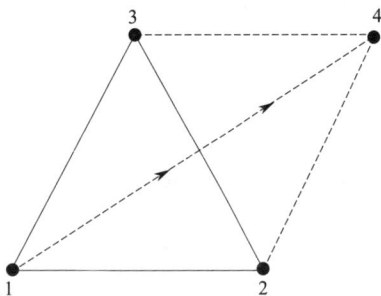

图 4-7　单纯型法中一个新点的映像点 1 处的
$f(\boldsymbol{x})$ 值大于点 2 和点 3 处的 $f(\boldsymbol{x})$ 值

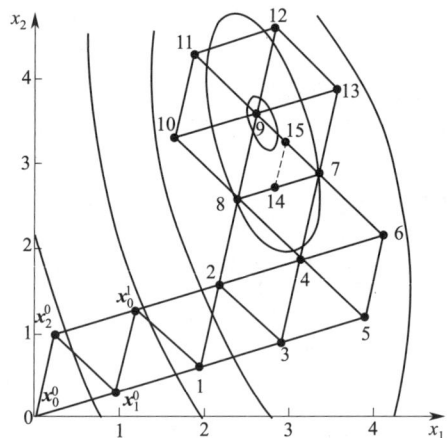

图 4-8　使用单纯型法向最优值的逼近
以及在最优值邻近的摆动

重复使用该方法，每次否定一个顶点，直到单纯型法跨越最优值。在接近最优值附近，可以利用减小步长等方法来防止再出现重复循环。当单纯型尺寸小于规定收敛误差时，搜索路线停止，这样，最优化位置就被确定在一个受单纯型尺寸影响的误差范围内，如图 4-8 所示。

最初的顶点是 $\boldsymbol{x}_0^0$、$\boldsymbol{x}_1^0$、$\boldsymbol{x}_2^0$，下一个顶点是 $\boldsymbol{x}_0^1$。后续新的顶点被连续标注为 1～13，其中在第 13 点会重复一个循环。将单纯型的尺寸缩小，形成一个由 7、14 和 15 点组成的三角形，并继续这一过程（未在图中表示出来）。

4.6.4　最速下降法和共轭梯度法

一个好的搜索方向应该不断使目标函数值减小（对最小化过程），所以，如果 x^0 是原来的点，x^1 是一个新点，则：

$$f(\boldsymbol{x}^1) < f(\boldsymbol{x}^0)$$

这样的方向 $\boldsymbol{s}$ 叫作下降方向，其在任何点上都满足下列要求：

$$\nabla^T f(\boldsymbol{x})\boldsymbol{s}<0$$

在图 4-9 上观察两个向量 $\nabla f(\boldsymbol{x}^k)$ 和 $\boldsymbol{s}^k$，其夹角是 θ。因此：

$$\nabla^T f(\boldsymbol{x})\boldsymbol{s}^k=|\nabla f(\boldsymbol{x}^k)||\boldsymbol{s}^k|\cos\theta$$

图 4-9 中，如果 $\theta=90°$，则沿 $\boldsymbol{s}^k$ 方向移动不会降低（或增加）$f(\boldsymbol{x})$ 的值。如果 $0\leqslant\theta\leqslant90°$，$f(\boldsymbol{x})$ 会增大。只有当 $\theta>90°$，搜索方向才能产生更小的 $f(\boldsymbol{x})$ 值，所以，$\nabla^T f(\boldsymbol{x}^k)\boldsymbol{s}^k<0$。

经典的梯度下降法和共轭梯度法都是以梯度信息为基础的。

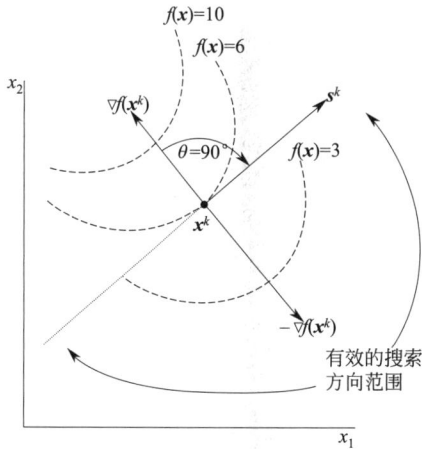

图 4-9　辨别可能搜索方向的区域　　　图 4-10　$f(\boldsymbol{x})=x_1^2+x_2^2$ 的梯度向量

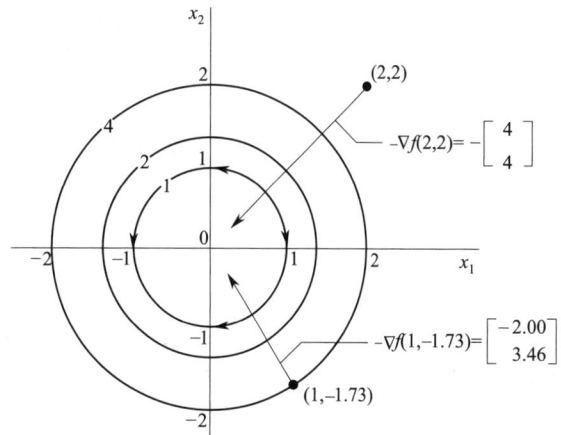

梯度是一个向量，其给出了 $f(\boldsymbol{x})$ 在点 $\boldsymbol{x}$ 处有极大增长率的（局部）方向，梯度与 $f(\boldsymbol{x})$ 在 $\boldsymbol{x}$ 处的等高线正交，对于求解最大值的问题，搜索的方向是梯度方向（此时使用到的算法叫作最速上升）；对于求解最小值，搜索方向是梯度的反方向（最速下降）。

$$\boldsymbol{s}^k=-\nabla f(\boldsymbol{x}^k) \tag{4-83}$$

在下降的第 k 步中，由当前点 $\boldsymbol{x}^k$ 到下一次迭代的新点 $\boldsymbol{x}^{k+1}$ 的转变由如下公式给定：

$$\boldsymbol{x}^{k+1}=\boldsymbol{x}^k+\nabla\boldsymbol{x}^k=\boldsymbol{x}^k+\alpha^k\boldsymbol{s}^k=\boldsymbol{x}^k-\alpha^k\nabla f(\boldsymbol{x}^k) \tag{4-84}$$

式中　$\nabla\boldsymbol{x}^k$——从 $\boldsymbol{x}^k$ 到 $\boldsymbol{x}^{k+1}$ 的向量；

$\boldsymbol{s}^k$——搜索方向，下降最快的方向；

α^k——决定 $\boldsymbol{s}^k$ 方向上步长的标量。

梯度的反方向给出了最小值化方向，但没给出所采用的步长，所以，随着 α^k 选择的不同，会产生各种下降过程。

假设 $f(\boldsymbol{x})$ 的值连续降低，因为在下降最快的方向上，通常不可能一步得到 $f(\boldsymbol{x})$ 的最小值，因此必须重复利用式(4-83)以便得到 $f(\boldsymbol{x})$ 最小值，在最小值处，梯度向量的元素值都将为 0。

步长 α^k 可以利用线性搜索来决定。

首先，考虑一个理想的二次目标函数 $f(\boldsymbol{x})=x_1^2+x_2^2$，其图形等高线是同心圆，见图 4-10。假如要求计算在点 $\boldsymbol{x}^T=[2\ \ 2]$ 处的梯度：

$$\nabla f(\boldsymbol{x})=\begin{bmatrix}2x_1\\2x_2\end{bmatrix}\quad \nabla f(2,2)=\begin{bmatrix}4\\4\end{bmatrix}$$

$$\boldsymbol{H}(\boldsymbol{x})=\boldsymbol{H}=\begin{bmatrix}2&0\\0&2\end{bmatrix}$$

则下降最快的方向是：

$$\boldsymbol{s}=-\begin{bmatrix}4\\4\end{bmatrix}$$

由图可知，s 是一个指向最优值（0，0）处的向量。事实上，任意点处的梯度都通过原点（即最优值）。

另一方面，对于那些没有理想比例关系的函数，和在汉森矩阵中对角线以外有非零项（对应于存在像 x_1x_2 这样有相互作用的项）的函数，梯度的反方向是不可能直接通过最优值点的。图 4-11 显示了一个含有相互作用形式的两变量二次函数。该图形相对于轴是倾斜的。相互作用项，再加上窄谷形式的非理想比例，或者脊形都会导致梯度方法的收敛变慢。

如果选定了 α^k 来最小化 $f(\boldsymbol{x}^k+\alpha\boldsymbol{x}^k)$，则在最小值处：

$$\frac{\mathrm{d}}{\mathrm{d}\alpha}f(\boldsymbol{x}^k+\alpha\boldsymbol{x}^k)=0$$

我们将用下面的定义，在图 4-12 中详细阐明这个问题：

$$g^k(\alpha)=f(\boldsymbol{x}^k+\alpha\boldsymbol{s}^k)$$

其中 g^k 是对于一个给定的 α 值沿搜索方向的函数值。又因为 $\boldsymbol{x}^k$ 和 $\boldsymbol{s}^k$ 是已知值，g^k 仅与步长 α 有关，如果 $\boldsymbol{s}^k$ 是一个降低的方向，我们就可以找到一个正的 α 使 f 降低。

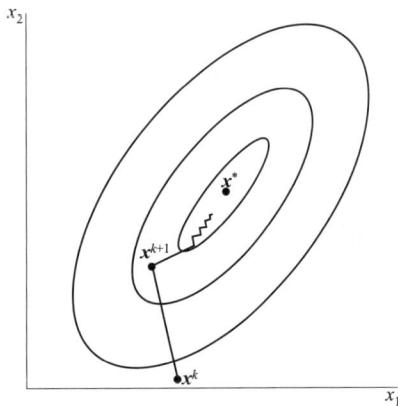

图 4-11 一般二次函数的最速下降   图 4-12 沿着搜索方向 $\boldsymbol{s}^k$ 的搜索

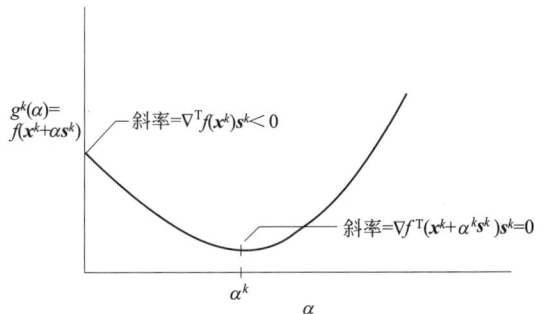

利用下面的连串规则：

$$\frac{\mathrm{d}}{\mathrm{d}\alpha}f(\boldsymbol{x}^k+\alpha\boldsymbol{s}^k)=\sum_i\frac{\partial f(\boldsymbol{x}^k+\alpha\boldsymbol{s}^k)}{\partial x_i}s_i^k$$
$$=(\boldsymbol{s}^k)^{\mathrm{T}}\nabla f(\boldsymbol{x}^k+\alpha\boldsymbol{s}^k)$$

令 α^k 作为 α 最小化 $g^k(\alpha)$，则：

$$\left.\frac{\mathrm{d}g^k}{\mathrm{d}\alpha}\right|_{\alpha^k}=(\boldsymbol{s}^k)^{\mathrm{T}}\nabla f(\boldsymbol{x}^k+\alpha\boldsymbol{s}^k)|_{\alpha^k}=0 \tag{4-85}$$

如图 4-12 所示。但是当两个向量的内积是 0 时，这两个向量正交。所以，如果使用一个准确的线性搜索，在新点 $\boldsymbol{x}^{k+1}$ 处的梯度与搜索方向 $\boldsymbol{s}^k$ 正交。在最速下降方向 $\boldsymbol{s}^k=-\nabla f(\boldsymbol{x}^k)$ 上，在 $\boldsymbol{x}^k$ 和 $\boldsymbol{x}^{k+1}$ 两点处的梯度是正交的。如图 4-11 所示，表明连续搜索方向的正交会导致一个低效率的曲折行为。虽然在早期的迭代中采用了很多方法，但是由于步长的迅速下降，收敛到最优化问题的精确解需要很多迭代。

最速下降运算法则可被概括为以下几步：

① 选择一个原始点或起始点 $\boldsymbol{x}^0$，随后在点 $\boldsymbol{x}^k$ 处进行下述步骤②、③、④、⑤操作。

② 采用解析法或数值法计算该点处的偏微分：

$$\frac{\partial f(\boldsymbol{x})}{\partial x_j}\quad j=1,\cdots,n$$

③ 计算搜索向量：

$$\boldsymbol{s}^k=-\nabla f(\boldsymbol{x}^k)$$

④ 利用下面的关系得到 $\boldsymbol{x}^{k+1}$ 值：

$$\boldsymbol{x}^{k+1} = \boldsymbol{x}^k + \alpha^k \boldsymbol{s}^k$$

⑤ 比较 $f(\boldsymbol{x}^{k+1})$ 和 $f(\boldsymbol{x}^k)$，如果 $f(\boldsymbol{x})$ 的变化比给定误差小，终止。如果大于给定误差，返回到第②步，设 $k=k+1$。也可以在 $\nabla f(\boldsymbol{x}^k)$ 的模中规定收敛误差来指定终止。

最速下降可以在任何类型的驻点处终止，也就是在任意 $f(\boldsymbol{x})$ 的梯度特征值为 0 的点。因此，必须确保假设的最小值是一个真正的局部最小值，还是一个鞍点。鞍点必须利用非梯度法剔除。可以通过分析目标函数的汉森矩阵检验驻点。如果汉森矩阵不是正定，该驻点是一个鞍点，对驻点进行扰动，并进行最优化，可以产生局部最小值 $\boldsymbol{x}^*$。

最速下降法最根本的困难在于，该方法对 $f(\boldsymbol{x})$ 的尺度太灵敏，所以收敛很缓慢，容易在 $\boldsymbol{x}$ 空间上产生大量的摆动。基于以上原因，最速下降法并不是很有效的优化技术。而共轭梯度法则是一种既快捷又准确的方法。

共轭梯度法最早由 Fletcher 和 Reeves（1964）提出。如果 $f(\boldsymbol{x})$ 是二阶的，并且在每一个搜索的方向上被准确地最小化，那么它具有在最多 n 次迭代中收敛的理想特性，这是因为它的搜索方向共轭。这种方法仅仅比最速下降法增大了很少的计算量，但却显示出较大的改进。它结合了目前梯度向量的信息以及前一次迭代的梯度向量的信息，来求得一个新的搜索方向。可利用当前梯度和原来的搜索梯度的线性组合来计算新的搜索方向。这种方法的优点是仅仅需要在每步计算中存储少量信息，所以能被应用到大的问题上。具体步骤如下所列。

步骤 1，在 $\boldsymbol{x}^0$ 处计算 $f(\boldsymbol{x}^0)$，并让：

$$\boldsymbol{s}^0 = -\nabla f(\boldsymbol{x}^0)$$

步骤 2，保存 $\nabla f(\boldsymbol{x}^0)$ 并计算 $\boldsymbol{x}^1 = \boldsymbol{x}^0 + \alpha^0 \boldsymbol{s}^0$，在 $\boldsymbol{s}^0$ 方向上利用 α 最小化 $f(\boldsymbol{x})$（即对 α^0 执行一个线性搜索）。

步骤 3，计算 $f(\boldsymbol{x}^1)$、$\nabla f(\boldsymbol{x}^1)$。新的搜索方向是 $\boldsymbol{s}^0$ 和 $\nabla f(\boldsymbol{x}^1)$ 的线性组合：

$$\boldsymbol{s}^1 = -\nabla f(\boldsymbol{x}^1) + \boldsymbol{s}^0 \frac{\nabla^{\mathrm{T}} f(\boldsymbol{x}^{k+1}) \nabla f(\boldsymbol{x}^{k+1})}{\nabla^{\mathrm{T}} f(\boldsymbol{x}^k) \nabla f(\boldsymbol{x}^k)}$$

第 k 次的迭代关系为：

$$\boldsymbol{s}^{k+1} = -\nabla f(\boldsymbol{x}^{k+1}) + \boldsymbol{s}^k \frac{\nabla^{\mathrm{T}} f(\boldsymbol{x}^{k+1}) \nabla f(\boldsymbol{x}^{k+1})}{\nabla^{\mathrm{T}} f(\boldsymbol{x}^k) \nabla f(\boldsymbol{x}^k)} \tag{4-86}$$

对一个二阶函数，这些连续的搜索方向是共轭的。经过 n 次迭代（$k=n$）后该二阶方程被最小化。对于一个非二阶方程，把 $\boldsymbol{x}^{n+1}$ 变为 $\boldsymbol{x}^0$ 重复该循环过程。

步骤 4，检验 $f(\boldsymbol{x})$ 最小值的收敛性，如果未收敛，返回到步骤 3。

步骤 n，当 $\|\nabla f(\boldsymbol{x}^k)\|$ 小于指定的误差时终止运算。

值得注意的是：如果 $k+1$ 步中梯度的内积相对于 k 步中梯度内积的比例很小，则共轭梯度法的形式就很像最速下降法。其难点是搜索方向的线性相关性，但可以通过在最速下降方向上周期性地重新利用共轭梯度法而得以克服（步骤 1）。

在一个给定的搜索方向上进行线性搜索，可以对一个二阶方程的近似值进行最小化。这就意味着要计算一个 α 值，使其适合 $\boldsymbol{x}^{k+1} = \boldsymbol{x}^k + \alpha \boldsymbol{s}^k$，就必须最小化下面的公式：

$$f(\boldsymbol{x}) = f(\boldsymbol{x}^k + \alpha \boldsymbol{s}^k) = f(\boldsymbol{x}^k) + \nabla^{\mathrm{T}} f(\boldsymbol{x}^k) \alpha \boldsymbol{s}^k + \frac{1}{2}(\alpha \boldsymbol{s}^k)^{\mathrm{T}} \boldsymbol{H}(\boldsymbol{x}^k)(\alpha \boldsymbol{s}^k) \tag{4-87}$$

其中 $\Delta \boldsymbol{x}^k = \alpha \boldsymbol{s}^k$。为了求得 $f(\boldsymbol{x}^k + \alpha \boldsymbol{s}^k)$ 的最小值，对式(4-87)求关于 α 的微分并使导数为零。

$$\frac{\mathrm{d} f(\boldsymbol{x}^k + \alpha \boldsymbol{s}^k)}{\mathrm{d}\alpha} = 0 = \nabla^{\mathrm{T}} f(\boldsymbol{x}^k) \boldsymbol{s}^k + (\boldsymbol{s}^k)^{\mathrm{T}} \boldsymbol{H}(\boldsymbol{x}^k) \alpha \boldsymbol{s}^k \tag{4-88}$$

结果是：

$$\alpha^{\mathrm{opt}} = -\frac{\nabla^{\mathrm{T}} f(\boldsymbol{x}^k) \boldsymbol{s}^k}{(\boldsymbol{s}^k)^{\mathrm{T}} \boldsymbol{H}(\boldsymbol{x}^k) \boldsymbol{s}^k} \tag{4-89}$$

对于共轭梯度法使用中的其余细节，特别是对于大尺度和稀疏问题，可参考 Fletcher（1980）、Gill 等（1981）、Dembo 等（1982）、Nash 和 Sofer（1996）的文献。

【**例 4-13**】　解一个被称为 Rosenbrock 的函数。

最小化：
$$f(\boldsymbol{x}) = 100(x_2 - x_1^2)^2 + (1 - x_1)^2$$

起始值 $\boldsymbol{x}^{(0)} = [-1.2 \quad 1.0]^{\mathrm{T}}$。Fletcher-Reeves 过程的前几步列在表 4-3 中。

表 4-3　用 Fletcher-Reeves 共轭梯度法所求的结果

迭代次数	函数的调用次数	$f(x)$	x_1	x_2	$\dfrac{\partial f(x)}{\partial x_1}$	$\dfrac{\partial f(x)}{\partial x_2}$
0	1	24.2	-1.2	1	-215.6	-88.00
1	4	4.377945	-1.050203	1.061141	-21.56	-8.357
5	14	3.165142	-0.777190	0.612232	-1.002	-1.6415
10	28	1.247687	-0.079213	-0.025322	-3.071	-5.761
15	41	0.556612	0.254058	0.063189	-1.354	-0.271
20	57	0.147607	0.647165	0.403619	3.230	-3.040
25	69	0.024667	0.843083	0.710119	-0.0881	-0.1339
30	80	0.0000628	0.995000	0.989410	0.2348	-0.1230
35	90	1.617×10^{-15}	1.000000	1.000000	-1.60×10^{-8}	-3.12×10^{-8}

其最小化移动的轨迹如图 4-13 所示。

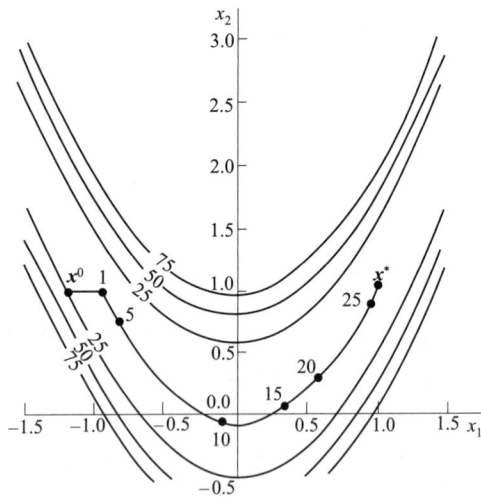

图 4-13　Fletcher-Reeves 算法的
搜索轨迹（数字表示迭代次数）

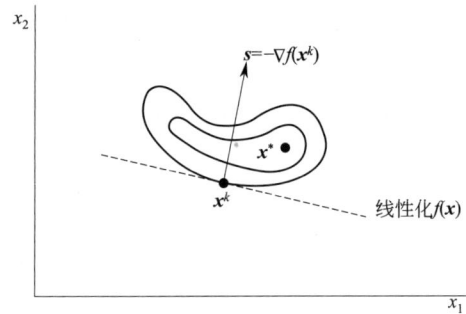

(a) 最速下降法：$f(x)$ 在 x^* 处的一次(线性)逼近

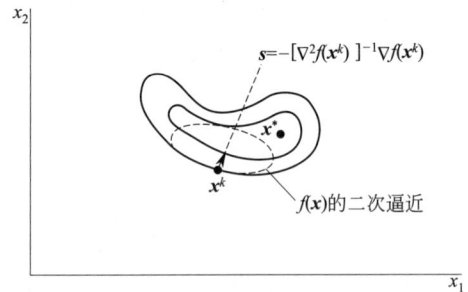

(b) 牛顿法：$f(x)$ 在 x^* 处的二阶(二次)逼近

图 4-14　从目标函数近似值的观点
比较最速下降法和牛顿法

4.6.5　牛顿法和拟牛顿法

从另一个角度看，最速下降法的搜索方向可被解释为与目标函数在点 $\boldsymbol{x}^k$ 的线性近似值（切线）正交。观察图 4-14(a)，现在假定要求 $f(\boldsymbol{x})$ 在 $\boldsymbol{x}^k$ 处的一个二次近似值：

$$f(\boldsymbol{x})\approx f(\boldsymbol{x}^k)+\nabla^{\mathrm{T}}f(\boldsymbol{x}^k)\Delta\boldsymbol{x}^k+\frac{1}{2}(\Delta\boldsymbol{x}^k)^{\mathrm{T}}\boldsymbol{H}(\boldsymbol{x}^k)\Delta\boldsymbol{x}^k \tag{4-90}$$

其中 $\boldsymbol{H}(\boldsymbol{x})$ 是 $f(\boldsymbol{x})$ 的汉森矩阵（在 $\boldsymbol{x}^k$ 处求出的关于 $\boldsymbol{x}$ 的二阶偏导数矩阵），在确定一个搜索向量时可能要考虑到 $f(\boldsymbol{x})$ 在 $\boldsymbol{x}^k$ 处的曲率。

牛顿方法运用了 $f(\boldsymbol{x})$ 在 $\boldsymbol{x}^k$ 处的二阶近似值，因此，使用到了关于函数 $f(\boldsymbol{x})$ 的二阶信息。因此，可能要考虑到 $f(\boldsymbol{x})$ 在 $\boldsymbol{x}^k$ 处的曲率，并且能够得到更好的搜索方向。参照图 4-14(b)。

式(4-90) 中 $f(\boldsymbol{x})$ 二次近似值的最小值，是通过求方程式(4-90) 关于 $\Delta\boldsymbol{x}$ 各分量的微分，并让结果表达式为 0 得到的：

$$\nabla f(\boldsymbol{x})=\nabla f(\boldsymbol{x}^k)+\boldsymbol{H}(\boldsymbol{x}^k)\Delta\boldsymbol{x}^k=0 \tag{4-91}$$

或 $$\boldsymbol{x}^{k+1}-\boldsymbol{x}^k=\Delta\boldsymbol{x}^k=-[\boldsymbol{H}(\boldsymbol{x}^k)]^{-1}\nabla f(\boldsymbol{x}^k) \tag{4-92}$$

其中 $[\boldsymbol{H}(\boldsymbol{x}^k)]^{-1}$ 是汉森矩阵 $\boldsymbol{H}(\boldsymbol{x}^k)$ 的逆矩阵。对一维搜索，式(4-92) 简化为：

$$x^{k+1}=x^k-\frac{f'(x^k)}{f''(x^k)}$$

值得注意的是，方向和步长都可被指定为式(4-91) 的结果。如果 $f(\boldsymbol{x})$ 是二阶的，则仅需要一步就可以得到 $f(\boldsymbol{x})$ 的最小值。然而，对于一个一般的非线性目标函数，$f(\boldsymbol{x})$ 的最小值不可能一步得到。所以，通过在式(4-92) 中引入一个表示步长的参数，可以把式(4-92) 修改成式(4-93) 的形式：

$$\boldsymbol{x}^{k+1}-\boldsymbol{x}^k=-\alpha^k[\boldsymbol{H}(\boldsymbol{x}^k)]^{-1}\nabla f(\boldsymbol{x}^k) \tag{4-93}$$

搜索方向 $\boldsymbol{s}$ 可通过下式求出：

$$\boldsymbol{s}^k=-[\boldsymbol{H}(\boldsymbol{x}^k)]^{-1}\nabla f(\boldsymbol{x}^k) \tag{4-94}$$

α^k 为步长。反复应用式(4-93) 直到满足终止迭代的条件。对于牛顿法，在每步中 $\alpha=1$。然而，如果初始点离局部最小值较远，这种模型通常是不收敛的。

应当注意，在式(4-92) 中计算 $\Delta\boldsymbol{x}$ 时，并不一定需要矩阵模型，可以采用前身式(4-91)，求解如下线性方程组得到 $\Delta\boldsymbol{x}^k$：

$$\boldsymbol{H}(\boldsymbol{x}^k)\Delta\boldsymbol{x}^k=-\nabla f(\boldsymbol{x}^k) \tag{4-95}$$

该过程通常比通过矩阵求逆的方法求 $\boldsymbol{s}$ 产生的误差更小。

【例 4-14】 最小化函数为 $f(\boldsymbol{x})=4x_1^2+x_2^2-2x_1x_2$,起始点是 $\boldsymbol{x}^0=[1\ 1]^{\mathrm{T}}$。

$$\nabla f(\boldsymbol{x})=\begin{bmatrix}8x_1 & -2x_2\\ 2x_2 & -2x_1\end{bmatrix}$$

$$\boldsymbol{H}(\boldsymbol{x})=\begin{bmatrix}8 & -2\\ -2 & 2\end{bmatrix},\quad \boldsymbol{H}^{-1}(x)=\begin{bmatrix}\dfrac{1}{6} & \dfrac{1}{6}\\ \dfrac{1}{6} & \dfrac{2}{3}\end{bmatrix}$$

当 $\alpha=1$ 时：

$$\Delta\boldsymbol{x}^0=-\boldsymbol{H}^{-1}\nabla f(\boldsymbol{x}^0)=-\begin{bmatrix}\dfrac{1}{6} & \dfrac{1}{6}\\ \dfrac{1}{6} & \dfrac{2}{3}\end{bmatrix}\begin{bmatrix}6\\ 0\end{bmatrix}=\begin{bmatrix}-1\\ -1\end{bmatrix}$$

因此：

$$\boldsymbol{x}^1=\boldsymbol{x}^*=\boldsymbol{x}^0+\Delta\boldsymbol{x}^0=\begin{bmatrix}1\\ 1\end{bmatrix}+\begin{bmatrix}-1\\ -1\end{bmatrix}=\begin{bmatrix}0\\ 0\end{bmatrix}$$

$$f(\boldsymbol{x}^*)=0$$

为了避免求 $\boldsymbol{H}$ 的逆，解方程式(4-95)：

$$\begin{bmatrix}8 & -2\\ -2 & 2\end{bmatrix}\begin{bmatrix}\Delta x_1^0\\ \Delta x_2^0\end{bmatrix}=-\begin{bmatrix}6\\ 0\end{bmatrix}$$

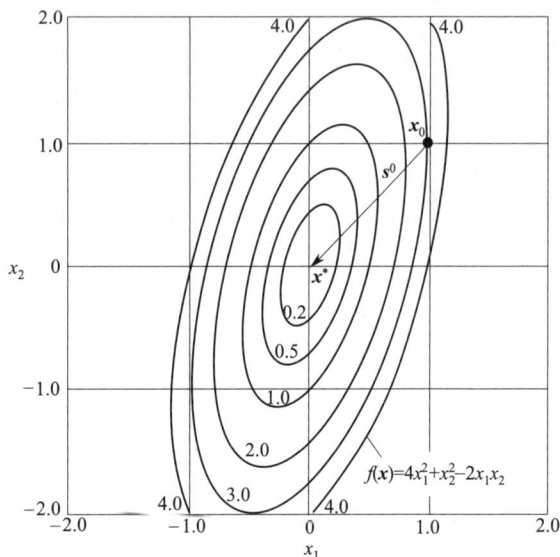

图 4-15 搜索方向

可得到：

$$\Delta x_1^0 = -1$$
$$\Delta x_2^0 = -1$$

搜索方向 $s^0 = -\boldsymbol{H}^{-1}\nabla f(\boldsymbol{x}^0)$ 显示在图 4-15 中。

在本节所讨论过的所有方法中，牛顿方法通常需要最少的迭代，但该方法也有以下的缺点：

① 如果有多重局部解存在，牛顿方法不一定能找出全局解，但这也是在本章中介绍的所有方法的一个共同特征。

② 牛顿法需要解一组含有 n 个对称线性方程的方程组。

③ 牛顿方法需要求一阶、二阶偏导数，这在实际应用中可能得不到。

④ 在使用到单元步长时，该法可能不收敛。

为了有效降低更新汉森矩阵的计算量，可采用拟牛顿法。

拟牛顿法的主要优点在于不必用解析法更新汉森矩阵，也不需要耗费大量计算机机时用于由离散方法求二阶偏导数矩阵，还可避免每次更新 $\boldsymbol{H}$ 的求逆计算。该方法是在式（4-91）中用一个正定近似值 $\widetilde{\boldsymbol{H}}^k$ 代替 $\boldsymbol{H}(\boldsymbol{x}^k)$：

$$\widetilde{\boldsymbol{H}}^k \boldsymbol{s}^k = -\nabla f(\boldsymbol{x}^k) \tag{4-96}$$

$\widetilde{\boldsymbol{H}}^k$ 被初始化为任意的对称正定矩阵（通常是单位矩阵或对角矩阵），并在每次线性搜索后用 $\boldsymbol{x}$ 和 $f(\boldsymbol{x})$ 在最后两点的变化值更新。如用向量来测定：

$$\boldsymbol{d}^k = \boldsymbol{x}^{k+1} - \boldsymbol{x}^k \tag{4-97}$$

和

$$\boldsymbol{y}^k = \nabla f(\boldsymbol{x}^{k+1}) - \nabla f(\boldsymbol{x}^k) \tag{4-98}$$

常用的拟牛顿法有 DFP 法和 BFGS 法，它们采用不同的方法对汉森矩阵进行修正，详见有关参考书。

4.6.6　有约束多变量非线性规划问题的搜索策略

更普遍的非线性规划问题是具有等式或不等式约束的形式，例如：

最小化　　　　$f(\boldsymbol{x})$　$\boldsymbol{x} = [x_1\ x_2 \cdots x_n]^\mathrm{T}$

服从　　　　$h_i(\boldsymbol{x}) = b_i$　$i = 1,2,\cdots,m$

$$g_j(\boldsymbol{x}) \leqslant c_j \quad j = 1,\cdots,r \tag{4-99}$$

数值解法的求解思路与解析解法是一致的，即将有约束问题转化为无约束问题，主要方法有变量代换法、拉格朗日乘子法和罚函数法。

当约束中只包含一个或两个线性或非线性等式约束时，可先用其他变量的表达式来表示一个或两个变量，并将其代入目标函数表达式中，从而直接将有约束问题转化为无约束问题，进行求解。

对于约束条件中的非等式约束可以参照线性规划中的方法，引入松弛变量，将不等式约束转化为等式约束进行数值求解。

4.7　化工过程大系统的优化

前面几节所描述的优化问题，仅仅涉及一个单元设备或一个局部过程，即使这样，仍然要对多个复杂方程进行求解。而实际的过程系统往往是针对一个较大或者是较复杂的系统进行的，所包含的线性和非线性方程更多、更复杂。例如，一个复杂的石油化工大系统的数学模型中，出现的变量数是非常巨大的，这是用一般的计算机所无法处理的。一般来说，当方程个数大于 100 时，用计算机直接求解就有困难。为了处理化工过程大系统的优化问题，人们提出了许多处理方法。由于过程系统最优化是在过程系统模拟的基础上发展起来的，因而各种大系统的优化策略，也是最优化方法与过程模拟方法相结合而产生的。需要说明的是，本章所说明的过程大系统的优化仍指的是过程参数优化。

（1）化工过程大系统的优化方法

和过程系统的稳态模型一样，过程大系统的最优化问题可有以下方程来描述：

$$（\text{OPT1}）\qquad \min F(\boldsymbol{w},\boldsymbol{x}) \qquad\qquad (4\text{-}100)$$
$$\text{s. t. } f(\boldsymbol{w},\boldsymbol{x},\boldsymbol{z})=0 \qquad（流程描述方程）$$
$$c(\boldsymbol{w},\boldsymbol{x},\boldsymbol{z})=0 \qquad（尺寸，成本方程）$$
$$h(\boldsymbol{w},\boldsymbol{x})=0 \qquad（等式设计约束）$$
$$g(\boldsymbol{w},\boldsymbol{x})\geqslant 0 \qquad（不等式设计约束）$$

式中　$\boldsymbol{w}$——决策变量；

$\boldsymbol{x}$——状态变量；

$\boldsymbol{z}$——单元内部变量。

求解（OPT1）优化问题的优化方法视其处理约束条件的方式分为两大类：可行路径型和不可行路径型。可行路径型是指优化搜索过程在可行域内进行，因此对决策变量 $\boldsymbol{w}$ 迭代的每次取值，都必须求解流程方程，尺寸及成本模型方程和等式设计约束方程。不可行路径型是指优化搜索过程仅在最优解处满足约束条件。这类方法中所有变量 $\boldsymbol{w}$、$\boldsymbol{x}$、$\boldsymbol{z}$ 同时向使目标函数 F 最优而又满足约束条件的方向移动。

系统优化问题 OPT1 中的等式约束方程，可借助于人们已经开发的稳态流程模拟系统求解。我们知道，过程系统模拟有三种不同的方法，即序贯模块法、面向方程法、联立模块法。

因此，过程大系统优化问题的求解方法，可以看作是最优化方法与稳态模拟方法的结合。通常，可以利用稳态模拟方法求解式（4-100）中的等式约束方程，利用最优化方法寻求满足约束的目标函数最优解。这两方面中不同方法相结合就产生了不同类型的系统模拟优化策略，如图 4-16 所示。

图 4-16 中各个连线所代表的计算策略如下：

① 可行路径黑箱搜索法（feasible-path pointwise black box method）。

② 可行路径联立模块法（feasible-path block modular method），又称可行路径组合模块法。

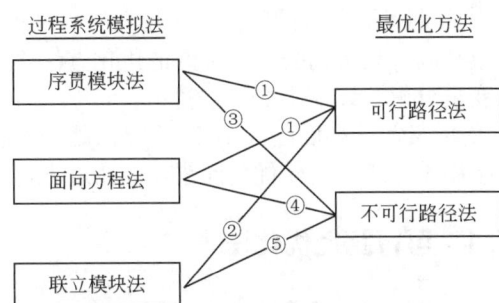

图 4-16　过程系统参数稳态模拟优化策略

③ 不可行路径序贯模块法（infeasible-path sequential modular method）。

④ 不可行路径面向方程法（infeasible-path equation oriented method）。

⑤ 不可行路径联立模块法（infeasible-path block modular method）。

（2）化工过程大系统优化方法评价标准

评价过程系统优化方法的标准一般有以下几方面：

① 应用方便，如尽可能地利用现有的流程模拟系统，把数据和函数引入最优化算法程序，且花费的人工最少。

② 计算可靠，初值选择方便，计算过程需要人工干预少，计算方法的适应性强。

③ 解效率高，衡量过程系统参数优化算法的解效率一般有以下四种指标：

（a）CPU 时间，即求解优化问题所需要的总计算机 CPU 时间。这个性能指标依赖于机型、过程系统描述方程的复杂程度，以及问题的规模和初值。

（b）流程贯通（flowsheet pass）总次数。所谓"贯通"是指序贯计算流程中每个单元模块一次。该性能指标依赖于对象问题。

以上两种指标可用于衡量过程系统优化问题的规模和复杂程度。为了比较在不同的机器上解算同一优化问题的算法性能，或比较不同优化问题的算法性能，通常还采用下述两种指标：

（c）优化/模拟时间比 RT_{os}，定义为：

$$RT_{os} = \frac{\text{系统参数优化所需 CPU 时间}}{\text{系统模拟所需 CPU 时间}}$$

（d）优化/模拟贯通次数比 RN_{os}，定义为：

$$RN_{os} = \frac{\text{系统参数优化所需流程贯通次数}}{\text{系统模拟所需流程贯通次数}}$$

若同时采用 RT_{os} 和 RN_{os} 这两个性能指标，则将揭示系统优化算法的计算特性。当 RT_{os} 和 RN_{os} 数值接近时（$RT_{os}=20$，$RN_{os}=18$），则意味着求解流程描述方程消耗了大部分计算时间，最优化计算所需时间正比于单元计算模块的复杂程度。当 RT_{os} 与 RN_{os} 的数值相差较大时（$RT_{os}=20$，$RN_{os}=5$），则表明求解最优化问题占用了总计算时间的大部分，且单元模块的复杂程度对整个计算效率影响不大。一般而言，系统参数优化的效率主要取决于 RT_{os} 的数量级。

（3）系统模拟优化采用的最优化方法评述

① 直接搜索法。它应用简便，计算比较可靠，但优化计算每迭代一次都要做一次全流程模拟计算，属于可行路径法。用这种方法即使计算变量很少的优化问题（如 5 个变量），也需要 5～400 次全流程模拟，计算效率很低。因此在早期的研究工作中报道较多，目前已很少被采用。

② 罚函数型和拉格朗日函数型的优化方法。曾被广泛用于处理有约束的非线性问题，但随着问题维数的增多，其数学性质变得复杂，条件变坏，求解困难，而且罚函数的选择和修正带有很大的任意性。因而，仅用于解决大系统参数优化问题。

③ 序列线性逼近法（SLP）。该法适应性强，能处理大规模的优化问题，但收敛速度慢。20 世纪 70 年代后期发展起来的序列二次规划法（SQP）属于不可行路径法，它具有很好的性质，收敛速度快，计算效率高，是当前公认的最好的优化方法之一。但 SQP 法不能直接用于维数过多的优化问题，必须辅以变量分解法以缩小变量空间。

④ 广义简约梯度法（GRG）。该法是一种很有吸引力的方法，它适应性好，收敛速度快，特别是可以直接用于处理大规模优化问题，但在过程优化方面应用的报道不多。

4.7.1　可行路径优化法

（1）可行路径黑箱搜索法

这类方法的特点是将过程系统视为"黑箱"，在优化计算确定决策变量的搜索过程中，只是根据目标函数确定搜索方向，而不涉及任何有关过程系统结构或过程单元类型的信息。属于这类方法的大多数研究工作都利用流程模拟系统作为基础。每组决策变量 w，可利用流程模拟系统（序贯模块法或面向方程法）作为功能黑箱，以产生相应的状态变量值 x。模拟方程的解 x 与决策变量 w 一起用于评价目标函数 F 和不等式约束 g。然后，利用非线性规划（NLP）模块产生新的决策变量。因此，过程优化问题（OPT1）被简化成下列非线性规划问题：

$$(OPT2) \quad \min F(w, x) \tag{4-101}$$
$$s.t.\ g(w, x) \geqslant 0$$

显然，用每一组 w 评价 F 和 g 时，都要用到模拟方程的解 x。流程模拟系统的作用只是根据决策变量 w 算出状态变量 x，对 NLP 子程序好似黑箱一样，NLP 子程序只是根据目标函数 F 确定搜索方向。

（2）可行路径联立模拟法

这类方法是可行路径优化方法与联立模拟法结合的产物，它与可行路径黑箱搜索法的主要区别，在于产生新的决策变量时，利用了某些过程系统模型的信息。该法把描述流程的方程和变量分解为描述每个过程单元的模块子集。每个单元模块的变量分为输入-输出变量和内部变量。在一组给定的决策变量下求解各个严格单元模块，产生单元的简化模型。单元简化模型与系统结构模型构成了流程系统的简化模型，用函数 f' 表示，尺寸成本简化模型用函数 c' 表示。它们仅是单元输入-输出变量的函数，即 $f'(w,x)$ 和 $c'(w,x)$。这类方法的计算策略可参考相关专著。其中决策变量修正步骤包括求解下述优化子问题：

$$(\text{OPT3}) \qquad \min F(w,x) \tag{4-102}$$
$$\text{s. t. } f(w,x)=0 \qquad （流程描述方程）$$
$$c(w,x)=0 \qquad （尺寸，成本方程）$$
$$h(w,x)=0 \qquad （等式设计约束）$$
$$g(w,x)\geqslant 0 \qquad （不等式设计约束）$$

由于内部变量 z 从子问题 OPT3 中消失，所以该优化问题的变量空间要比原优化问题 OPT1 小。该法与联立模块法（双层法）十分类似，只是用（非）线性规划子程序替代了（非）线性方程组求解的子程序。它也具有两层迭代结构，外层产生简化模型，内层对由简化模型构成的优化问题进行求解。因此，也可称其为可行路径双层法。

4.7.2 不可行路径

人们发现，用可行路径优化方法进行过程大系统的参数优化，无论怎样改进（采用不同的过程求解技术，缩小搜索变量空间等），都不能使计算效率进一步提高，其根本原因是抛弃大量超出可行域的试算点。对于过程大系统的优化，还有另一类最优化方法，即不可行路径优化法。优化方法在每个搜索点处不一定满足等约束方程（流程方程），但在最优点处可以保证约束方程收敛。这就是模拟与优化同步收敛的概念。不可行路径最优化方法中，被公认为最优秀的算法之一是 Wilson-Han-Powell 提出的序列二次规划法（SQP），本节将对此算法作详细的描述。不可行路径优化法与不同的过程模拟方法结合，形成了一系列的过程系统最优化策略，如不可行路径面向方程法、不可行路径联立模块法、不可行路径序贯模块法等，本章仅介绍不可行路径联立模块法。

（1）Wilson-Han-Powell 序列二次规划法

过程大系统的参数优化实际上是求解有约束非线性规划问题。Wilson-Han-Powell 的序列二次规划法（successive quadratic programming）是当前公认的处理有约束非线性规划问题最有效的方法之一。这一算法最早由 Wilson 提出，以后，经过 Biggs 和 Han 的发展和改进，最后由 Powell 完成，形成目前应用的基本形式，并编制了计算机程序"VF02AD"。

① 数学规划理论基础

一般非线性规划问题可以表示为：

$$(\text{NLP}) \qquad \min F(x)$$
$$\text{s. t. } h_i(x)=0 \tag{4-103}$$
$$g_j(x)\geqslant 0$$

式中　F——目标函数，为 n 元实函数（$R^n{\rightarrow}R$），且一阶连续可导（$F\in C^1$）；

h_i——等式约束，$R^n{\rightarrow}R$，$h_i\in C^1$；$i=1,\cdots,m$；

g_j——不等约束，$R^n{\rightarrow}R$，$g_j\in C^1$；$j=1,\cdots,p$；

x——n 维变量向量，$x\in X$ 是可行点。

X 定义为：

$$X=\{x\,|\,h_i(x)=0,g_j(x)\geqslant 0,i=1,\cdots,m,j=1,\cdots,p\} \tag{4-104}$$

式(4-103)表示所有满足 $h_i(x)=0$ 和 $g_j(x)\geqslant 0$ 的 x 构成集合 X，X 即为问题的可行域。

对于 $x_g^* \in X$，如果

$$F(x_g^*) \leqslant F(x) \qquad \forall x \in X \tag{4-105}$$

成立，则 x_g^* 是全局最优解。对于 $x^* \in X$，如果

$$F(x^*) \leqslant F(x) \qquad \|x^* - x\| \leqslant \varepsilon \qquad 且 \forall x \in X \tag{4-106}$$

则 x^* 是局部最优解，式中 ε 为任意正数。

定义雅可比矩阵 $J(x)$ 和 $K(x)$ 如下：

$$J(x) = [\nabla h_1, \nabla h_2, \cdots, \nabla h_m]^T$$

$$= \begin{bmatrix} \dfrac{\partial h_1}{\partial x_1} & \cdots & \dfrac{\partial h_1}{\partial x_n} \\ \vdots & & \vdots \\ \dfrac{\partial h_m}{\partial x_1} & \cdots & \dfrac{\partial h_m}{\partial x_n} \end{bmatrix} \tag{4-107}$$

$$K(x) = [\nabla g_1, \nabla g_2, \cdots, \nabla g_p]^T$$

$$= \begin{bmatrix} \dfrac{\partial g_1}{\partial x_1} & \cdots & \dfrac{\partial g_1}{\partial x_n} \\ \vdots & & \vdots \\ \dfrac{\partial g_p}{\partial x_1} & \cdots & \dfrac{\partial g_p}{\partial x_n} \end{bmatrix} \tag{4-108}$$

对于可行点 x'，$g_j(x') \geqslant 0$ 被称作有效不等约束。有效不等式约束方程下标 j 的集合定义为：

$$A(x') = \{j \mid g_j(x') \geqslant 0, j = 1, \cdots, p\}$$

如果矩阵 $J(x)$ 的行与 $\nabla g_j(x')$ $[j \in A(x')]$ 线性无关，则称为 x 正规点。换而言之，正规点是向量 $\nabla h_i(x')(i=1, \cdots, m)$ 与有效不等式约束的向量梯度向量 $\nabla g_j(x')[j \in A(x')]$ 线性无关的可行点。

非线性规划问题局部最优点的必要条件是，该点是正规点且满足 Kuhn-Tucker 条件：

$$\nabla F(x^*) - J(x^*)^T \lambda^* - K(x^*)^T \mu^* = 0$$
$$h_i(x^*) = 0, i = 1, \cdots, m$$
$$\mu_j^* g_j(x^*) \geqslant 0, j = 1, \cdots, p \tag{4-109}$$
$$\mu_j^* \geqslant 0 \qquad j = 1, \cdots, p$$

式中：

$$\lambda^* = (\lambda_1^*, \cdots, \lambda_m^*)^T$$
$$\mu^* = (\mu_1^*, \cdots, \mu_p^*)^T$$

分别是等式约束和不等式约束的拉格朗日乘子向量。此外，如果函数 F、g 和 h 二阶连续可导，则 x^* 点为最优解的充分条件为下列正定条件：

$$x^T \left[\nabla^2 F(x^*) - \sum_{i=1}^m \lambda_i^* \nabla^2 h_i(x^*) - \sum_{j=1}^p \mu_j^* \nabla^2 g_j(x^*) \right] x > 0 \tag{4-110}$$
$$\forall x \in M(x^*)$$

其中 $M(x^*)$ 定义为：

$$M(x^*) \equiv \{x \mid J(x^*)x = 0, \quad \nabla g_j(x^*)^T x = 0, \quad j \in A(x^*)\}$$

为了后面讨论方便，我们定义拉格朗日函数：

$$L(x, \lambda, \mu) \equiv F(x) - \sum_{i=1}^m \lambda_i h_i(x) - \sum_{j=1}^P \mu_j g_j(x) \tag{4-111}$$

用拉格朗日函数表示局部最优点 $\boldsymbol{x}^*$ 的必要条件为：

$$\nabla_x L(\boldsymbol{x}^*, \boldsymbol{\lambda}^*, \boldsymbol{\mu}^*) = 0$$
$$\nabla_\lambda L(\boldsymbol{x}^*, \boldsymbol{\lambda}^*, \boldsymbol{\mu}^*) = 0 \tag{4-112}$$
$$\boldsymbol{\mu}_j^* g_j(\boldsymbol{x}^*) = 0$$
$$\boldsymbol{\mu}_j^* \geqslant 0 \qquad j = 1, \cdots, p$$

充分条件为拉格朗日函数的矩阵正定：

$$\boldsymbol{x}^T \nabla_{xx} L(\boldsymbol{x}^*, \boldsymbol{\lambda}^*, \boldsymbol{\mu}^*) \boldsymbol{x} > 0 \qquad \forall \boldsymbol{x} \in M(\boldsymbol{x}^*) \tag{4-113}$$

② Wilson 序列二次规划法

为了满足局部最优的必要条件，可求解以 $\boldsymbol{x}$、$\boldsymbol{\lambda}$ 和 $\boldsymbol{\mu}$ 为变量的 $n+m+p$ 维非线性方程组，即 Kuhn-Tucker（简称 K-T）条件方程：

$$\begin{aligned} f_1: & \quad \nabla F(\boldsymbol{x}) - \boldsymbol{J}(\boldsymbol{x})^T \boldsymbol{\lambda} - \boldsymbol{K}(\boldsymbol{x})^T \boldsymbol{\mu} = 0 \\ f_2: & \quad h_i(\boldsymbol{x}) = 0, \quad i = 1, \cdots, m \\ f_3: & \quad \mu_j g_j(\boldsymbol{x}) \geqslant 0, \quad j = 1, \cdots, p \end{aligned} \tag{4-114}$$

满足约束　　　　　　　　$\mu_j \geqslant 0 \qquad j = 1, \cdots, p$

Wilson 采用牛顿迭代法求解 K-T 方程，从而把求解非线性规划的问题转化成求解 $m+n+p$ 维非线性方程组的问题：

$$\begin{cases} \nabla F(\boldsymbol{x}^k) + [\nabla_{xx} L(\boldsymbol{x}^k, \boldsymbol{\lambda}^k, \boldsymbol{\mu}^k)] \boldsymbol{\delta} - \boldsymbol{J}(\boldsymbol{x}^k)^T \boldsymbol{\lambda} - \boldsymbol{K}(\boldsymbol{x})^T \boldsymbol{\mu} = 0 \\ \boldsymbol{J}(\boldsymbol{x}^k) \boldsymbol{\delta} + h(\boldsymbol{x}^k) = 0 \\ \boldsymbol{\mu} [\boldsymbol{K}(\boldsymbol{x}^k) \boldsymbol{\delta} + g(\boldsymbol{x}^k)] = 0 \end{cases} \tag{4-115}$$

式中 $\boldsymbol{\mu} \geqslant 0$。对于 $\boldsymbol{x}^k$、$\boldsymbol{\lambda}^k$、$\boldsymbol{\mu}^k$ 求解上式，得到新值 $\boldsymbol{\delta}$、$\boldsymbol{\lambda}$、$\boldsymbol{\mu}$。从 $\boldsymbol{\delta} = \boldsymbol{x} - \boldsymbol{x}^k$ 可得到 $\boldsymbol{x}$。若 $\boldsymbol{x}$、$\boldsymbol{\lambda}$、$\boldsymbol{\mu}$ 与 $\boldsymbol{x}^k$、$\boldsymbol{\lambda}^k$、$\boldsymbol{\mu}^k$ 的误差不小于允许误差，则把 $\boldsymbol{x}$、$\boldsymbol{\lambda}$、$\boldsymbol{\mu}$ 作为老值代入上式作 $k+1$ 次迭代，直到收敛。得到的解便是原问题（NLP）的解。

但是直接用上述迭代公式解 K-T 方程显然是很困难的。Wilson 证明，K-T 方程的牛顿迭代公式的解可用下列二次规划问题的解去逼近：

$$(\text{WQP}) \qquad \min \nabla F(\boldsymbol{x}^k)^T \boldsymbol{\delta} + \frac{1}{2} \boldsymbol{\delta}^T [\nabla_{xx} L(\boldsymbol{x}^k, \boldsymbol{\lambda}^k, \boldsymbol{\mu}^k)] \boldsymbol{\delta}$$
$$\text{s. t.} \quad \begin{aligned} & \boldsymbol{J}(\boldsymbol{x}^k) \boldsymbol{\delta} + h(\boldsymbol{x}^k) = 0 \\ & [\boldsymbol{K}(\boldsymbol{x}^k) \boldsymbol{\delta} + g(\boldsymbol{x}^k)] \geqslant 0 \end{aligned} \tag{4-116}$$

需要指出的是，二次规划问题（WQP）的约束方程是原非线性规划问题式约束方程的线性近似。

二次规划问题（WQP）有比较成熟的解法，但是直接求解仍有许多困难，主要表现在：

（a）每次迭代都要计算 Hesse 矩阵，计算量和占用的存储单元都将是可观的；

（b）为了保证 WQP 子问题有解，Hesse 矩阵应是正定的，而式（4-99）并不能保证这样的条件，因此，可能由于其病态条件而使迭代失败。

Han 提出用拟牛顿近似去逼近 WQP 问题的 Hesse 矩阵，可以同时解决上述两个困难。

③ Wilson-Han 算法

对于无约束的最优化 $\min F(\boldsymbol{x})$，最优解 $\boldsymbol{x}^*$ 存在的必要条件为：

$$\nabla F(\boldsymbol{x}^*) = 0$$

求解上式的牛顿迭代公式为：

$$\boldsymbol{x}^{k+1} = \boldsymbol{x}^k - [\nabla^2 F(\boldsymbol{x}^k)]^{-1} \nabla F(\boldsymbol{x}^k) \tag{4-117}$$

在拟牛顿法中，用尺度矩阵（metric matrix）$\boldsymbol{B}$ 代替矩阵：

$$\boldsymbol{x}^{k+1} = \boldsymbol{x}^k - (\boldsymbol{B}^k)^{-1} \nabla F(\boldsymbol{x}^k) \tag{4-118}$$

在点 $\boldsymbol{x}^k$ 附近对导函数 $\nabla F(\boldsymbol{x}^{k+1})$ 作泰勒展开，取一次近似，并令：

$$\boldsymbol{\gamma}^k = \nabla F(\boldsymbol{x}^{k+1}) - \nabla F(\boldsymbol{x}^k)$$

$$\boldsymbol{\delta}^k = \boldsymbol{x}^{k+1} - \boldsymbol{x}^k$$

则
$$\boldsymbol{\gamma}^k = \boldsymbol{B}^k \boldsymbol{\delta}^k \tag{4-119}$$

上式便是拟牛顿方程。

Han 改进的算法如下：

$$\text{(HQP)} \qquad \min \nabla F(\boldsymbol{x}^k)^{\mathrm{T}} \boldsymbol{\delta} + \frac{1}{2} \boldsymbol{\delta}^{\mathrm{T}} \boldsymbol{B}^k \boldsymbol{\delta}$$

$$\text{s. t.} \quad \begin{array}{l} \boldsymbol{J}(\boldsymbol{x}^k)\boldsymbol{\delta} + h(\boldsymbol{x}^k) = 0 \\ \left[\boldsymbol{K}(\boldsymbol{x}^k)\boldsymbol{\delta} + g(\boldsymbol{x}^k)\right] \geqslant 0 \end{array} \tag{4-120}$$

式中的尺度矩阵 $\boldsymbol{B}$ 用来代替 Hesse 矩阵 $\nabla_{xx} L(\boldsymbol{x}^k, \boldsymbol{\lambda}^k, \boldsymbol{\mu}^k)$。相应地，$\boldsymbol{\gamma}^k$ 用拉格朗日函数定义为：

$$\boldsymbol{\gamma}^k \equiv \nabla_x L(\boldsymbol{x}^{k+1}, \boldsymbol{\lambda}^{k+1}, \boldsymbol{\mu}^{k+1}) - \nabla_x L(\boldsymbol{x}^k, \boldsymbol{\lambda}^k, \boldsymbol{\mu}^k) \tag{4-121}$$

分别给出下列 $\boldsymbol{B}^k$ 更新公式：

$$\text{(DFP)} \quad \boldsymbol{B}^{k+1} = \boldsymbol{B}^k + \frac{(\boldsymbol{\gamma}^k - \boldsymbol{B}^k \boldsymbol{\delta}^k)\boldsymbol{\gamma}^{k\mathrm{T}}}{\boldsymbol{\delta}^{k\mathrm{T}} \boldsymbol{\gamma}^k} - \frac{\boldsymbol{\delta}^{k\mathrm{T}}(\boldsymbol{\gamma}^k - \boldsymbol{B}^k \boldsymbol{\delta}^k)\boldsymbol{\gamma}^k \boldsymbol{\gamma}^{k\mathrm{T}}}{(\boldsymbol{\delta}^{k\mathrm{T}} \boldsymbol{\gamma}^k)^2} \tag{4-122}$$

$$\text{(BFGS)} \quad \boldsymbol{B}^{k+1} = \boldsymbol{B}^k + \frac{\boldsymbol{\gamma}^k \boldsymbol{\gamma}^{k\mathrm{T}}}{\boldsymbol{\delta}^{k\mathrm{T}} \boldsymbol{\gamma}^k} - \frac{\boldsymbol{B}^k \boldsymbol{\delta}^k \boldsymbol{\delta}^{k\mathrm{T}} \boldsymbol{B}^k}{\boldsymbol{\delta}^{k\mathrm{T}} \boldsymbol{B}^k \boldsymbol{\delta}^k} \tag{4-123}$$

为了改善牛顿迭代法在初始点较差时的收敛性能，常常在牛顿迭代公式中引入阻尼因子 α（又称步长），使迭代公式式(4-117)成为：

$$\boldsymbol{x}^{k+1} = \boldsymbol{x}^k - \left[\nabla^2 F(\boldsymbol{x}^k)\right]^{-1} \nabla F(\boldsymbol{x}^k) \tag{4-124}$$

或简写成：

$$\boldsymbol{x}^{k+1} = \boldsymbol{x}^k + \alpha^k \boldsymbol{p}^k$$

式中，$\boldsymbol{p}^k$ 为搜索方向。$\boldsymbol{p}^k = -\left[\nabla^2 F(\boldsymbol{x}^k)\right]^{-1} \nabla F(\boldsymbol{x}^k)$。$\alpha^k$ 是由 $\boldsymbol{x}^k$ 点出发在 $\boldsymbol{p}^k$ 方向上做一维搜索而确定的。Han 的另一个主要工作是引入了一个罚函数型的线性搜索目标函数：

$$P_r(\boldsymbol{x}) = F(\boldsymbol{x}) + \gamma \left[\sum_{i=1}^{m} |h_i(\boldsymbol{x})| + \sum_{j=1}^{p} \max(0, -g_j(\boldsymbol{x}))\right] \tag{4-125}$$

选取 α^k 使得：

$$P_r(\boldsymbol{x}^k + \alpha^k \boldsymbol{p}^k) = \min P_r(\boldsymbol{x}^k + \alpha^k \boldsymbol{p}^k) \tag{4-126}$$

式中，γ 是罚因子，是大于 0 的正数，其取值带有一定的任意性，且对算法的收敛有很大的影响。Han 的算法要求罚因子 γ 必须大于或等于拉格朗日乘子的模，即：

$$\gamma \geqslant \| [\boldsymbol{\lambda}^k \quad \boldsymbol{\mu}^k]^{\mathrm{T}} \| \qquad k = 1, \cdots, \infty$$

④ Wilson-Han-Powell 算法

在以上工作的基础上，做了进一步的完善，从而形成了现在的算法。其改进主要包括下列几方面。

(a) 用 BFGS 公式 (4-123) 更新 $\boldsymbol{B}$ 矩阵，使计算更为稳定。

从式(4-123)可以看到，为了保证 $\boldsymbol{B}^{k+1}$ 正定，应满足条件：

$$\boldsymbol{\delta}^{k\mathrm{T}} \boldsymbol{\gamma}^k > 0 \tag{4-127}$$

为了保证上式成立，也就是保证 $\boldsymbol{B}^{k+1}$ 总是正定的，Powell 用一个新的向量 $\boldsymbol{\eta}^k$ 代替 BFGS 更新公式中的 $\boldsymbol{\gamma}^k$：

$$\boldsymbol{\eta}^k \equiv \theta^k \boldsymbol{\gamma}^k + (1+\theta)^k \boldsymbol{B}^k \boldsymbol{\delta}^k \qquad 0 \leqslant \theta^k \leqslant 1 \tag{4-128}$$

从上式可知，若 $\theta = 0$，则 $\boldsymbol{\eta}^k = \boldsymbol{B}^k \boldsymbol{\delta}^k$，即 $\boldsymbol{B}^{k+1} = \boldsymbol{B}^k$；若 $\theta = 1$，则 $\boldsymbol{\eta}^k = \boldsymbol{\gamma}^k$，即仍为 BFGS 更新公式 (4-123)。通过改变 θ^k，使得：

$$\boldsymbol{\delta}^{k\mathrm{T}} \boldsymbol{\eta}^k \geqslant 0.2 \boldsymbol{\delta}^{k\mathrm{T}} \boldsymbol{B}^k \boldsymbol{\delta}^k \tag{4-129}$$

成立，从而保证 $\boldsymbol{B}^{k+1}$ 正定：

$$\boldsymbol{B}^{k+1}=\boldsymbol{B}^k+\frac{\boldsymbol{\eta}^k\boldsymbol{\eta}^{k\mathrm{T}}}{\boldsymbol{\delta}^{k\mathrm{T}}\boldsymbol{\eta}^k}-\frac{\boldsymbol{B}^k\boldsymbol{\delta}^k\boldsymbol{\delta}^{k\mathrm{T}}\boldsymbol{B}^k}{\boldsymbol{\delta}^{k\mathrm{T}}\boldsymbol{B}^k\boldsymbol{\delta}^k} \tag{4-130}$$

结合 $\boldsymbol{\eta}^k$ 的定义式（4-128）和条件式（4-129），可得到的计算式：

$$\theta^k=\begin{cases}1 & \boldsymbol{\delta}^{k\mathrm{T}}\boldsymbol{\eta}^k\geqslant0.2\boldsymbol{\delta}^{k\mathrm{T}}\boldsymbol{B}^k\boldsymbol{\delta}^k\\\dfrac{0.8\boldsymbol{\delta}^{k\mathrm{T}}\boldsymbol{B}^k\boldsymbol{\delta}^k}{\boldsymbol{\delta}^{k\mathrm{T}}\boldsymbol{B}^k\boldsymbol{\delta}^k-\boldsymbol{\delta}^{k\mathrm{T}}\boldsymbol{\gamma}^k} & \boldsymbol{\delta}^{k\mathrm{T}}\boldsymbol{\eta}^k<0.2\boldsymbol{\delta}^{k\mathrm{T}}\boldsymbol{B}^k\boldsymbol{\delta}^k\end{cases} \tag{4-131}$$

从拟牛顿方程式(4-119) 可知，式(4-128) 中的 θ^k 可以看作是预测值 $\boldsymbol{B}^k\boldsymbol{\delta}^k$ 和计算值 $\boldsymbol{\gamma}^k$ 间的加权因子，$\boldsymbol{\eta}^k$ 是预测值和计算值的加权平均值。

（b）采用新的线性搜索策略，使之不依赖于任意的罚因子 γ 值。Powell 采用的线性搜索目标为：

$$P_r(\boldsymbol{x},\boldsymbol{\lambda},\boldsymbol{\mu})=F(\boldsymbol{x})+\sum_{i=1}^m\lambda_i\mid h_i(\boldsymbol{x})\mid+\sum_{j=1}^p\lambda_{j+m}\max[0,-g_j(\boldsymbol{x})] \tag{4-132}$$

式中：

$$\lambda_i^k=\max\left[\mid\lambda_i^k\mid,\frac{1}{2}(\lambda_i^{k-1}+\mid\lambda_i^k\mid)\right];\lambda_{j+m}^k=\max\left[\mu_j^k,\frac{1}{2}(\lambda_{j+m}^{k-1}+\mu_j^k)\right]$$

步长 α^k 的选取不必求极小，而只要求满足下式：

$$P_r(\boldsymbol{x}^k,+\alpha^k\boldsymbol{\delta},\boldsymbol{\lambda}^k,\boldsymbol{\mu}^k)\leqslant P_r(\boldsymbol{x}^k,\boldsymbol{\lambda}^k,\boldsymbol{\mu}^k)+0.1\alpha^k\beta^k \tag{4-133}$$

式中 $\alpha^k\in(0,1)$，$\beta\equiv\nabla F(\boldsymbol{x}^k)^\mathrm{T}\boldsymbol{\delta}+F(\boldsymbol{x}^k)-P_r(\boldsymbol{x}^k,\boldsymbol{\lambda}^k,\boldsymbol{\mu}^k)$。

（c）在求解二次规划子问题 HQP 时，要求线性化的等式约束和有效不等式约束是相容的。如果线性约束方程平行且无公共点，则它们是不相容的，这里也就没有可行解。为了避免计算中线性约束条件不相容，Powell 在 HQP 中引入变量向量 $\zeta\in(0,1)$ 修正线性约束方程：

$$\boldsymbol{J}(\boldsymbol{x}^k)\boldsymbol{\delta}+h(\boldsymbol{x}^k)\zeta=0 \tag{4-134}$$
$$\nabla g_j(\boldsymbol{x}^k)^\mathrm{T}\boldsymbol{\delta}+g_j(\boldsymbol{x}^k)\zeta_j\geqslant0 \qquad j=1,\cdots,p \tag{4-135}$$

式中：

$$\zeta=\begin{cases}1 & g_j(\boldsymbol{x}^k)>0\\\zeta & g_j(\boldsymbol{x}^k)\leqslant0\end{cases}$$

当 $\zeta=1$ 时，式(4-135) 还原成 HQP 问题的不等式约束方程。当出现有效约束不相容时，通过调节 ζ 值使 $\boldsymbol{x}^k$ 值变为可行。

（d）Powell 提出的收敛判据是：

$$\mathrm{CONV}=\mid\nabla f(\boldsymbol{x}^k)^\mathrm{T}\boldsymbol{\delta}\mid+\sum_{i=1}^m\lambda_i^k\mid h_i(\boldsymbol{x}^k)\mid+\sum_{j=1}^p\mu_j^k\max[0,-g_j(\boldsymbol{x}^k)]<\varepsilon \tag{4-136}$$

式中第一项是目标函数的改善量，后两项是违反约束条件的量。这一判据具有与原问题目标函数同样的量度单位，因此收敛允许误差直接依赖于目标函数的数量级。

⑤ W-H-P 算法特点

Wilson-Han-Powell 算法具有如下几个特点：

（a）只需要计算目标函数和约束条件的一阶导数；

（b）构成二次规划子问题中的拉格朗日函数给出了有关约束和目标函数的曲率；

（c）保证拉格朗日函数的矩阵正定，这是求解二次规划问题的关键；

（d）非线性规划问题的自由度为零时，该算法还原成求解非线性方程组的牛顿法；无约束条件时，该算法还原成求解无约束最优化问题的 BFGS 拟牛顿法；

（e）整个计算过程可以从不可行域逼近最优解，而不必像可行路径法那样在每一次迭代中，为满足约束条件而做大量的计算，从而提高了计算效率。这主要是由于目标函数中包括了约束，从而在目标函数下降的同时向满足约束的方向逼近。

(2) 不可行路径联立模块法

不可行路径联立模块法(又称为不可行路径双层法)是 20 世纪 80 年代初才发展起来的一种新策略。它是建立在联立模块模拟法和不可行路径优化方法基础上的过程系统参数优化方法。该法类似可行路径联立模块法,主要区别在于利用不可行路径法寻求最优解,从而省去了每次迭代都要收敛系统模拟方程的大量计算,同时也不必通过模拟寻求可行点作为初始值。不可行路径法也是双层法,其中内层迭代是用不可行路径非线性规划优化法,对流程简化模型方程组的优化计算,即求解优化问题:

$$
\begin{aligned}
&\min F(\boldsymbol{y})\\
&\text{s. t. } R(\boldsymbol{y},\alpha^k)=0\\
&\phantom{\text{s. t. }} h(\boldsymbol{y})=0\\
&\phantom{\text{s. t. }} g(\boldsymbol{y})\geqslant 0
\end{aligned}
\tag{4-137}
$$

式中　R——流程简化描述方程组;

　　　α^k——简化模型方程系数。

而外层迭代是利用序贯模块模拟器的严格单元模块计算,修正简化流程描述方程式的系数。这样不仅利用了成熟的序贯模块模拟器,又可提高系统参数优化计算的效率。

与联立模块法一样,根据不同的切断策略和不同的简化模型,可以派生出几种不可行联立模块优化算法:全切断线性简化模型算法,全切断非线性简化模型算法,回路切断线性简化模型算法。

Jirapongphan 等(1980)提出前两种算法。他采用 FLOWTRAN 序贯模块模拟器和不可行路径非线性规划子程序 VF02AD,并采用全切断方式产生单元简化模型。Jirapongphan 的计算实例表现出很高计算效率。他分别用两种算法,对九个单元设备组成的合成氨回路,进行了参数模拟优化计算。该过程包括 105 个变量,其中有 10 个决策变量。

用两种计算的性能指标如表 4-4 所示。

表 4-4　全切断方式两种简化模型用于过程模型系统参数优化的性能比较

项　　目	线性简化模型法	非线性简化模型法
CPU 时间/s	310.69	101.67
流程贯通次数	173	10
RT_{as}	3.39	1.11
严格单元计算所占时间比率/%	80.9	14.3
数学规划计算所占时间比率/%	6.48	65.37

从表中可以得出以下结论:

① 两种方法的效率均较高,优化计算所耗机时已接近流程模拟的机时,因而为实用化开辟了道路。

② 非线性简化模型法比线性简化模型法的效率更高一些。这是由于非线性耗费机时虽然多一些,然而可以大大减少计算严格单元模块的次数。总的综合效果更好一些。

③ 非线性简化模型法计算机时主要花费在非线性规划计算上,也就是在内层迭代上;而线性简化模型法计算机时主要花费在用严格单元模块计算寻找简化模型系数上,也就是在外层迭代上。

④ 非线性简化模型法能更好地适应复杂过程的优化问题。对于线性关系较强的过程系统,可采用线性简化模型。

有文献提出了回路切断线性简化模型的算法。作者认为,这种算法可以使优化搜索空间,降低到决策变量和回路断裂流变量所构成的变量间,从而可以在小型机上计算较大系统的参数优化问题。利用算法对三级闪蒸和合成氨回路的计算结果表明,回路切断线性简化模型过程参数优化方法,能简便而有效地缩小优化搜索空间,但其计算效率不如全切断方式,收敛受流程条件影响较大。由此认为,在有能力处理大规模方程系统的条件下，应优先采用全切断方式建立简化模型。

Bielger 指出，尽管双层优化法在解决某些过程系统的优化问题中表现出很高的计算效率，但也存在一些必须引起注意的问题：

（a）对于严格模型，有可能找不到适当的非线性简化模型。对某些复杂过程模块和特性模块，简化关联式不能足够精确地描述它们的行为。

（b）由于总是利用构成 Kuhn-Tucker 条件的梯度确定最优点，所以，用双层优化策略找到的最优解可能不是真正的最优点。

下面用一个例子说明。

【例 4-15】 考虑下述严格最优化问题：

$$\min y^2 + x^2$$
$$\text{s. t.} \quad \begin{cases} y - (x^3 + x^2 + 1) = 0 \\ y \geqslant 0 \end{cases}$$

用线性简化模型逼近等式约束：

$$y = x + \beta$$

式中，β 为参数。双层优化策略如下。

（1）外层迭代

$$y = (x^3 + x^2 + 1) = x + \beta$$

（2）内层迭代

$$\min y^2 + x^2$$
$$\text{s. t.} \quad \begin{cases} y - (x + \beta) = 0 \\ y \geqslant 0 \end{cases}$$

由图 4-17 不难看出，从严格模型得到的最优点为 A；而从双层优化法得到的最优点是 B。双层优化法找到的最优点是严格模型与计算机模型的匹配点处简化模型的最优点。图中虚线为双层法在不同的 β 值下得到的最优点的轨迹。在 B 点，该轨迹与原问题的等式约束相交。

有趣的是，上面例子所用双层法得到的最优点不是原问题的最小点，而是最大点。这是由于简化模型中缺少一个参数（斜率）而引起的。

从上面的例题可以看到，要想使双层法更有效地用于过程系统参数优化，必须寻求更加可靠的简化模型。可解析非线性计算机模型（RAM）是发展的方向。

本章主要介绍了过程系统参数模拟优化的几类方法和发展现状。总而言之，这一领域是目前国际上研究的热门课题。不同的问题，各种优化方法都具有一定的适用性，很难断言哪一类计算策略最好，也很难确定是否适用于各种情况。但可以认为，总的发展是向着缩小优化空间、不可行路径的方向发展。效率更高，使用方便，适用范围更广的过程系统参数优化方法，还有待于人们去开发。

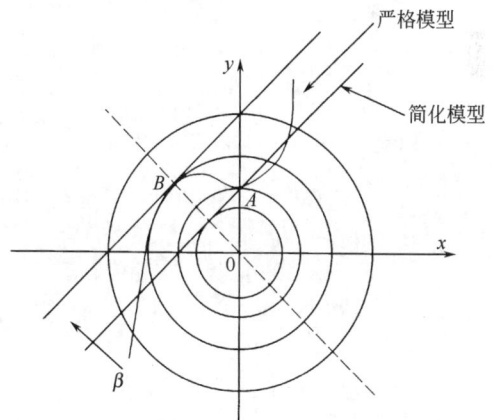

图 4-17 双层优化法失败的例子

5 化工生产过程操作工况调优

○○ ──── ○○ ○ ○○ ────

5.1 化工生产过程操作工况调优的作用与意义

所谓过程系统参数的调优，是指应用各种调优方法及最优化技术等数学工具，寻求实际过程系统操作条件的改进方案，即最佳操作方案，以获得显著经济效益的系统工程方法。调优操作的目的，主要是解决设计环境与操作环境差异引起的系统性能下降的问题。传统的过程系统操作是一种固定操作法，操作条件的依据往往是在设计阶段确定的，操作的目标是实现系统的设计能力。然而操作环境常常是变化的，如原料的质量和价格，产品的销路和价格，环境保护的条件限制，国家计划的变更等。此外，较大的设计裕量常常导致保守的设计能力。因此，固定操作法不能最大限度地发挥过程系统的潜力，也不能应对经常变动的经济技术环境的各种情况。随着操作环境的改变，原来性能可能是最优的系统会失去其优势。例如，对原设计目标是利润最大的系统，当原料价格上涨或产品价格下跌时，若不采取相应的措施（如提高原料的利用率），则该系统获得的利润将明显偏离峰值。这样势必失去市场竞争的能力。综合考虑系统能力和经营决策，在经营目标之下充分发挥系统的潜力，提高应变能力，获得全局的经济效益，是调优操作的基本思想。

操作参数优化得到的结果，必须要由控制系统来保证，才能使生产过程处于最佳状态。如果操作参数优化计算是定期进行的，用计算结果去指导生产操作，这种操作称为离线操作优化控制。如果计算机与生产装置的测试系统连在一起，随时根据检测仪表送来的信息进行优化计算，计算结果随时在显示器屏幕上显示，提请操作人员作出决策，是否以此计算参数进行控制，这种操作称为在线操作优化开环指导控制。如果优化计算结果直接送往控制系统去执行，则称为在线操作优化闭环控制。

如第 4 章中所述，过程系统的最优化模型分为机理模型、黑箱模型和混合模型三种。对于过程机理清楚的问题，一般采用机理模型进行优化。黑箱模型主要用于过程机理不很清楚，或者机理模型非常复杂，难以建立数学方程组或数学方程组求解困难的问题，其中常用的就是统计模型优化方法。智能模型（如多层神经网络模型）也是一种黑箱模型，在最近 10 年中，它被广泛用于过程系统模拟和优化问题。本章将结合生产实例着重介绍机理模型、统计模型和智能模型在操作工况调优中的应用。

5.2　化工生产过程操作工况离线调优的方法

5.2.1　机理模型法——液体空气精馏塔的操作工况调优

如上章所述，采用机理模型法进行过程系统调优，依据的是过程的物理、化学本质和机理。利用化学工程学的基本理论（如质量守恒、能量守恒、化学反应动力学等基本规律）建立一套描述过程特性的数学模型及边界条件，能够准确定量地反映过程特性，但其形式往往比较复杂，一般具有大型稀疏性特点，需要用特殊的最优化方法进行求解，求解方法选择不当，会影响优化迭代计算速度。本节利用液体空气精馏塔操作工况的调优来说明机理模型的建立和求解。

（1）物性模型

① 状态方程

空分系统的模拟模型，用到空气中各组分的汽液平衡、焓、熵等热力学数据。严格地讲空气是由多种组分组成的，但是由于其他气体含量甚微，故一般可作为 N_2-Ar-O_2 系统处理。关于 N_2-Ar-O_2 三元系统的汽液平衡，多年来有许多研究者从理论上和实践方面做了大量工作。这里我们采用 Harmen 提出的立方型状态方程，其方程形式为：

$$P = \frac{RT}{V-b} - \frac{a}{V^3 + 3Vb - 2b^2} \tag{5-1}$$

式(5-1)是一个立方型的方程，其中的 a、b 可由临界点的性质定出。对于纯物质：

$$\begin{cases} a = \Omega_a R^2 T_c^2 / P_c \\ b = \Omega_b RT_c / P_c \end{cases} \tag{5-2}$$

其中：

$$\begin{cases} \Omega_a = K - L\tau + M\tau^2 - N\tau^3 \\ \Omega_b = 0.070721 \\ \tau = 0.01T \end{cases} \tag{5-3}$$

式中，K、L、M、N 为常数，其值见表 5-1。

表 5-1　式（5-3）中的系数

系数	N_2	Ar	O_2
K	0.89572	0.76481	0.80910
L	0.73463	0.36103	0.41076
M	0.49631	0.16923	0.18643
N	0.13737	0.03561	0.03687
K'	0.485319	0.696010	0.699637
L'	−0.148639	0.141335	0.140207
M'	−0.154471	0	0
N'	−0.022945	0	0

对于混合物，Harmen 采用了以下的混合规则：

$$\begin{cases} a = \sum_i \sum_j x_i x_j a_{ij} \\ b = \sum_i x_i b_i \end{cases} \tag{5-4}$$

a_{ij}、b_i 由式（5-2）计算，其中混合物的临界性质由下式给出：

$$\begin{cases} T_{c_{ij}} = (T_{c_i} V_{c_j})^{1/2}(1 - K_{ij}) \\ V_{c_{ij}} = 0.125(V_{c_i}^{1/3} + V_{c_j}^{1/3})^3 \\ Z_{c_{ij}} = 0.5(Z_{c_i} + Z_{c_j}) \\ P_{c_{ij}} = RT_{c_{ij}} Z_{c_{ij}} / V_{c_{ij}} \\ \Omega_{a_{ij}} = 0.5(\Omega_{a_i} + \Omega_{b_j}) \end{cases} \tag{5-5}$$

其中 K_{ij} 为组分的二元相互作用系数。若令：

$$\begin{cases} A = aP/R^2T^2 \\ B = bP/RT \end{cases} \tag{5-6}$$

则由式(5-2)可得：

$$\begin{cases} A = \Omega_a P_r / R^2 T_r^2 \\ B = \Omega_b P_r / RT_r \end{cases} \tag{5-6a}$$

将以上各式代入式(5-1)得：

$$Z^3 + \alpha Z^2 + \beta Z + \gamma = 0 \tag{5-7}$$

其中：

$$\begin{cases} \alpha = 2B - 1 \\ \beta = A - 3B - 5B^2 \\ \gamma = 2(B^3 + B^2) - 2AB \end{cases}$$

式(5-7)是关于 Z 的一个三次方程，在一定 T、P 下可由其解出 Z（从而得到 V）。在求出的三个根中，最大的一个为气相的压缩因子，最小的一个为液相的压缩因子。在式(5-5)中 K_{ij} 是组分的二元相互作用系数，其值表现了混合物中组分 i 及组分 j 的分子形状、大小及分子间的相互作用对混合物的影响。K_{ij} 对平衡计算的准确性影响较大，这里采用下式计算 K_{ij} 值：

$$K_{ij} = a_0 + a_1 T \tag{5-8}$$

对于 N_2-Ar-O_2 体系，式中的 a_0、a_1 由表5-2给出。

表5-2　式(5-8)中的系数取值

二元系统	a_0	a_1
N_2-Ar	-0.665534×10^{-2}	0.194759×10^{-4}
N_2-O_2	-0.236444×10^{-1}	0.154269×10^{-3}
Ar-O_2	0.457777×10^{-2}	0.876865×10^{-4}

以上各式均适用于 $T < 140K$ 的情况。当 $140K < T \leqslant 315K$ 时，式(5-3)中 Ω_a 与 T 的关系可修正为：

$$\begin{cases} \Omega_a = K' - L'\tau + M'\tau^2 - N'\tau^3 \\ \tau = 0.01T \end{cases} \tag{5-8a}$$

其中的参数值见表5-1。

② 平衡常数 k

各组分的平衡常数可由下式求出：

$$k_i = \frac{y_i}{x_i} = \frac{\Phi_i^L}{\Phi_i^V} \tag{5-9}$$

其中，Φ_i^V、Φ_i^L 分别为组分 i 的气液相逸度系数，y_i、x_i 分别为组分 i 在气液相中的浓度。

③ 逸度系数

各组分的逸度系数由下式计算：

$$\ln\phi = \ln\frac{RT}{P(V-b)} - \frac{b_i}{b}(1-Z) - \xi a\left(\frac{b_i}{b} - \frac{2\sum_j x_i a_{ij}}{a}\right)\Big/bRT \tag{5-10}$$

其中：

$$\xi = 0.242536\ln\frac{V+3.56153b}{V-0.56153b}$$

④ 泡点温度计算

泡点温度就是汽液平衡时与液相组成相对应的平衡温度。达到汽液平衡时两相需满足下列条件：

$$P^L = P^V, \quad T^L = T^V, \quad y_i = k_i x_i, \quad \sum_i x_i = 1, \quad \sum_i y_i = 1$$

如果已知系统压力 P 及液相组成 X，就可求出系统温度 T 及气相组成 Y，这就是求泡点温度的问题，即求解下列方程：

$$\sum_i k_i x_i - 1 = 0$$

此方程为非线性方程，需用迭代的方法求解，其计算框图如图 5-1 所示，详细计算过程如下。

第一步，输入独立变量 P 与 X，并给 T、Y 赋初值。

第二步，用式（5-10）分别计算气相和液相的 Φ^V、Φ^L，并用式（5-9）计算平衡常数 k_i，然后得到：

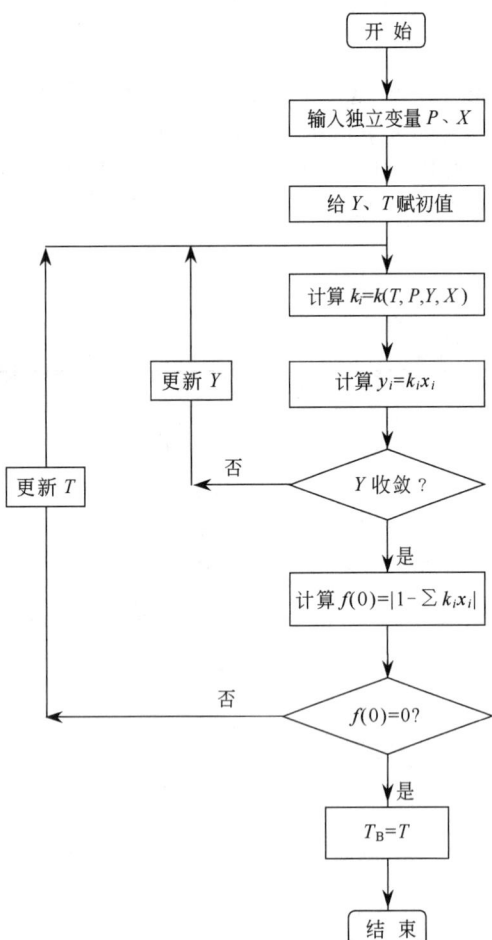

$$y_i = k_i x_i$$

第三步，比较 y_i 与 y_i^*，如 $\sum|y_i - y_i^*| > \delta$，则把 Y 赋给 Y^*，重新进行第二步计算，直到 y_i 满足要求，进行下一步计算。

第四步，计算。　$f(0) = |1 - \sum k_i x_i|$

如果 $f(0) \neq 0$，则重新假设 T：

$$T_{n+1} = \frac{T_n + C_0}{1 - \dfrac{T_n + C_0}{B_0}(1 - \sum y_i)} - C_0$$

其中：

$$B_0 = \sum y_i B_i$$
$$C_0 = \sum y_i C_i$$

B_i、C_i 为组分 i 的 ANTOINE 常数。

重新进行第二步计算，直到 $f(0) < \delta$。

第五步，泡点温度 $T_B = T$。

⑤ 露点温度计算

露点温度计算的已知条件为系统压力 P 和气相组成 Y，所要求的是系统温度 T 和液相组成 X。求露点温度 T_D 的方法与求泡点温度 T_B 类似，其温度的迭代公式为：

$$T_{n+1} = \frac{T_n + C_0}{1 - \dfrac{T_n + C_0}{B_0}(1 - \sum x_i)} - C_0$$

其中：

图 5-1　泡点计算框图

$$B_0 = \sum x_i B_i$$
$$C_0 = \sum x_i C_i$$

B_i、C_i 为组分 i 的 ANTOINE 常数。

露点计算的框图如图 5-2 所示。

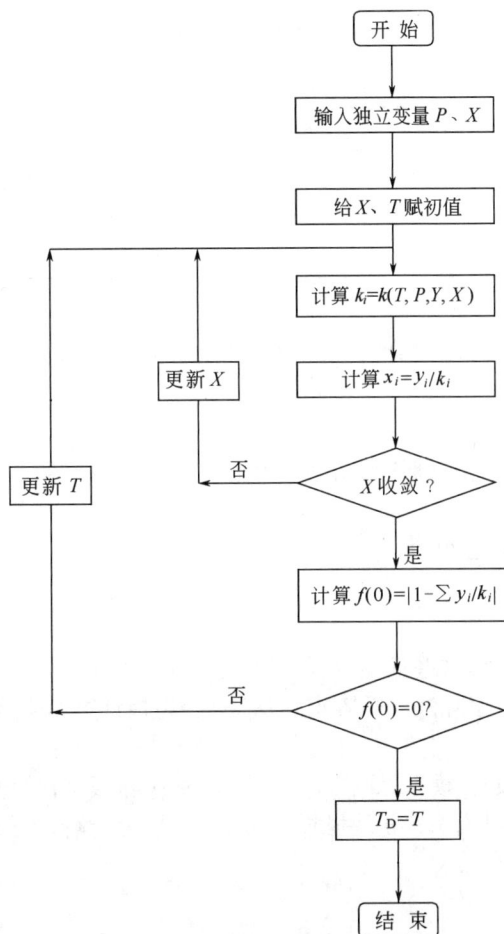

图 5-2　露点计算的框图

⑥ 焓、熵计算

焓、熵的计算式分别为：

$$H = H^* - \Delta H \tag{5-11}$$
$$S = S^* - \Delta S \tag{5-12}$$

其中：

$$\Delta H = RT(1-Z) + \xi\left(a - T\frac{\mathrm{d}a}{\mathrm{d}T}\right)\bigg/ b \tag{5-13}$$

$$\Delta S = R\ln\frac{RT}{V-b} - \xi\frac{\mathrm{d}a}{\mathrm{d}T}\bigg/ b \tag{5-14}$$

H^*、S^* 为理想气体的焓和熵，由下式计算：

$$H^* = b_0 + b_1 T + b_2 T^2 + b_3 T^3 + b_4 T^4 \tag{5-15}$$

$$S^* = b_1\ln T + 2b_2 T + \frac{3}{2}b_3 T^2 + \frac{4}{3}b_4 T^3 + c_0 \tag{5-16}$$

式中的系数如表 5-3 所示，N_2、Ar、O_2 的临界参数如表 5-4 所示。

表 5-3　理想气体焓、熵计算式中的系数

气体	b_0	b_1	$b_2 \times 10^3$	$b_3 \times 10^6$	$b_4 \times 10^9$	c_0
N_2	-36.2	7.440	-1.620	2.133	-0.698	0.21
Ar	0.2	4.969	-0.00384	0.004113	0	5.20
O_2	8.7	6.713	-0.4395	1.390	-0.636	0.521

表 5-4　N_2、Ar、O_2 的临界参数

气体	P_c/atm	T_c/K	V_c/(mL/mol)
N_2	49.80	154.60	73.40
Ar	33.50	126.20	89.50
O_2	48.10	150.80	74.90

注：1atm＝101.325kPa。

利用上述所列数据和公式，可以计算空分流程模拟中所需的全部热力学性质。

（2）空分精馏塔的数学模型

① 数学模型

任何以理论板（或平衡级）为基础的严格精馏计算方法均包含联解以下方程组：

（a）相平衡方程组（K 方程组）；

（b）物料平衡方程组（M 方程组）；

（c）热平衡方程组（H 方程组）；

（d）分子分数加和式(S 方程组)。

各种算法不同之处，在于联解这些基本方程组所采用的方法和步骤。现有的严格算法大体可分为三类：矩阵法（其中又分为三对角矩阵法、矩阵求逆法等）、逐板计算法和不稳定方程法。这里我们采用三对角矩阵中的泡点法。

假设上塔有 m 块板（平衡级），模型见图 5-3，下塔有 n 块塔板，模型见图 5-4。为了统一描述方便，可将上、下塔视为一个整体，即共有 $m+n$ 块塔板，第 $1 \sim m$ 块为上塔，第 $m+1 \sim m+n$ 块为下塔。

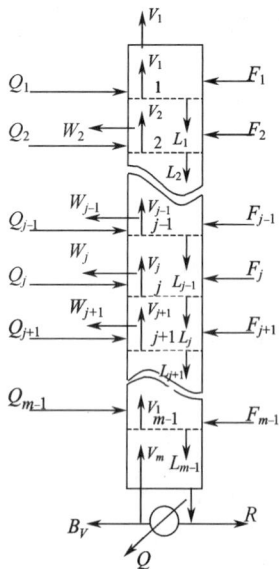

图 5-3　上塔平衡级模型　　　图 5-4　下塔平衡级模型

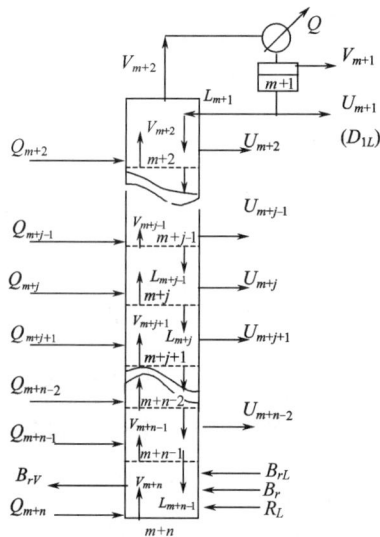

空气在塔内精馏无化学反应，并假定为稳定状态，而每一块塔板是一平衡级，即离开该级的气相流与离开同一级的液相流相平衡，关系如图 5-5 所示。其基本方程组为：

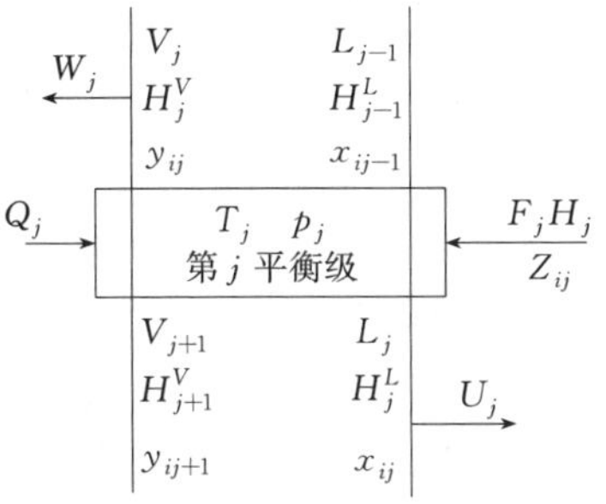

(a) 相平衡方程组（K 方程组），$c \times (m+n)$ 个方程：

$$y_{ij} = k_{ij} x_{ij} \tag{5-17}$$

下标 i 和 j 分别表示组分号和板号（以下均同）。

(b) 物料平衡方程组（M 方程组），$c \times (m+n)$ 个方程：

对第 j 个平衡级、第 i 组分

$$L_{j-1} x_{ij-1} - (V_j + W_j) y_{ij} - (L_j + U_j) x_{ij} + V_{j+1} y_{ij+1} + F_j z_j = 0 \tag{5-18}$$

(c) 焓平衡方程组（H 方程组），$m+n$ 个方程：

$$L_{j-1} H_{j-1} - (V_j + W_j) H_j^V - (L_j + U_j) H_j^L + V_{j+1} H_{j+1}^V + F_j H_j + Q_j = 0 \tag{5-19}$$

冷凝蒸发器的焓平衡方程（协调方程）：

$$V_{m+2}(H_{m+2}^V - H_{m+2}^L) - V_{m+1}(H_{m+1}^V - H_{m+1}^L) - (V_m + B_{v1})(H_m^V - H_m^L) = 0 \tag{5-20}$$

(d) 分子分数加和式（S 方程组），$2(m+n)$ 个方程：

$$\sum_{i=1}^{c} x_{ij} = 1, \quad \sum_{i=1}^{c} y_{ij} = 1 \tag{5-21}$$

将式（5-17）～式（5-21）整理得到：

$$A_{j-1} x_{ij-1} + B_j x_{ij} + C_j x_{ij+1} - D_j = 0 \tag{5-22}$$

其中：

$$A_{ij} = L_i$$
$$B_{ij} = -(V_j + W_j) k_{ij} - (L_j + U_j)$$
$$C_{ij} = V_{j+1} k_{ij+1}$$
$$D_{ij} = -F_j Z_j$$

将式（5-22）用矩阵形式表示，则构成三对角矩阵：

$$
\begin{bmatrix}
B_1 & C_1 & & & & & & & & \\
A_1 & B_2 & C_2 & & & & & & & \\
& \cdots & & & & & & & & \\
& & A_{j-1} & B_j & C_j & & & & & \\
& & & \cdots & & & & & & \\
& & & & A_{m-2} & B_{m-1} & C_{m-1} & & & \\
& & & & & A_{m-1} & B_m & C_m & & \\
& & & & & & 0 & B_{m+1} & C_{m+1} & \\
& & & & & & & A_{m+1} & B_{m+2} & C_{m+2} \\
& & & & & & & & \cdots & \\
& & & & & & & & A_{m+j-1} & B_{m+j} & C_{m+j} \\
& & & & & & & & & \cdots \\
& & & & & & & & & A_{m+n-2} & B_{m+n-1} & C_{m+n-1} \\
& & & & & & & & & & A_{m+n-1} & B_{m+n}
\end{bmatrix}
\cdot
\begin{bmatrix}
x_{i,1} \\
x_{i,2} \\
\cdots \\
x_{i,j} \\
\cdots \\
x_{i,m-1} \\
x_{i,m} \\
x_{i,m+1} \\
x_{i,m+2} \\
\cdots \\
x_{i,m+j} \\
\cdots \\
x_{i,m+n-1} \\
x_{i,m+n}
\end{bmatrix}
=
\begin{bmatrix}
D_{i,1} \\
D_{i,2} \\
\cdots \\
D_{i,j} \\
\cdots \\
D_{i,m-1} \\
D_{i,m} \\
D_{i,m+1} \\
D_{i,m+2} \\
\cdots \\
D_{i,m+j} \\
\cdots \\
D_{i,m+n-1} \\
D_{i,m+n}
\end{bmatrix}
$$

$$(1 \leqslant i \leqslant 3 \qquad 1 \leqslant j \leqslant m+n) \tag{5-22a}$$

② 数学模型的求解

空分精馏塔与其他精馏塔的不同之处，在于上下两塔共用一个冷凝蒸发器，用三对角矩阵对上下两塔的求解步骤如图 5-6 所示。

假设冷凝蒸发器的冷量为 Q，首先对下塔求解。

图 5-5 理想平衡级的关系

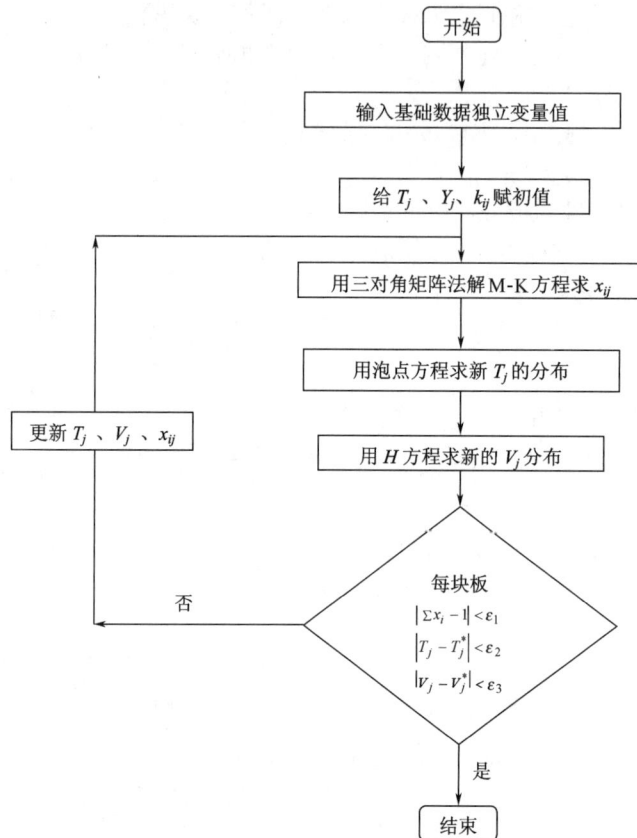

图 5-6 三对角矩阵法精馏塔计算框图

对下塔每块板（从上往下数）的总物料衡算为：冷凝蒸发器对下塔来说为冷凝器。

$$L_0 = V_1 - U_0$$

对第一块板：

$$L_1 = F_1 + L_0 + V_2 - W_1 - V_1 - U_1$$

对第 J 块板：

$$L_j = F_j + L_{j-1} + V_{j+1} - W_j - V_j - U_j \qquad 2 \leqslant j \leqslant N-1 \tag{5-23}$$

对第 N 块板：

$$L_N = F_N + L_{N-1} - W_N - V_N - U_N$$

把式（5-23）代入式（5-22），消去 L_j。当给定 V_j、T_j、x_{ij}、k_{ij} 的初值时，式（5-22）变为关于 x_{ij} 的线性方程组，且系数矩阵为三对角矩阵。解此三对角矩阵，即可求出新的 x_{ij}。

然后代入泡点方程 $\sum k_i x_i - 1 = 0$，可求出新的 T_j，最后再代入 H 方程组求新的 V_j。反复迭代可求出下塔的工艺解。

上塔总物料衡算从塔底开始。由协调方程可求出上塔塔底上升蒸气 V_m：

$$L_{m-1} = V_m - W_m$$
$$L_{j-1} = W_j + V_j + L_j + U_j - V_{j+1} - F_j \qquad 2 \leqslant j \leqslant m \tag{5-24}$$

然后把式（5-24）代入上塔的物料衡算式，用三对角矩阵法反复迭代可求出上塔的工艺解。

（3）空分系统其他单元的数学模型

① 切换换热器、过冷器、液空过冷器的模型

这些单元虽然形式不同，但都是换热器。在换热单元中没有物料交换，只有热量交换。其模型就是热量衡算方程：

$$\sum H_{ii}F_i + Q = \sum H_{io}F_i$$

式中　Q——所计算单元的冷损失，kJ/h；

　　　F_i——组分 i 的进料流量，m^3/h；

　　　H_{ii}——组分 i（标准状态）的进料焓，kJ/m^3；

　　　H_{io}——组分 i（标准状态）的出料焓，kJ/m^3。

② 膨胀机模型

膨胀机的膨胀过程为等熵过程。压力较高的空气通过膨胀机对外做功，使本身的焓降低。空气进膨胀机进口状态为 p_1、T_1，如图 5-7 中 1 点所示。它在膨胀机中膨胀到 p_2 后排出。如果在膨胀机中进行的是理想的绝热过程，则膨胀后温度为 T_{2S}，可以通过 1 点做等熵线与等压线 p_2 相交求得。此时的焓降 $dH_{理} = H_{2S} - H_1$。在实际膨胀机中进行的过程，不可能是理想的绝热过程，因此，膨胀气体实际对外做出的机械功比理想过程对外做出的机械功要小，如图 5-7 的 2 点所示。

计算顺序为：首先根据 p_1、T_1，计算 1 点的 S_1，$S_{2S} = S_1$。然后根据 p_2、S_{2S} 求 T_{2S}，则：

$$dH_{理} = f(P_2, T_{2S})$$

再根据 E 求出：

$$dH_{实} = E dH_{理}$$

可求出 T_2，这样 2 点的状态就确定了。式中，E 为等熵膨胀效率。

（4）空分系统操作工况的模拟与调优计算

实际空分装置的加工空气量（标准状态）为 22000m^3/h。按设计值，下塔的空气量（标准状态）为 18000m^3/h，氮产量（标准状态）为 3200m^3/h（含氧≤6×10^{-6}），氧产量（标准状态）为 2800m^3/h（含氧 99.6%）。其他数据取值如表 5-5 所示。

表 5-5　模拟计算原始数据

项目	数据	项目	数据
进下塔空气温度/℃	−171	下塔理论板数	21
进下塔空气压力（表）/MPa	0.49	下塔污液氮抽料位置（自上往下数）	11
膨胀机出口温度/℃	−170	上塔理论板数	46
膨胀机出口压力（表）/MPa	0.042	上塔纯液氮回流位置	1
下塔底压力（表）/MPa	0.49	上塔污气氮抽料位置	8
下塔压降/MPa	0.021	上塔污液氮回流位置	8
上塔顶压力（表）/MPa	0.029	上塔液空进料位置	14
上塔压降/MPa	0.021	膨胀空气进上塔位置	16
上塔冷损失（标准状态）/(kJ/m^3 加工空气)	2.299	下塔冷损失（标准状态）/(kJ/m^3 加工空气)	1.254

根据前面介绍的空分系统数学模型进行操作工况的模拟计算，计算结果列入表 5-6。

表 5-6　模拟计算结果 1

物流名称	流量（标准状态）/(m^3/h)	组成		
		$x(1)$ N$_2$	$x(2)$ Ar	$x(3)$ O$_2$
进料空气 B	18000	0.7811	0.0093	0.210
下塔流入上塔液空 R	8400			0.343
膨胀空气 B_1	5000	0.8127	0.0093	0.178
下塔流入上塔污液氮 D_1	2600	0.997		
上塔回流液氮 D	2000	0.99999		
产品氮 A	3200	0.9999		
产品氧 K	2800			0.996
污气氮 A_1	12000	0.905		

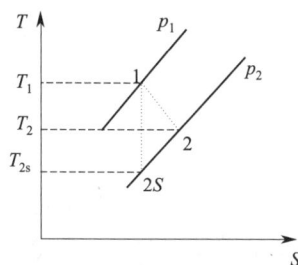

图 5-7　膨胀机计算模型

现将其他操作条件下固定不变，而将产品氧的采出量提高到 3200m³/h（标准状态），则得到新的模拟计算结果（表 5-7）。从表 5-7 可以看到，提高产量氧的采出量后，其中的氧含量将达不到含氧 99.6％的要求，因此需要对其他操作参数进行调整。

表 5-7 模拟计算结果 2

物流名称	流量(标准状态) /(m³/h)	组　成		
		$x(1)N_2$	$x(2)Ar$	$x(3)O_2$
进料空气 B	18000	0.7811	0.0093	0.210
下塔流入上塔液空 R	8400			0.344
膨胀空气 B_1	5000	0.8127	0.0093	0.178
下塔流入上塔污液氮 D_1	2600	0.997		
上塔回流液氮 D	2000	0.99999		
产品氮 A	3200	0.9999		
产品氧 K	3200			0.968
污气氮 A_1	12000	0.936		

影响产品氧纯度的可调因素有：打入上塔的纯液氮流量 D（下塔回流的纯液氮流量不是独立变量，但这个量必须与前面的量同时变化，因为在冷凝蒸发器冷量一定的条件下，这两个量各为定值）；打入上塔的污液氮流量 D_1；膨胀空气量 B_1；膨胀空气进上塔温度 T_{B1}。利用四因素三水平正交设计计算可知，上塔的回流液氮 D 和打入上塔的污液氮流量 D_1 对产品氧的纯度影响最大，因此选这两个参数作为调节变量。通过计算，可得到三组操作工况（表 5-8～表 5-10）。这三种工况的氮、氧产量（标准状态）为 3200m³/h，产品氧纯度都达到了 99.6％的质量要求。三种工况的调节如表 5-11 所示。

表 5-8 模拟工况 1

物流名称	流量(标准状态) /(m³/h)	组　成		
		$x(1)N_2$	$x(2)Ar$	$x(3)O_2$
进料空气 B	18000	0.7811	0.0093	0.2096
下塔流入上塔液空 R	6340			0.391
膨胀空气 B_1	5000	0.7684	0.0106	0.2211
下塔流入上塔污液氮 D_1	3600	0.97		
上塔回流液氮 D	3060	0.99998		
产品氮 A	3200	0.9999		
产品氧 K	3200			0.996
污气氮 A_1	11600	0.935		

表 5-9 模拟工况 2

物流名称	流量(标准状态) /(m³/h)	组　成		
		$x(1)N_2$	$x(2)Ar$	$x(3)O_2$
进料空气 B	18000	0.7811	0.0093	0.2096
下塔流入上塔液空 R	6340			0.391
膨胀空气 B_1	5000	0.7684	0.0106	0.2211
下塔流入上塔污液氮 D_1	2600	0.978		
上塔回流液氮 D	4000	0.99998		
产品氮 A	3200	0.9999		
产品氧 K	3200			0.996
污气氮 A_1	11600	0.936		

表 5-10   模拟工况 3

物流名称	流量(标准状态)/(m³/h)	组 成		
		$x(1)N_2$	$x(2)Ar$	$x(3)O_2$
进料空气 B	18000	0.7811	0.0093	0.2096
下塔流入上塔液空 R	6300			0.394
膨胀空气 B_1	5000	0.7684	0.0106	0.2211
下塔流入上塔污液氮 D_1	3100	0.979		
上塔回流液氮 D	3600	0.99998		
产品氮 A	3200	0.9999		
产品氧 K	3200			0.996
污气氮 A_1	11600	0.936		

表 5-11   调优前后操作参数的调整

名 称			下塔流入上塔污液氮 D_1	上塔回流液氮 D
流量(标准状态)/(m³/h)	调优前		2600	2000
	调优要求	工况 1	3600	3060
		工况 2	2600	4000
		工况 3	3100	3600
阀开度/%	调优前		80	65
	调优要求增加	工况 1	38	53
		工况 2	不变	100
		工况 3	19	80

根据现场实际操作情况，工况 1 工况 2 的调优都难以实现，为此选择工况 3 进行调优操作。从表 5-12 对调优前后操作工况的对比结果可以看到，经过调优，在加工空气量（标准状态）为 22000m³/h 的前提下，仍能保证产品氮的纯度（含氮 99.999%）和产品氧的纯度（含氧 99.6%），氮产量（标准状态）达到 3303m³/h，氧产量（标准状态）达到 3309m³/h。

表 5-12   调优前后操作工况对比

工 况	调优前(1989 年 12 月 1—10 日)	调优后(1990 年 12 月 1—10 日)
污液氮阀门开度/%	80	87
打入上塔纯液氮阀门开度/%	65	78
回流下塔纯液氮阀门开度/%	35	22
下塔纯液氮纯度(含氮)/%	99.999	99.999
氧产品纯度(含氧)/%	99.6	99.6
下塔液空纯度(含氧)/%	35	39
上塔氮产品纯度(含氮)/%	99.999	99.999
上塔污气氮纯度(含氮)/%	90	93.5
产品氧产量(标准状态)/(m³/h)	2787	3309
产品氮产量(标准状态)/(m³/h)	4000	3303
加工空气量(标准状态)/(m³/h)	22000	22000

5.2.2   统计模型法——苯酐生产过程的操作工况调优

实际工业过程系统内部的机理一般都比较复杂，有些过程的机理模型很难通过分析的方法建立，而要依靠实验测试的方法来获得。统计模型法就是其中一种，它是采用数理统计方法建立过程系统操作模型。Box（1969）提出了操作调优法 EVOP（evolutionary operation）。它主要通过试验来改变系统的操作条件，以求达到目标（如产量、质量、能耗、原料利用率等）的改进，但 EVOP 并没有建立优化目标与影响因素间相关联的过程系统操作数学模型。随着数理统计方法的发展和应用，调优试验中开始应用了一些试验设计方法，如正交设计、旋转设计、回归设计等。20 世纪 70 年代日本岗崎公司在经典 EVOP 的基础上，提出了 M-EVOP（modified EVOP）法。该方法对 EVOP 作了两点改进，一是操作条件的数据主要来自生产报表，仅在必要时作少量试验取得一些补充数据；二是引进了简单的设计，即用数理统计的方法由操作数据建立目标函数，然后作它的等值线图来寻找最佳操作条件。从 Box 到岗崎，形成了一套比较完整的统计调优模式。统计调优法简单、实用、易于普及推广，经济效益显著，一直受到国内外的普遍重视。

（1）统计调优法原理

在整个调优操作过程中，确定调优目标、调优因素分析、建立统计调优模型是三个核心部分。确定调优目标实际上就是确定优化问题性能指标的内容；调优因素分析是确定优化变量；建立统计调优模型则是用统计的方法，确定性能指标与优化变量间的函数关系，建立目标函数和约束方程的统计模型。显而易见，这三部分是统计调优操作成功与否的关键技术。

① 确定调优目标

确定过程系统操作的调优目标，往往是在经营总目标的指导下完成的。从经营角度看，总决策对系统的运行要求达到一些指标，产量、质量、能耗、环境要求等，都有一些规定的指标。在调优模型中，可选择一个或几个主要指标作为调优目标（多个指标可通过加权合并成一个综合调优目标），其余的指标处理为约束条件。

在确定调优目标之前，还需要划分调优对象系统的范围。通过过程系统分析，选择对经营目标有重大影响的子系统或装置作为调优对象，往往可以收到事半功倍的效果。例如，选择过程系统的"瓶颈"（卡脖子的装置或子系统）进行调优操作，常常可以提高系统的运行效益。

② 调优因素的分析

调优因素是操作变量中选作调优变量的部分。调优因素分析，就是根据对象系统的特性，分析影响系统性能指标的各种可变因素，从中选择一些关键因素作为调优因素的过程。系统中那些难以控制的变量，或对响应不够灵敏的变量，都不宜选为调优因素。选作调优因素的变量不宜过多，这是因为调优因素将作为优化变量，过多则会降低用统计方法得出的调优模型的精度（理论指出调优因素以不超过五六个为宜），而且实施时优惠操作条件中各个变量难以同时调整到最佳值。应该指出，以生产数据为依据建立模型将产生三种误差：使用的原始数据来自日常生产和必要的补充试验，有观测误差；建立的模型近似地反映系统的行为，有模型误差；由模型求解优惠操作条件需要经过复杂的计算，有计算误差。在一定条件下，可以将这些误差的总和控制在允许范围内，使调优操作的结果数据达到有实际意义的精度。但是，过多的调优因素可能使结果数据淹没在误差之中，达不到精度要求，失去实际意义。因此因素分析中抓主要矛盾是非常重要的，那些可忽略的因素应断然舍弃。

因素分析中另一个重要的方面，是原始数据的收集、整理和选择，从中观察诸因素对指标的影响和因素变化的范围等。因素分析的结果，将有助于确定调优的决策变量及其变化范围，选择目标函数和约束方程的初步形式。对于调优的成功与否，这是很重要的一环。

③ 统计调优模型的建立

统计调优模型的建立，是以控制论中的"黑箱"理论为基础的。所谓黑箱是这样一个系统，它的输入和输出都是可知的，但它的内部结构和行为是不清楚的。在我们所处理的问题中，调优对象系统就是一只"黑箱"（图 5-8），其输入量 $x=[x_1,\cdots,x_m]^T$ 在黑箱的作用下转变成输出量 $y=[y_1,\cdots,y_m]^T$，黑箱的作用可记作函数 F，它关联了输入、输出量间的函数关系。虽然我们不了解黑箱如何将输入量 x 转变成输出量 y 的，即我们不知道函数关系 F，但是，我们知道 y

图 5-8　黑箱示意图

是通过 F 与 x 相关联的，即：

$$y = F(x) \tag{5-25}$$

这个关联性会在输入、输出量的大量观测数据中表现出来，也就是说，可以从这些数据中找出 F 的近似表示。例如，可利用多元回归分析方法得到一个多项式：

$$y_k = \beta_{k_0} + \sum_j \beta_{k_j} x_j + \sum_{i<j} \beta_{k_{ij}} x_i x_j + \sum_j \beta_{k_{jj}} x_j^2 + \cdots \quad (k=1,\cdots,n) \tag{5-26}$$

上式是式（5-25）的近似表达式。

在统计调优中，输入量 x 称为调优因素或简称为因素，输出量 y 称为响应。以因素 x_1，x_2，$\cdots$，x_m 为坐标的空间称为因素空间。若把响应 y_1 作为目标函数，y_2，y_2，$\cdots$，y_n 作为约束，则调优的过程就是在因素空间中寻求满足约束 y_2，y_2，$\cdots$，y_n 的最优点 $y_1^* = F(x^*)$，即求解优化问题：

$$\begin{aligned} &\text{Opt} y_1 = F_1(x) \\ &\text{s. t. } y_2 = F_2(x) \\ &\quad\cdots \\ &\quad y_n = F_n(x) \\ &\quad x \in R \end{aligned} \tag{5-27}$$

如何在因素空间中选择适当的试验点，便于能以较高的效率建立起统计调优模型，从而解决调优问题，这就要用到数理统计这一数学工具，如回归分析方法和试验设计方法。

需要强调指出的是，因素是许多影响操作目标的变量，它们就是可调的；响应则是受这些可调变量控制或影响的变量，它们反映操作目标或约束。为了用统计方法获得调优模型，必须分析系统的生产数据，从中划分出因素数据和响应数据，必要时做一些经过精心设计的试验，获得补充数据。应该指出，选作因素的数据，主要取决于系统的特性及其操作过程；而选作响应的数据，主要取决于操作目标，它不仅和其操作有关，而更重要的是和经营决策有关。

（2）统计调优模型的建立

统计调优中的一个重要过程是建立响应（或指标）与各因素间的对应关系，亦即建立它们之间的统计模型。因此，需要用数理统计的方法，从采集的有关因素和指标观测数据出发，对确定的模型形式中的参数进行估值。这可利用回归分析的方法来处理。设指标 y 与诸因素 x_1，x_2，$\cdots$，x_m 的关系式形式为：

$$y = f(x_1, x_2, \cdots x_m; b_1, b_2, \cdots, b_m)$$

观测数据为：

$$(x_{1k}, x_{2k}, \cdots x_{mk}; y_k) \quad (k=1, \cdots, n) \quad n > m$$

我们目的是要得到参数 b_1，b_2，$\cdots$，b_m。

怎样的一组参数值 b_1，b_2，$\cdots$，b_m 才是所需要的，应该有一个准则。这个准则一般是该组参数值能使一个与所有观测值和参数值有关的非负函数取得极小值。实际上，往往希望所估得的参数值能使因素观测值代入关系式以后的计算值与指标观测值偏差最小。例如，使

$$\sum_{k=1}^n [y_k - f(x_{1k}, x_{2k}, \cdots, x_{mk}; b_1, b_2, \cdots, b_m)]^2 \tag{5-28}$$

极小；或使

$$\max_{1 \leqslant k \leqslant n} |y_k - f(x_{1k}, x_{2k}, \cdots, x_{mk}; b_1, b_2, \cdots, b_m)| \tag{5-29}$$

极小；或使

$$\sum_{k=1}^n |y_k - f(x_{1k}, x_{2k}, \cdots, x_{mk}; b_1, b_2, \cdots, b_m)| \tag{5-30}$$

极小。

这样，这种参数估值问题实际上已成为一个最优化问题。根据这种优化问题的特殊性，已有多种估

值的方法。

　　上面提到的准则中，第一种是最常使用的，称为最小二乘准则。这个准则较易于理解，也容易处理。

　　回归分析是一个数理统计问题，因此，其处理过程中的判定方法和对所获得模型的考察，都将从统计观点出发，以统计的手法来进行。

　　① 多元线性回归分析

　　（a）多元线性模型的建立

　　多元线性模型的回归分析是被广泛应用的方法，许多非线性问题都可以转化成线性回归来做，其算法是成熟的。对于 m 个因素 x_1，x_2，$\cdots$，x_m 和指标 y，线性回归不仅要确定 y 对线性组合 x_1，x_2，$\cdots$，x_m 的相关程度，而且要给出定量的参数估计。

　　记向量

$$x=(x_1,x_2,\cdots x_m)$$
$$\beta=(\beta_1,\beta_2,\cdots,\beta_m)$$

则随 x 变化的指标 y 可表示为：

$$y=\beta_0+\beta x+\varepsilon \tag{5-31}$$

在此线性模型（亦称回归方程）中，β_0 和 β_1，β_2，$\cdots$，β_m 称为回归系数；ε 是 n 个相互独立且服从同一正态分布 $N(0,\sigma)$ 的随机变量，它表示无法用 x 线性表示的各种复杂因素所造成的误差。线性回归就是要根据 x 和 y 的组观测值（$n>m$）

$$(x_{1k},x_{2k},\cdots x_{mk};y_k) \qquad (k=1,\cdots,n)$$

作出对未知参数 β_0，β_1，β_2，$\cdots$，β_m 在最小二乘意义下的估值。

　　设 β_0 和 β 的这种估值为 b_0 和 $b=(b_1,b_2,\cdots,b_m)$，在不致混淆的场合，β 和 b 都称为回归系数。称

$$y_k^*=b_0+\sum_{i=1}^m b_i x_{ik} \qquad (k=1,2,\cdots,n) \tag{5-32}$$

为指标 y 的预报值或计算值。称差

$$e_k=y_k-y_k^*$$
$$=y_k-\left(b_0+\sum_{i=1}^m b_i x_{ik}\right) \tag{5-33}$$

为预报残差，简称残差。

最小二乘法要求 b_0 和 b 使残差平方和

$$Q=\sum_{k=1}^n e_k^2=\sum_{k=1}^n\left[y_k-\left(b_0+\sum_{i=1}^m b_i x_{ik}\right)\right]^2 \tag{5-34}$$

达到极小。而 Q 是 b_0、b 的非负三次函数，所以一定存在最小值。其极值存在的必要条件为：

$$\frac{\partial Q}{\partial b_i}=0 \qquad i=0,1,2,\cdots m \tag{5-35}$$

将式(5-34)代入式(5-35)，求导后可得到下列线性方程组：

$$b_0=\overline{y}-\sum_{i=1}^m b_i\overline{x_i} \tag{5-36}$$

且

$$\sum_{j=1}^m b_j\sum_{k=1}^n(x_{ik}-\overline{x_i})(x_{jk}-\overline{x_j})=\sum_{k=1}^n(x_{ik}-\overline{x_i})(y_k-\overline{y}) \quad i=0,1,2,\cdots m \tag{5-37}$$

式中：

$$\overline{x}_i = \frac{1}{n}\sum_{k=1}^{n} x_{ik} \tag{5-38}$$

$$\overline{y} = \frac{1}{n}\sum_{k=1}^{n} y_k \tag{5-39}$$

$$\sum_{k=1}^{n}(x_{ik}-\overline{x}_i)(x_{jk}-\overline{x}_j)=\sum_{k=1}^{n}\left[x_{ik}x_{jk}-\frac{1}{n}\left(\sum_{k-1}^{n}x_{ik}\right)\left(\sum_{k-1}^{n}x_{jk}\right)\right]$$

$$\sum_{k=1}^{n}(x_{ik}-\overline{x}_i)(y_k-\overline{y})=\sum_{k=1}^{n}\left[x_{ik}y_k-\frac{1}{n}\left(\sum_{k-1}^{n}x_{ik}\right)\left(\sum_{k-1}^{n}y_k\right)\right]$$

令

$$l_{ij}=l_{ji}=\sum_{k=1}^{n}(x_{ik}-\overline{x}_i)(x_{jk}-\overline{x}_j)$$

$$l_{iy}=\sum_{k=1}^{n}(x_{ik}-\overline{x}_i)(y_k-\overline{y}) \qquad (i=1,\cdots,m;j=1,\cdots,m)$$

则式（5-37）成为：

$$\sum_{j=1}^{m}b_j l_{ij}=l_{iy} \qquad (i=1,\cdots,m)$$

　　求解线性方程组式(5-37)，得到回归系数 $b=(b_1,b_2,\cdots,b_m)$，这种计算回归系数的方程组称作正规方程组。把回归系数 b 再代入式（5-36），可得到常数项 b_0。这样就得到了参数 β 的最小二乘估计 b，一个多元线性模型也就确定了。但是，这个模型的可信度、预报精度以及各因素在模型中的重要性，还需要进一步讨论。

　　(b) 回归方程的显著性检验

　　一个回归方程是否可以接受，按最小二乘准则，即要残差平方和 Q 最小。在实用中就是要求 Q 越小越好。如何判定呢？这里要进行统计检验。为此涉及另外两个平方和。

　　n 次观测值 y_k 之间的差异，可用观测值 y_k 与算术平均值 $\overline{y}$ 的偏差平方和来表示，称为总偏差平方和，记作：

$$T=\sum_{k=1}^{n}(y_k-\overline{y})^2=\sum_{k=1}^{n}y_k^2-\frac{1}{n}\left(\sum_{k=1}^{n}y_k\right)^2 \tag{5-40}$$

　　由于：

$$T=\sum_{k=1}^{n}(y_k-\overline{y})^2$$

$$=\sum_{k=1}^{n}[(y_k-y_k^*)+(y_k^*-\overline{y})]^2$$

$$=\sum_{k=1}^{n}\left[(y_k-y_k^*)^2+(y_k^*-\overline{y})^2+2\sum_{k=1}^{n}(y_k-y_k^*)(y_k^*-\overline{y})\right]$$

可以证明上式中交叉项为零，所以有：

$$T=\sum_{k=1}^{n}[(y_k-y_k^*)^2+(y_k^*-\overline{y})^2] \tag{5-41}$$

　　式中等号右侧第一项，即为残差平方和 Q；第二项反映的是回归方程中，由因素的取值变化来的偏差总和，称为回归平方和，记作 U。所以有：

$$T=Q+U \tag{5-42}$$

具体计算中 U 可通过下式计算：

$$U=\sum_{i=1}^{m} b_i \sum_{k=1}^{n}(x_{ik}-\overline{x}_i)(y_k-\overline{y})=\sum b_i l_{iy} \tag{5-43}$$

当考虑的因素和指标的观测值确定之后，T 是确定的，在回归中希望 U 尽量大，Q 尽量小，这样回归的效果就越好。构造统计量 F 用来反映这种大小的程度：

$$F=\frac{(n-m-1)U}{mQ} \tag{5-44}$$

F 越大，就说明所得的回归方程越可信。可以这样来检验：因为 F 是服从自由度为 m 和 $n-m-1$ 的 F 分布，故当在一定的显著性水平 α 之下，F 的计算值大于 F 检验表上临界值时，回归方程是可信的，可以接受的。

当经统计检验认为回归方程不能接受时，往往说明，或者还有某个有影响的因素未选入方程，以使残差中带有系统偏差；或者指标 y 与诸因素间线性相关程度不显著；或者在观测数据中夹有异常数据，这些都要另做分析处理。

（c）回归方程的预报精度

回归方程的预报精度可以用剩余方差 $\overline{\sigma}^2$ 来估计：

$$\overline{\sigma}^2=\frac{Q}{n-m-1}$$

当给定一组 x_1，x_2，$\cdots$，x_m 值时，y 将围绕 y^* 对称取值：

$$y^*=b_0+\sum_{i=1}^{m} b_i x_i$$

且越靠近 y^* 取值可能性越大。粗略地说，y 是在 $(y^*-\lambda_\alpha\overline{\sigma}, y^*+\lambda_\alpha\overline{\sigma})$ 这样一个"带形"区域里取值。当 $\lambda_\alpha=0.005$ 时，y 值落入该区域的概率为 38.3%；$\lambda_\alpha=0.05$ 时，为 68.3%；而 $\lambda_\alpha=0.5$ 时，为 99.7%。

从这里可以看出，回归方程的预报精度与影响带宽的 $\overline{\sigma}$ 有关，也就是与残差平方和 Q、观测数据组数 n 以及引入回归方程的因素数 m 有关。在一次回归中 n 是固定的，这样只有 Q 值小，同时 m 值也小，回归方程的预报精度才能较高。但是，减少因素数 m 不是任意的。通常要求所引入的因素必须是对减少残差平方和贡献大的，不仅能使因素数 m 尽可能少，又可使残差平方和 Q 尽可能小，从而得到理想的回归方程。

（d）回归系数的显著性检验

从直观上看，似乎回归方程中系数大小可以反映各因素的地位，但实际上回归系数受到因素所取单位等方面的影响。因此常用所谓偏回归平方和，来描述各因素在回归方程中的地位。偏回归平方和 P_i 是这样定义的：

$$P_i=\frac{b_i^2}{c_{ii}} \qquad i=1,2,\cdots,m \tag{5-45}$$

其中 c_{ii} 是前述正规方程组系数矩阵中对角线上第 i 个元素。P_i 反映的实质是当从回归方程中剔除因素 i 时，残差平方和值上升的大小，也就是因素 i 对回归方程的贡献。

但是，偏回归平方和不仅和一个因素有关，也和当时已在回归方程中的其他因素有关。特别当在某些情况下因素的回归平方和会大大增加。这样，就说明不能按偏回归平方和简单地排出因素重要性的次序。

即使如此，偏回归平方和在判定因素地位时仍有价值，因为偏回归平方和大的许多因素可以肯定是重要的，其大小的显著性可以通过对统计量 F_i 的检验判定：

$$F_i=\frac{P_i}{\overline{\sigma}^2}=\frac{(n-m-1)P_i}{Q}$$

F_i 服从自由度为 1 和 $n-m-1$ 的 F 分布，在一定显著性水平下，若 F_i 大于 F 检验表临界值，则

P_i 是显著地大。而 P_i 不显著的因素虽然不能肯定都是不重要的，但其中最小的一个肯定不重要，可以剔除。

利用对偏回归平方和的分析，可以使回归方程中只含有对残差平方和影响较大的那些因素。当然，每剔除一个因素，要重新做回归的计算和分析。

② 多元线性逐步回归分析

在统计调优中，涉及影响指标的因素很多，通常认为在回归方程中引入的因素越多越好。但是，经验和理论都说明，在回归方程中引入过多的因素，对方程的可信度、精度和稳定性都没有好处。不分主次地引入很多因素，许多无关紧要的因素干扰着主要因素的作用，使规律模糊不清。而且，含有很多因素的回归方程在控制和预报上使用起来都不方便。

从上节的讨论可知，通过对偏回归平方和的分析可以从线性回归方程中剔除不重要的因素。显而易见，寻求一个包含对指标影响显著的因素，而不包含影响不显著的因素的回归方程，在统计理论上没有新内容，而要解决的只是一个算法问题。

逐步回归就是解决这个问题的一种算法，其基本思想是按照各个因素的贡献大小，每步将一个重要的因素选入回归方程。第一步是在所有待选因素中选取一个因素，使其组成的一元回归方程比其余因素的回归平方和都大。第二步是在剩余的待选因素中选取一个因素，使其和已入选的那个因素组成的二元回归方程将有最大的回归平方和。如此反复，每一步都是在剩余的待选因素中选取一个因素，使其和已选因素组成的回归方程，有比其余待选因素为大的回归平方和，直到没有合格的因素可选为止。

这里，选取因素时实际上是对那个假设已进入回归方程的因素所具有的偏回归平方和进行统计检验，即其偏回归平方和要在诸待选因素中最大，而且在检验中显著。另外，在第一步选入因素，除已选因素的贡献由于相关性而改变，还要将其中偏平方和最小的交付统计检验，不显著的话应该剔除。

这种算法，避免了解算一个很高阶的线性方程组，计算效率较高，计算精度较好，而且可以减少计算时矩阵退化的困难。此外，待选因素个数 m 可以大于观测数据组数 n。

为了计算方便，算法上还做一些处理。

首先是正规方程。为了提高计算精度，消除数据所采用单位对计算的影响，正规方程的系数矩阵改用相关系数矩阵 (r_{ij})：

$$r_{ij} = \frac{l_{ij}}{\sqrt{l_{ii}}\sqrt{l_{jj}}} \qquad i,j = 1,\cdots,m$$

而向量 $l = (l_{1y},\ \cdots l_{my})$ 改用 $r = (r_{1y},\ \cdots r_{my})$：

$$r_{iy} = \frac{l_{iy}}{\sqrt{l_{ii}}\sqrt{l_{jj}}} \qquad i = 1,\cdots,m$$

这里解得的回归系数 b_i' 称为标准回归系数，b_i' 与原回归系数 b_i 的关系为：

$$b_i = b_i' \frac{\sqrt{l_{yy}}}{\sqrt{l_{ii}}}$$

这时，新的残差平方和 Q'，回归平方和 U'，偏回归平方和 P_i' 等的值都与原来的值相差一个因数 l_{yy}。例如：

$$Q = Q' l_{yy}$$

因此，解算完毕应恢复这些值以获得原问题的回归系数等数值。

实际上，如果记矩阵 $A_m = (r_{ij})$，向量 $l_y' = (r_{iy})$，$b' = (b_i)$，而 W_m 为一单位矩阵，则正规方程可写为：

$$A_m b' = W_m l_y'$$

用消去法解这个方程组，就是通过一系列消去变换，使左矩阵变成单位矩阵，而右矩阵 W_m 变成 A_m 的逆矩阵。在消去过程中，在 A_m 内每消去一行一列（交在对角线上），就已经求得了一个 b_i。因此，每进行一步消元，就获得一个过渡的回归方程。由于 A_m 中消去的行列上为 0，与 A_m 中未消去的行列对应的 W_m 的行列为 0；另一方面，b' 在消去过程中是不存储数据的。因此，在计算机上一般用一个 $m+1$ 阶的二维数组存储 A_m（同时是 W_m）和 l'_y。令 A 是这个数组，则在开始计算时 A 的元素为：

$$a_{ij} = r_{ij} \qquad i, j = 1, \cdots, m, m+1 \text{（即 } l'_y \text{）}$$

一般消去法主元是按矩阵元素数值大小来选定。而逐步回归选主元是按照因素的贡献大小，贡献最大的因素如果它能通过显著性检验，就对它所在的行列进行消去变换，从而将该因素引入了回归方程。

剔除因素是这样进行的：对前述右矩阵 W_m 有关行列进行消去变换，使其恢复对角线上那个元素为 1，而与该元素相应的行列为 0，就是剔除了该因素。在已进行过正向消去变换的因素中，选择贡献最小的，如果它不能通过显著性检验，则对其有关行列进行反向消去，从而从回归方程剔除该因素。不过由于 A_m 和 W_m 占用同一存储区域，正向和反向消去是无区别的。

为了处理在计算过程中由于 a_{ii} 数值过小而造成的困难，在算法中采用一个小正数 ε 来控制。对于 a_{ii} 小于 ε 的因素，不考虑它是否引入回归方程。

下面给出多元线性逐步回归的算法。

设待选因素个数为 m、观测数据组数为 n。记指标 y 为 x_{m+1}。

（a）输入控制矩阵退化的小正数 ε，统计检验临界值 F_1 和 F_2，输入观测：

$$x_{ik} \qquad i = 1, \cdots, m, m+1; \qquad k = 1, \cdots, n$$

计算均值：

$$\overline{x}_i = \frac{1}{n} \sum_{k=1}^{n} x_{ik}$$

计算 l_i 和相关系数 a_{ij}：

$$l_{ij} = l_{ji} = \sum_{k=1}^{n} (x_{ik} - \overline{x}_i)(x_{jk} - \overline{x}_j)$$

$$l_i = \sqrt{l_{ii}}, \quad a_{ij} = \frac{l_{ij}}{l_i l_j}$$

置 $\mu = n - 1, \overline{\sigma} = \dfrac{l_y}{\mu}$。

（b）置 $i = 0$，$v_{\min}^2 = 10^{30}$，$v_{\max}^2 = 0$，$i_{\min} = 0$，$i_{\max} = 0$。

（c）置 $i = i + 1$，$b_i = 0$，$\overline{\sigma}_i = 0$。

（d）如果 a_{ii} 小于 ε 则不考虑因素 i，转到（j）步。

（e）计算因素 i 的贡献：

$$P = \frac{a_{iy} a_{yi}}{a_{ii}}$$

（f）如果 P 小于 0，即因素 i 已引入回归方程，转到（h）步；否则因素 i 为待选因素。

（g）如果 P 小于 $v_{\max}^2$，即因素 i 贡献不大，转到（j）步，否则置 $v_{\max}^2 = P$ 及 $i_{\max} = i$，然后转到（j）步。

（h）计算已选因素的回归系数及标准偏差：

$$b_i = \frac{l_y a_{yi}}{l_i}, \quad \overline{\sigma}_i = \frac{\overline{\sigma} \sqrt{a_{ii}}}{l_i}$$

（i）如果 $-P$ 大于 $v_{\max}^2$，即已选因素 i 的贡献不小，转到（j）步。否则置 $v_{\max}^2 = -P$ 及 $i_{\max} = i$。

（j）如果 i 等于 m，即所有因素检查完毕，转到（k）步。否则转回（c）步。

（k）如果 μ 等于 $n-1$，则转到（m）步。如果 μ 不大于 1，则转到（g）步。

（l）计算回归方程中的常数项：

$$b_0 = \overline{x}_{m+1} - \sum_{i=1}^{m} b_i \overline{x}$$

输出 b_0、b_i、$\overline{\sigma}_i$。

(m) 检验已选因素 i_{max} 贡献的显著性：上式成立则转到 (p) 步；否则剔除因素，置 $\mu = \mu + 1$ 及 $k = i_{min}$。

(n) 做消去变换：

$$a_{ij} = \begin{cases} a_{ij} - \dfrac{a_{ik}a_{kj}}{a_{kk}} & i \neq k, \ j \neq k \\ a_{kj}/a_{kk} & i = k, \ j \neq k \\ -a_{ik}/a_{kk} & i \neq k, \ j = k \\ 1/a_{kk} & i = k, \ j = k \end{cases}$$

(o) 计算回归检验值：

$$Q = l_y^2 a_{yy}$$
$$\overline{\sigma} = l_y \sqrt{a_{yy}/\mu}$$
$$R = \sqrt{1 - a_{yy}}$$
$$F = \frac{\mu(1 - a_{yy})}{(n - \mu - 1)a_{yy}}$$

转到 (b) 步。

(p) 检验待选因素 i_{max} 贡献的显著性：

$$\frac{(\mu - 1)v_{max}^2}{a_{yy} - v_{max}^2} < F_1$$

不显著则转到 (q) 步；显著则选入因素 i_{max}，置 $\mu = \mu - 1$ 及 $k = i_{min}$，转到 (n) 步。

(q) 如 μ 等于 $n-1$，则说明没有一个因素可选入回归方程，输出有关信息。否则说明没有更多的因素可选入回归方程，结束筛选，输出有关结果。结束计算。

需要说明的是，F_1 和 F_2 是选入或剔除时检验的临界值，可以由使用者给定，此时应有：$F_1 > F_2 > 0$。若 $F_1 = F_2 = 0$，则此算法结果和不筛选的全回归一样。也可以在计算过程中按给定的显著性水平查 F 检验表（由程序处理提供），此时自由度为 1 和 $\mu - 1$ 或 μ。

③ 线性模型的推广

如前所述，在过程系统统计调优操作中经常遇到的是非线性模型。而且非线性的形式又较难确定。采用逐步回归的算法，可以不同程度地解决一批非线性问题。

做法是这样的，将有可能被采用的各因素的函数形式，作为新的待选因素列入线性模型，然后进行逐步回归，得到的结果即是所需要的。其待选模型形式可为：

$$h(y) = b_0 + b_1 g_1(x_1, \cdots, x_p) + \cdots + b_m g_m(x_1, \cdots, x_p) \tag{5-46}$$

式中，h 是 y 的已知函数；g_i 是因素 $(x_1, \cdots, x_p)$ 的已知函数。例如，$h(y)$ 可以是 $\ln y$，g_i 可以是幂函数，等等。此时新的指标是 h，新的待选因素是 $g_1, \cdots, g_m$。人们常采用逐步回归对诸因素的多项式模型进行筛选，以获得只含有重要项的多项式模型。

当然，所得的最小二乘估计，不是原来问题的最小二乘估计了，但人们往往想得到的是一个能解决问题的办法，而不考虑其残差上的某些差异。为了可靠，可以把检验的临界值取严格一些，重要的是回到实际中核查模型的准确程度。

(3) 统计模型法调优实例-苯酐生产过程的操作工况调优

某工厂采用萘氧化工艺路线和流化床反应器生产苯酐。由于萘氧化反应机理和流化床模型极其复杂，建立能反映实际生产装置的机理模型是相当困难的，因此采用统计模型法进行调优比较合适。根据实际情况，我们采用线性化的多元回归和逐步回归的方法相结合来寻求该装置的数学模型。

① 预测模型参数的选择

苯酐生产的控制指标是苯酐转化率，因此我们以苯酐转化率作为优化目标。萘氧化反应产物较多，主产物苯酐和副产物顺酐、萘醌等不能用仪表检测。这几个副产物与主产物存在着一定的关系，在原料组成等客观条件一定的情况下，操作参数决定反应过程，对应着一定的反应结果。但当原料组成等参数发生变化后，不改变操作参数，显然反应情况就要发生变化，产物分布结构也要相应变化。这时工程技术人员往往根据反应转化率的大小来经验地判断反应情况，作出相应的决策，改变操作参数的设定值，以保证生产过程苯酐转化率最高。因此，我们决定引入主反应温度、空萘比、风量、CO_2、CO、O_2 百分含量六个参数来预测苯酐转化率。

② 调优模型参数的选取

由于预测模型中含有不可调节参数（CO_2、CO、O_2 百分含量），因而不能直接用于操作调优计算，还需建立在固定原料组成和催化剂寿命等条件下的调优模型。影响苯酐收率的因素很多，必须选取主要因素作为调优控制。调优因素的选取必须满足两个条件：第一，可测可调，且对系统的影响程度足够大，对那些难以控制或响应不够灵敏的因素都不可取；第二，调优因素不宜过多。经分析，我们选取三个因素作为调优参数：反应温度，空萘比，风量。即苯酐转化率的调优模型可由下式表示：

$$Y = f(T, R, Q)$$

③ 数据的收集与整理

我们以苯酐车间氧化工段的技术台账为主要依据，收集了 3 年的操作数据，近 500 组。然后对数据进行筛选，删除那些明显违反规律、工艺上不合理或不符合 3S（方差的 3 倍）原则的数据。经过数据筛选，最终整理出 439 组现场生产数据。

④ 模型的建立

（a）预测模型

依据前面的分析，初步确定出多个认为可能的苯酐转化率与反应温度、空萘比、风量、CO_2、CO、O_2 含量等参数的统计模型结构，参加回归。根据回归结果，进行分析、修正，再回归，从中找出一个较好的数据模型来。经过反复试算，得到如下预测模型：

$$Y_{PA} = b_0 + b_1 x_1 + b_2 x_2 + b_3 x_3 + b_4 x_4 + b_5 x_5 + b_6 x_6 + b_7 x_7 + b_8 x_8 + b_9 x_9 + b_{10} x_{10}$$

其中：

b_0	b_1	b_2	b_3	b_4	b_5
80.437	7.497	20.946	35.038	−13.568	−0.838

b_6	b_7	b_8	b_9	b_{10}	
−9.216	1.955	19.889	12.814	−0.0224	

$$x_1 = \ln[x_1'/(3600 \times 0.785 \times 3.6^2)], \quad x_2 = (x_2' - 320)/100$$

$$x_3 = \ln(x_3'), \quad x_4 = x_3'^2, \quad x_5 = x_4'^2, \quad x_6 = \ln(x_6'), \quad x_7 = x_3 \cdot x_4'$$

$$x_8 = x_2/x_6', \quad x_9 = \ln(x_4 + x_5), \quad x_{10} = x_2' \cdot x_5'$$

x_1' 为风流量（标准状态，m^3/h），x_2' 为反应温度（℃），x_3' 为空萘比（质量比），x_4' 为 CO_2 含量，x_5' 为 CO 含量，x_6' 为 O_2 含量。

回归系数 $R = 0.88$，方差 $S = 1.2$，统计量 $F = 27.4$。

最大相对误差为 3.4%，最小相对误差为 0.01%，平均相对误差为 1.2%。

当 $\alpha = 0.01$ 时，查表得 F 临界值等于 2.62，计算统计量临界值 $F \geqslant F_{\alpha=0.01}$，说明该回归方程显著。用这个模型对没有参加回归的 10 组数据进行检验，结果是平均相对误差为 1.37%，平均绝对误差为 1.09%，证明该模型具有很好的适应性，能较正确地反映生产过程。

（b）调优模型

为寻找萘氧化过程的最佳操作点，我们选择苯酐转化率作为目标，根据前面影响因素的分析，对风量，主反应温度和空萘比三个操作参数根据机理分析和生产经验，组成各种有意义的函数，并考虑其有关的交互作用，用逐步回归的方法求解其数学模型。最终得到如下调优控制模型：

$$Y_{PA} = b_0 + b_1 x_1 + b_2 x_2 + b_3 x_3 + b_4 x_1^2 + b_5 x_2^2 + b_6 x_3^2 + b_7 x_1 x_2 + b_8 x_1 x_3 + b_9 x_2 x_3$$

其中：

b_0	b_1	b_2	b_3	b_4	b_5	b_6	b_7	b_8	b_9
1.467	41.021	13.374	0.202	-8.104	-0.456	-0.314	-4.873	1.834	0.299

x_1 为风流量（标准状态，m^3/s），x_2 为（反应温度-320）/10（℃），x_3 为空萘比（质量比）。

回归系数 $R=0.78$，方差 $S=1.06$，统计量 $F=23.3$。

最大相对误差为 3.2%，最小相对误差为 0.00%，平均相对误差为 1.07%。

由此可见，该模型是可以接受的。

5.2.3　智能模型法——乙苯脱氢反应过程的操作工况调优

本节介绍基于人工神经网络的智能模型法。20 世纪 80 年代中后期以来，人工神经网络技术被逐渐引入化学工程领域，在过程模拟优化、过程控制智能方法取得了很多研究成果。目前人工神经网络有许多种类型，本节介绍基于前向型多层网络的建模方法。

（1）人工神经网络用于过程系统建模的理论依据

从广义上讲，所谓数学模型，就是所考虑的过程系统中某些变量间关系的总称。一个过程系统的模型可表示为输入 X（x_1，x_2，$\cdots$，x_m）到输出 Y（y_1，y_2，$\cdots$，y_n）的映射 F，所以一个数学模型可以描述为：

$$Y = F(X)$$

而大部分数学模型最终可归结为一组方程式，在机理上，为一组过程特征的方程式；在统计模型中，为一组统计回归出来的数学式。而对于前向多层神经网络来说，最终建立的是用权值和阈值表示的网络的输入、输出关系式。

设前向多层网络由输入层、输出层和中间层（或称隐含层）组成，中间层可以是一层、也可以是多层。图 5-9 为一个 4 层的网络，中间层为 2 层，神经元个数分别为 3 和 4，输入层和输出层分别有 3 个和 2 个节点。

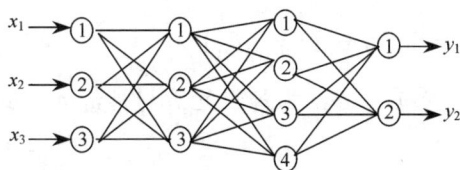

图 5-9　4 层前向多层网络

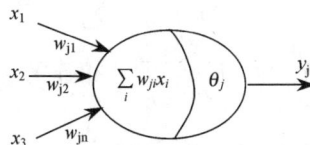

图 5-10　单个人工神经元模型

对于单个神经元 j（图 5-10），其数学模型为：$y_j = f(\sum_i w_{ji} x_i - \theta_j)$。其中 x_i 为神经元 j 的输入；y_j 为神经元 j 的输出；w_{ji} 为神经元 j 与其他神经元连接权值；θ_j 为神经元 j 的阈值；f 为输入输出转换函数。

以图所示的神经网络为例，设每层网络每层输出为 O_j，第一层输出直接等于输入，即：

$$\begin{bmatrix} O_1 \\ O_2 \\ O_3 \end{bmatrix}^1 = \begin{bmatrix} x_1 \\ x_2 \\ x_3 \end{bmatrix}$$

根据单个神经元的数学模型，第二层的输出为：

$$\begin{bmatrix} O_1 \\ O_2 \\ O_3 \end{bmatrix}^2 = f\left(\begin{bmatrix} w_{11} & w_{12} & w_{13} \\ w_{21} & w_{22} & w_{23} \\ w_{31} & w_{32} & w_{33} \end{bmatrix}^{2,1} \cdot \begin{bmatrix} O_1 \\ O_2 \\ O_3 \end{bmatrix}^1 - \begin{bmatrix} \theta_1 \\ \theta_2 \\ \theta_3 \end{bmatrix}^2 \right)$$

第三层的输出为：

$$\begin{bmatrix} O_1 \\ O_2 \\ O_3 \\ O_4 \end{bmatrix}^3 = f\left(\begin{bmatrix} w_{11} & w_{12} & w_{13} \\ w_{21} & w_{22} & w_{23} \\ w_{31} & w_{32} & w_{33} \\ w_{41} & w_{42} & w_{43} \end{bmatrix}^{3,2} \cdot \begin{bmatrix} O_1 \\ O_2 \\ O_3 \end{bmatrix}^2 - \begin{bmatrix} \theta_1 \\ \theta_2 \\ \theta_3 \\ \theta_4 \end{bmatrix}^3 \right)$$

第四层（输出层）的输出为：

$$\begin{bmatrix} y_1 \\ y_2 \end{bmatrix} = \begin{bmatrix} O_1 \\ O_2 \end{bmatrix}^4 = f\left(\begin{bmatrix} w_{11} & w_{12} & w_{13} & w_{14} \\ w_{21} & w_{22} & w_{23} & w_{24} \end{bmatrix}^{4,3} \cdot \begin{bmatrix} O_1 \\ O_2 \\ O_3 \\ O_4 \end{bmatrix}^3 - \begin{bmatrix} \theta_1 \\ \theta_2 \end{bmatrix}^4 \right)$$

由此可以看到输出层与输入层存在一个非线性映射关系 $Y = f(WX - \theta)$，建立模型的过程就是确定连接值和阈值的过程，从这点上讲，智能建模型可以归入黑箱模型。

求解前向型多层网络中权值和阈值的最成功算法为误差反向传播算法（back propagation），基于这种算法的网络也称为 BP 神经网络。

（2）BP 神经网络算法

和统计回归一样，利用 BP 算法求解时，先必须为模型采集一套 x、y 的样本数据。只不过 BP 算法采用的是数值解法。其基本思想为，假设权值和阈值的初始值，根据神经元模型逐层计算神经元的输出，将输出层计算输出与样本输出进行比较，当样本输出值与计算输出值的方差大于某一给定值时，修正权值和阈值，代入模型重新逐层计算，直到网络输出的计算值和样本值的方差小于某一给定值。

设样本数为 p，某个神经元 j 的输出值为 O_{pj}，输入总和为 net_{pj}，每个节点的阈值为 θ_j，若 j 为输入层节点，其输入、输出值为：

$$net_{pj} = x_{pj}, \quad O_{pj} = f(net_{pj})$$

若 j 为隐含层或输出层节点，其输入、输出值为：

$$net_{pj} = \sum_i w_{ji} O_{pi}, \quad O_{pj} = f(net_{pj}) = f\left(\sum_i w_{ji} O_{pi} - \theta_j \right)$$

其中，神经元 i 为与神经元 j 相连的上一层（靠近输入层）节点，w_{ji} 为神经元 j 与神经元 i 的连接权值。

设第 p 个样本输出层神经元 j 的样本值为 t_{pj}，输出层每个神经元 j 的计算输出值 O_{pj} 与样本值 t_{pj} 的误差为：

$$t_{pj} - O_{pj}$$

对于第 p 个样本，输出层的误差取为方差：

$$E_p = \frac{1}{2} \sum_j (t_{pj} - O_{pj})^2$$

此式算出的是一个样本中各输出节点的计算值 O_{pj} 与样本值 t_{pj} 的误差。若共有 p 个样本，总误差取为：

$$E = \frac{1}{p} \sum_p E_p$$

神经网络的计算就是要使 E_p 及 E 不断降低，从而使网络输出层神经元的计算输出值逐渐接近样本给定值。这一过程是通过不断修正连接权值完成，即：

$$w_{ji}^p(n+1) = w_{ji}^p(n) + \Delta_p w_{ji}$$

① $\Delta_p w_{ji}$ 的计算方法

$\Delta_p w_{ji}$ 计算应用的是最优化理论中梯度法之一的最速下降法思想。即对于具有一阶连续偏导数的函数，按函数的负梯度方向搜索能够最快搜索到最优解，其搜索公式为：

$$x(n+1) = x(n) - h\frac{\partial f}{\partial x}$$

式中，$\frac{\partial f}{\partial x}$ 为函数的梯度；h 为搜索步长。

从方差公式可知，$E_p = f(O_{pj}) = f(w_{ji})$，应用最速下降法，设 $\Delta_p w_{ji} \propto -\frac{\partial E_p}{\partial w_{ji}}$，即权值的变化与误差的变化负值成正比，取比例为 η，则有：

$$\Delta_p w_{ji} = -\eta\frac{\partial E_p}{\partial w_{ji}}$$

而

$$\frac{\partial E_p}{\partial w_{ji}} = \frac{\partial E_p}{\partial net_{pj}} \times \frac{\partial net_{pj}}{\partial w_{ji}}$$

由式可知：

$$\frac{\partial net_{pj}}{\partial w_{ji}} = O_{pi}$$

定义：

$$\frac{\partial E_p}{\partial net_{pj}} = -\delta_{pj}$$

则

$$-\Delta_p w_{ji} = \eta\delta_{pj}O_{pi}$$

此式表明，要使 E_p 下降，必须按此式调整权值。式中的 δ_{pj} 可以按下面的方法计算。

由定义：

$$\delta_{pj} = -\frac{\partial E_p}{\partial net_{pj}} = -\frac{\partial E_p}{\partial O_{pj}} \times \frac{\partial O_{pj}}{\partial net_{pj}} = -\frac{\partial E_p}{\partial O_{pj}}f'(net_{pj})$$

对于 $\frac{\partial E_p}{\partial O_{pj}}$，若 j 为输出层神经元，按式有：

$$\frac{\partial E_p}{\partial O_{pj}} = -(t_{pj} - O_{pj})$$

因此

$$\delta_{pj} = (t_{pj} - O_{pj})f'(net_{pj})$$

若 j 不是输出层神经元，则 O_{pj} 将作为下一层的输入，设下一层有 k 个神经元：

$$\sum_k \frac{\partial E_p}{\partial O_{pj}} = \sum_k \frac{\partial E_p}{\partial net_{pk}} \times \frac{\partial net_{pk}}{\partial O_{pj}} = \sum_k \frac{\partial E_p}{\partial net_{pk}} \times \frac{\partial}{\partial O_{pj}}(\sum_j w_{kj}O_{pj})$$

$$= \sum_k \frac{\partial E_p}{\partial net_{pk}}w_{kj} = -\sum_k \delta_{pk}w_{kj}$$

因此

$$\delta_{pj} = f'(net_{pj})\sum_k \delta_{pk}w_{kj}$$

式中，δ_{pj} 为隐含层的误差；δ_{pk} 为隐含层下一层的误差。可见下一层各个神经元 k 的误差 δ_{pk} 按式的关系反传给上一层的各个神经元 j，故此称该算法为误差反向传播算法。

根据上面各式，可以计算权值修正值：

$$w_{ji}^{p}(n+1)=w_{ji}^{p}(n)+\Delta_{p}w_{ji}=w_{ji}^{p}(n)+\eta\delta_{pj}O_{pj}$$

实际运用时，通常再加上一项，以防止权值调整幅度变化过大，即：

$$w_{ji}^{p}(n+1)=w_{ji}^{p}(n)+\eta\delta_{pj}O_{pj}+\alpha[w_{ji}^{p}(n)-w_{ji}^{p}(n-1)]$$

式中，η 为学习步长；α 为动量因子，二者为小于 1 的参数。

在上面的算式中，函数 f 是指神经元输入输出的转换函数。由前面所述可知，f 有几种常用函数形式，对于 BP 算法，除输入层外，神经元的转换函数 f 通常取 S 型函数。若 f 取 $\dfrac{1}{1+e^{x}}$，则：

$$O_{pj}=\frac{1}{1+e^{net_{pj}}}$$

$$f'(net_{pj})=O_{pj}(1-O_{pj})$$

从而对于输出层，化成：

$$\delta_{pj}=(t_{pj}-O_{pj})O_{pj}(1-O_{pj})$$

对于隐含层，化成：

$$\delta_{pj}=O_{pj}(1-O_{pj})\sum_{k}\delta_{pk}w_{kj}$$

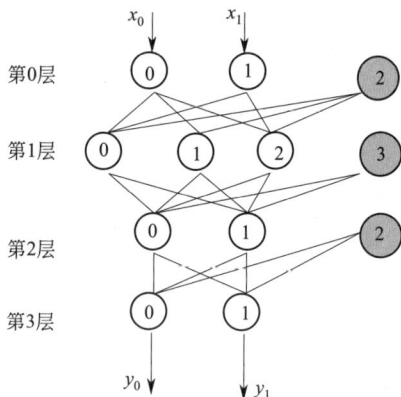

图 5-11　阈值计算示意图

② 阈值的计算方法

阈值计算原理如图 5-11 所示，为每层多加一个神经元（输出层除外）。该神经元只与下层的神经元相连，参与下层神经元的输入计算，并设此神经元的输出为 1。详细计算过程如下。

对于第 0 层：

$$O_{j}^{0}=x_{j}\quad(j=0,1)\quad O_{2}^{0}=1$$

对于第 1 层：

$$net_{0}^{1}=\sum_{i=0}^{2}w_{ji}O_{i}^{0}=w_{00}x_{0}+w_{01}x_{1}+w_{02}=\sum_{i=0}^{1}w_{0i}O_{i}^{0}+w_{02}$$

$$net_{1}^{1}=\sum_{i=0}^{2}w_{ji}O_{i}^{0}=w_{10}x_{0}+w_{11}x_{1}+w_{12}=\sum_{i=0}^{1}w_{1i}O_{i}^{0}+w_{12}$$

$$net_{2}^{1}=\sum_{i=0}^{2}w_{ji}O_{i}^{0}=w_{20}x_{0}+w_{21}x_{1}+w_{22}=\sum_{i=0}^{1}w_{2i}O_{i}^{0}+w_{22}$$

三个式子的最后一项 w_{02}、w_{12}、w_{22} 是第 0 层增加的神经元 2 与第一层的三个神经元 0、1、2 的连接权值，这三个值即可被当作三个神经元的阈值 θ_{0}^{1}、θ_{1}^{1}、θ_{2}^{1}。这样三个神经元的输出可以用下式表示：

$$O_{j}^{1}=f(\sum_{i=0}^{1}w_{ji}O_{i}^{0}-\theta_{j}^{1})=f(\sum_{i=0}^{2}w_{ji}O_{i}^{0})=f(net_{j}^{1})(j=0,1,2)\quad O_{3}^{1}=1$$

同理对于第 2 层：

$$O_{j}^{2}=f(\sum_{i=0}^{2}w_{ji}O_{i}^{1}-\theta_{j}^{2})=f(\sum_{i=0}^{3}w_{ji}O_{i}^{1})=f(net_{j}^{2})(j=0,1)\quad O_{2}^{2}=1$$

对于第 3 层：

$$O_{j}^{3}=f(\sum_{i=0}^{1}w_{ji}O_{i}^{2}-\theta_{j}^{3})=f(\sum_{i=0}^{2}w_{ji}O_{i}^{2})=f(net_{j}^{3})(j=0,1)$$

③ BP 算法的迭代计算步骤

（a）选取 η、α 值。

（b）确定 E_p、E 精度 ε_1、ε_2 和最大迭代次数 N，ε_1 一般取 $10^{-5}\sim10^{-4}$，ε_2 一般取 $10^{-4}\sim10^{-3}$，计算精度不宜取得过高。

（c）随机选取 w_{ji}、θ_i 的初值。

（d）设多层神经网络的层数为 M，从第 0 层（输入层）开始，向输出层逐层计算每个神经元的输出 O_{pj}，对于输入层：

$$O_{pj}^0 = x_{pj} \quad (x_{pj} \text{ 为输入层神经元的样本输入值})$$

对于其他层：

$$O_{pj}^l = f\left(\sum_i w_{ji}^{l,l-1} O_{pi}^{l-1} - \theta_j^l\right) \quad (l=1,\cdots,M)$$

然后求 E_p、E，若 $|E_p|<\varepsilon_1$、$|E|<\varepsilon_2$，则迭代结束。

（e）计算输出层 δ_{pj}^M、$\Delta_p w_{ji}^{M,M-1}$：

$$\delta_{pj}^M = (t_{pj} - O_{pj}^M) f'(net_{pj}^M - \theta_j^M), \quad \Delta_p w_{ji}^{M,M-1} = \eta \delta_{pj}^M O_{pi}^{M-1}$$

（f）从输出层向输入层逐层计算 δ_{pj}^l、$\Delta_p w_{ji}^{l,l-1}$：

$$\delta_{pj}^{l-1} = f'(net_{pj}^{l-1} - \theta_j^{l-1}) \sum_k \delta_{pk}^l w_{kj}^{l,l-1}, \Delta_p w_{ji}^{l,l-1} = \eta \delta_{pj}^l O_{pi}^{l-1} \quad (l=M,M-1,\cdots,1)$$

（g）修正权值，若迭代次数 $n<N$，回到步骤（d），循环计算：

$$w_{ji}^p(n+1) = w_{ji}^p(n) + \Delta_p w_{ji}(n) + \alpha \Delta_p w_{ji}(n-1)$$

（3）BP 神经网络的应用

将 BP 神经网络用于过程系统建模需要以下几个步骤：

① 建立网络结构

输入层节点数，对应自变量数，输出层节点数对应因变量数，即目标变量数。中间层及隐含层节点数靠经验选取。

② 样本选取

和统计回归方法一样，在选取样本数据时，还应尽可能在变量的取值范围内均匀取值，这样建立的模型才能全面描述问题的性质。同样，BP 神经网络也具有统计模型外延性较差的缺点。因此，在建立样本时，样本数不宜过少，否则会影响模型的外延性。

③ 数据预处理

由于转换函数一般为指数形式，当自变量大于一定的值后，函数将趋近于 1 或 0，随着自变量的增大或减小，函数值将变化不大。如果直接将实际数据作为神经网络的输入参与计算，将会使学习一开始就处于饱和状态，看不出不同样本的差别，无法进行调整，因此在学习之前，需要对样本数据作预处理。通常是把样本值折成 [0，1] 或 [−1，1] 范围内的数据，这一过程称为归一化。最简单的归一化可以采用下面的公式：

$$x_i' = \frac{x_i}{x_{\max}}$$

x_i' 为归一化后的值，x_i 为真实值。此外还有一些更完善的归一化公式，如：

$$x_i' = \frac{x_i - x_{\min}}{x_{\max} - x_{\min}}, \quad x_i' = \frac{x_i - x_{\min} + 0.1}{x_{\max} - x_{\min} + 0.1} \quad \cdots$$

$x_{\min}$、$x_{\max}$ 分别为样本中同一变量可能取得的最小值和最大值。学习结束后，再用上面的这些公式将样本数据返回真实值。

④ 学习参数选择

学习参数包括学习步长 η 和动量因子 α，为小于 1 的参数。二者取值的大小将影响学习效果和收敛速度。取值过大，可能导致迭代振荡，无法收敛；取值过小，可能使收敛速度较慢。通常可以在 0.5～0.9 尝试取值。也可以采用动态取值的方法，即开始学习时，将学习步长取小些，动量因子取大些，迭代一定的次数后，将学习步长加大，动量因子减小。

⑤ 完整的建模过程

利用 BP 神经网络进行过程系统建模的步骤可用图 5-12 的框图表示。

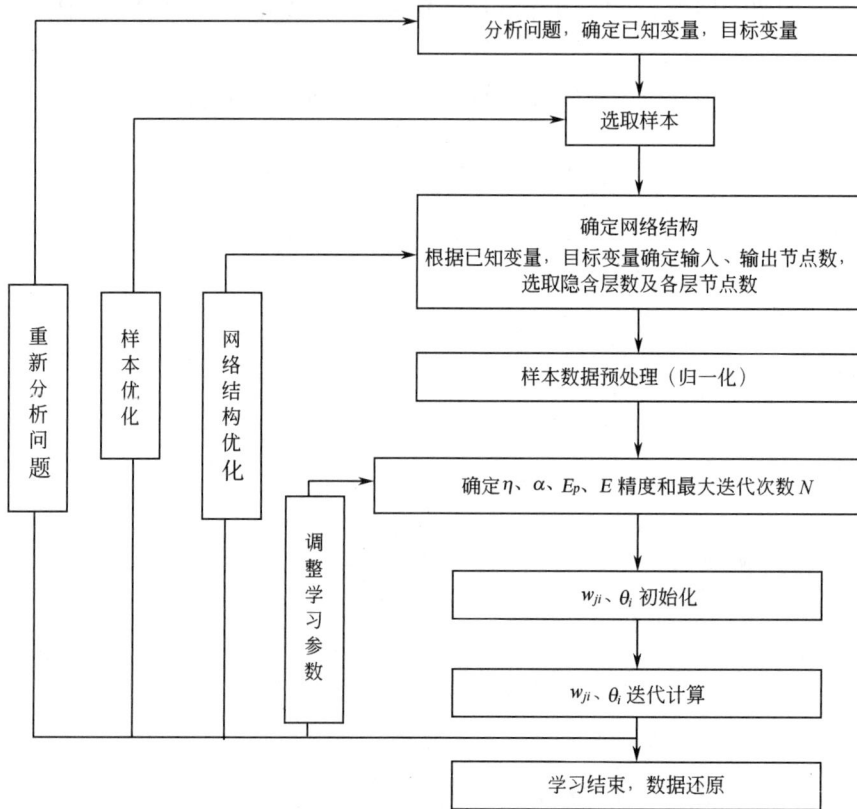

图 5-12 完整的建模过程

（4）过程系统优化模型

一个神经网络智能模型经过样本学习，就可以得到描述该样本问题的模型，即得到一组权值和阈值。利用这个建好的模型，可以预测给定操作条件下生产情况。同时还可利用此模型优化生产操作。

对于建好的神经网络智能模型 $Y=f(WX-\theta)$，当指定操作目标 Y 时，可用快速下降法搜索到最优操作变量 X 的值：

$$\Delta x_i^k = -\eta \frac{\partial E}{\partial x_i^k}$$

其中

$$E = \frac{1}{2} \sum_j (t_j - O_j)^2$$

t_j 为调优目标，O_j 为计算目标值。

而

$$\frac{\partial E}{\partial x_i^k} = \frac{\partial E}{\partial net_j} \times \frac{\partial net_j}{\partial x_i} = \frac{\partial E}{\partial O_j^k} \times \frac{\partial O_j^k}{\partial net_j} \times \frac{\partial net_j}{\partial x_i} = \frac{\partial E}{\partial O_j^k} f_k'(net_j) w_{ji}^{k,k-1}$$

对于每一层有：

$$O_j^k = x_j^{k+1}, \quad f_k'(net_j) = O_j^k(1-O_j^k)$$

这样，给模型输入一个初始值，就可根据输出层目标计算值与调优目标值不断迭代计算，最后得到自变量的最优解值。

例如，对于一个三层网络，设第一层的初始值为 $x_i^1(0)$，第二层的初始值为：

$$x_i^2 = O_i^1 = x_i^1(0)$$

$$\Delta x_i^2 = -\eta \frac{\partial E}{\partial x_i^2} = \frac{\partial E}{\partial O_j^2} f_2'(net_j) w_{ji}^{2,1}$$

$$= -\eta \left(\frac{\partial E}{\partial O_j^3} f_2'(net_j) w_{ji}^{3,2} \right) f_2'(net_j) w_{ji}^{2,1}$$

$$= -\eta \left[-\sum_{l=1}^{n} (t_l - O_l) f_2'(net_j) w_{ji}^{3,2} \right] f_2'(net_j) w_{ji}^{2,1}$$

其中，n 为输出层神经元个数。由此可见，由第一层的初值，按已知的权值和阈值逐层计算，得到各神经元的输入总 net_j 的导数和及输出 O_j，再计算各层神经元输入的 Δx_j，按下式迭代计算，就可得到最优解：

$$x_i^1(n+1) = x_i^2(n+1) = x_{i+1}^2(n) + \Delta x_i^2$$

（5）乙苯脱氢反应过程的操作工况模拟与调优

乙苯脱氢反应器是生产苯乙烯的主要设备。反应器中，高温过热乙苯与稀释蒸汽的混合物在催化剂的作用下脱氢生成苯乙烯。反应过程中，关键的控制参数为：第一级反应器入口温度 T_1 和第二级反应器的入口温度 T_2；蒸汽/乙苯质量比（SOR）；乙苯进料量 F；第二级反应器出口压力 P。

另外，在乙苯催化脱氢反应过程中，催化剂活性随时间的衰减，直接影响着苯乙烯的选择性和收率。同时，由于进口催化剂价格昂贵，延长催化剂的使用寿命也是调优目标之一。因此还必须考虑催化剂活性衰减的影响，该参数用催化剂使用时间 T 来表示。

① 调优目标

苯乙烯调优要解决的问题是：进料中水汽比高，能耗太大；苯乙烯收率较低，产量不能达标；反应器入口温度控制无章可循，致使催化剂寿命太短。

这里把以上三个问题当作调优目标，第一，降低水汽比，同时还得提高苯乙烯收率；第二，找出反应器入口温度优化控制曲线。为了达到这两个目标，我们首先建立模拟反应器操作工况的智能模型，基于这个模型，对反应器装置进行工况分析与优化计算，以提出优化策略。

② 反应器智能模型的建立

网络结构采用带一层隐含层的三层网络，隐含层节点数确定为10。网络结构中输入节点为 6 个，分别代表 6 个自变量（表 5-13）：催化剂的使用时间，乙苯进料量，第一级反应器入口温度，第二级反应器入口温度，蒸汽/乙苯质量比，一、二级反应器出口压差。输出节点有 3 个，分别代表 3 个目标函数：苯乙烯总收率 y_3，一级反应器苯乙烯收率 y_1，二级反应器苯乙烯收率 y_2。

表 5-13　模型输入变量

变　量	名　称	单　位
T	催化剂使用时间	d
F	乙苯进料量	m³/h
T_1	第一级反应器入口温度	℃
T_2	第二级反应器入口温度	℃
SOR	蒸汽/乙苯质量比	
P	一、二级反应器出口压差	MPa

③ 样本数据获取

我们采用与生产装置相连的自动数据采集系统，从操作数据中选取数据，并进行编辑、核算、筛选，最后得到用于建模型的 450 套样本数据。表 5-14 列出了部分样本数据。

表 5-14　部分样本数据

样本号	t	SOR	F	T_1	T_2	P	y_1	y_2	y_3
1	3	1.70	18.06	605.0	607.0	0.0440	31.15	42.07	59.68
2	9	1.21	17.73	604.0	615.0	0.0510	33.54	41.54	60.92
3	16	1.42	18.30	608.0	613.0	0.0450	36.15	40.23	61.53
4	30	1.39	18.95	609.0	614.0	0.0450	29.34	40.51	57.14
5	37	1.38	19.18	610.0	614.0	0.0460	28.51	40.15	56.26
6	44	1.14	19.55	609.0	614.0	0.0460	30.05	36.27	55.12
7	45	1.81	17.74	607.0	624.0	0.0510	27.47	33.27	51.45
8	58	1.40	12.53	613.0	616.0	0.0580	34.78	35.55	57.76
9	132	1.39	12.86	621.0	622.0	0.0510	40.23	45.17	66.32
10	146	1.80	16.21	622.0	620.0	0.0450	39.84	41.30	64.37
11	160	1.56	16.20	615.0	621.0	0.0440	37.89	39.73	62.21
12	174	1.39	19.77	622.0	620.0	0.0490	35.79	38.66	60.38
13	181	1.31	14.23	624.0	625.0	0.0490	35.93	39.70	60.89
14	188	1.46	19.02	625.0	625.0	0.0640	33.93	33.75	56.31
15	195	1.56	18.78	628.0	629.0	0.0480	39.36	36.39	61.17
16	209	1.50	19.26	627.0	628.0	0.0420	39.55	40.46	63.78
17	251	1.81	13.85	629.0	624.0	0.0470	46.07	40.36	67.38
18	258	1.39	18.83	621.0	624.0	0.0490	41.15	36.03	62.43
19	265	1.22	19.07	628.0	625.5	0.0500	36.92	36.75	60.39
20	272	1.39	20.11	628.0	632.0	0.0480	39.87	34.31	60.16
21	279	1.21	18.23	627.0	632.0	0.0480	38.72	38.19	61.77
22	322	1.35	18.72	628.7	629.3	0.0530	41.79	34.96	61.88
23	350	1.55	19.67	629.0	637.0	0.0540	38.60	36.64	60.81
24	371	1.60	16.38	631.0	631.0	0.0583	42.39	42.78	66.58
25	386	1.68	19.00	628.0	633.3	0.0533	37.52	43.34	64.80
26	392	1.54	17.17	630.7	624.7	0.0523	33.36	33.41	55.61

　　按前面介绍方法，将样本数据代入网络进行计算，经过 10000 次学习，得到模型参数（权值和阈值），其值见表 5-15、表 5-16。

表 5-15　第 1 层与第 2 层之间各神经元的连接权重 W_{ji}

1层 W_{ji} 2层	1	2	3	4	5	6	7 （第 2 层神经元的阈值）
1	−9.7784	−0.6592	−4.3141	−13.9820	−2.0901	5.4143	1.6128
2	−24.2383	0.6362	1.0869	−33.2936	33.1263	7.5795	11.4204
3	−2.5601	−2.1557	−0.1745	−4.2957	−0.6183	−0.1637	−1.5625
4	−4.8262	14.2903	−8.6008	3.1425	10.9920	3.1510	−12.5482
5	4.5775	−8.3724	7.7287	−2.7715	−6.0783	−1.7346	2.7832
6	4.2806	−7.8904	4.8170	34.0392	−14.8134	−15.4417	−9.3028
7	−9.9646	−2.0058	−5.5218	17.7061	−9.1026	−29.2992	12.5958
8	−20.2393	−19.1520	15.5764	12.4909	1.7939	−4.0009	−5.3789
9	−9.9397	11.3156	1.5336	5.6468	5.2529	−4.0026	−12.1995
10	6.8827	4.0627	5.8754	−8.5263	−10.0902	2.3106	−2.1352

表 5-16　第 3 层与第 2 层之间各神经元的连接权重 W_{ji}

W_{ji} 2层 ＼ 3层	1	2	3
1	3.2689	7.4428	6.3271
2	4.1547	−12.0555	−1.7628
3	1.9740	−0.3391	−1.0925
4	4.293	2.4780	4.5438
5	4.5026	0.2256	3.5820
6	3.6780	−11.0335	−1.6413
7	1.4391	3.6196	2.6292
8	−2.6082	−0.6506	−2.3504
9	−1.4493	−6.5406	−4.0386
10	−3.7491	0.5641	−2.6435
第 3 层神经元的阈值	−5.9028	7.8743	−1.3221

　　本模型为高维非线性模型，它将多个目标变量间的耦合充分地体现在一个模型中。对于经过学习的模型，需验证模型对反应器的模拟精度如何。先看其记忆能力如何。从表 5-17 模型计算输出值与目标值的比较可以看出，本模型的模拟精度较高，即记忆能力良好，其误差小于 1%，在允许范围内。

表 5-17　总收率 y_3 模型计算输出值与样本值的比较

样本号	y_3 样本值	y_3 记忆值	差　值
1	59.68	59.274411	0.405589
2	60.92	60.348813	0.571187
3	61.53	61.205269	0.324731
4	57.14	56.728767	0.411233
5	56.26	55.613178	0.646822
6	55.12	55.843870	−0.723870
7	51.45	52.032201	−0.582201
8	57.76	57.876849	−0.116849
9	66.32	66.011434	0.308566
10	64.37	64.348844	0.021156
11	62.21	61.971670	0.238330
12	60.38	60.225785	0.154215
13	60.89	61.244927	−0.354927
14	56.31	55.440454	0.869546
15	61.17	60.430155	0.739845
16	63.78	64.040715	−0.260715
17	67.38	67.349444	0.030556
18	62.43	61.800548	0.629452
19	60.39	60.199040	0.190960
20	60.16	60.161186	−0.001186
21	61.77	62.705044	−0.935044
22	61.88	61.797711	0.082289
23	60.81	60.036925	0.773075
24	66.58	66.381989	0.198011
25	64.80	64.245674	0.554326
26	55.61	55.926760	−0.316760

④ 智能模型的预测能力

利用建好的模型，对未经训练的生产工况（300，1.50，19.0，628.0，630.0，0.0500）进行计算，得到收率为 60.7795%，与实际生产所得 60.79% 吻合得很好。说明模型具有一定的预测能力。

⑤ 反应器智能模型的自适应

利用建好的模型对新的样本数据进行再学习，就能建立新的操作条件下的模型，即模型具有自适应能力。对于上面的模型，再用表 5-18 中的新样本继续学习，经过 1000 次学习得到一组新的权值和阈值，新样本的记忆效果见表 5-19，从表中可以看出，记忆效果非常好。

表 5-18　新的样本数据

样本号	t	SOR	F	T_1	T_2	P	y_1	y_2	y_3
1	10	1.24	18.90	613.0	618.3	0.049	36.62	34.44	58.31
2	17	1.37	17.56	619.0	620.7	0.047	37.93	38.60	61.75
3	25	1.30	17.36	616.7	621.7	0.047	37.18	37.42	60.44
4	31	1.35	16.91	617.9	622.3	0.047	37.99	31.66	57.39
5	38	1.55	16.80	622.7	618.3	0.051	39.54	34.31	60.09
6	59	1.50	17.70	618.0	617.5	0.050	28.38	40.75	57.33
7	66	1.39	17.95	619.0	624.0	0.048	39.48	32.83	58.97
8	73	1.40	17.97	623.0	628.0	0.050	39.05	35.81	60.50
9	80	1.32	18.22	625.0	628.0	0.050	38.37	33.14	58.69
10	87	1.52	17.30	624.0	626.0	0.049	39.99	34.76	60.76
11	94	1.30	19.86	628.0	627.0	0.051	39.39	30.70	57.83
12	101	1.56	16.75	613.0	623.0	0.046	42.50	42.21	66.49

表 5-19　新样本的记忆效果

样本号	y_1	y_2	y_3
1	36.566875	34.617693	58.477629
2	37.861156	39.112049	61.804761
3	37.443247	35.807470	59.449029
4	37.805086	33.137657	58.554610
5	39.426034	34.100042	59.884687
6	28.940493	40.401756	57.523368
7	38.975888	33.712777	59.040566
8	39.268327	35.690368	60.619035
9	38.222600	33.143354	58.640943
10	40.570573	34.331831	60.733013
11	39.397398	30.837188	57.534799
12	42.283639	41.858128	66.242075

⑥ 操作工况的调优

根据反应器操作现状，催化剂使用周期内反应器一、二段入口温度的优化控制，关系到催化剂寿命的长短，所以，迫切需要找出不同催化剂在现时间段内的温度控制。基于上面的智能模型，计算出保证各时期苯乙烯收率达到 62% 的最低温度控制曲线（图 5-13）。

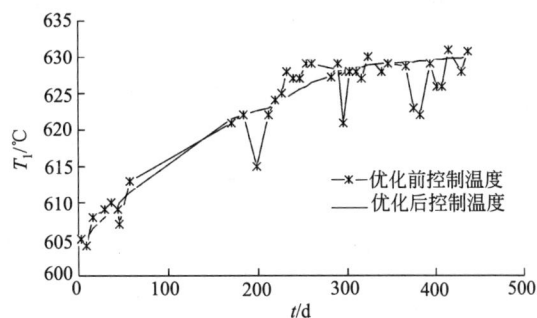

图 5-13 催化剂使用周期内的反应器一、
二段入口温度优化控制曲线

本节以乙苯脱氢反应器为例，建立了 ANN 智能模拟优化模型。与传统数学方法相比，ANN 智能模型法具有设计简单，寻优速度快的优点，并且具有其他数学模型所不能比拟的自适应性和自学习功能。

在石油化工领域，由于技术上的原因，设计与实际生产往往有一些差距。这就需要对生产操作工况进行调优。目前大多数调优方法都是以数学模型为基础的，而诸如炼油之类的石化过程，其流股成分是无法确切知道的，各种物理、化学变化（主反应、副反应）又交错发生。对于这种过程要建立机理模型是不太可能的，而这正是 ANN 智能模型大展身手的用武之地。

6 间歇化工过程

○○ ── ○○ ○ ○○ ──────

　　工业加工过程一般可分为 3 类：连续、离散和间歇过程。这是根据最终产品的输出形式来区分的。在连续过程中，原料连续不断地通过一组专门设备，每台设备处于稳态操作并且只执行一个特定的加工任务，产品以连续流动的方式输出。在离散过程中，产品是在特定的加工车间生产的，并且以一批、一批的离散方式输出。比如，汽车、服装及家具等就是采用离散方式生产的。在间歇过程中，原料按规定的加工顺序和操作条件进行加工，产品以有限量方式输出。

　　本书其他章节的内容主要建立在连续过程的基础上，而本章的内容主要介绍间歇化工过程，包括：间歇过程与连续过程的特点；间歇过程动态模型、过程模拟；间歇过程生产的最优时间表；多产品间歇过程的设备设计与优化以及间歇过程控制模型等。

6.1　间歇过程与连续过程

　　习惯上称非连续化工过程为间歇化工过程。间歇过程通常被定义为："将有限量的物料，按规定的加工顺序，在一个或多个设备中加工，以获得有限量产品的加工过程。如果需要更多的产品，必须重复该过程。"图 6-1 为典型的间歇化工过程。

　　在 20 世纪 30 年代以前，绝大多数化工过程采用间歇操作。那时，生产过程要依靠操作者的技艺和判断，不仅自动化水平低，劳动强度大，而且产品质量不稳定。因此，化学工程师们将注意力集中在将间歇生产改为连续生产方面，化工过程一直朝着连续加工发展，大规模过程更是如此。到了 20 世纪 50 年代，人们普遍认为古老的间歇过程将逐渐被现代连续过程所代替。但自 20 世纪 80 年代以来，化学过程工业（CPI）发生了巨大的变化，主要趋势表现为：从商品化学品生产转向专用的功能化学品生产；从大规模过程转向小规模的具有弹性的过程；从连续加工转向间歇加工；从过去靠价格竞争转向现在靠质量竞争；从过去靠投资来推动发展转向靠信息来推动发展等。

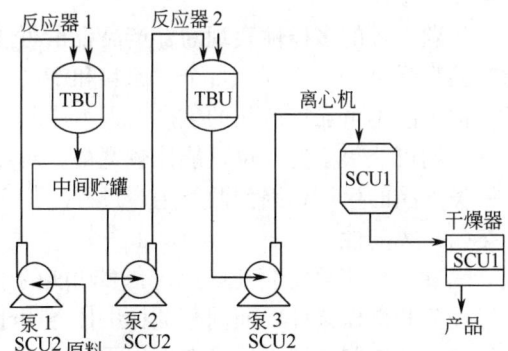

图 6-1　典型的间歇化工过程

　　尽管从技术上讲，目前有 91% 的间歇过程可以用连续过程来替代，但大部分依然采用间歇操作。其主要原因是间歇过程具有灵活多变的特性，即它可以用同一套多用途、多功能的设备生产多种类型的产品，特别适用在精细化工、生物化工等高技术密集和知识密集的新兴产业上。间歇操作广泛应用于食品、聚合物、药品、分子筛、增塑剂、抗氧剂、染料和涂料等产品的生产。

6.1.1　间歇化工的特点

过程是一系列用于物质或能量转换、输送或储存的物理、化学或生物活动。表 6-1 列出了间歇与连续过程在有关工业部门的应用情况。表中的第一列代表有关的工业部门，第二、三列分别代表间歇过程和连续过程在该工业部门应用的百分比。可以看出，间歇过程在医药、食品及化学工业中应用得非常广泛。

表 6-1　间歇与连续过程在有关工业部门的应用情况

工业部门	操作方式		工业部门	操作方式	
	间歇过程/%	连续过程/%		间歇过程/%	连续过程/%
化工	45	55	金属	35	65
食品	65	35	玻璃及陶瓷	35	65
医药	80	20	造纸	15	85

间歇过程既不是连续过程也不是离散过程，但是它具有连续过程和离散过程的特点。以间歇化工过程为例，间歇过程的主要特点可概括如下。

（1）技术密集性

一个产品从研究开发到商品市场，需要解决市场调查、产品合成和技术服务等一系列问题。市场调查需要丰富的经验和准确可靠的情报。产品合成由于产量小，可采用间歇生产方式，从而减少放大中的过程问题。但是由于工艺操作复杂，反应控制、精制提纯和分析检测等都需要特殊的设备和手段。技术服务是发展生产的重要环节，只有注重技术服务并且将市场信息反馈到生产中去，才能不断开拓市场和提高企业的信誉。因此，间歇生产过程渗透着多方面的知识，是典型的技术密集过程。

（2）动态性

间歇过程具有很强的非线性特点，其操作参数随时间而不断改变。这就意味着操作人员或程控系统需要不断地改变间歇过程的操作，以保证得到合格的产品。因此，它对过程控制工程师提出了严峻的挑战。

（3）多样性

间歇过程的多样性表现为：产品批量可能小到几千克，也可能大到几千吨；一个间歇过程每年生产的产品数量可从一个到几百个；原料和产品可能很昂贵，也可能很便宜；一些加工设备的操作可能很可靠，也可能不可靠；产品的生产对人力或其他资源的需求可能具有决定作用，也可能忽略不计；产品的交货日期可能很紧迫，也可能比较宽裕。对操作人员而言，熟悉一类产品的生产过程，并不一定能操作另一类产品的生产，因为两类生产过程的加工要求及操作条件可能相差很大。

（4）柔韧性

间歇过程的柔韧性表现为一套多功能的生产装置可用来生产多种化学品。不同的化学品具有不同的加工任务和操作条件，而同一类加工任务由于产品不同，其操作条件可在很大的范围内变化。因此，选择的设备和控制系统必须具有操作柔韧性或弹性，以适应多种化学品的需要。

（5）不确定性

在间歇过程中，一些在特殊设备中进行的反应，由于反应机理比较复杂，对整个反应过程缺乏全面的了解。因此，间歇过程具有不确定性。某类设备的操作性能可能会随时间的增加而恶化。原料的质量及其他公用设施可能会在生产过程中发生不可预料的变化。另外，为了尽快满足市场的需要，新产品会不断加入，老产品会不断被淘汰。这些不确定性增加了对间歇过程操作和控制的难度。

6.1.2　间歇过程与连续过程的比较

动态特性是间歇过程的本质，其操作条件及产品质量都会随时间而变化。而连续过程的本质是稳态操作（开、停车除外），其操作条件及产品质量都不会随时间而变化。在间歇过程中，原料必须按配方规定的加工任务和顺序，在合适的设备中进行加工。在连续过程中，原料连续加入，各加工任务同时进行。通过详细的系统分析，可找到连续过程的瓶颈问题，而间歇过程的瓶颈问题随产品及操作策略而改变。

与连续过程中的设备相比，间歇过程中的设备尺寸的设计并不是很精确的，这是因为它们必须能够用来生产多个产品。连续过程中的安全系统，主要是降低系统的停车时间，以避免因停车而造成的经济损失。这样的系统对于间歇过程没有什么作用。间歇过程通常为小批量、高附加值的化学品而设计的，比如精细化学品和医用化学品。它的一个生产周期只能生产一批产品。连续过程通常是为需求量很大的特定产品而设计的，在生产过程中，原料连续加入，产品连续排出。

在间歇过程中，由于要在有限的时间内，用有限的设备、原料及公用工程生产多个产品，就必须对整个生产过程，进行有效的排序或进行生产时间表安排。否则，一些设备就可能被闲置，有限的生产时间就会被浪费。对连续生产过程而言，设备、原料及公用工程都是为某个特定产品而设置的，所以排序对它的生产过程基本没有影响。由于间歇过程的柔韧性和弹性，它适合于市场供求不稳定的产品的生产。连续过程则适合于市场供求稳定的产品的生产。对于市场需求量很大的产品，其初始阶段一般也是用间歇过程生产的。

6.1.3　间歇过程的基本概念

（1）间歇过程的设备

间歇过程包括 3 类设备：单纯的间歇设备（TBU）、半连续设备（SCU）和中间存贮设备（IS）。

单纯的间歇设备通常周期性地进行加料、处理、出料、洗涤及等待等操作步骤，如图 6-1 中的反应器 1 和 2。

半连续设备是间歇操作的连续设备，它可分为两类：一类是在间歇过程中起主要作用的设备，如图 6-1 中的离心机和干燥器；另一类是在间歇过程中起辅助作用的设备，如图 6-1 中的泵。区分这两类半连续设备的目的是便于间歇过程的设计。

中间存贮设备是存贮中间产品的，它在间歇过程的设计和生产时间表安排中起着非常重要的作用。只有相继的操作完全同步，或者间歇设备本身也可作为中间贮罐用时，才能采用不带中间罐的间歇操作，但其效率很低。在稳态过程中，中间存贮可以调整由于操作速率的变化、设备故障及修复、原料供应的变化等引起的物料流率不平衡。在间歇生产中，中间贮罐还具有如下作用：

① 将毗邻的间歇级或半连续级的周期性操作解耦。每个中间贮罐都将间歇过程一分为二，每两个中间贮罐之间或中间贮罐与头、尾的单元级分别构成不同的间歇子过程。在图 6-1 中，有两个间歇子过程，即泵 1、反应器 1 和中间贮罐构成一个间歇子过程；中间贮罐、泵 2、反应器 2、泵 3、离心机和干燥器构成另一个间歇子过程。当中间贮罐容积足够大时，可以将中间贮罐的上，下游两个子过程的操作完全割裂开来。除了上游子过程为下游子过程提供原料外，二者无其他联系。当中间贮罐体积有限时，上、下游子过程应有相同或相近的生产能力，这时中间贮罐不允许长期存贮某批或某几批物料。

② 补偿短期的供需不平衡，即对其下游级提供短期的原料来源或对其上游级提供短期的产品贮存。在图 6-1 中，中间贮罐可用来贮存反应器 1 的中间产品，又可用来为反应器 2 提供原料。

③ 操作上的波动缓冲作用。因为间歇过程对批量、间歇加工时间和开工时间的波动是非常敏感的，这些波动会对顺序加工的过程造成时间延迟，从而造成间歇级的等待或闲置，降低间歇级的使用效率。

第六章

采用中间贮罐可以避免或减少间歇级的等待，从而提高它们的使用效率。

④ 独立存贮涉及不同产品的中间体。当间歇过程中含有一个以上中间贮罐时，它们可分别用来贮存不同性质的中间产品。

（2）间歇过程的分类

间歇厂可以根据生产产品的数量或生产流程的结构分类。

① 根据生产产品的数量分类

根据生产产品的数量，间歇厂可以分为以下 4 类，如图 6-2 所示。

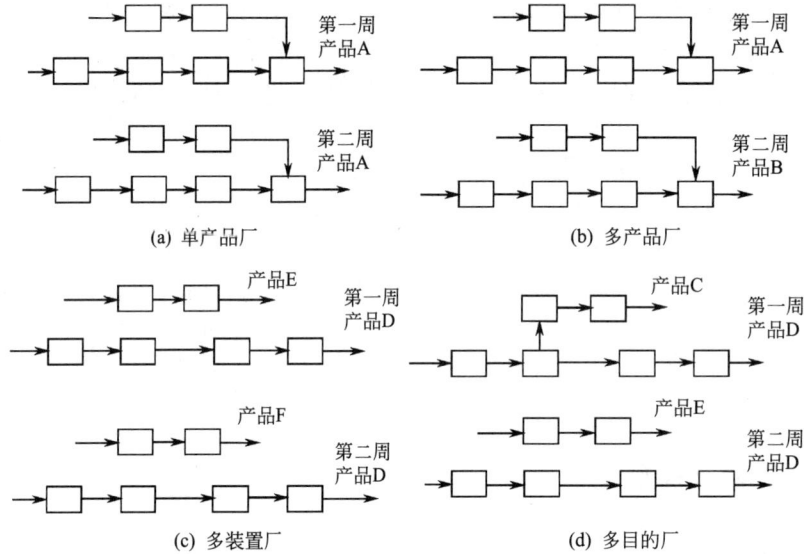

图6-2　按产品数量分类的间歇厂

（a）单产品厂

若对某化学品的需要量足够大，则可经济地建立一个专门厂来生产，这样的厂称为单产品厂。如图 6-2(a) 所示，每个方框代表一个间歇操作设备或间歇级，它在不同时间只生产一种产品 A。这是多产品厂的特例。

（b）多产品厂

若用单一固定的设备流程生产若干种产品，各产品在加工过程中，按相同的加工顺序经过相同的加工设备，这样的间歇厂称为多产品厂。如图 6-2(b) 所示，所有产品在其加工过程中都按相同的加工顺序经过图中的 6 个设备，在第一周生产的产品是 A，而在第二周生产的产品则是 B。应该指出的是，在多产品厂中任何一瞬间只能生产一种产品，但在不同时间可生产不同产品。通常在多产品厂中生产的产品具有相似的化学性质，比如不同牌号的油漆及不同聚合度的聚合物。多产品厂是多装置厂的特例，在排序理论中称之为流水式车间（flowshop）问题。

（c）多装置厂

若生产在两条或两条以上的不同流程或生产线上进行，每条流程用于生产加工顺序相同的产品，同时该流程可能包含某些产品的专用设备，则这样的间歇厂称为多装置厂。在多装置厂中可以同时生产两种以上的产品。如图 6-2(c) 所示，它在第一周生产的产品是 D 和 E，而在第二周生产 E 的流程用来生产产品 F，所以在第二周生产的产品是 D 和 F。例如，某树脂车间共有 7 套固定装置，可生产 30 多种满足不同需要的树脂产品。其中 4 套装置生产溶剂型树脂，其流程基本相同；另 3 套装置生产其他树脂，其流程也大同小异。各套装置间不交叉共用设备，可同时独立操作。由此可以看出，多装置厂的各套装置可以分别视为多产品厂。

（d）多目的厂

若生产被划为一系列的期限（campaing），每个期限中包括一条或多条临时组装的流程或生产线，用以生产一个或同时生产多个产品，则这样的间歇厂称为多目的厂。在下一期限中，生产线可重新组装，生产另一种产品。这样，不同产品可以交叉共用过程设备，甚至同一产品的不同批也可能以不同路径通过该厂。在多目的厂生产的产品经常有较低的产品需求量或正处于其商业活动的开始，许多中试车间就是典型的例子，如图 6-2(d) 所示。多目的厂是最具有广泛意义的间歇厂，在排序理论中称之为工件式车间（jobshop）问题。

② 根据生产流程的结构分类

根据生产流程的结构，间歇厂可以分为以下 3 类。

（a）单流程结构

如图 6-3(a) 所示，单流程结构的间歇厂可以包括一个或多个加工设备，一批物料按规定的顺序通过流程中的各个设备。在同一时刻，它可以加工一批或几批物料。

（b）多流程结构

多流程结构的间歇厂如图 6-3(b) 所示。它是由若干条平行的单流程组成的，各流程之间物料转移或输送。各流程通常分享原料及产品贮存设备。

（c）网络流程结构

网络流程结构的间歇厂如图 6-3(c) 所示。这是最复杂的流程结构。各单流程可以是固定的，也可以是不断变化的。当流程固定时，流程中的设备使用顺序不变。当流程变化时，流程中的设备是在开始加工某个产品时确定的。在这种情况下，设备之间的相互关系显得非常重要。

（3）间歇过程的操作方式

在间歇过程中，一个间歇设备或间歇级的基本操作顺序是：进料、加工、等待倒空、倒空、清洗、等待进料、进料，它构成了一个操作循环。在间歇级 j 独立操作过程中，某台设备加工两批物料的时间间隔称为该设备的循环时间，而整个间歇级加工两批物料的时间间隔称为间歇级 j 的循环时间。顺序地从工厂得到两批产品之间的时间间隔称为限定循环时间（LCT），也称为批间隔，记为 T_L。若间歇级 j 的循环时间等于 T_L，则该间歇级构成了间歇操作过程的"瓶颈"，因此把它称为时间限制级。

在同一个间歇级中可能有多台平行操作设备，它们可以同步或异步方式操作。所谓异步操作是指第 j 个间歇级有 m_j 台相同设备，在不同时间交替加工第 $j-1$ 级来的不同物料。这时该间歇级的循环时间为该级中一台设备循环时间的 $1/m_j$。若将第 $j-1$ 级来的同一批物料分配在第 j 级的 m_j 个平行设备中同时加工，则称这些平行单元为"同步操作"。此时间歇级 j 的批量为该级中一台设备批量的 m_j 倍。

间歇过程可采用不同的操作方式进行操作，Gantt 图或条线图是最常用的表示方法。图 6-4 是用 Gantt 图表示的具有 3 个间歇级的间歇操作。Gantt 图的纵坐标代表间歇级或单元级，横坐标代表时间。它说明了同一批产品对不同间歇级的占用时间，或者说明了任一间歇级对不同批产品的时间分配。假设物料的传送时间，设备的清洗及调整时间不予考虑或可以计入各间歇级的加工时间中，而且中间存贮采用零等待方式，即一批物料在某间歇级加工完毕后，立即送入下一级加工。若用 T_j 代表某产品在间歇级 j 上的加工时间，则由图 6-4(a) 可以得到：$T_1=2$，$T_2=8$，$T_3=3$。

图 6-4(a) 所示的 Gantt 图代表最简单的操作方式，即非覆盖式操作。对非覆盖式操作而言，必须

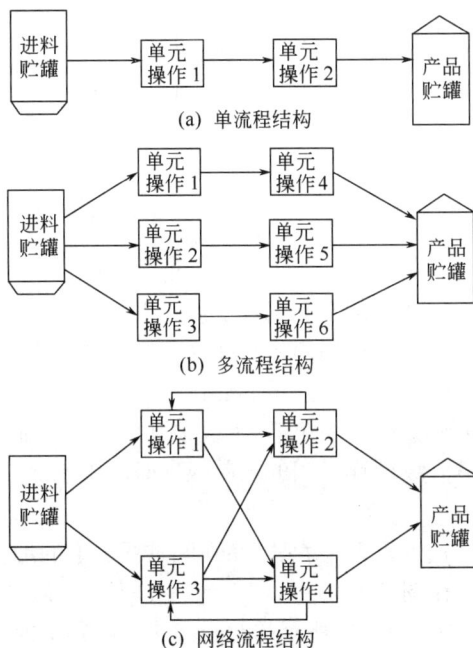

图 6-3 按生产流程划分的间歇厂

第六章

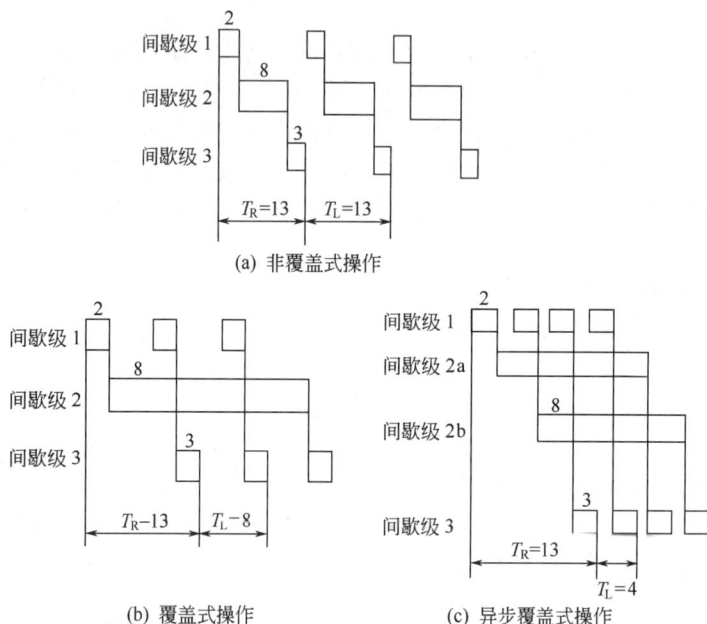

图 6-4　用 Gantt 图表示的具有 3 个间歇级的间歇操作

等工厂全部倒空和清洗之后，下一批物料方可进入第一级开始加工。所以，限定循环时间和一批进料完全通过此过程的停留时间 T_R 相等。由图 6-4(a) 可以看出 $T_L = T_R = 13$。

图 6-4(b) 所示的 Gantt 图代表覆盖式操作。对于覆盖式操作来说，只要前一批物料在第 j 级，则下一批物料即可进入第 $j-1$ 级中开始加工。显然，在这种情况下，该过程的限定循环时间或批间隔，取决于具有最大级循环时间的限制级即时间限制级。对于具有 M 个间歇级的过程，限定循环时间为：

$$T_L = \max\{T_j / m_j\} \tag{6-1}$$

式中，T_j 为某产品在间歇级 j 上的加工时间；m_j 为第 j 级异步单元数目。

在图 6-4(b) 中，$T_1 = 2$，$T_2 = 8$，$T_3 = 3$，$m_1 = m_2 = m_3 = 1$，所以 $T_1 = \max\{2, 8, 3\} = 8$。

图 6-4(c) 所示的 Gantt 图表示异步覆盖式操作。由图 6-4(c) 可以看出，$m_1 = m_3 = 1$，而 $m_2 = 2$，所以限定循环时间 $T_1 = \max\{2, 8/2, 3\} = 4$。显然，覆盖式操作的生产能力要大于非覆盖式操作。对于一个好的过程设计，其所有的间歇级循环时间，应尽可能地接近过程的限定循环时间。

6.2　过程动态模型及模拟

本书前面几章介绍了连续过程的模型。对连续过程模型而言，它有稳态和动态（非稳态）模型。而所有的间歇操作过程都是非稳态过程或动态过程。对间歇过程的建模要求，比对连续过程中由于扰动所产生的动态过程更严格，因为从间歇过程的开始到末尾所经历的范围，比连续过程的动态过程宽得多。但由于间歇过程设备往往具有较大的操作弹性，其不严格性所导致的后果可能又比连续过程小。

间歇过程的模型建立和求解与连续过程并无本质差别。间歇过程的模拟可用来了解过程中各参数随时间的变化，以确定此间歇单元过程的操作时间和最适宜操作条件。此外，通过对间歇单元过程的模拟，可以确定在给定设备尺寸的条件下此单元的操作时间，这是进行间歇过程或工厂设计所必需的。

间歇过程的基本操作单元有加料、反应、冷却、加热、混合、过滤、精馏、干燥、溶剂萃取和结晶等。这些单元的模型建立在物料衡算和能量衡算的基础上。有些单元操作属于半连续过程，如过滤、精馏和干燥等。本节将介绍混合过程、喷雾干燥和间歇反应过程模型的建立和间歇反应过程的模拟。

6.2.1　混合过程

混合是间歇过程中的重要操作单元之一。考虑图 6-5 所示的混合过程，两股进料流都由 A 和 B 两种组分组成，浸没在液体中的换热器补充或移出热量。该过程的操作目标是：混合后产物流中组分 A 的浓度 c_A 和温度 T 符合规定要求。

由于是二元体系，确定了一种组分的浓度，另一组分浓度也就确定了。因此，此例中对 B 组分的浓度不必另行考虑。

根据过程的特征和操作目标，可以确定过程的状态变量如下：

① 槽中液位 h，它虽然不是直接要求的操作目标，但其稳定性对换热和混合过程都有重要影响，因此，也应该列为状态变量。

② 反应混合物中组分 A 的浓度 c_A。

③ 混合物的温度 T。

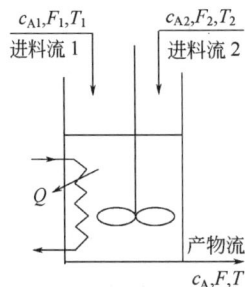

图 6-5　混合过程

对此过程，可以写出下列微分衡算方程。

（1）总物料衡算方程

$$\frac{\mathrm{d}(\rho A h)}{\mathrm{d}t}=F_1+F_2-F \tag{6-2}$$

（2）组分 A 衡算方程

$$\frac{\mathrm{d}(hAc_A)}{\mathrm{d}t}=\frac{1}{\rho}\left[(F_1c_{A1}+F_2c_{A2})-Fc_A\right]$$

或

$$\frac{\mathrm{d}(hc_A)}{\mathrm{d}t}=\frac{1}{\rho A}\left[(F_1c_{A1}+F_2c_{A2})-Fc_A\right] \tag{6-3}$$

由于

$$\frac{\mathrm{d}(hc_A)}{\mathrm{d}t}=h\frac{\mathrm{d}c_A}{\mathrm{d}t}+c_A\frac{\mathrm{d}h}{\mathrm{d}t}=h\frac{\mathrm{d}c_A}{\mathrm{d}t}+\frac{c_A}{\rho A}(F_1+F_2-F) \tag{6-4}$$

式(6-3) 可改写为：

$$\frac{\mathrm{d}c_A}{\mathrm{d}t}=\frac{1}{\rho hA}\left[F_1(c_{A1}-c_A)+F_2(c_{A2}-c_A)\right] \tag{6-5}$$

能量衡算方程和上例一样，对此混合过程，位能和动能的变化也不必考虑。对许多混合过程而言，虽然工业上也有一些无热或微热混合的例子，但热效应，即混合热或溶解热，是必须仔细处理的问题。由浓硫酸-水混合配制一定浓度的稀硫酸，就是混合热效应非常大的一个典型实例。

若取液态纯 A 和纯 B 为基准物态，0℃为基准温度，则物流 i 的焓可表示为：

$$H_i=F_iC_{pi}T_i+\frac{F_i}{\rho}C_{Ai}\Delta H_{Si} \tag{6-6}$$

式中，ΔH_{Si} 是在 0℃和物流 i 的浓度下，组分 A 在 B 中的积分溶解热，kJ/mol。于是，系统的能量衡算方程可列出：

$$\frac{\mathrm{d}(\rho hAC_pT+hAc_A\Delta H_S)}{\mathrm{d}t}=F_1C_{p1}T_1+\frac{F_1}{\rho}c_{A1}\Delta H_{S1}+F_2C_{p2}T_2+$$

$$\frac{F_2}{\rho}c_{A2}\Delta H_{S2}-FC_pT-\frac{F}{\rho}c_A\Delta H_S\pm Q \tag{6-7}$$

其中符号"±"表示混合过程可能是吸热的（用"+"号），也可能是放热的（用"−"号）。

混合过程可望在良好的控制下进行，以至产物流浓度 c_A 的变化不大。在此条件下，ΔH_S 可以假定为常数。若再假定 $C_{p1}=C_{p2}=C_p$，则利用式(6-3)、式(6-5) 和式(6-7) 可展开为：

$$\rho h A C_p \frac{\mathrm{d}T}{\mathrm{d}t} + C_p T (F_1 + F_2 - F) + \frac{\Delta H_S}{\rho} [F_1 (c_{A1} - c_A) + F_2 (c_{A2} - c_A)]$$

$$= C_p (F_1 T_1 + F_2 T_2 - FT) + \frac{1}{\rho} (F_1 c_{A1} \Delta H_{S1} + F_2 c_{A2} \Delta H_{S2} - F c_A \Delta H_S) \pm Q \quad (6\text{-}8)$$

整理结果，得到：

$$\frac{\mathrm{d}T}{\mathrm{d}t} = \frac{1}{\rho h A} [F_1 (T_1 - T) + F_2 (T_2 - T)] + \frac{1}{\rho C_p} [F_1 c_{A1} (\Delta H_{S1} - \Delta H_S) +$$

$$F_2 c_{A2} (\Delta H_{S2} - \Delta H_S)] + c_A \Delta H_S (F_1 + F_2 - F) \pm \frac{Q}{C_p} \quad (6\text{-}9)$$

式(6-5) 和式(6-9) 即为图 6-5 所示混合过程的状态方程组。在推导和应用这类方程时，应特别注意有关物理量的单位。

6.2.2　喷雾干燥过程

喷雾干燥在粉状产品如白炭黑、染料等的生产中有着重要而广泛的应用。考察图 6-6 所示的并流喷雾干燥塔，其中的气体、物料流量 F_g 和 F_L 以及气体湿度、物料湿含量 y 和 x 都以干基计算。根据实际操作经验，在装置设计合理和雾化器操作正常情况下，出塔粉体物料的平均湿含量 x_f 与出塔气体温度 T_{gf} 密切相关。因此，不论对何种产品生产，为保证产品湿含量达到规定的要求，必须使出塔气体温度控制在一定的范围内，因而需要研究状态 T_{gf} 的动态行为。由于只关心 T_{gf} 的行为，可以作下列简化假定：

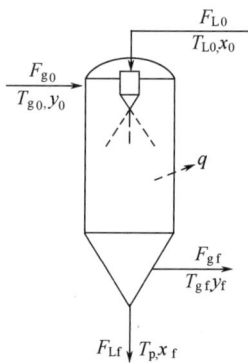

① 物料流动是拟稳定过程，即若进塔气体或料液流量发生变化，出塔气体和产物流量就立即发生相应的变化，从而塔内气体和固体持液量都保持恒定。

② 塔内气体和物料的状态，实际上是沿塔高度变化的，但仅仅从分析 T_{gf} 动态行为的角度考虑，仍可假定塔内是理想混合。

图 6-6　并流喷雾干燥塔

③ 出塔气体必定将一部分粉状产品带入除尘系统。为方便起见，假定出塔气体与固体产品完全分离。实际上这一假定对出塔气体状态分析计算的正确性没有影响。

由假定①，该系统气体和物料的总衡算方程可用简单的代数方程表示为：

$$F_{g0} = F_{gf} = F_g, F_{L0} = F_{Lf} = F_L \quad (6\text{-}10)$$

水分衡算方程则可写为：

$$Y_f - Y_0 = \frac{F_L}{F_g} (x_0 - x_f) \quad (6\text{-}11)$$

另一方面，微分能量衡算方程可列出为：

$$\frac{\mathrm{d}(V_D \rho_g C_{pgf} T_{gf})}{\mathrm{d}t} = F_g C_{pg0} T_{g0} + F_L C_{pL} T_{L0} - F_L C_{ps} T_p -$$

$$F_g C_{pgf} T_{gf} - F_L (x_0 - x_f) \Delta H_v - q \quad (6\text{-}12)$$

式中　　V_D——干燥塔容积；

　　　　ΔH_v——出塔气体温度 T_{gf} 下水的汽化潜热；

　　　　q——热损失速率，取决于塔壁温度，可根据已有的经验公式确定；

C_{pL}, C_{ps}——料液和固体产品的比热容；

C_{pg0}, C_{pgf}——进塔和出塔气体的比热容。

　　　　C_{pg0}、C_{pgf} 可按下式计算：

$$C_{pg0}=1.01+1.92Y_0$$
$$C_{pgf}=1.01+1.92Y_f$$

在良好控制的条件下，T_{gf} 可望变化不大。在此范围内，出塔气体密度 ρ_{gf} 和比热容 C_{pgf} 均可假定为常数。因此，式(6-12) 可改写为：

$$\frac{\mathrm{d}T_{gf}}{\mathrm{d}t}=\frac{1}{V_D\rho_g C_{pg}}\times\{F_g(C_{pg0}T_{g0}-C_{pgf}T_{gf})+F_L[C_{pL}T_{L0}-C_{ps}T_p-(x_0-x_f)\Delta H_v]-q\} \tag{6-13}$$

式(6-13) 为该塔气体温度的动态数学模型。

6.2.3　间歇、半连续反应过程的模型、模拟和优化

（1）间歇操作反应器

对于间歇操作的理想搅拌反应器，可以认为反应混合物是均匀的，也就是说既不出现温度梯度也不出现浓度梯度。可将微分衡算式对整个反应器体积进行积分，由于在反应期间反应物既不引出也不加入，所以质量衡算式为：

$$VR_i=V\sum_j v_{ij}r_j=\frac{\mathrm{d}n_i}{\mathrm{d}t} \tag{6-14}$$

物料量变化速率 R_i 包括系统中进行的所有组分（i）参与的反应（j）。

与物料的情况相反，搅拌反应器可通过反应器壁与外界进行热量交换，交换的热量为：

$$Q=UA(T_w-T) \tag{6-15}$$

式中　U——传热系数；

　　　A——反应器换热面积；

　　　T_w——热载体平均温度；

　　　T——反应混合物的温度。

这样，由一般热量衡算式可得：

$$(\bar{C}_w+m\bar{C}_p)\frac{\mathrm{d}T}{\mathrm{d}t}=UA(T_w-T)+V\sum_i r_j(-\Delta H_{Rj}) \tag{6-16}$$

式中　$\bar{C}_w$——反应器的总平均比热容，假定与温度无关；

　　　$\bar{C}_p$——反应混合物的平均定压比热容，假定与温度和产物组成的变化无关。

生产能力 L_P 是指单位时间产物 A_i 的生产量。间歇操作反应器的 L_P 是基于整个反应周期的持续时间 t_2 的生产量计算的，t_2 包括达到预期转化率所需的时间 t_R 和反应器装量、卸料、清洗、加热和冷却所需的辅助时间 t_a：

$$L_P=\frac{n_1-n_{i,0}}{t_a+t_R}=\frac{n_i-n_{i,0}}{t_a} \tag{6-17}$$

因为转化率 $X=(n_{i,0}-n_i)/n_{i,0}$ 故有：

$$L_P=\frac{n_{i,0}X}{t_R+t_a} \tag{6-18}$$

通过将表达式 $X/(t_R+t_a)$ 对 t_R 求导数，并设为零，即可求解。其结果经变换后为：

$$\frac{\mathrm{d}X}{\mathrm{d}t_R}=\frac{X}{t_R+t_a} \tag{6-19}$$

将转化率对反应时间作图，则可产生最佳转化率，由此点作切线 AB，交横坐标于 A，如图 6-7 所示。在已知动力学的情况下，随着准备时间的增加，为了使反应器的生产能力最大，必须

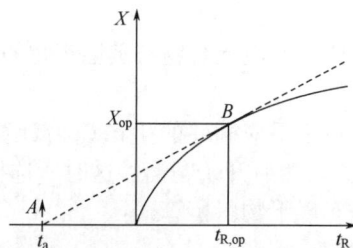

图 6-7　间歇操作反应器的优化

提高转化率。

（2）半连续操作

半连续操作搅拌釜反应器的物料衡算式如下：

$$\frac{\mathrm{d}n_i}{\mathrm{d}t}=\frac{\mathrm{d}(Vc_i)}{\mathrm{d}t}=V_0c_{i0}-V_ac_{ia}+V\sum_j v_{ij}r_{ij} \tag{6-20}$$

它与间歇反应器一样，在整个操作过程中并没有达到稳定状态。半连续操作的特点是除了混合物组成发生变化之外，还必须考虑到反应体积和反应物料质量的增减：

$$\frac{\mathrm{d}m}{\mathrm{d}t}=\frac{\mathrm{d}(V\rho)}{\mathrm{d}t}=V_0\rho_0-V_a\rho_a \tag{6-21}$$

通过改变反应物的比例提高关键组分转化率和平衡反应下生产能力，但加入的反应物将导致分离成本的提高。式(6-22)描述了可逆反应的反应速率：

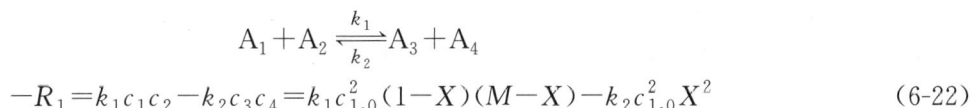

$$A_1+A_2\underset{k_2}{\overset{k_1}{\rightleftharpoons}}A_3+A_4$$

$$-R_1=k_1c_1c_2-k_2c_3c_4=k_1c_{1,0}^2(1-X)(M-X)-k_2c_{1,0}^2X^2 \tag{6-22}$$

反应速率和最终转化率按上式主要与过量 M 有依赖关系。

间歇反应精馏是具有化学反应的精馏，它是精细化学品生产中常用的一种将反应和分离相结合的操作，是一个半连续过程。

【例 6-1】 在搅拌釜反应器中乙酸和乙醇酯化反应制造乙酸乙酯：

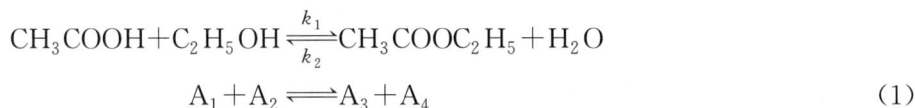

$$CH_3COOH+C_2H_5OH\underset{k_2}{\overset{k_1}{\rightleftharpoons}}CH_3COOC_2H_5+H_2O$$

$$A_1+A_2\rightleftharpoons A_3+A_4 \tag{1}$$

该反应是在盐酸作为催化剂存在下，在水溶液中进行的。反应速率为：

$$r_1=k_1c_1c_2$$
$$r_2=k_2c_3c_4 \tag{2}$$

其物质变化速率遵循以下公式：

$$R_i=v_{i1}r_1+v_{i2}r_2=v_{i1}k_1c_1c_2+v_{i2}k_2c_3c_4 \tag{3}$$

$$k_1=7.93\times10^{-6}\mathrm{m}^3/(\mathrm{kmol\cdot s})（373K 下）$$

$$k_2=2.71\times10^{-6}\mathrm{m}^3/(\mathrm{kmol\cdot s})（373K 下）$$

初始浓度分别为：

$$c_{1,0}=3.91\mathrm{kmol/m}^3,\ c_{2,0}=10.20\mathrm{kmol/m}^3,\ c_{3,0}=0\mathrm{kmol/m}^3,\ c_{4,0}=17.56\mathrm{kmol/m}^3$$

最长反应时间限制于 2h，反应体积在开始时为 52m³。

在半连续操作方式下，$t_R=2h$ 后乙酸转化率为 $X=0.35$。每个反应循环产生 71.16kmol＝6262kg 乙酸乙酯。

通过在反应过程中蒸馏除去反应混合物中的反应产物，可以提高反应器生产能力。

在精馏塔塔顶取出有如下组成的共沸混合物：$c_{1,a}=0$，$c_{2,a}=1.86\mathrm{kmol/m}^3$，$c_{3,a}=9.58\mathrm{kmol/m}^3$，$c_{4,a}=5.1\mathrm{kmol/m}^3$。

假定反应混合物与蒸馏产物的密度相等（$\rho=\rho_a=1020\mathrm{kg/m}^3$）。与反应体积相比较，塔体积可被忽略不计。

每个反应循环的生产能力计算如下：在初始期 t_{R1} 反应器半连续操作，直到达到预定的酯浓度（$c_{3,1}$），然后开始精馏。这时所选条件应使酯浓度在整个蒸馏期保持常数（$t_{R1}\leqslant t\leqslant t_R$，$c_3=c_{3,1}$）。于是有以下物料衡算式：

$$\rho\frac{\mathrm{d}V}{\mathrm{d}t}=-\rho_aV_a \tag{6-23}$$

乙酸

$$\frac{\mathrm{d}n_1}{\mathrm{d}t}=\frac{\mathrm{d}(Vc_1)}{\mathrm{d}t}=-VR_1 \tag{6-24}$$

乙醇

$$\frac{\mathrm{d}n_2}{\mathrm{d}t}=\frac{\mathrm{d}(Vc_2)}{\mathrm{d}t}=VR_2-V_\mathrm{a}c_{2,\mathrm{a}} \tag{6-25}$$

乙酸乙酯

$$\frac{\mathrm{d}n_3}{\mathrm{d}t}=c_{3,1}\frac{\mathrm{d}V}{\mathrm{d}t}=VR_3-V_\mathrm{a}c_{3,\mathrm{a}} \tag{6-26}$$

水

$$\frac{\mathrm{d}n_n}{\mathrm{d}t}=\frac{\mathrm{d}(Vc_4)}{\mathrm{d}t}=VR_4-V_\mathrm{a}c_{4,\mathrm{a}} \tag{6-27}$$

因为 ρ、$c_{3,1}$、$c_{2,\mathrm{a}}$、$c_{3,\mathrm{a}}$、$c_{4,\mathrm{a}}$ 均被看作常数,由式(6-23) 和式(6-26) 得出反应器中的体积变化为:

$$\frac{\mathrm{d}V}{\mathrm{d}t}=\frac{VR_3}{c_{3,1}+c_{3,\mathrm{a}}} \tag{6-28}$$

为计算转化率随时间的变化过程,可按龙格-库塔法对微分方程组数值积分,结果为如图 6-8(a)所示的对应不同恒定酯浓度的一组曲线。$c_{3,1}$ 越小,间歇的初始期 t_{R1} 越短,最终转化率 X_a 越高。在蒸馏期内的生成速率明显高于在间歇反应中所能达到的水平[图 6-8(b)],它随浓度 $c_{3,1}$ 的减小而增加。

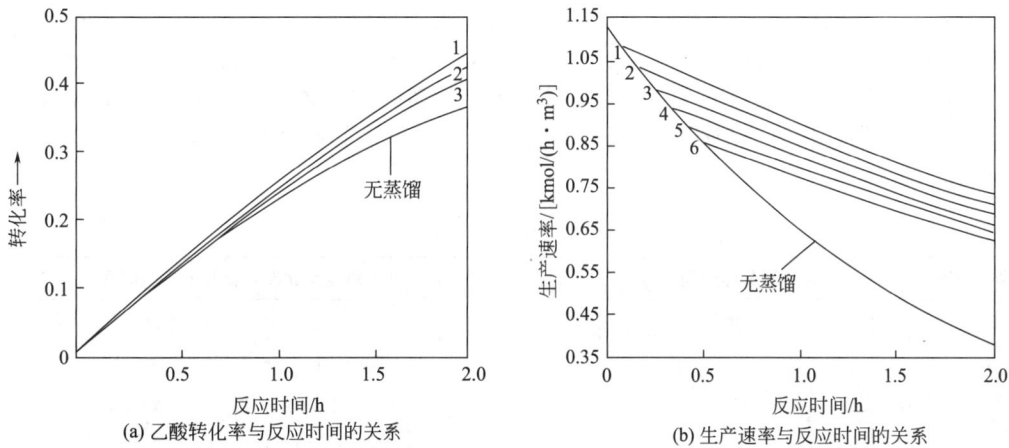

图6-8 间歇操作与半连续操作下乙酸转化率、生产速率与反应时间的关系
(曲线 1～3 和 1～6 均分别对应于不同的恒定酯浓度)

6.3 间歇过程的最优时间表

由于间歇过程中待生产的多种产品,需要分享有关的加工设备、公用工程和生产时间,因此需要研究间歇过程中生产能力与时间的分配;原材料、中间产品及最终产品的贮存分配;以及劳动力与能源的分配等,以便最有效地利用资源,提高生产效率。生产时间表的安排是间歇过程优化的主要问题。

6.3.1 时间表问题

时间表问题或称生产调度,是间歇生产安排中的重要部分。在给定生产要求和可利用的全部设备条件下,时间表问题决定产品在各级单元上的加工顺序和每个操作的起始、终止时间,并以此优化某些经济(或系统)指标,如使操作费用最少或使完成所需产品的生产总时间最短。因此生产时间表的开发是间歇过程优化的主要问题。图 6-9 是一个典型的多产品厂,用该厂的多级生产装置可生产 10 种不同的产品,每一种产品需要同样的加工顺序,但可能有不同的操作条件。假设各产品的加工条件是已知的，则间歇操作的加工时间和半连续单元的处理速度是不变的。若规定一段时间内需生产的 10 种产品各自的产量，则时间表的问题包括：（a）确定这些产品被加工的次序；（b）确定各操作开始和停止的时间。总的目标是使加工费用最少，或是完成这些产品的加工所需的时间最少。时间表的需要不是来自加工操作的本质，如连续，半连续或间歇，也不是由被加工的物料的性质决定的，而是因为在不同产品之间必须划分出一个装置上的生产时间，所以需要时间表。

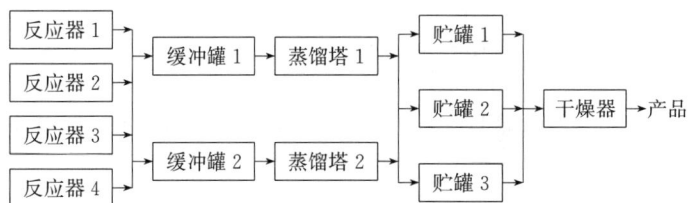

图 6-9　多级生产装置

下面举例说明时间安排在一个多目的间歇过程生产中的重要性。如表 6-2 所示，有 4 种产品 A、B、C 和 D 需要用 4 台间歇设备Ⅰ、Ⅱ、Ⅲ和Ⅳ按一定的顺序进行加工。表 6-2 给出了各产品的原料到达此厂的时间。需要解决的问题是这些产品以什么样的先后次序进行加工，可使所有产品的加工尽快地结束。可能的方案是：（a）按产品 A、B、C、D 的次序，一个产品加工完成后再加工另一个，这个方案的缺点是一些设备的闲置时间过长；（b）交叉使用各台设备，这样做可明显地缩短闲置时间，找到最优交叉方案。这里的最优指第一个产品开始加工到最后一个产品完成加工的总时间最短。表 6-3 列出了一个可能的时间表。

表 6-2　四产品、四单元问题及其加工次序

对产品的原料	到厂的具体时间	加工次序和各间歇设备上的加工时间/min
A	8:30	Ⅰ(60)→Ⅱ(30)→Ⅲ(2)→Ⅳ(5)
B	8:45	Ⅱ(75)→Ⅲ(3)→Ⅰ(25)→Ⅳ(10)
C	8:45	Ⅲ(5)→Ⅱ(15)→Ⅰ(10)→Ⅳ(30)
D	9:30	Ⅳ(90)→Ⅰ(1)→Ⅱ(1)→Ⅲ(1)

表 6-3　可能的时间表

间歇设备	加工次序			
	第一	第二	第三	第四
Ⅰ	A	D	C	B
Ⅱ	B	C	A	D
Ⅲ	C	B	A	D
Ⅳ	D	A	C	B

表 6-3 中的时间表遵循了一个约束条件，即各产品均有它自己的加工次序。在排序理论中称表 6-2 中的加工次序为"技术约束"，与此技术约束相容的时间表为"可行时间表"，如表 6-3 中的时间表，反之为"不可行时间表"。对于简单问题，可用观察方法列出所有的可行和不可行时间表。但当产品和设备数增大时，例如对于 n 个产品、m 台设备，在一个特定设备上每一种排列均可给出 $(n!)^m$ 种排列的加工次序。对 $n=4,m=4$ 的过程，$(4!)^4=331776$，已不可能通过一一列出所有时间表，消去不可行的时间表，再从其余的可行解中找出最优时间表。而对 5 个产品，4 台设备的问题，时间表总数为 $(5!)^4=2.1\times10^8$。此数据表明，解时间表问题有很大困难，必须采用很巧妙的方法，有时即使采用了很巧妙的方法，某些问题求解所用的时间也可能很长。

下面要解决的问题是如何确定这 4 个产品在 4 台设备上的最早加工完毕的时间。寻找此最早时间的方法是尽量减少设备的闲置时间。最终可发现使用表 6-3 中的时间表是最优时间表，即所有产品最早加工完毕。它的 Cantt 图如图 6-10 所示。其中横坐标表示加工时间，纵坐标表示加工设备，图中的 A、B、C 和 D 表示被加工的 4 个产品。从图 6-10 可以看出，第一个开始加工的产品是 C，开始加工的时间是 8:45，最后一个加工的产品是 A，全部产品可在 11:30 被加工完。用完全枚举法可证明时间表为最优时间表。

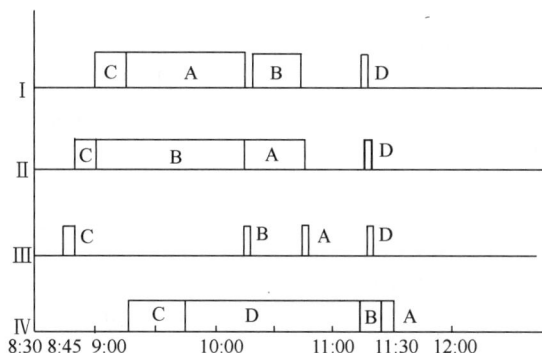

图 6-10　四产品四设备问题的最优化时间表

总之，时间表问题是寻找加工次序的问题，不仅与技术约束兼容，而且对于某一种目标函数是最优的。

时间表问题的解受以下因素的影响：

（a）加工流程的网络结构；

（b）各操作中每一产品的加工时间；

（c）是否存在中间贮罐；

（d）生产时间的损失和与产品更换有关的费用；

（e）所用优化目标函数和用来确定时间表的费用；

（f）对单个产品的交货日期。

虽然对特殊的问题存在着大量的文献，但到现在为止，时间表安排问题还没有一个通用解法。许多应用实例不属于化工应用范围，但它们与化学加工过程有本质上的相似性，因此，求解化学加工过程的时间表安排问题可借助现有的解法。

（1）时间表问题的主要假设、符号说明和目标函数

若有 n 个产品 $\{J_1, J_2, \cdots, J_n\}$，需要在 m 台间歇设备 $\{M_1, M_2, \cdots, M_m\}$ 上进行加工，用 O_{ij} 表示第 i 个产品用第 j 台设备处理。在排序理论中将产品视为"作业（job）"，而将设备视为"处理器（processor）"。

① 主要假设

在本节讨论中，对时间表问题的结构作如下假设：

（a）各个产品是一个实体。尽管此产品可承受不同的操作，但不能同时进行同一产品的两个操作。因此，在我们的讨论中不能有这样的情况，即同时生产几种中间体，然后再将它们掺合成最终的产品。

（b）没有优先问题。各个操作一旦开始以后，必须在这台处理器加工直到完成规定的操作。

（c）各产品有 m 个不同的操作，在每一台设备上完成一个操作。不允许在同一台设备上对某一产品加工两次。同样，应坚持在每一台设备上加工各个产品，产品不允许跳过一台或多台设备。

（d）不能中途放弃，即各产品必须被加工到完成。

（e）加工时间与时间表无关，设备调整到正常状态所需要的时间与操作次序无关；在两台设备之间输送产品的时间可忽略。

（f）允许有中间贮罐，或者说产品可等待到下一台要用的设备空出来。但在有的问题中被加工的产品必须连续地从一个操作到另一个操作。

（g）各类设备只有一台，即不允许在产品的加工中选择设备。此假设与前面介绍的用两台同步或异步操作的设备，来消除尺寸上的瓶颈或循环时间上的瓶颈是矛盾的。

（h）可以有闲置的设备。

（i）没有一台设备能同时进行两个操作。

（j）设备不会发生故障，对整个时间表期间是有效的。

（k）技术约束是事先知道的，且在操作过程中是不变的。

（l）以下物理量，即产品数、设备数、加工时间、就绪时间和等待时间等，是已经给定的。对规定一个特定的问题，所需的全部其他物理量是已知的，而且是恒定不变的。

② 符号说明

时间表安排的目标可能是多种的、复杂的、有时是相互矛盾的，即使采用最简单的目标，这类问题的数学归纳也是很困难的。在用准确的数学术语定义目标函数之前，需要一些定义和符号。

r_i 和 p_{ij} 分别为作业 J_i 的就绪时间和加工时间。

d_i 是交货日期（due date），即至这个时间应已完成产品 J_i 的生产。

a_i 是对 J_i 的允许期限（allowance），即就绪时间和交货日期之间允许加工的期限，$a_i = d_i - r_i$。

W_{ik} 是在第 k 操作开始前加工 J_i 的等待时间（waiting time）。所谓第 k 操作的意思不是指在设备 M_k 上完成的操作（尽管它可能是），而是来自加工次序中的第 k 个操作，因此若技术约束要求以 $M_{j(1)}$，$M_{j(2)}$，…，$M_{j(m)}$ 这个顺序通过设备来加工 J_i，则第 k 个操作是 $O_{ij(k)}$，即在 $M_{j(k)}$ 上完成的操作。故 W_{ij} 是在 $M_{j(k-1)}$ 上 J_i 完成和在 $M_{j(k)}$ 上开始加工之间所经过的时间。

W_i 是 J_i 的总等待时间，显然，$W_i = \sum_{k=1}^m W_{ik}$。

C_i 是 J_i 的完成时间，即 J_i 的加工结束时间。存在的等式关系是：

$$C_i = r_i + \sum_{k=1}^m [W_{ik} + p_{ij(k)}]$$

F_i 是 J_i 的流经时间（flow time），即在车间中 J_i 消耗的时间，$F_i = C_i - r_i$。

L_i 是 J_i 的推迟（lateness）时间，是完成时间与交付日期之差，$L_i = C_i - d_i$。注意，当产品被提前，即完成时间在其交付日期之前，则 L_i 是负的。通常更有用的变量是当产品是迟到（tardiness）时间取非零值，此产品在交付日期之后被完成。同样可定义早到时间（earliness）。

T_i 是 J_i 的迟到时间，$T_i = \max\{L_i, 0\}$。

E_i 是 J_i 的早到时间，$E_i = \max\{-L_i, 0\}$。

设 $\overline{X}_i$ 代表与 J_i 有关的量，令 $\overline{X}_i = \frac{1}{n}\sum_{i=1}^n X_i$，即 $\overline{X}_i$ 代表所有 X_i 的平均值。

令 $X_{\max} = \max\{X_1, X_a, …, X_n\}$，即 $X_{\max}$ 代表所有 X_i 中的最大值。例如，$\overline{F}$ 表示平均的流经时间，$C_{\max}$ 表示最大完成时间。

用 $I_j = C_{\max} - \sum_{i=1}^n p_{ij}$ 来定义在设备 M_j 的闲置时间，其中 $C_{\max}$ 是所有产品的加工停止的时间，$\sum_{i=1}^n p_{ij}$ 是在设备 M_j 上的总加工时间，他们的差值给出了设备 M_j 的闲置时间。

注意就绪时间和完成时间是指时间上的一个瞬间，而加工时间、等待时间和流经时间都表示一个间隔。

图 6-11 列出了一个典型产品 J_i 的 Gantt 图，有关符号和说明参见以上叙述，图上的每一个方块给

出了一个特定操作的开始和结束时间。在图 6-11 中，由技术约束条件规定的加工顺序是：$\{M_{m-1}$，M_j，M_m，$\cdots$，M_1，$M_2\}$，等待时间 W_{i1} 和 W_{i3} 为零；W_{i2} 和 W_{im} 为非零。对产品 J_i，$T_i=L_i$ 而 $E_i=0$，因为此产品是在交付时期之后被完成。

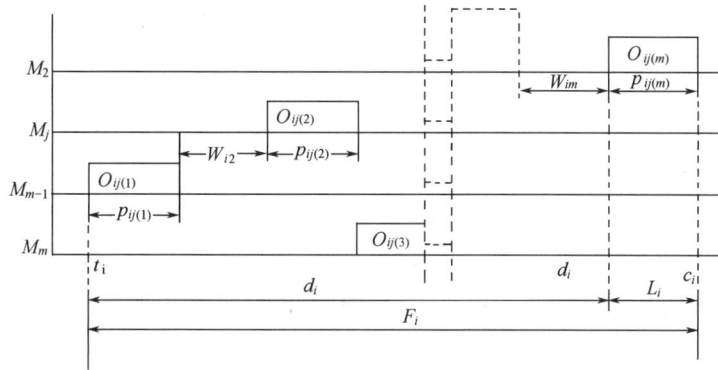

图 6-11　典型产品 J_i 的 Gantt 图

"加工顺序（processing sequence）"指通过多台设备对多个产品进行加工的次序，因而它不包含各操作开始和结束的时间数据，表 6-2 就是加工顺序的一个例子。"平均加工时间表（processing schedule）"包括了时间表和顺序的信息，图 6-10 中 Gantt 图为一个完整的时间表，图上的每个方块给出了一个特定操作的开始和结束时间。而"建立时间表"应是指一个过程，即从一个顺序导出时间表的过程。

③ 目标函数

通常使用的主要准则或目标函数是 F_{max}、C_{max}、$\overline{F}$ 和 $\overline{C}$。使最大的流经时间 F_{max} 最小，实际上是说时间表的费用直接和其最长的作业有关。使最大的完成时间 C_{max} 最小，说明时间表的费用取决于加工系统需花多长时间于这一组作业。在就绪时间均为零的情况下 F_{max} 和 C_{max} 是相同的。但当就绪时间为非零时，F_{max} 和 C_{max} 有较大差别。也将 C_{max} 称为总生产时间（total production time）或经历（makespan）。

使平均流经时间 $\overline{F}$ 最小，意味着时间表的费用直接和加工一单独的作业的平均时间有关。同样可发现使平均完成时间 $\overline{C}$ 最小，相当于使 $\overline{F}$ 最小，即能使 $\overline{C}$ 最小的时间表也可使 $\overline{F}$ 最小，反之亦然。F_{max} 和 C_{max} 是不同的功能准则，而 $\overline{F}$ 和 $\overline{C}$ 实际上是相同的，这理由是很简单的，因为取一组数的最大值的操作，具有与取它们的平均值的操作有完全不同的性质。当某作业比其他作业更重要时，可用其加权平均的最小值：

$$\sum_{i=1}^n (\alpha_i C_i) \text{ 或 } \sum_{i=1}^n (\beta_i C_i) \tag{6-29}$$

其中 α_i 和 β_i 是权因子，它们对 $i=1$，2，$\cdots$，n 的各自加和为 1。

此外，更换产品费用（changeover cost）和总生产时间（makespan）也是工业上常用的两个准则。

目标函数可分为规则和不规则两种。规则目标函数是完成时间不递减的目标函数。在此定义下的主要原理是：假设有两个时间表，在第一个时间表中全部作业的完成不晚于第二个时间表。那么对于规则目标函数，第一个时间表至少应像第二个时间表一样好。F_{max}、C_{max}、$\overline{F}$ 和 $\overline{C}$；L_{max}、T_{max}、$\overline{L}$ 和 $\overline{T}$ 都是规则的目标函数。

现在来说明"顺序（squence）"，"时间表（schedule）"和"建立时间表（timetabling）"的区别。我们曾用"加工顺序（processing squence）"，它是指通过多台设备对多个产品进行加工的次序，因而它不包含操作开始和结束的时间数据，图 6-9 就是加工顺序的一个例子。而"加工时间表（processing schedule）"却包含了时间表和顺序的信息，图 6-10 中 Gantt 图规定了一个完整的时间表，图上的每个方块给出了一个特定操作的开始和结束时间。而"建立时间表"应是指一个过程，即从一个顺序导出时间表的过程。

（2）时间表问题的分类

根据四个参数对多目的厂的时间表问题进行分类，形式如下：

$$n/m/A/B$$

式中　n——作业（产品）的数目；

　　　m——机器（设备）的数目。

A 被用来说明流经此车间或工厂的模式，当 $m=1$ 时，A 可以是空白的。A 也可以是 P、F 或 G。P 指排列的多产品过程（permutation flowshop）情况，这里不仅对所有产品的设备顺序相同，而且现在还限制搜索对各台设备来说产品顺序也是相同的时间表。故时间表完全由数字 1，2，…，n 的单一的排列所规定。F 指多产品过程（flowshop）情况，即对所有产品的设备顺序相同。G 指一般的多目的过程（jobshop），在这种情况下对技术约束的形式没有限制。

B 是指目标函数，即用此目标函数或准则来估计时间表，它可取前面讨论过的任何一种形式。例如，$n/2/F/C_{max}$ 是指 n 个产品，2 台设备，多产品过程问题，在时间表的建立中以总生产时间最少为目标函数。

6.3.2　简单多产品和多目的间歇过程最优时间表的计算规则

所谓"计算规则"是指用来严格确定加工次序的一组简单规则，从问题的数据来建立最优解。在具有两台或多台设备的情况下，可采用这样的方法。只有 $n/2/F/F_{max}$ 这类问题，可将计算规则用于所有情况下。但对于其他类问题，则存在很少的计算规则，且只能用于特殊情况。除了在 6.3.1 节中提出的假设之外，这里还假设对所有的 J_i（$i=1$，2，…，n），就绪时间为零，即 $r_i=0$。在多产品厂中技术约束的要求是产品以同样的次序在两台设备之间通过。

（1）$n/2/F/F_{max}$ 问题的 Johnson 规则

对于 $n/2/F/F_{max}$ 问题，n 个产品用两个单元（M_1 和 M_2）加工，每个产品都先用 M_1 加工，然后用 M_2 加工，目标函数是使最大的流经时间最小。由于所有产品的就绪时间为零，所以 $F_{max}=C_{max}$。先在 M_1 上从具有最短加工时间的产品开始加工似乎是合理的，同样可使在 M_2 上具有最短加工时间的产品后结束加工也是合理的，因为当这一产品正在加工时，M_1 必须是闲置的。只需对此问题考虑排列时间表。将以上概念结合起来，最优时间安排应是一个 $\{J_1，J_2，…，J_n，\}$ 排列问题，目标是使在加工顺序中较早的产品在 M_2 上有较短的加工时间。用 Johnson 规则构成的时间表就具有这种性质。

Johnson 规则是：为简化符号，令 a_i 为 J_i 在 M_1 上的加工时间，b_i 为 J_i 在 M_2 上的加工时间，则有 $a_i=p_{i1}$，$b_i=p_{i2}$。此规则采用从两端向中间移动的方式建立加工顺序。为做到这一点，需要两个计数器，即 K 和 L。从 $K=1$ 开始，随顺序中第 1，2，3，4，…个位置被填充，而增加到 2，3，4，…。同理，从 $L=n$ 开始，随顺序中第 n，$n-1$，$n-2$，…个位置被填充，而减少到 $n-1$，$n-2$，…。具体步骤如下：

① 步骤 1，令 $K=1$，$L=n$。

② 步骤 2，令现在的未被排进时间表的产品列是 $\{J_1，J_2，…，J_n\}$。

③ 步骤 3，对现在未被排进时间表的产品寻找所有 a_i 和 b_i 最小者。

若有两个或两个以上的产品具有最短的时间，则从中任选一个 J_i。

④ 步骤 4，若在 M_1 上 J_i 具有最短时间，即 a_i 是最小的，则：

（a）将 J_i 排在加工顺序中的第 K 位置；

（b）从现在未排进时间表的产品列中消去 J_i；

（c）令 $K=K+1$；

(d) 去步骤 6。

⑤ 步骤 5，若在 M_2 上 J_i 具有最短时间，即 b_i 是最小的，则：

(a) 将 J_i 排入加工顺序中的第 L 位置；

(b) 从现在的未排进时间表的产品列中消去；

(c) 令 $L=L-1$；

(d) 去步骤 6。

⑥ 步骤 6，若有任何未被排进时间表的产品，则去步骤 3。否则，停止计算。

【例 6-2】　下面通过表 6-4 的 $7/2/F/F_{max}$ 问题说明 Johnson 规则的应用。各产品在设备 M_1 和 M_2 上的加工时间列在表 6-4 中。

表 6-4　$7/2/F/F_{max}$ 问题的加工时间

产　品	在单元上的加工时间		产　品	在单元上的加工时间	
	M_1	M_2		M_1	M_2
1	6	3	5	7	1
2	2	9	6	4	5
3	4	3	7	7	6
4	1	8			

用 Johnson 规则建立时间表。

产品 4 列入时间表：4 ···

产品 5 列入时间表：4 ·· 5

产品 2 列入时间表：4　2 ·· 5

产品 3 列入时间表：4　2 ····································· 3　5

产品 1 列入时间表：4　2 ·························· 1　3　5

产品 6 列入时间表：4　2　6 ··············· 1　3　5

产品 7 列入时间表：4　2　6　7 ········· 1　3　5

所以，用 Johnson 规则得到的产品顺序为（4，2，6，7，1，3，5）。注意，在上面有两个任意的选择，可在产品 4 列入之前将产品 5 列入顺序的最后位置，而最终的顺序与以上顺序相同。也可将产品 1 列入第 6 位代替产品 3。这可能产生一个不同的，但是等价的加工顺序，即（4，2，6，7，3，1，5）。

(2) $n/2/G/F_{max}$ 问题的 Johnson 规则

① 产品分类设定　在这里我们取消关于各个产品必须通过全部单元这一假设。产品组 $\{J_1$，J_2，…，$J_n\}$ 中产品可被分为以下四类：

(a) A 类，只需在单元 M_1 上加工的产品；

(b) B 类，只需在单元 M_2 上加工的产品；

(c) C 类，以 M_1，M_2 这样的次序在两个单元上加工的产品；

(d) D 类，以 M_2，M_1 次序在两个单元上加工的产品。

② 最优时间表安排　稍加思考发现，这类问题的最优时间表安排是可以按下列方法求解的：

(a) 对 A 类产品，可以任意次序安排时间，而得到顺序 S_A；

(b) 对 B 类产品，可能任意次序安排时间，而得到顺序 S_B；

(c) 对 C 类产品，可将它视为 $n/2/F/F_{max}$ 问题，用前面介绍的 Johnson 规则安排时间而得到顺序 S_C；

(d) 对 D 类产品，也将它视为 $n/2/F/F_{max}$ 问题，用 Johnson 算法安排时间而得到顺序 S_D。但在技术约束上要规定 M_2 是第一个单元，M_1 是第二个单元。则这类问题的最优时间表对单元 M_1 为

第六章

$(S_C，S_A，S_D)$，而对单元 M_2 为 $(S_D，S_B，S_C)$。若 M_2 保持闲置以等待 S_C 类产品在 M_2 上的完成，或者让 M_1 保持闲置，以等待 D 类产品在 M_2 上完成，就会浪费一部分时间使得 F_{max} 增加。

【例 6-3】 下面通过表 6-5 列出的 $9/2/G/F_{max}$ 问题，用 Johnson 规则寻找最优时间表。各产品在设备 M_1 和 M_2 上的加工时间列在表 6-5 中。

表 6-5 $9/2/G/F_{max}$ 问题的加工顺序和时间

产品	加工顺序和时间				产品	加工顺序和时间			
	第一单元	时间	第二单元	时间		第一单元	时间	第二单元	时间
1	M_1	8	M_2	2	6	M_2	5	M_1	3
2	M_1	7	M_2	5	7	M_1	9		
3	M_1	9	M_2	8	8	M_2	1		
4	M_1	4	M_2	7	9	M_2	5		
5	M_2	6	M_1	4					

① A 类产品：只有产品 7 仅在 M_1 上加工，故顺序为 (7)。

② B 类产品：产品 8 和 9 需要 M_2，故任选顺序 (8，9)。

③ C 类产品：产品 1，2，3 和 4 先用 M_1，后用 M_2。用 Johnson 规则解此 $4/2/F/F_{max}$ 问题，得到的顺序为 (4，3，2，1，)。

④ D 类产品：产品 5 和 6 先用 M_2，后用 M_1。用 Johnson 规则解此 $2/2/F/F_{max}$ 问题，得到顺序 (5，6)，记住 M_1 现在是第二单元。

对整个问题的最优顺序是：

① 单元 M_1 上产品的加工顺序为 (4，2，3，1，7，5，6)。

② 单元 M_2 上产品的加工顺序为 (5，6，8，9，4，3，2，1)。

按此顺序进行加工的 Gantt 图如图 6-12 所示，可以看出 $F_{max}=44$。

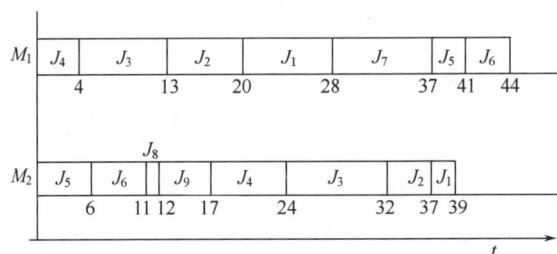

图 6-12 $9/2/G/F_{max}$ 问题的 Gantt 图

(3) 特殊的 $n/3/F/F_{max}$ 问题

用于 $n/2/F/F_{max}$ 问题的 Johnson 规则可被推广到特殊的 $n/3/F/F_{max}$ 问题。需要的条件是：

$$\min_{i=1}^{n}\{p_{i1}\} \geqslant \max_{i=1}^{n}\{p_{i2}\} \tag{6-30}$$

或

$$\min_{i=1}^{n}\{p_{i3}\} \geqslant \max_{i=1}^{n}\{p_{i2}\} \tag{6-31}$$

即在第二单元上的最大加工时间不大于在第一或第三单元上的最小时间。若式(6-30) 或式(6-31) 得到满足，则可求得该特殊问题的最优时间表。令：

$$a_i = p_{i1} + p_{i2} \tag{6-32}$$

$$b_i = p_{i2} + p_{i3} \tag{6-33}$$

对这些产品安排时间：如果它们只需在两个单元上加工，且各产品的加工时间在第一和第二单元上分别为 a_i 和 b_i，也可使用 Johnson 规则。要记住的是只需对 $n/3/F/F_{\max}$ 问题排列时间表，且将 Johnson 规则用于与虚拟时间 a_i 和 b_i 相结合的 $n/2/F/F_{\max}$ 问题，就可产生这样一个时间表。

【例 6-4】　下面通过表 6-6 列出的 $6/3/F/F_{\max}$ 问题，说明 Johnson 规则可被推广到特殊的 $n/3/F/F_{\max}$ 问题。各产品在设备 M_1，M_2 和 M_3 上的加工时间列在表 6-6 的左侧。

首先对此问题检查式(6-32)或式(6-33)是否得到满足（注意，只需满足其中之一）：

$$\min_{i=1}^{6}\{p_{i1}\}=3,\ \max_{i=1}^{6}\{p_{i2}\}=3,\ \min_{i=1}^{6}\{p_{i3}\}=1$$

表 6-6　例 6-4 中 $6/3/F/F_{\max}$ 问题的加工顺序和时间

产　品	实际加工时间			虚拟二单元加工时间	
	M_1	M_2	M_3	第一单元 a_i	第二单元 b_i
1	4	1	3	5	4
2	6	2	9	8	11
3	3	1	2	4	3
4	5	3	7	8	10
5	8	2	6	10	8
6	4	1	1	5	2

因为 $\min_{i=1}^{6}\{p_{i1}\}=\max_{i=1}^{6}\{p_{i2}\}$，式(6-32)得到满足。表 6-6 的右侧列出了根据式(6-32)和式(6-33)计算的虚拟二单元加工时间。

6.4　多产品间歇过程的设备设计与优化

多产品间歇过程设计的主要任务，是根据在一定时间内需要生产的各种产品的产量以及根据每种产品的生产过程，确定生产这些产品所需要设备的尺寸，以满足所有的技术规定（即给定时间内的产品产量），但所得的解不一定是最优解（即不一定保证设备投资最小）。考虑到设备投资问题，必须用适当的优化准则来寻找最优解。

本节包括间歇多产品过程设计的基本定义、原则和术语，过程设备的基本算法及最优设计。

6.4.1　基本定义、原则和术语

（1）尺寸因子

间歇设备以间歇或半间歇方式操作，其特征尺寸通常为体积、面积或质量。生产单位质量最终产品所需间歇设备 j（或间歇级 j）的特征尺寸，称为该间歇设备（或该间歇级）的"尺寸因子"，记为 S_j（对反应器或搅拌罐 S_j 的单位是 m^3/kg；对过滤器 S_j 的单位是 m^2/kg）。

若间歇级 j 的尺寸（体积或面积）为 V_j，则在该间歇级能加工的最大物料量为 V_j/S_j，它称为该间歇级的"批量"，记为 B_j。对有 M 个间歇级的工厂，当这些间歇级的尺寸 $V_j(j=1,2,\cdots,M)$ 给定时，工厂的最大批量为：

$$B_{\mathrm{L}}=\min_{j=1,m}\left\{\frac{V_j}{S_j}\right\} \tag{6-34}$$

若对某间歇级 k（$1\leqslant k\leqslant M$）的批量 B_k 等于工厂的最大批量 B_{L}，即：

$$B_L = B_k = \frac{V_k}{S_k} \tag{6-35}$$

则第 k 间歇级构成该间歇过程的"瓶颈",称它为"批量限制级"。一个较好的设计应使各间歇级的批量接近相等。

(2) 负荷因子

半连续设备通常以设备的处理能力为特征尺寸。半连续级 k 所需的总负荷,称为半连续级的"负荷因子",记为 D_k(对泵是指生产单位质量最终产品所需输送的物料体积,m^3/kg;对换热器的单位是 m^2/kg)。

设半连续级 k 的处理能力为 R_k,则其操作时间为:

$$\theta_k = \frac{B_L D_k}{R_k} \tag{6-36}$$

当几个半连续级串联操作时,就形成了半连续子链。该子链中的各半连续级应有相同的处理能力。整个子链的操作时间,取各半连续级独立操作时间的最大值,即对于半连续子链 q,其操作时间 t_q 为:

$$t_q = \max_{k=1,k_q} \{\theta_k\} \tag{6-37}$$

式中,k_q 为子链 q 中半连续级的数目。在图 6-13 所示的典型间歇过程中,泵 2 与换热器构成了一个半连续子链,泵 3 与离心机构成了另一个半连续子链。需要注意的是,某级设备既可采用间歇设备,又能选用半连续单元。如图 6-13 中,若用三足式间歇离心机替代其中的连续式离心机,则构成了另外一个间歇过程。

图 6-13　典型的非连续过程

(3) 循环时间和生产期限

一台间歇设备的基本操作顺序是进料、加工、等待倒空、倒空、清洗、等待进料、进料。构成这一循环所需要的时间为循环时间。

间歇过程的有效生产时间可以划分成若干个生产期限(campaing)。从不同角度出发,期限有不同的分类方法。从时间角度看,期限可分为短期限、中期限和长期限。对于长期限,生产中由于产品转换引起的时间损失与有效生产时间相比可以忽略,进行过程设计时可以不考虑。对于短期限,不同产品的批间过渡时间对过程设计有可观的影响,必须加以考虑。而中期限介于二者之间。按每个期限生产的产品种类来划分,有"单一产品期限(single product campaing,SPC)"与"多产品期限(mutiple product campaing,MPC)"。前者在一个期限中生产一种产品,单产品厂与许多多产品厂采用这种方式,这时不考虑产品排序即可进行过程设计。后者在一个期限中相继或同时生产多种产品,多目的厂、多装置厂和部分多产品厂采用这种方式。多产品厂是采用单一产品期限,还是多产品期限,取决于设备在产品转换时的调整时间大小。若调整时间较为可观,则采用单一产品期限,否则采用多产品期限,目标是使总生产时间最短。

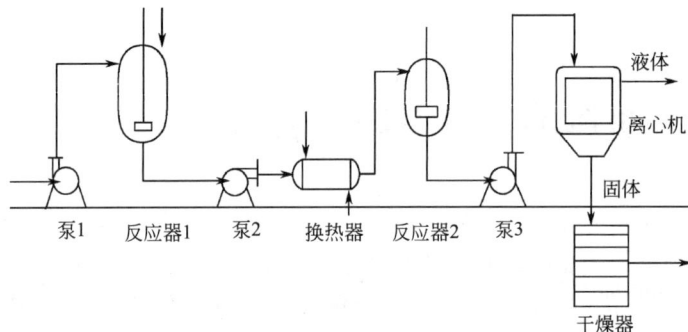

（4）安全因子和标准尺寸

计算中得到的设备尺寸是最小需要量（对 $e_i=1$ 的容器则相当于一批处理量）。在工程设计中，对于某些设备常要将计算值乘以一个安全因子使之适当加大。安全因子的大小取决于设备的性质和作用。换热器的最小安全因子为 $1.2 \sim 1.4$；容器的最小安全因子为 1.05。机器和设备常常只有标准化的尺寸，对于这种标准尺寸的使用必须注意区别"公称尺寸"和"有效尺寸"，以免由于 e_i 太小而不能有效地使用设备。

（5）设备选择原则

确定一个产品的年生产周数 H_{ai} 时应选择哪一台设备进行优化？下面仅仅列出一般的选择原则：

① 选择所有产品都要使用的设备。

② 尽可能选最昂贵的设备以保证投资的有效利用。

③ 选择处理量不允许有较大变化的设备，如蒸馏塔。

④ 若存在着对操作时间起限制作用的设备，一般应选用这一设备。

⑤ 若不存在上述设备，则可选择最重要的设备。

由此可见，选择不同的设备来确定一个产品的年生产周数 H_{ai}，可以得到不同的生产时间分配和不同设备尺寸的工厂布局，即事实上过程设计存在不同的解。

（6）瓶颈问题的处理原则

在间歇过程操作中，可能会遇到两种不同的瓶颈问题，即由设备尺寸限制所形成的瓶颈问题（批量限制级）和时间限制所形成的瓶颈问题（时间限制级）。下面分别介绍有关的处理方法。

① 设备尺寸限制所形成的瓶颈问题

这种情况发生在计算得到的设备尺寸（包括了安全因子和选用了下一级标准尺寸的最大有效值）对实际使用来说太大，例如在市场上没有 $400\mathrm{m}^3$ 的搅拌容器。另外一个原因是需要对设备尺寸加以限制，例如在一个老的厂房中受空间的限制只能安装 $4\mathrm{m}^3$ 的容器等。解决这种瓶颈问题的办法是使用两台或多台设备平行同时操作。这样的操作称为同步操作。

图 6-14 表示的是用两台设备平行同步，以操作解决设备尺寸限制（批量限制）所形成的瓶颈问题。在图中，横坐标表示操作时间，纵坐标从上到下表示顺序加工的间歇设备或间歇级。该间歇过程共有三个间歇级，由于第二个间歇级设备尺寸较小形成了批量限制级，所以仅用一台设备不能处理来自第一个间歇级的物料。在第二个间歇级增加一台相同的设备，使两台设备（2A、2B）同时操作，这样就解决了设备尺寸限制问题。

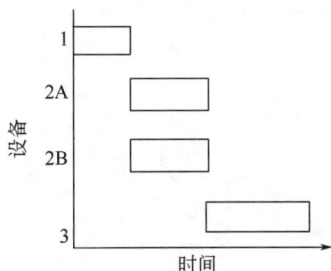

图 6-14　两台设备平行同步操作解决批量限制问题

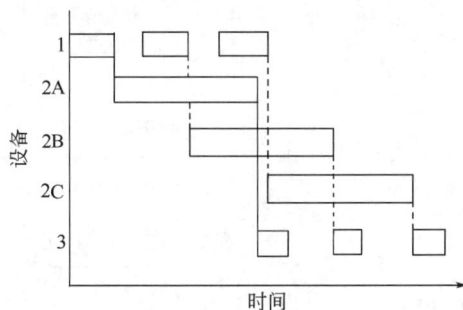

图 6-15　多台设备平行异步操作解决时间限制问题

② 时间限制所形成的瓶颈问题

这种情况发生在一台或多台设备具有较长的占用时间，而系统中其他设备的占用时间较短（如仅为它的 50%）的情况下。处理的方法是采用如图 6-15 所示的以交错时间进行工作的平行设备。这样的操作称为异步操作。

与图 6-14 类似，图 6-15 所示的间歇过程共有三个间歇级。由于第二个间歇级的加工时间较长，形成了时间限制级，所以仅用一台设备生产不能充分利用流程中的所有设备。在第二个间歇级平行安装 2A、2B 和 2C 三台相同的设备，操作过程中这三台设备分别加工来自第一个间歇级的不同批物料，即以交错时间进行操作，这样就解决了时间限制问题。与设备尺寸限制造成的瓶颈情况相同，不是对所有产品的生产都存在时间限制问题，仅有某些产品会发生这种情况。

6.4.2　多产品间歇过程设备的基本计算法

多产品间歇过程设备尺寸的基本算法，是在未全面考虑过程合成以前而进行的过程计算。尽管用此方法不能保证获得最优设计，但它指出了间歇过程设计中应考虑的问题和设计方法。

（1）基本数据和条件

在间歇过程设备计算之前，应收集如下数据和条件：

① 一组产品，它包括各产品的市场需求和售价以及有效生产时间。

② 一组合适的设备。

③ 产品的配方，包括加工步骤、各步的尺寸因子或负荷因子、加工时间或操作速率关系式。

④ 各中间产品的状态（稳定或不稳定）及其输送规则。

⑤ 各步骤对原料和公用工程（水、电、蒸汽）的要求或消耗速率。

⑥ 更换产品造成时间和费用的损失。

⑦ 产品或中间产品的存贮费用。

⑧ 适当的目标函数，包括投资费、操作费和销售收入等。

（2）过程设计

过程设计包括过程合成、确定设备尺寸与过程经济评价，有时还要作过程能量集成。

过程合成包括：①同步平行单元的设置；②异步平行单元的设置；③用多个串级单元完成一个任务，即对任务进行分解；④用一个单元完成多个任务，即对任务进行合并；⑤插入中间贮罐。

图 6-16 说明了过程合成中任务分解的应用，其目的与异步单元的使用相同，是为了减小限定循环时间或批间隔。由图 6-16(a) 可以看出，在过程合成之前第一个间歇级的限定循环时间是 10($T_1=10$)，

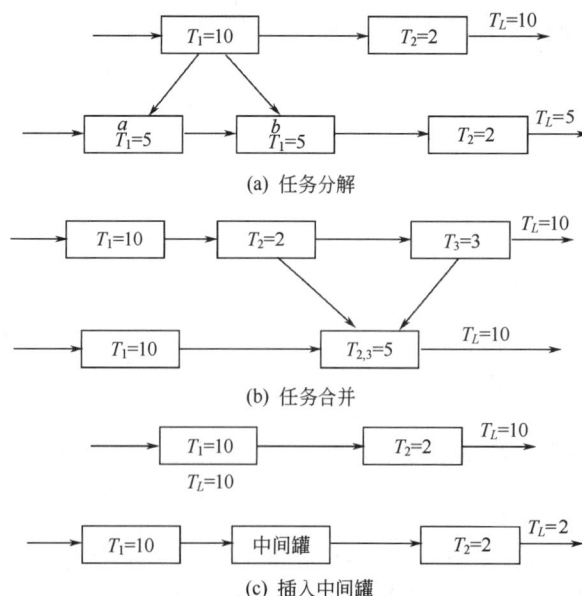

图 6-16　过程合成的三种方式

是该过程的时间限制级。如果加入一个串级单元完成相同的任务，则每个间歇级的限定循环时间是5，所以任务分解以后，缩短了过程的限定循环时间。需要指出的是，这种合成方式增加了一个设备单元。图 6-16(b) 说明了过程合成中的任务合并，目的是在不增大限定循环时间的前提下减少设备单元。由图 6-16(b) 可以看出，在过程合成之后，限定循环时间仍然是10(T_1＝10)，但间歇级由 3 个减少为 2 个。图 6-16(c) 说明了过程合成中中间贮罐的作用。在过程合成之前，两个间歇级 1 和 2 的限定循环时间相差较大，在间歇级 1 后插入中间贮罐可以减少下游设备即间歇级 2 的尺寸，缩短它的闲置时间。

（3）计算产量

确定在某一台设备中每一批应完成的产品量：

$$B_i = c_i V e_i \tag{6-38}$$

式中　c_i——产品 i 的浓度，kg/E，其中 E 是物理单位，表示设备尺寸，对容器 E＝m^3，对过滤器 E＝m^2；

　　　V——设备尺寸（取最小需要值），E；

　　　e_i——设备利用率，$0 < e_i < 1$；

　　　B_i——产品 i 的批量，kg。

此设备每周的产量为：

$$W_i = N_i c_i V e_i \tag{6-39}$$

式中　W_i——每周产品 i 的产量，kg/周；

　　　N_i——每周产品 i 的批数。

对规定的产品 i 的年需求量 Q_i，所需要的年生产周数 H_{ai} 为：

$$H_{ai} = \frac{Q_i}{N_i c_i V e_i} \tag{6-40}$$

式中，Q_i 的单位是 kg/a；H_{ai} 的单位是周/a。对设计规定中的所有产品而言，这一台设备的总生产时间 H 为：

$$H = \sum_{j=1}^{n} H_{ai} = \sum_{j=1}^{n} \frac{Q_i}{N_i c_i V e_i} \tag{6-41}$$

式中　H——有效周数（52 周/a）减去清洗、维修和假日的折合周数；

　　　n——规定的产品数。

从上式可解出设备尺寸 V：

$$V = \frac{1}{H} \sum_{j=1}^{n} \frac{Q_i}{N_i c_i e_i} \tag{6-42}$$

若计算中采用空时产量和一台设备的每周生产时间，即：

$$r_i = c_i / T_i \tag{6-43}$$

$$H_{wi} = N_i T_i \tag{6-44}$$

式中　r_i——产品 i 的空时产量，kg/(h·E)；

　　　T_i——产品 i 的批加工时间，h；

　　　N_i——每周产品 i 的批数；

　　　H_{wi}——不包括批间闲置时间在内的该设备每周有效生产时间，h。

则式(6-42)变为：

$$V = \frac{1}{H} \sum_{j=1}^{n} \frac{Q_i}{r_i H_{wi} e_i} \tag{6-45}$$

在正常情况下，希望在不同产品生产时设备总是充满的，即 e_i＝1，但也可根据需要设 $e_i < 1$。所以，设备尺寸 V 的计算取决于 N_i 和 C_i 的值。此外还要考虑选用标准设备等问题。

因为间歇过程中所有其他设备在生产产品 i 时不一定都能被充分利用，所以不能任意地假设所有的 e_i 为 1。在上述确定设备尺寸的过程中，H_{ai} 和 N_i 是从一台设备的尺寸确定的，而 Q_i 和 C_i 则是根据生产要求的质量和体积给出的。对其他各设备，应分别计算各产品对设备尺寸的最小需要值 V_i，即：

$$V_i = Ve_i = \frac{Q_i}{N_i C_i H_{ai}} \tag{6-46}$$

为保证此设备满足所有产品的生产要求，应选最大的 V_i 作为该设备尺寸，即：

$$V = \max\{V_i\} \tag{6-47}$$

根据 V 选定标准尺寸，再计算 e_i：

$$e_i = V_i / 选定的标准尺寸的有效值 \tag{6-48}$$

最后还必须校验选定标准尺寸的设备能否在规定时间内完成任务，考虑 e_i 的可能的下限。但要注意，在生产某一产品时，对未使用的设备，不规定 V_i 值。

（4）计算浓度和空时产量

产品 i 的浓度 C_i 和空时产量 r_i，可从对各类设备是已知的、用来计算设备尺寸的方程来求解，这些方程一般用如下的函数来表示：

$$设备尺寸 = 函数（质量或质量流率和物性数据, 过程数据, 设备数据） \tag{6-49}$$
$$质量流率/设备尺寸 = r = 函数（物性数据, 过程数据, 设备数据） \tag{6-50}$$
$$质量/设备尺寸 = C = 函数（物性数据, 过程数据, 设备数据） \tag{6-51}$$

其中过程数据至少近似地与设备尺寸和质量或质量流率无关，而设备数据的适宜值需要假定。

对于反应容器和搅拌容器等，若加入的批料是均相的，则浓度 C 是很容易算的。但若加入的批料是多相的，例如泡沫加入，则浓度是指相对于总占有空间而言的。

6.4.3　多产品间歇过程设备尺寸的最优设计

（1）设计模型

本节讨论的多产品间歇过程设备尺寸最优设计的优化目标是设备投资最小。在此问题中没考虑时间安排，但考虑了半连续操作对过程设计的影响。考察图 6-16 所示的非连续流程，它由 m 个间歇级和 n 个半连续单元级所组成，用来生产 p 个不同的产品。流程中每一个间歇级 i 由 m_i 个相同的平行单元组成，各单元的特征容积为 V_i。每一个半连续级 k 由 n_k 个相同的、其特征操作流率为 R_k 的平行单元组成。

每个产品 p 都遵循同样的加工次序 $O_{(p)}$，它规定了在产品 p 的加工过程中所使用的间歇级。对每一个用来生产 p 的间歇级 i，都有一个固定的加工时间 t_{ip}，同时规定在间歇级 i 上加工而生成单位体积（或质量）最终产品 p 的物料体积（或质量）的尺寸因子（或称物料平衡因子），为 S_{ip}。为简单起见，假定 t_{ip} 和 S_{ip} 是与单元容量 V_i 无关的。而且，对每一个半连续级 k，也有一个加工时间 θ_{kp} 和尺寸因子 $\bar{S}_{kp}$，且假定 $\bar{S}_{kp}$ 与 R_k 无关。最后，产品 p 的间歇循环时间和批量分别用 T_p 和 B_p 来表示。

设计问题概述如下：对给定的 $O_{(p)}$，确定 V_i、m_i、R_k、n_k、θ_{kp}、T_p、B_p、t_{ip}，尺寸因子 S_{ip}、$\bar{S}_{kp}$，各产品的产量，总时间 T。这些变量必须满足如下几类约束条件。

首先，单元容积必须能满足最大批量：

$$V_i = \max(S_{ip} B_p) \qquad i = 1, 2, \cdots, M \tag{6-52}$$

操作时间和各半连续单元的流率必须能满足加工各批产品：

$$\theta_{kp} = \frac{\bar{S}_{kp} B_p}{R_k} \qquad k = 1, 2, \cdots, N; p = 1, 2, \cdots, p \tag{6-53}$$

串联的半间歇级的操作时间必须是互相联系的。若对产品 p，有两个半连续级 k 和 l 串联的，且在加工顺序中 l 就在 k 之后，则：

$$\theta_{kp} \geqslant \theta_{lp} \tag{6-54}$$

或

$$\frac{\overline{S}_{kp}}{R_k} \geqslant \frac{\overline{S}_{lp}}{R_l} \tag{6-55}$$

若对所有的产品 p，$\overline{S}_{kp} = \overline{S}_{lp}$，则 R_k 和 R_l 可选相同值。具有相同加工速率的一串串联的半连续单元称为半连续子系列。显然半连续子系列可被看成用一单一速率 R_k 表示的单一聚集单元。相反，对某一产品 p，两个串联的半连续单元 k 和 l 的尺寸因子不同，即 $\overline{S}_{kp} \neq \overline{S}_{lp}$。因为一般情况下对两个不同产品 p 和 q 有如下公式：

$$\frac{\overline{S}_{kp}}{\overline{S}_{kl}} \neq \frac{\overline{S}_{kq}}{\overline{S}_{lq}} \tag{6-56}$$

故式(6-55)不等式约束必须得到满足。

此外，工厂还必须在总时间 T 内对每一产品 p 满足产量需求 Q_p。假定产品 p 的批循环时间 T_p 与产品生产次序无关，则有如下关系式：

$$\sum_p \frac{Q_p T_p}{B_p} \leqslant T \tag{6-57}$$

式中 Q_p/B_p 是在总时间 T 内生产产品 p 的批数，而 $Q_p T_p/B_p$ 是用于产品 p 的总生产时间。若假定开、停车和转换时间已被减去，则 T 是净生产时间，所以对所有产品的总生产时间的加和必须以 T 为界。

各产品的批循环时间 T_p 取决于加工时间 t_{ip} 和 θ_{kp}，平行单元数 m_i 和 n_k 以及所选的操作策略，即有、无覆盖操作。在这两种策略中都假定，在间歇和半连续操作的接口处，间歇单元起着缓冲罐的作用。在无覆盖操作的情况下，新一批产品的加工是在前一批的最后一级加工完成后才开始的。因此，产品 p 的循环时间 T_p 应满足下式：

$$T_p \geqslant \sum_{i \in 0(p)} t_{ip} + \sum_{k \in 0(p)} \theta_{kp} \tag{6-58}$$

在覆盖操作的情况下，下一批的加工只要所需的设备空出来就可以进行，这时产品 p 的循环时间 T_p 为：

$$T_p = \max \left[\max_{i \in 0(p)} \left(\frac{\overline{\theta}_{ip}}{m_i} \right), \max_{k \in 0(p)} \left(\frac{\overline{\theta}_{kp}}{n_k} \right) \right] \qquad p = 1, 2, \cdots, n \tag{6-59}$$

式中

$$\overline{\theta}_{ip} = \theta_{rp} + t_{ip} + \theta_{qp} \tag{6-60}$$

r 是指在间歇级 i 上游的半连续级，q 是指在间歇级 i 下游的半连续级。在定义循环时间中，必须用式(6-60)来定义 $\overline{\theta}_{ip}$，因为当间歇级 i 紧紧地与一个上游和一个下游单元相连时，间歇级 i 的总加工时间必须包括此间歇级的装料与倒空时间。

最后的约束是规定设计变量的上、下限：

$$V_i^L \leqslant V_i \leqslant V_i^U \tag{6-61}$$

$$R_k^L \leqslant R_k \leqslant R_k^U \tag{6-62}$$

或操作约束

$$\theta_{kp}^L \leqslant \theta_{kp} \leqslant \theta_{kp}^U \tag{6-63}$$

或空间上的约束

$$1 \leqslant m_i \leqslant m_i^{U} \; ; \; 1 \leqslant n_k \leqslant n_k^{U} \tag{6-64}$$

式中，上标 L 表示下限，U 表示上限。

一般通过使某些选择的经济准则最优化来选择工厂的设计变量。这里选总投资最小，且假定可使用幂定律确定费用与容量的关系，则总费用 I 为：

$$I = \sum_i m_i a_i (V_i)^{\alpha_i} + \sum_k n_k b_k (R_k)^{\beta_k} \tag{6-65}$$

式中，a_i、b_k、α_i、β_k 是与所选设备类型有关的幂定律系数。

上述模型为混合整数非线性规划（MINLP）模型。

（2）设计实例

前面介绍了多产品间歇过程设备尺寸最优设计的模型，下面通过例子说明设计模型的应用。

【例 6-5】某间歇过程包括 3 个间歇操作单元，即两台反应器和一台干燥器，以及 5 个半连续单元，即三台泵、一台换热器和一台离心机，如图 6-13 所示。用此流程生产三种产品，每一种产品的需求量如表 6-7 所示。年工作时间为 8000h，各产品在间歇单元中的处理时间列于表 6-8。产品 1 和 3 的生产要经过所有的单元，而产品 2 的生产不经过反应器 2，直接进入离心机。由于每生产 1kg 不同产品在每一单元中所处理的物料量是不同的，故将 3 个产品 9 个单元的尺寸因子 S_{ip} 列于表 6-9 中。

表 6-7　产品需求量

产品	1	2	3
需求量/(kg/a)	400000	300000	100000

表 6-8　各产品的处理时间

产品	反应器 1	反应器 2	干燥器
1	3	1	4
2	6	—	8
3	2	2	4

表 6-9　各单元中各产品的尺寸因子

尺寸因子	设备	产品 1	产品 2	产品 3
间歇操作单元的容量因子 S_{ip}/(m³/kg)	反应器 1	1.2	1.5	1.1
	反应器 2	1.4	—	1.2
	干燥器	1.0	1.0	1.0
半连续操作单元的容量因子 $\bar{S}_{kp}$/(m³/kg)	泵 1	1.2	1.5	1.1
	泵 2	1.2	1.5	1.1
	换热器	1.2	1.5	1.1
	泵 3	1.4	—	1.2
	离心机	1.4	1.5	1.2

设备投资按下式计算：

$$间歇单元投资 = a_i V_i^{\alpha_i} \tag{1}$$

$$半连续单元投资 = b_i R_k^{\beta_k} \tag{2}$$

将 8 类设备的费用系数列于表 6-10 中，要求确定使投资最少的设备尺寸。

表6-10 设备的费用系数

设备类型	间　歇		半　连　续	
	a_i	α_i	b_i	β_k
反应器1	592	0.65		
反应器2	582	0.39		
干燥器	1200	0.52		
泵1			370	0.22
泵2			250	0.40
换热器			210	0.62
泵3			250	0.40
离心机			200	0.83

每一产品的循环时间为:

$$T_p = \max_i(t_i) \tag{3}$$

当一种产品 p 的产量 Q_p 和总生产时间 T 给定时, 即可求出批数 N_p 和每一批的量 B_p。

$$N_p = \frac{T}{T_p} \tag{4}$$

$$B_p = \frac{Q_p}{N_p} \tag{5}$$

当 p 种产品都用此设备生产时, 应满足式(6-57), 所以有下式:

$$\sum_{p=1}^{p}\left(\frac{Q_p T_p}{B_p}\right) \leqslant T \tag{6}$$

对半连续单元的处理会影响循环时间, 参考式(6-59)得:

$$T_p = \max\{\max_i(\bar{\theta}_{ip}), \max_k(\theta_{kp})\} \tag{7}$$

　其中

$$\bar{\theta}_{ip} = \bar{\theta}_{lp} + t_{ip} + \bar{\theta}_{kp}\theta_{ip}$$

间歇单元体积的选择要满足式(6-52), 所以有下式:

$$V_i = \max_p(S_{ip}B_p) \tag{8}$$

当其操作流率为 R_k 时, 半连续单元的操作时间, 要满足式(6-53), 所以有下式:

$$\theta_{kp} = \frac{\bar{S}_{kp}B_p}{R_k} \tag{9}$$

最后, 当两个半连续单元连接时, 必须满足式(6-54), 所以有下式:

$$\theta_{kp} \geqslant \theta_{lp} \tag{10}$$

这里意味着 l 在 k 之后。

工厂的投资按式(6-65)计算为:

$$I = \sum_i a_i V^{\alpha_i} + \sum_k b_k R_k^{\beta_k} \tag{11}$$

故问题变成以式(11)为目标函数, 式(6)～式(10)为约束条件再加上对一些变量的非负约束的非线性规划问题。

由于式(7)和式(8)不可微, 所以必须用有关公式代替它们。式(7)用以下两式代替:

$$T_p \geqslant \theta_{ip} \tag{12}$$

$$T_p \geqslant \bar{\theta}_{kp} \tag{13}$$

式(8) 用下式取代：

$$V_i \geqslant S_{ip} B_p \tag{14}$$

若进一步用式(7)、式(8) 和式(9) 消去 $\bar{\theta}_{ip}$ 和 θ_{kp}，则问题的变量为 V_i、R_k、T_p 和 B_p。

在本例中的多产品间歇厂设备尺寸优化问题变为下式：

$$\min\{a_1 V_1^{\alpha_1} + a_2 V_2^{\alpha_2} + a_3 V_3^{\alpha_3} + b_1 R_1^{\beta_1} + b_2 R_2^{\beta_2} + b_3 R_3^{\beta_3} + b_4 R_4^{\beta_4} + b_5 R_5^{\beta_5}\} \tag{15}$$

下面列出有关的约束条件。

总时间约束 [式(6)] 为：

$$\frac{400000}{B_1}T_1 + \frac{300000}{B_2}T_2 + \frac{100000}{B_3}T_3 \leqslant 8000 \tag{16}$$

反应器 1 的体积约束 [式(14)] 如下：

$$V_1 \geqslant 1.2B_1 \tag{17}$$

$$V_1 \geqslant 1.5B_2 \tag{18}$$

$$V_1 \geqslant 1.1B_3 \tag{19}$$

反应器 2 的体积约束 [式(14)] 如下：

$$V_2 \geqslant 1.4B_1 \tag{20}$$

$$V_2 \geqslant 1.2B_3 \tag{21}$$

干燥器体积约束 [式(14)] 为：

$$V_3 \geqslant 1.0B_1 \tag{22}$$

$$V_3 \geqslant 1.0B_2 \tag{23}$$

$$V_3 \geqslant 1.0B_3 \tag{24}$$

对于半连续单元用式(13)。

产品 1 的循环时间 [式(13)] 计算如下：

$$T_1 \geqslant \frac{1.2B_1}{R_1} \tag{25}$$

$$T_1 \geqslant \frac{1.2B_1}{R_2} \tag{26}$$

$$T_1 \geqslant \frac{1.2B_1}{R_3} \tag{27}$$

$$T_1 \geqslant \frac{1.4B_1}{R_4} \tag{28}$$

$$T_1 \geqslant \frac{1.4B_1}{R_5} \tag{29}$$

产品 2 的循环时间 [式(13)] 计算如下：

$$T_2 \geqslant \frac{1.5B_2}{R_1} \tag{30}$$

$$T_2 \geqslant \frac{1.5B_2}{R_2} \tag{31}$$

$$T_2 \geqslant \frac{1.5B_2}{R_3} \tag{32}$$

$$T_2 \geqslant \frac{1.5B_2}{R_5} \tag{33}$$

产品3的循环时间 [式(13)] 计算如下：

$$T_3 \geqslant \frac{1.1B_3}{R_1} \tag{34}$$

$$T_3 \geqslant \frac{1.1B_3}{R_2} \tag{35}$$

$$T_3 \geqslant \frac{1.1B_3}{R_3} \tag{36}$$

$$T_3 \geqslant \frac{1.2B_3}{R_4} \tag{37}$$

$$T_3 \geqslant \frac{1.2B_3}{R_5} \tag{38}$$

对于间歇单元用式(12)。

产品1的循环时间 [式(12)、式(13) 和式(9)] 如下：

反应器 1
$$T_1 \geqslant \frac{1.2B_1}{R_1} + 3 + \frac{1.2B_1}{R_2} \tag{39}$$

反应器 2
$$T_1 \geqslant \frac{1.2B_1}{R_3} + 1 + \frac{1.4B_1}{R_4} \tag{40}$$

干燥器
$$T_1 \geqslant \frac{1.4B_1}{R_5} + 4 \tag{41}$$

产品2的循环时间如下：

反应器 1
$$T_2 \geqslant \frac{1.5B_2}{R_1} + 6 + \frac{1.5B_2}{R_2} \tag{42}$$

干燥器
$$T_2 \geqslant \frac{1.5B_2}{R_5} + 8 \tag{43}$$

产品3的循环时间为：

反应器 1
$$T_3 \geqslant \frac{1.1B_3}{R_1} + 2 + \frac{1.1B_3}{R_2} \tag{44}$$

反应器 2
$$T_3 \geqslant \frac{1.1B_3}{R_3} + 2 + \frac{1.2B_3}{R_4} \tag{45}$$

干燥器
$$T_3 \geqslant \frac{1.2B_3}{R_5} + 4 \tag{46}$$

由于半连续单元2和3连接 [式(9) 和式(10)]，所以：

产品 1
$$\frac{1.2B_1}{R_2} \geqslant \frac{1.2B_1}{R_3} \tag{47}$$

产品 2
$$\frac{1.5B_2}{R_2} \geqslant \frac{1.5B_2}{R_3} \tag{48}$$

产品 3
$$\frac{1.1B_3}{R_2} \geqslant \frac{1.1B_3}{R_3} \tag{49}$$

由于半连续单元4和5连接 [式(9) 和式(10)]，所以：

产品 1
$$\frac{1.4B_1}{R_4} \geqslant \frac{1.4B_1}{R_5} \tag{50}$$

产品 3
$$\frac{1.2B_3}{R_4} \geqslant \frac{1.2B_3}{R_5} \tag{51}$$

第六章

由于产品2从换热器（半连续单元2）直接进离心机（半连续单元5），故：

$$\frac{1.5B_2}{R_2} \geqslant \frac{1.5B_2}{R_5} \tag{52}$$

问题的决策变量为 T_1、T_2、T_3、B_1、B_2、B_3、V_1、V_2、V_3 和 R_1、R_2、R_3、R_4、R_5。因为泵2和换热器总是一起运行故设定 $R_3 = R_2$，从问题中消去式(47)、式(48)、式(49)和 R_3。不等式约束可归纳为：式(6)型约束1个，式(8)型约束8个，式(3)型约束中的前14个可由式(13)型约束加和得到，故实际上可将它简化为13个变量和18个不等式的非线性规划问题。若将不等式约束变成等式约束，则还需引进18个松弛变量，则变量数增至31个。这样的问题是很难用手算完成的。王保国等采用简约梯度法（GRG）优化软件处理，得到最小费用为159483。表6-11给出了本例中变量的起始猜算和最优解。在最优解上，产品1的循环时间受反应器1限制，产品2受干燥器限制，产品3受反应器2限制。

表6-11　例6-5的计算结果

变　量	起始猜算	最优解	变　量	起始猜算	最优解
反应器1体积/m³	56.6	33.4	批量/kg		
反应器2体积/m³	56.6	36.4	产品1	908.0	405.6
干燥器体积/m³	56.6	26.3	产品2	908.0	357.6
泵1流率/(m³/h)	28.3	21.3	产品3	908.0	406.4
泵2流率/(m³/h)	28.3	11.9	循环时间/h		
泵3流率/(m³/h)	28.3	11.9	产品1	5.0	6.963
离心机流率/(m³/h)	28.3	11.9	产品2	5.0	10.799
			产品3	5.0	6.865

6.5　间歇过程的控制模型

生产任何一种化工产品的三要素是产品市场、生产工艺和生产设备。对于间歇过程，产品市场、生产工艺和生产设备这三个要素本身很难确定，而且它们之间的联系又常常变化。另外，在间歇过程生产中，由于物料流常常是多路并流，在同一时刻几种产品的生产处在不同的操作阶段，所以，用于间歇过程的控制系统必须考虑市场的变化，必须具有管理多种产品配方的功能和处理共享资源的功能。

本节介绍了美国仪表学会（Instrument Society of America，ISA）制定的间歇控制标准 SP88 中，有关间歇过程控制模型的部分内容。

SP88 中的五个基本模型是：配方模型、控制功能模型、过程模型、物理模型（设备模型）和程序控制模型。其中，控制功能模型是 SP88 的核心部分。

6.5.1　配方模型

配方包括五部分内容：品名、程序、公式、设备和安全。品名是指该配方的产品名称，也可包括配方制作地点、配方制作人等有关附加信息。程序是指产品生产过程的加工顺序或操作步骤，比如先加入物料 A，然后加入物料 B，再搅拌、加热等。公式包括生产过程中的输入、输出和操作参数。生产过程中的输入，包括生产该产品的原料的名称、用量以及其他资源。生产过程中的输出，包括最终产品、中间产品以及可能产生的废物等。操作参数包括反应温度、压力和加工时间等。这些操作参数可以是固定的，也可以是通过有关公式计算出来的。设备是指生产该产品对设备的要求，比如所需要的设备类型、制造材料等。安全是指要说明原料、最终产品、中间产品、废物以及生产过程中涉及的危险性，并提出相应的保护措施。

基本配方或通用配方是一个原始的配方。它一般是由化学家开发、仅仅包含某个产品的合成工艺，而不包含对任何加工设备的规定。换言之，基本配方是与加工设备无关的产品配方。现场配方是适用于某类加工现场或基地的基本配方。它规定了待用原料的基本特性以及有关操作参数的标准单位等。现场配方仍然是与加工设备无关的产品配方，它一般是通过基本配方转换得到的。一个基本配方可对应多个现场配方。主配方是适用于某类加工设备的现场配方，它是与某类加工设备或生产线有关的产品配方。它一般是由现场配方或基本配方转换得到的。一个现场配方可对应多个主配方。控制配方适用于在某一个（套）加工设备中加工某个产品的配方。它与加工设备之间存在一一对应的关系。控制配方是由主配方转换得到的。一个控制配方只能使用或执行一次，它是不能进行转换的。执行一次控制配方，只能得到一批产品。若生产多批产品，必须执行多个控制配方。

6.5.2　控制功能模型

如图 6-17 所示，SP88 的控制功能模型将间歇过程控制分为 7 部分：配方管理（recipe management）、生产计划与时间表安排（production planning and scheduling）、生产信息管理（production information management）、过程管理（process management）、单元设备监测（unit supervision）、过程控制（process control）和安全防护（safety protection）。在图 6-17 中，每一个方框代表一个 SP88 规定的控制功能，箭头表示控制功能之间的信息传递。

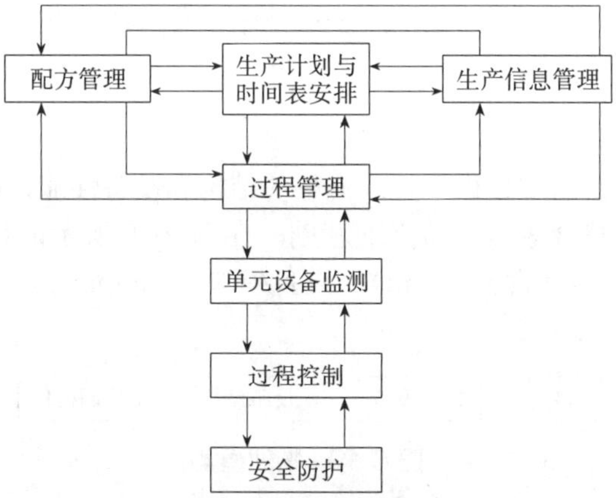

图 6-17　SP88 控制功能模型

由图 6-17 可以看出，在控制功能模型中，安全防护处在最下层。它是指对操作人员和环境的安全防护。过程控制包括常规控制、离散控制、顺序控制以及数据收集和显示等。在间歇过程中，顺序控制在产品的生产过程中起着重要作用。过程控制联结着单元设备监测和安全防护两类控制功能。单元设备监测有三个功能：①采集和执行控制配方中的程序元素（或最基本的操作步骤）；②管理设备单元资源；③收集物料和设备单元的加工信息。单元设备监测联结着过程管理和过程控制。过程管理的功能是管理一个流程或生产过程内的间歇生产，它包括制定控制配方、管理设备资源和收集有关信息等，其中最重要的任务是将主配方转换成控制配方。过程管理联结着生产（单元设备监测）与决策（配方管理、生产计划与时间表安排和生产信息管理）。

在控制功能模型中，配方管理、生产计划与时间表安排（或称生产进度）和生产信息管理处在同一个水平上，属于生产决策，它们之间存在着密切的联系。配方管理的功能是制定、储存、编辑和恢复基本配方、现场配方和主配方。生产计划与时间表安排的功能是制定生产什么产品，什么时候生产和生产多少产品。生产信息管理的功能是收集、储存和处理间歇生产过程中的有关信息并为各类用户提供相应的报告。

目前，对间歇过程的研究主要集中在时间表安排问题和具体的过程控制上，而对配方管理、信息管理和设备监测等所见报道甚少。要解决这些问题不仅要靠模型和数据处理，更重要的是要靠知识的处理，即要依靠有关专家的经验。比如，配方转换是由过程工程师根据其多年工作经验来完成的，它已成为制约间歇过程自动化的主要问题之一。将计算机科学中的人工智能技术应用于间歇过程，能较好地处理间歇过程中涉及的"艺术"问题，进一步推动间歇过程自动化的发展。

6.5.3　过程模型

间歇过程中的各个分支可以组成图 6-18 所示的结构体系，这就是 SP88 规定的过程模型。其目的是定义间歇生产中的工艺过程，揭示各工艺过程的共性，确定面向设备的操作，为控制系统的设计和应用打下基础。

间歇过程 → 过程阶段 → 过程操作 → 过程动作

图 6-18　过程模型

在该模型中，间歇过程被分为过程阶段（process stages）、过程操作（process operations）和过程动作（process actions）。过程操作是由一个或几个过程动作组成的比较大的加工活动，它通常会使待加工的物料发生化学及物理变化。比如反应就是一个过程操作，它是由加热、加料和搅拌等几个过程动作组成的。过程阶段是由一个或几个过程操作组成的相对独立的加工活动。比如，在聚氯乙烯生产过程中，聚合就是一个过程阶段。间歇过程则是由一个或几个过程阶段组成的宏观生产活动。

6.5.4　物理模型

建立物理模型的目的是分析间歇过程中生产流程的结构和设备性能，确定能够完成的面向过程的各类加工任务或基本操作，为寻找合适的产品打下基础。在图 6-19 所示的物理模型中，间歇过程中的设备被分为流程（process cell）、单元设备（unit）、设备模块（equipment module）和控制模块（control module）。

流程 → 单元设备 → 设备模块 → 控制模块

图 6-19　物理模型

流程是一组单元设备的集合，它既包括用于间歇操作的设备，又包括用于辅助操作的设备。一个流程可用来生产多种产品，而一种产品也可在不同的流程中生产。单元设备由若干设备模块组成，它能够利用设备模块和控制模块完成主要的操作，比如反应、精馏和结晶等。设备模块由若干个控制模块组成，它可以用来完成有限的简单操作，比如称重和加热等。控制模块是由一组传感器、激励装置和其他控制模块组成的，它的作用是使辅助单元设备及设备模块完成规定的操作。

6.5.5　程序控制模型

间歇过程生产中需要两种控制：一种是非程序控制，它包括连续控制中的常规方法，比如调节控制、反馈监测和自锁等；另一种是程序控制，它的作用是控制面向设备的操作按规定的顺序发生，以完成面向过程的加工任务。程序控制由加工程序、单元加工程序、操作和阶段四部分组成。它们之间的相互关系如程序控制模型图 6-20 所示。

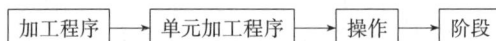

加工程序 → 单元加工程序 → 操作 → 阶段

图 6-20　程序控制模型

在程序控制模型中，加工程序（procedure）是由一个或几个单元加工程序组成的。单元加工程序（unit procedure）是由若干个操作组成的，它定义了一组只能在一个单元设备中完成的一系列操作。操作（operation）是由若干个阶段组成的，它定义了一个主要的、能够使被加工的物料发生化学或物理变化的加工顺序。阶段（phase）是程序控制模型中的最小元素，它定义的是与产品无关的过程加工顺序，比如加热和加催化剂等。执行一个阶段的目的可以是向非程序控制或另一个阶段发出一个命令，也可以是采集数据等。

图 6-21 说明了程序控制模型、物理模型和过程模型三者的关系。程序控制模型中的元素与物理模型中的相应元素相结合，便可以执行一个过程模型中的相关加工任务。例如，程序控制模型中的元素"操作"与物理模型中的元素"过程操作"。各类模型中的有关元素的对应关系就是产品配方转换过程中需要寻找的规律和待解决的关键问题。

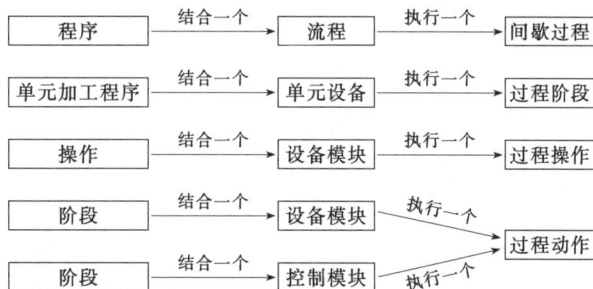

图 6-21　程序控制模型、物理模型和过程模型三者的关系

图 6-22 表明了一个配方管理系统的主要功能。图中每一个实线方框代表配方管理系统的一个功能，箭头表示各功能之间的信息传递方向，而虚线方框代表被传递的信息。例如，从"管理基本配方"向"管理现场配方"传递的信息是基本配方。基本配方的最小单位（或最基本的操作步骤）是基本配方程序元素，与过程模型中的过去动作相对应。配方管理系统的主要作用是定义主配方程序元素，并在此基础上建立主配方，最后将主配方输送到过程管理系统。在建立主配方的过程中，配方管理系统还必须和生产计划与时间表安排系统及生产信息管理系统保持联系，从而保证信息在决策层之间畅通。

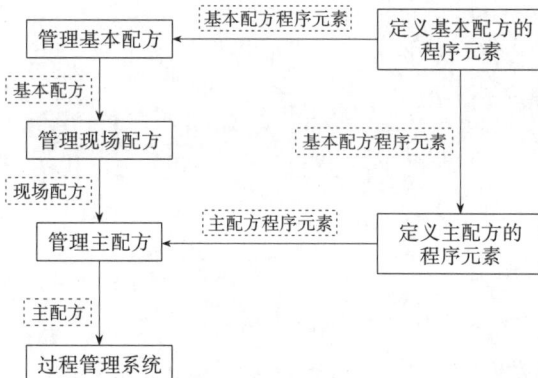

图 6-22　配方管理系统

在各类配方中，程序是用来规定操作顺序的。在配方转换过程中，程序的内容变化最大。根据 SP88 的规定，基本配方和现场配方的程序结构是按过程模型安排的，这是因为这两类配方主要是描述与设备无关的生产过程。主配方和控制配方的程序结构是按程序控制模型安排的，这是因为这两类配方的程序必须涉及程序控制中的有关单元。

总之，一个多产品间歇过程控制系统应该具有多种控制功能，比如顺序控制、调节控制和离散控制，并且能够处理多种产品的配方，按不同配方规定的加工顺序和操作参数自动地控制生产过程。

7 换热网络合成

○○ ──────── ○○ ○ ○○ ────────

7.1 化工生产流程中换热网络的作用和意义

换热是化工生产不可缺少的单元操作过程。在所有工艺流程中，都有一些物流被加热，一些物流被冷却。例如，在图 7-1 所示的乙烯裂解气甲烷化流程中，就必须把氢气进料加热到 310℃，以便在反应器中进行反应。出反应器的物流先与进反应器的物流换热，以便回收热量，然后继续冷却，以完成气、液相的分离。对于一个含有换热物流的工艺流程，将其中的换热物流提取出来，就组成了换热网络系统，其中被加热的物流称为冷物流，被冷却的物流称为热物流。

在工艺过程设计中节能是非常重要的，因此换热的目的不仅是为了使物流温度满足工艺要求，而且也是为了回收过程余热，减少公用工程消耗。基于这种思想进行的换热网络设计称为换热网络合成。换热网络合成的任务，是确定换热物流的合理匹配方式，从而以最小的消耗代价，获得最大的能量利用效益。

换热网络的消耗代价来自三个方面：换热单元（设备）数，传热面积，公用工程消耗。换热网络合成追求的目标，是使这三方面的消

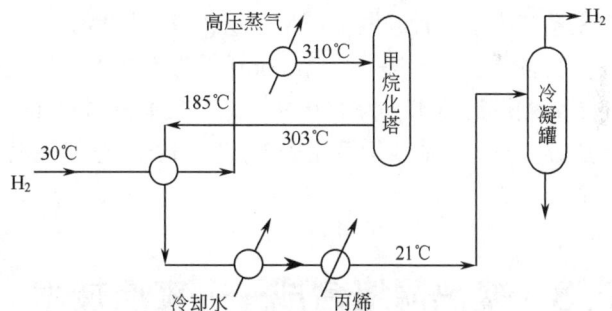

图 7-1 乙烯裂解气甲烷化流程

耗都为最小值。事实上，对于实际生产装置，很难达到这一目标。通常，最小公用工程消耗意味着较多的换热单元数，而较少的换热单元数又需要较大的换热面积。因此，实际进行换热网络设计时，需要在某方面做出牺牲，以获得一个折中的方案。

7.2 换热网络合成问题

7.2.1 换热网络合成问题的描述

典型的换热网络合成问题可描述如下：一组需要冷却的热物流 H 和一组需要加热的冷物流 C，已知每条物流的热容流率 FC_p（物流流量与热容的乘积），热物流从初始温度 $T_{H初}$ 冷却到目标温度 $T_{H终}$，

冷物流从初始温度 $T_{C初}$ 加热到目标温度 $T_{C终}$。通过确定物流间的匹配关系，以使所有的物流均达到它们的目标温度，同时使装置成本、公用工程（外部加热和冷却介质）消耗成本最少。

7.2.2　换热网络合成的研究

换热网络合成热技术的研究主要经历了以下阶段。

（1）Hohmann 的开创性工作

他在温焓图上进行过程物流的热复合，找到了换热网络的能量最优解，即最小公用工程消耗。另外，他还提出了换热网络最少换热单元数的计算公式。Hohmann 工作的意义在于从理论上导出了换热网络的两个理想状态，从而为换热网络设计指明了方向。

（2）Linnhoff 和 Flower 的工作

他们在综合和证实 Hohmann 工作的基础上，从方法上提出分两步走。第一步是合成能量最优的换热网络。他们从热力学的角度出发，划分温度区间和进行热平衡计算。这样可通过简单的代数运算就能找到能量最优解（即最小公用工程消耗），这就是著名的温度区间法（简称 TI 法）。第二步是对能量最优解进行调优。通过一些调优法则，在少增加或不增加公用工程消耗的情况下，减少系统的换热单元数，使网络设计向操作和投资总费用最小的方向调整。

（3）夹点概念的提出以及夹点设计法的建立

Linnhoff 继温度区间法之后提出了夹点（pinch point，也称为狭点、窄点）的概念，最后发展了一套夹点设计法。

（4）人工智能方法的建立

从 20 世纪 80 年代起，随着人工智能研究的发展，人工智能技术也被应用到换热网络合成领域，如专家系统模型、神经网络模型、遗传算法模型等。

在各种合成方法中，Linnhoff 的夹点技术具有较强的实用性并已被过程设计所采用。为此本章主要介绍夹点设计技术。为了方便起见，在本章讨论中，均假设热容流率 FC_p 为常数。Cerda 等指出，任何热容 $C_p(T)$ 曲线均可用若干直线逼近，也就是把一个流股分段处理，即使发生相变，也可以用此法近似处理。

7.3　换热网络合成——夹点技术

7.3.1　第一定律分析

物流的温度发生变化时将会从外界吸收或向外界释放热量，通过第一定律可以计算该热量值。

$$Q = FC_p(T_初 - T_终) \tag{7-1}$$

式中　Q——热量，kW；

$\quad FC_p$——热容流率，kW/℃；

$T_初$，$T_终$——物流的初始和目标温度，℃。

假设有 4 股热物流、冷物流，其中 2 股需要加热，2 股需要冷却，其数据见表 7-1。如果简单地算出热物流可以提供的热量和冷物流需要的热量，则这两个值之差就是为了满足第一定律所必须移出或供入的净热量。按式(7-1)计算这些热量，结果列在表 7-1 最右列。所以，如果没有温度推动力的限制，就必须由公用工程系统提供 165kW 的热量。

表 7-1　第一定律的计算

物流号	类型	$FC_p/(\text{kW}/℃)$	$T_初/℃$	$T_终/℃$	热量 Q/kW
1	冷	3.0	60	180	−360
2	热	2.0	180	40	280
3	冷	2.6	30	105	−195
4	热	4.0	150	40	$\dfrac{440}{165}$

第一定律计算算法没有考虑一个事实，即只有热物流温度超过冷物流时，才能把热量由热物流传到冷物流。因此，在热、冷物流之间必须存在一个正的温度推动力（温差），才能得到所需加热与冷却负荷的实际值。因此所开发的任何换热网络既要满足第一定律，还要满足第二定律。

7.3.2　温度区间

Hohmann、Umeda 等，Linnhoff 与 Flower 提出了能量集成分析中，同时考虑第二定律的一种非常简单的方法，即划分温度区间。具体方法如下：首先根据工程设计中传热速率要求，设置冷、热物流之间允许的最小温差 $\Delta T_{\min}$，将热物流的起始温度与目标温度减去最小允许温差 $\Delta T_{\min}$，然后与冷物流的起始、目标温度一起按从大到小排序，分别用 T_1，T_2，$\cdots$，T_{n+1} 表示，从而生成 n 个温度区间。冷、热物流按各自的始温、终温落入相应的温度区间（注意，热物流的始温、终温应减去最小允许温差 $\Delta T_{\min}$）。

由于落入各温度区间的物流已考虑了温度推动力，所以在每个温度区间内，都可以把热量从热物流传给冷物流，即热量传递总是满足第二定律。每个区间的传热表达式为：

$$Q_i = \left[\sum(FC_p)_{\text{H},i} - \sum(FC_p)_{\text{C},i}\right]\Delta T_i \tag{7-2}$$

温度区间具有以下特性：

① 可以把热量从高温区间内的任何一股热物流，传给低温区间内的任何一股冷物流。

② 热量不能从低温区间的热物流向高温区间的冷物流传递。

【例 7-1】　根据表 7-1 给出的四个冷、热物流数据，若最小允许温差 $\Delta T_{\min}$ 为 10℃，试划分其温度区间。

解：将热物流的初、终温度分别减去 $\Delta T_{\min}$ 后，与冷物流的初、终温度一起排序，得到温度区间的端点温度值如下：

$$T_1 = 180℃, \ T_2 = 170℃, \ T_3 = 140℃, \ T_4 = 105℃, \ T_5 = 60℃, \ T_6 = 30℃$$

这六个温度把原问题划分成五个温度区间，冷、热物流在各温区的分布如图 7-2 所示。

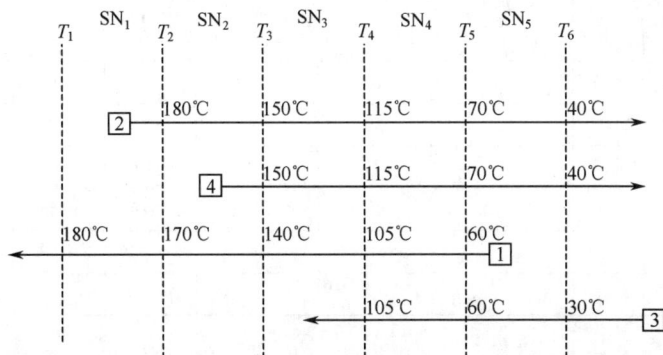

图 7-2　温度区间的划分

7.3.3 最小公用工程消耗

（1）问题表

利用 Linnhoff 提出的问题表方法，可以方便地计算换热网络所需要的最小公用工程消耗量。问题表计算步骤如下：

① 确定温区端点温度 T_1，T_2，$\cdots$，T_{n+1}，将原问题划分为 n 个温度区间。

② 对每个温区进行流股焓平衡，以确定热量净需求量：

$$D_i = I_i - Q_i = (T_i - T_{i+1})(\sum FC_{pC} - \sum FC_{pH}) \tag{7-3}$$

式中　D_i——区间的净热需求量；

I_i——输入到第 i 个温区的热量，这个量或表示从第 $i-1$ 个温区传递的热量，或表示从外部加热器获得的热量；

Q_i——从第 i 个温区输出的热量，这个量或表示传递给第 $i+1$ 个温区的热量，或表示传递给外部冷却器的热量。

③ 设第一个温区从外界输入的热量 I_1 为零，则该温区的热量输出 Q_1 为：

$$Q_1 = I_1 - D_1 = -D_1 \tag{7-4}$$

根据温度区间之间热量传递特性，并假定各温度区间与外界不发生热量交换，则有：

$$I_{i+1} = Q_i \tag{7-5}$$

$$Q_{i+1} = I_{i+1} - D_{i+1} = Q_i - D_{i+1} \tag{7-6}$$

利用上述关系计算得到的结果列入问题表。

④ 若 Q_i 为正值，则表示热量从第 i 个温区向第 $i+1$ 个温区传递。显然，这种温度区间之间的热量传递是可行的。若 Q_i 为负值，则表示热量从第 $i+1$ 个温区向第 i 个温区传递，根据温度区间特性可知，这种传递是不可行的。为了保证 Q_i 均为正值，可取步骤③中计算得到的所有 Q_i 中负数绝对最大值，作为第一个温区的输入热量，按照式（7-5）和式（7-6）重新计算。计算结果列入问题表最后两列。如果上一步计算得到的 Q_i 均为正值，则这步计算是不必要的。

【例 7-2】　利用例 7-1 中的数据，计算该系统所需的最小公用工程消耗。假设热公用工程为蒸汽，冷公用工程为冷却水，它们的品位及负荷足以满足物流的使用。

解：按问题表计算步骤，得到问题表 7-2。

表 7-2　例 7-2 的问题表

温区	流股与温度					$T_i - T_{i+1}$ /℃	$\sum FC_{pC} - \sum FC_{pH}$ /(kW/℃)	第1列 D_i /kW	第2列 I_i /kW	第3列 Q_i /kW	第4列 最大允许热流量/kW 输入	第5列 最大允许热流量/kW 输出
	热流股 (2) (4)	T/℃		180	冷流股 (1) (3)							
1		180	170			10	3.0	+30	0	-30	+60	+30
2		150	140			30	1.0	+30	-30	-60	+30	0
3		115	105			35	-3.0	-105	-60	+45	0	+105
4		70	60			45	-0.4	-18	+45	+63	+105	+123
5		40	30			30	-3.4	-102	+63	+165	+123	+225
FC_p	2.0　4.0				3.0　2.6							

从表 7-2 可得到以下信息：

（a）第 3 列最下面的数字表示由第一定律得到的该热回收网络所需的最小冷却量；

（b）第 4 列最上面的数字表示该热回收网络所需的最小外加热量；

（c）第 5 列最下面的数字表示该热回收网络所需的最小外冷却量；

（d）若热回收网络达到最大能量回收，则所需要的公用工程消耗等于表中最小外加热、冷却量。

由此可见，利用问题表方法可以计算换热网络所需的最小公用工程消耗值。此时，系统内部的能量得到最大程度的回收。

（2）夹点的概念

表 7-2 的第 4 列、第 5 列表示公用工程消耗最小时，高温区与低温区之间以及与环境之间存在热量流动。这种热量流动可以用温区热流图来表示（图 7-3）。

从图 7-3 中可以直观地看到温区之间的热量流动关系和所需最小公用工程用量。其中 SN2 和 SN3 间的热量流动为零，表示无热量从 SN2 流向 SN3。这个热流量为零的点称为夹点。对热物流来说，此点为 150℃，对于冷物流来说，此点为 140℃。

从热流图中可以看出，夹点将整个温度区间分为了两部分：夹点之上需要从外部获取热量，而不向外部提供任何热量，即需要加热器；夹点之下可以向外部提供热量，而不需要从外部获取热量，即需要冷却器。夹点的物理意义可以通过温焓图（T-H 图）来描述。

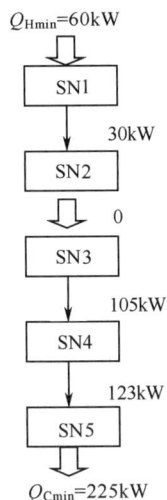

图 7-3 温区热流图

7.3.4 温焓图与组合曲线

从上面问题表的计算过程可以看出，对于同一个温度区间的冷物流或热物流，由于温差相同，只需将冷物流、热物流的热容流率分别相加再乘上温差，就能得到冷物流或热物流的总热量。因为：

$$\Delta H = \sum Q_i = (T_{终} - T_{初}) \sum FC_{pi} \tag{7-7}$$

所以冷物流或热物流的热量与温差的关系可以用 T-H 图上的一条曲线表示，称为组合曲线。

T-H 图上的焓值是相对的。为了在图上标出焓值，需要为冷物流和热物流规定基准点。基准点可以任意选取，具体步骤如下：

① 对于热物流，取所有热物流中最低温度 T，设在 T 时的 $H = H_{H0}$，以此作为焓基准点。从 T 开始向高温区移动，计算每一个温区的积累焓，用积累焓对 T 作图，得到热物流的组合曲线。

② 对于冷物流，取所有冷物流中最低温度 T，设在 T 时的 $H = H_{C0}(H_{C0} > H_{H0})$，以此作为焓基准点。从 T 开始向高温区移动，计算每一个温区的积累焓，用积累焓对 T 作图，得到冷物流的组合曲线。

【例 7-3】 根据例 7-2 的数据，用 T-H 图表示冷、热物流的组合曲线。

解：热物流的最低温度 $T = 40℃$，设其对应的基准焓 $H_{H0} = 0$。冷物流的最低温度 $T = 30℃$，对应的基准焓 $H_{C0} = 1000$。表 7-3 列出冷、热物流积累焓的计算，用温度区间的端点温度对各温区的积累焓在 T-H 上作图，得到冷、热物流的组合曲线（图 7-4）。

表 7-3 温焓图积累焓计算表

T/℃	积累焓 H/kW	
热物流		
40	$H_0 = 0$	0
70	$H_1 = (2+4)(70-40) = 180$	180
115	$H_2 = (2+4)(115-70) = 270$	450
150	$H_3 = (2+4)(150-115) = 210$	660
180	$H_4 = 2(180-150) = 60$	720

续表

T/℃	积累焓 H/kW	
冷物流		
30	$H_0=1000$	1000
60	$H_1=2.6(60-30)=78$	1078
105	$H_2=(3+2.6)(105-60)=252$	1330
140	$H_3=3(140-105)=105$	1435
180	$H_4=3(180-140)=120$	1555

由于 T-H 图上的 H 值为相对值，因此曲线可以沿 H 轴平移而不会改变换热量。基于这一特点，可以用 T-H 图来描述夹点。以图 7-4 为例，将冷物流的组合曲线沿 H 轴向左平移，这时两条曲线之间的垂直距离随曲线的移动而逐渐减小，也就是说传热温差 ΔT 逐渐减小。当两条曲线的垂直最小距离等于最小允许传热温差 $\Delta T_{\min}$ 时，就达到了实际可行的极限位置。这个极限位置的几何意义就是冷、热物流组合曲线间垂直距离最小的位置。从图 7-5 中不难看到，这个最窄的位置就是夹点。这时，两条曲线端点的水平差值分别代表最小冷、热公用工程需要量，以及最大热回收量（即最大换热量）。这个位置的物理意义表示为一个热力学限制点。这一点限制了冷、热物流进一步作热交换，使冷、热公用工程都达到了最小值，这时物流间的匹配满足能量利用最优的要求。

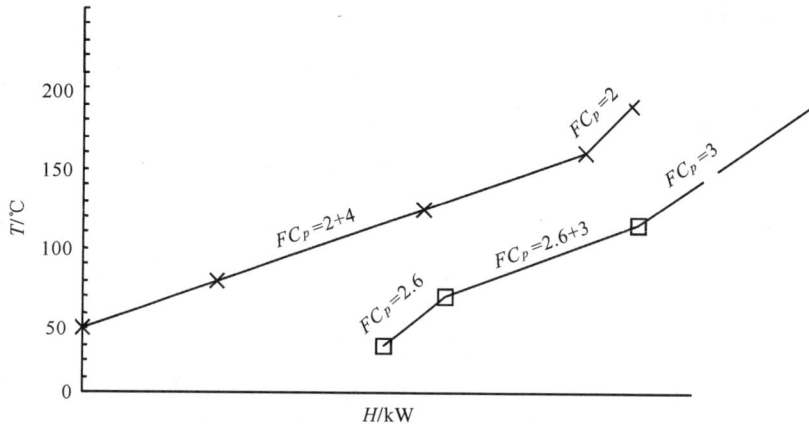

图 7-4　T-H 图

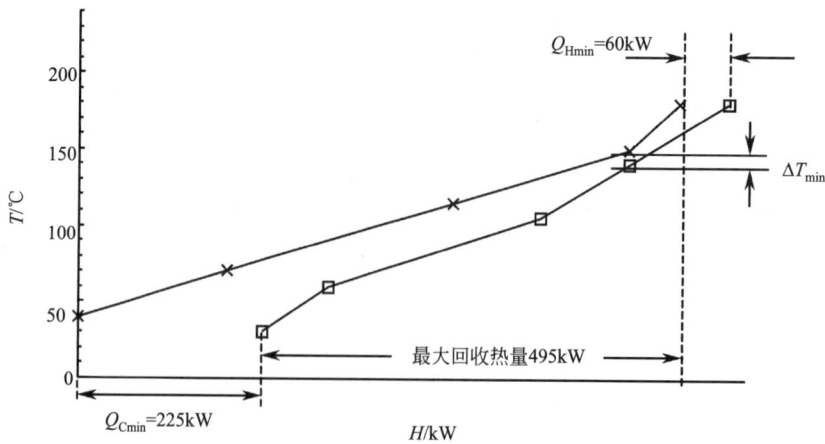

图 7-5　夹点图

相同温度区间中物流间的组合称为过程物流的热复合。如果不进行过程物流的热复合，只是把两股冷流和两股热流进行常规匹配（图 7-6），则存在两个热力学限制。由此可见：

① 过程物流热复合可以减少整个换热过程的热力学限制数。

② 经过热复合后只剩下一个热力学限制点，即夹点。这时，过程需要的公用工程用量可达到最小。

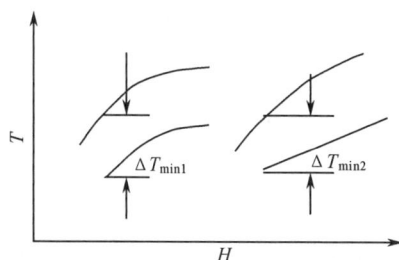

图 7-6　常规匹配与热力学限制数

7.3.5　夹点的特性

能量最优的换热网络存在一个热力学限制点，即夹点。夹点是一个重要的概念，下面从几个方面来理解夹点的特性。

（1）夹点的能量特性

夹点限制了能量的进一步回收，它表明了换热网络消耗的公用工程用量已达到最小状态。可以说，求解能量最优的过程就是寻找夹点的过程。

（2）夹点的位置特性

夹点把整个问题分解成了夹点上热端与夹点下冷端两个独立的子系统（图 7-7）。在夹点之上，换热网络仅需要热公用工程，因而是一个热阱。在夹点之下，换热网络只需要冷公用工程，因而是一个热源。夹点以上热物流与夹点下冷物流的匹配（热量穿过夹点），将导致公用工程用量的增加。这一事实可以分别通过对夹点之上和夹点之下子系统进行焓平衡得到。假设有 x 单位热量从夹点流过，根据焓平衡，必将使夹点之上热公用工程用量增加 x 单位，同时也使夹点之下的冷公用工程用量增加 x 单位，见图 7-8(a)。图 7-8(b) 和 (c) 分别代表夹点之上的冷却和夹点之下的加热，均会使系统的公用工程消耗增加。因此可以得到下述结论：

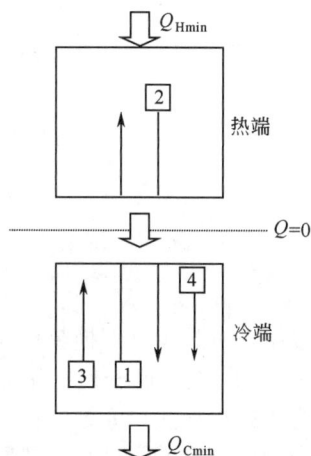

图 7-7　热回收网络的分解

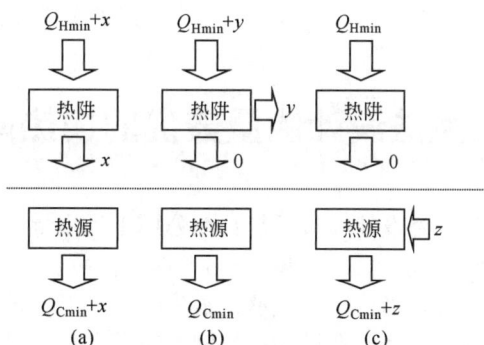

图 7-8　公用工程用量与夹点的关系

① 避免夹点之上热物流与夹点之下冷物流间的匹配。

② 夹点之上禁用冷却器。

③ 夹点之下禁用加热器。

换热网络综合设计中只要遵循上述三条原则，就可保证换热网络能量最优，即热回收量最大，公用工程消耗量最小。

（3）夹点的传热特性

在介绍夹点的传热特性之前，先介绍一下角点的概念。组合曲线上斜率发生变化的点，称之为角点。观察图 7-4，可以看到，凡是流股进入处或离开处，均引起组合曲线热容流率的变化，从而形成角点。不难想象，夹点一定出现在角点或组合曲线的端点处。

夹点是整个换热网络传热推动力 ΔT 最小的点，所以在夹点附近从夹点向两端的 ΔT 是增加的。这是由于在夹点的一侧，流入夹点流股的热容流率之和，总是小于或等于流出夹点流股的热容流率之和，即有下式成立：

$$\sum FC_{p\text{流出}} \geqslant \sum FC_{p\text{流入}} \tag{7-8}$$

所谓流入夹点与流出夹点的定义见图 7-9。对没有流入夹点的流股 4 称之为从夹点进入的流股；流股 1 和 2 为通过夹点的流股。很明显，要满足式(7-8)，必须要有从夹点进入的流股，才能增加流出夹点流股的热容流率之和。反之，由于流股消失而产生的角点绝不会成为夹点。由此可以得出结论：对任意一条组合曲线而言，流入夹点的流股数应小于或等于流出夹点的流股数，即：

$$N_{\text{流出}} \geqslant N_{\text{流入}} \tag{7-9}$$

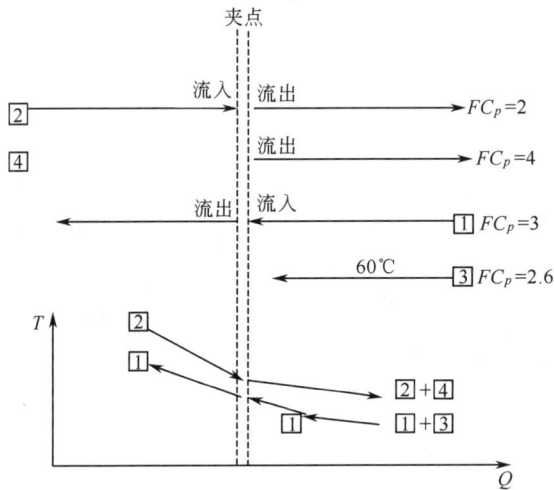

图 7-9　夹点的传热特性

7.4　夹点法设计能量最优的换热网络

最优换热网络设计的目标是：在公用工程用量最少的前提下，寻求设备投资最少（即换热单元数最少）。这里面有两层含义：一是公用工程消耗最少；二是换热单元数最少。实际上，这个目标很难同时满足，也就是说，当公用工程消耗最少时，不能保证换热单元数最小。为了减少换热单元数，往往要牺牲一些能量消耗。因此在设计换热网络时，存在能量与换热设备数的折中问题。在实际进行换热网络设计时，一般是先找出最小公用工程消耗，即先设计能量最优的换热网络，然后再采取一定的方法，减少换热单元数，从能量和设备数上对换热网络进行调优。本节先介绍如何利用夹点的特性，设计能量最优的热回收网络，下一节介绍如何对网络结构进行调优。

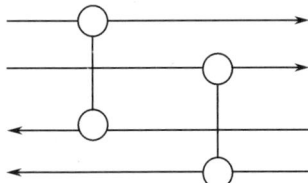

图 7-10　物流匹配图

7.4.1　匹配的可行性原则

利用如图 7-10 的形式可以方便地表示物流之间的匹配状况。为了保证设计出的换热网络能量最优，可以像图 7-7 那样把原问题分解成两个部分分别进行设计。这是因为夹点处温差最小，限制最严，一旦离开夹点，选择余地就加大了。由于夹点处的特性，导致夹点处的匹配不能随意进行。所谓夹点匹配可通过图 7-11 进行理解。

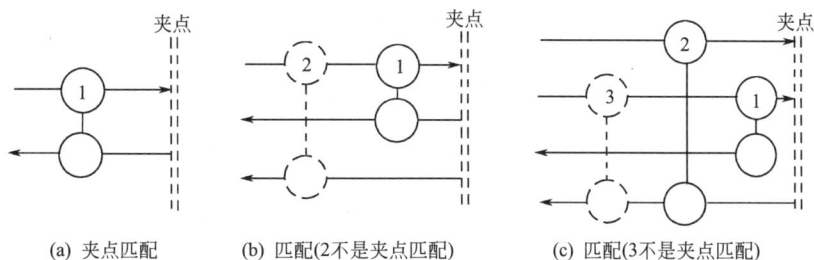

(a) 夹点匹配   (b) 匹配(2不是夹点匹配)   (c) 匹配(3不是夹点匹配)

图 7-11 夹点匹配与非夹点匹配

夹点匹配必须满足如下可行性原则。

（1）总物流数可行性原则

某些过程物流通过夹点时，为了达到夹点温度，必须利用匹配进行换热。观察图 7-12(a)，夹点之上有三个热物流与两个冷物流进行匹配。图中热物流 2 与冷物流 4 换热，热物流 3 与冷物流 5 换热后，热流股 1 就不能再与任何一股冷物流匹配，否则将违反 ΔT_{min} 的限制。要使热流股 1 达到夹点温度，只能用外部冷却器冷却。我们知道，夹点之上使用外部冷却器会使总公用工程消耗增大，从而达不到能量最优的目的。利用流股分割 [图 7-12(b)] 可以避免夹点之上使用冷却器。也就是说，为了保证能量最优，夹点之上的物流数应满足下式：

$$N_H \leqslant N_C \tag{7-10}$$

式中 N_H——热流股数或分支数；

N_C——冷流股数或分支数。

流股的分割可以保证上式成立。

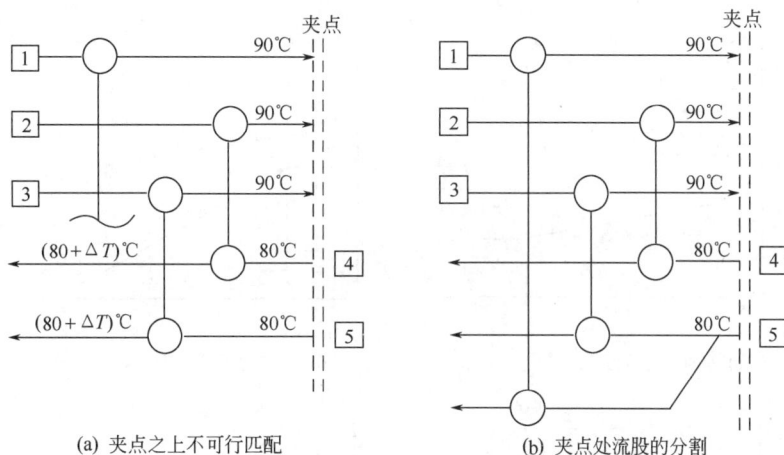

(a) 夹点之上不可行匹配   (b) 夹点处流股的分割

图 7-12 夹点之上分支

相反，为了避免在夹点之下使用加热器（图 7-13），以保证能量最优，夹点之下的流股数应满足下式：

$$N_H \geqslant N_C \tag{7-11}$$

式(7-10) 和式(7-11) 可归并成下式（夹点一侧）：

$$N_{流出} \geqslant N_{流入} \tag{7-12}$$

若上式不满足，则必须对流出夹点的流股作分割。式(7-12) 与式(7-9) 相符。需要指出，这里是对夹点一侧的流股数进行比较的。

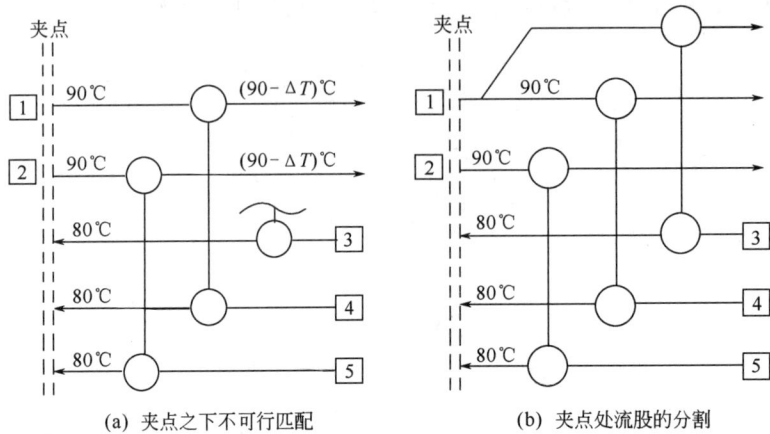

(a) 夹点之下不可行匹配　　　　(b) 夹点处流股的分割

图 7-13 夹点之下分支

（2）FC_p 可行性原则

夹点处的传热推动力达到最小允许传热温差 ΔT_{min}，在离开夹点处应有下式成立：

$$\Delta T \geqslant \Delta T_{min} \tag{7-13}$$

为了保证传热推力 ΔT 不小于 ΔT_{min}，每个夹点匹配流股的热容流率 FC_p 必须满足下列 FC_p 不等式：

夹点之上 　　　　　　　　　$FC_{pH} \leqslant FC_{pC}$ 　　　　　　(7-14)

夹点之下 　　　　　　　　　$FC_{pH} \geqslant FC_{pC}$ 　　　　　　(7-15)

式中　FC_{pH}——热流股或分支的热容流率；

　　　FC_{pC}——冷流股或分支的热容流率。

上述关系可用图 7-14 形象地表示。同样，式（7-14）和式（7-15）也可归并成下式（夹点一侧）：

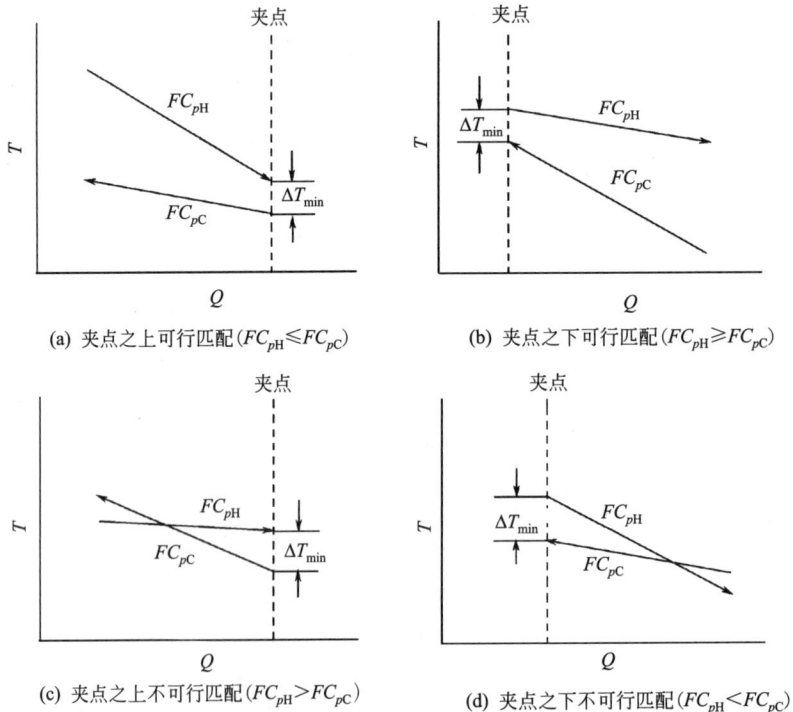

(a) 夹点之上可行匹配（$FC_{pH} \leqslant FC_{pC}$）　　(b) 夹点之下可行匹配（$FC_{pH} \geqslant FC_{pC}$）

(c) 夹点之上不可行匹配（$FC_{pH} > FC_{pC}$）　　(d) 夹点之下不可行匹配（$FC_{pH} < FC_{pC}$）

图 7-14 夹点处的 FC_p 关系

$$FC_{p流出} \geqslant FC_{p流入} \tag{7-16}$$

如果流股间的各种匹配组合不能满足式(7-16)，则需利用流股分割来改变流股的 FC_p 值。

值得注意的是，式(7-16)仅适用于夹点匹配。非夹点匹配时温差较大，对匹配的限制不像夹点处那样苛刻。

7.4.2　流股的分割——FC_p 表

根据上述夹点匹配原则，可以得到夹点之上和夹点之下物流匹配的步骤。由图 7-15 可知，当夹点之上或夹点之下的物流条件不能满足式(7-12) 和式(7-16) 时，需要对物流进行分割。

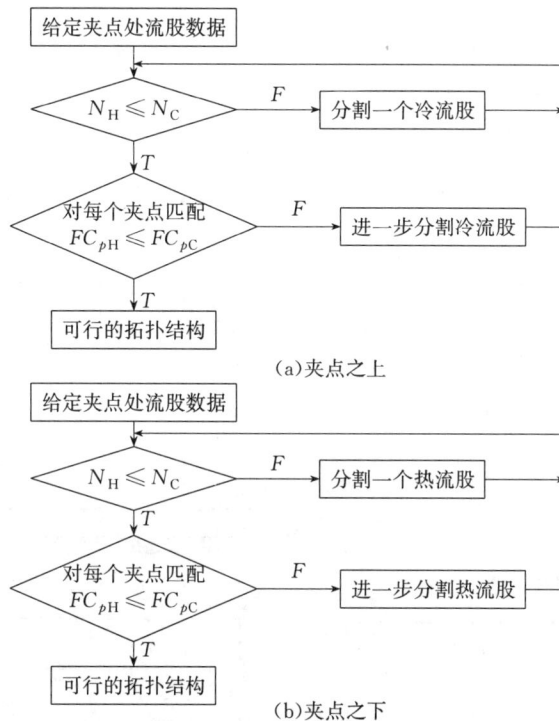

(a)夹点之上

(b)夹点之下

图 7-15　夹点处设计过程

【例 7-4】　利用夹点设计方法对表 7-4 中的物流进行匹配。

表 7-4　例 7-4 的物流数据表

流股及类型	热容流率 FC_p/(kW/℃)	$T_初$/℃	$T_终$/℃
1,热	2	150	60
2,热	8	90	60
3,冷	2.5	20	125
4,冷	3.0	25	100

最小允许传热温差 ΔT_{min} 为 20℃。

利用问题表法计算得到：最小加热量为 107.5kW，最小冷却量为 40kW，夹点位置在 70～90℃。

对于夹点之上的物流，匹配情况如图 7-16 所示。而对于夹点之下的 2 条热物流，只有流股 2 的热容流率大于冷物流，它可以与任意一条冷物流匹配，问题是剩下的物流则无法进行匹配。因此需要对夹点之下的热物流作分割。

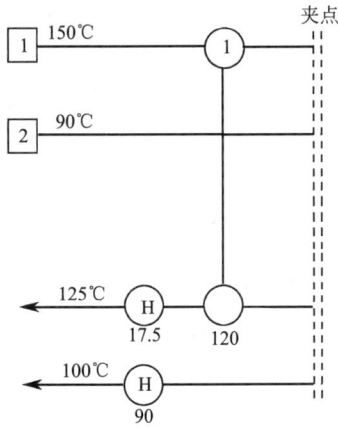

图 7-16 例 7-4 夹点之上的匹配

这里采用 Linnhoff 提出 FC_p 表来分割物流。所谓 FC_p 表，就是把夹点之上或夹点之下的冷、热物流的热容流率，按照数值的大小分别排成两列列入 FC_p 表，将可行性判据列于表头。每个 FC_p 值代表一个流股，那些必须参加匹配的 FC_p 值用方框圈起（如夹点之上的每个热流股必须参加匹配）。夹点匹配表现为一对冷、热流股 FC_p 值的结合，分割后的流股热容流率写在原流股热容流率旁边。例 7-4 中夹点之下的 FC_p 表示如图 7-17(a) 所示。由于热流股数可大于冷流股数，所以图 7-17(c) 中的冷流股（$FC_p = 2.5$）的分割在最终设计中是可以省略的［图 7-18(a)］。需要强调指出的是，FC_p 表只能帮助我们识别分割的流股，而并不真正代表最终设计中分割流股的分流值（即分支的 FC_p 值）。比较图 7-17(c)、(d) 和图 7-18 便可理解这一点。

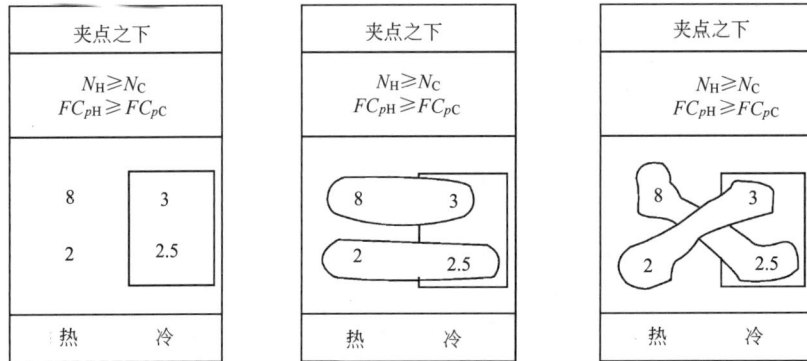

(a) 例 7-4 冷端的 FC_p 表

(b) 不可行夹点匹配拓扑结构

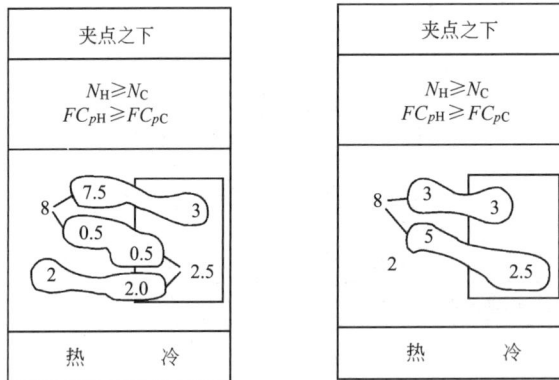

(c) 可行夹点匹配拓扑结构

(d) 可行夹点匹配拓扑结构

图 7-17 FC_p 表

7.4.3 流股的匹配——勾销推断法

通过 FC_p 表，确定了夹点处可分割的对象流股。在具体安排匹配时，必须尽量减少换热单元数。如果我们按图 7-17(d) 中的 FC_p 值进行流股分流和匹配的话，匹配结果如图 7-19 所示。其中，换热单元数为 5，比图 7-18 中的结构多出了一个换热单元，且夹点之下还需要一个加热器。因此不能直接按

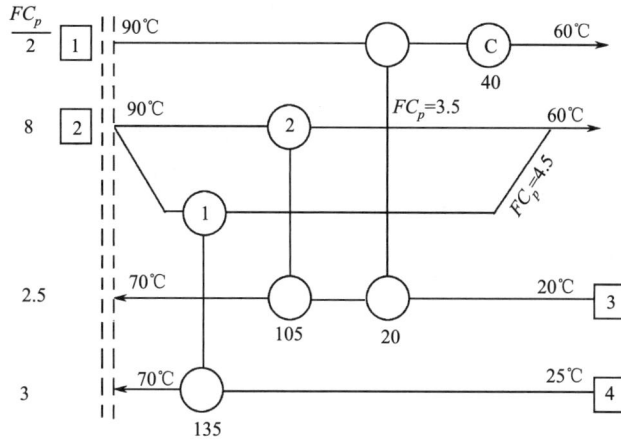

(a)

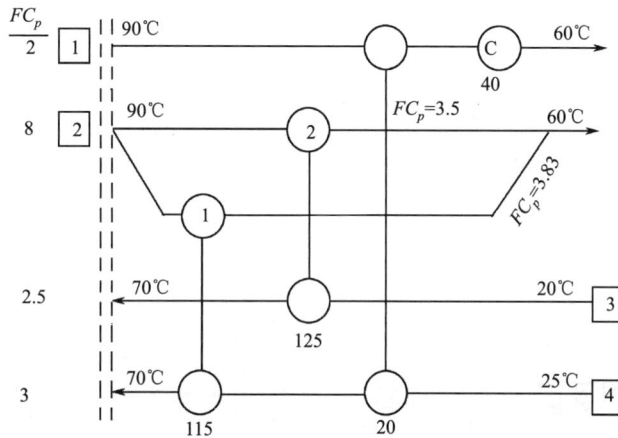

(b)

图 7-18 例 7-4 冷端的两个可行设计

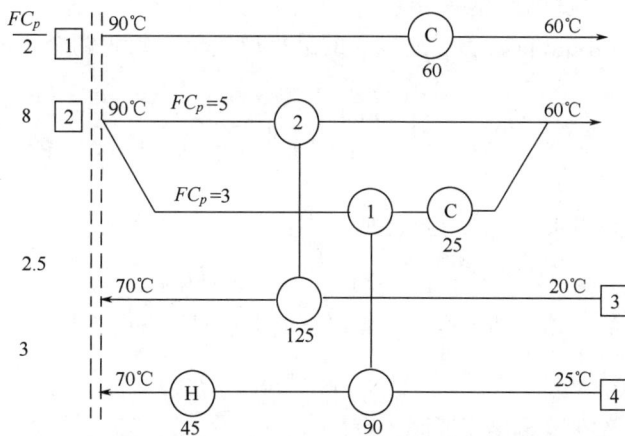

图 7-19 按 FC_p 表匹配得到的热回收网络

FC_p 表中的 FC_p 值进行分流和匹配。勾销推断法是以最小换热单元数 U_{min} 为目标进行匹配的直观推断法则，它可以指导我们进行流股的匹配。该法则表述为：如果每个匹配均可使其中一个流股达到其目标温度或达到最小公用工程的要求，那么该流股在以后的设计中不必再考虑，可以勾销。夹点匹配通常可选择匹配热负荷等于两匹配流股中热负荷小的那个流股的热负荷，从而可使该流股在匹配中被勾销。利用勾销推断法可找到图 7-18 中的匹配方案。

最后，我们把夹点设计法综合能量最优热回收网络的过程归纳如下：

① 热回收网络综合问题在夹点处分解成冷端和热端两个子问题。

② 对冷端和热端分别进行设计，利用可行性准则确定分割流股。

③ 用勾销推断法确定夹点匹配的热负荷。

④ 非夹点匹配通常是较自由的，可根据经验进行匹配。

利用夹点设计法对例 7-4 进行设计，得到的热回收网络如图 7-20 所示。

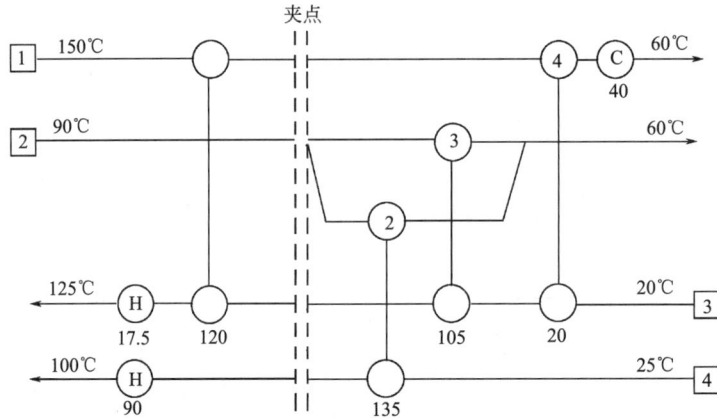

图 7-20 夹点设计法对例 7-4 设计的结果

7.5 换热网络的调优

7.5.1 最小换热单元数

在利用夹点法设计能量最优的换热网络时，原问题被分解成两个子系统（冷端和热端），这两个子系统是不相关的（它们之间不允许匹配）。所以它的最小换热单元数为两个子网络的最少换热单元数之和。即：

$$U_{E,\min}=(N_H+N_C-1)_{夹点上}+(N_H+N_C-1)_{夹点下} \tag{7-17}$$

从上式可知：

① 若夹点上无热流股，且夹点以下无冷流股，则：

$$U_{E,\min}=N_H+N_C-2<U_{\min} \tag{7-18}$$

② 若夹点在换热网络的一端，即不存在夹点以下或夹点以下部分，则：

$$U_{E,\min}=U_{\min} \tag{7-19}$$

③ 当夹点上、下同时存在冷、热流股时，有：

$$U_{E,\min}>U_{\min} \tag{7-20}$$

即换热网络不能同时满足能量最优和单元数最少的要求。能量最优可保证操作费用最低，单元数最少可使设备费最低，因而存在着操作费和设备费之间的权衡。

夹点设计法得到的结构处于最小公用工程消耗状态，而勾销推断法基本上可以保证两个子系统中换热单元数最少。当两个子系统组合成原系统时引起了换热单元数的过剩。

7.5.2　能量与设备数的权衡

Linnhoff 证明了一条重要的结论：换热网络实际换热单元数比最少换热单元数每多出一个单元，都对应着一个独立的热负荷回路。换热负荷可以沿热负荷回路进行"加""减"，"加""减"……地迁移，而不改变该回路的热平衡。

图 7-20 中匹配 1 和匹配 4 构成一个热负荷回路，匹配 4 可以向匹配 1 迁移并与其合并，从而可减少一个换热单元，如图 7-21 所示。此时，T_1 与 T_2 间的温差为 18℃，违反了最小允许传热温差（$\Delta T_{\min}=20$℃）的约束。所以这样简单地合并是不可行的，还必须借助于"能量松弛法"来恢复最小传热温差。

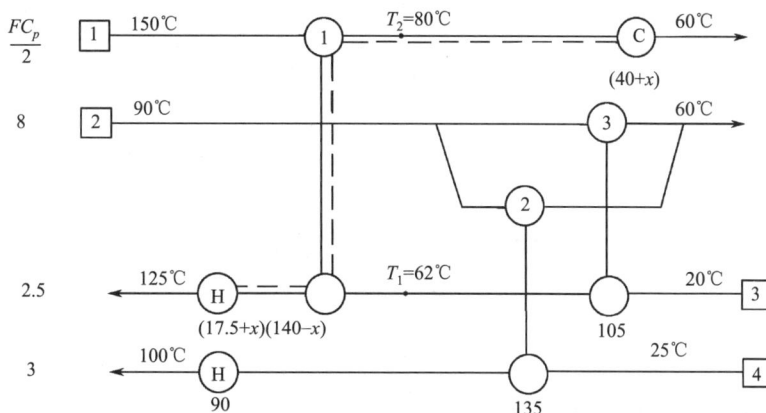

图 7-21　热负荷通路上的热负荷松弛

所谓"能量松弛法"，就是把换热网络从最大能量回收的紧张状态"松弛"下来。通过调整参数，使能量回收减少，公用工程消耗加大，从而使传热温差加大（在 T-H 图上表现为冷、热组合曲线拉开距离）。为此，要在打开回路的基础上找到一个热负荷通路，使外部加热器与外部冷却器通过违反温差的匹配而相互连通（如图 7-21 中匹配 1）。如果使匹配 1 减少热负荷 x 单位，根据热平衡，热负荷通路上的加热器与冷却器要相应地增加热负荷 x 单位。结合例子，我们看如何确定松弛量 x。

根据关系 $Q=FC_p\Delta T$，匹配 1 的热负荷 Q 为：

$$Q=140-x=FC_{p1}(150-T_2)$$

因为　　　　　　　　　　　　$T_2=62+\Delta T_{\min}=82,\ FC_{p1}=2$

所以　　　　　　　　　　　　$x=140-2(150-82)=4$

通过能量松弛法，将 T_1 与 T_2 间的温差恢复到 20℃，并减少了一个换热器，但是要知道，这是通过增加 4 个单位加热量和冷却量获得的（图 7-20 中的匹配 4）。

综上所述，对于已满足最小公用消耗的换热网络，如果换热单元数不是最少，可以采用以下步骤进行调整：

① 找出独立的热负荷回路。

② 沿热负荷回路增加或减少热负荷来断开回路。

③ 检查合并后的换热单元是否违反最小传热温差 $\Delta T_{\min}$。

④ 若违反 $\Delta T_{\min}$，则利用能量松弛法求最小能量松弛量，恢复 $\Delta T_{\min}$。

在实际设计中，对于合并的回路是否一定要进行能量松弛来恢复最小传热温差，取决于合并后换热单元的传热温差值是否可行。如上例中匹配 4 的最小温差变为 18℃，在实际应用中，这一温差仍是可行的，因此可以不必进行能量松弛。

第七章

上例中的回路非常简单，只含有 2 个换热单元（匹配 1 和匹配 4）。图 7-22 给出了一些比较复杂的回路。图 7-22(a) 中包含了 4 个换热单元，图上显示当 x 等于 L_2 或 L_3 时可以断开回路，即将 L_2 合并到 L_1 上，或将 L_4 合并到 L_3 上。同样也可以使 x 等于 L_1 或 L_4 来断开回路，即将 L_1 合并到 L_2 上，或将 L_3 合并到 L_4 上，由此可知，断开回路的方式有多种选择。图 7-22(b) 是换热单元与加热器构成的回路，同样换热单元与冷却器也可构成回路。图 7-22(c) 是换热单元与冷却器和加热器构成的回路，后面第 7.6.3 节的老厂改造问题例子就涉及这种类型的回路。

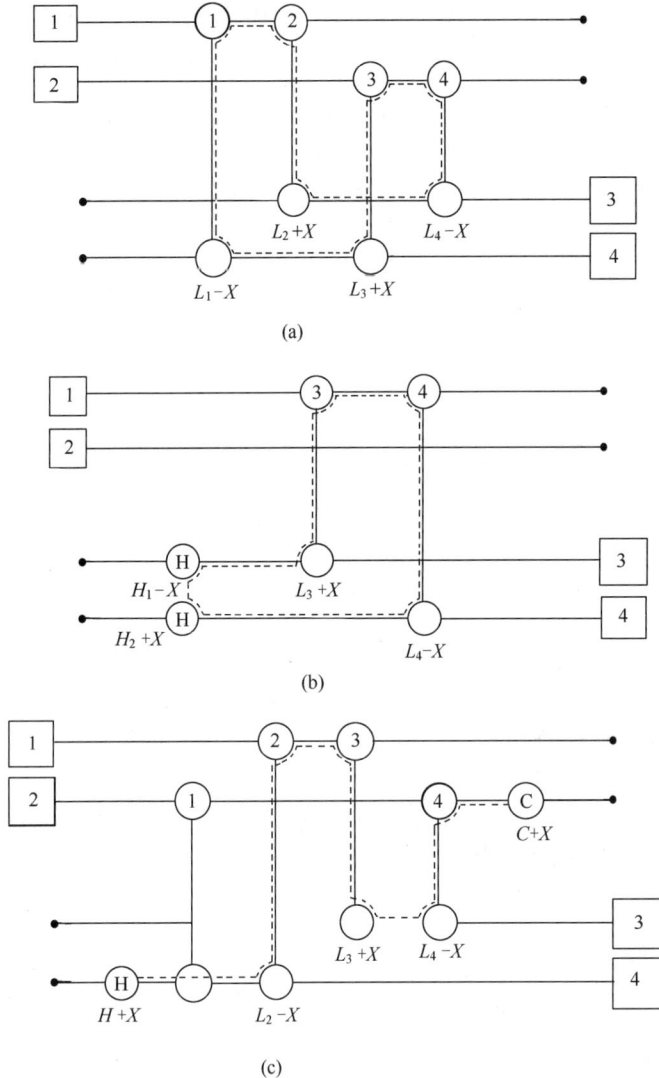

图 7-22　较为复杂的换热回路

7.5.3　ΔT_{min} 的选择

到目前为止，在作换热网络设计时，总是直接指定一个任意的最小温差 ΔT_{min}。实际设计中，ΔT_{min} 的选择与换热网络的操作及设备成本有直接关系。图 7-23 显示了 ΔT_{min} 与公用工程消耗及投资的关系。从图 7-23(a)、(b) 可以看到，热公用工程和冷公用工程都随 ΔT_{min} 的增加而增大，而且二者用量平行增加。这导致了如图 7-23(c) 所示的公用工程消耗随 ΔT_{min} 单调增加。从图 7-23(c) 还可以看到，对于设备费用，ΔT_{min} 存在一个最佳值。当 ΔT_{min} 等于零时，所需换热面积无限大，导致设备投资无限大,而公用工程消耗达到最小值,两项成本的总和趋于无穷大。当 T_{min} 的增加时,夹点处换热器面积的减小,设备投资费用也迅速下降,但超过最低值后,由于外加热、冷却单元数增加,设备投资费用又开始增加。相应地,在最佳 ΔT_{min} 处,总成本费也达到最小。因此理想的状况是,在最佳的 ΔT_{min} 下进行换热网络设计。

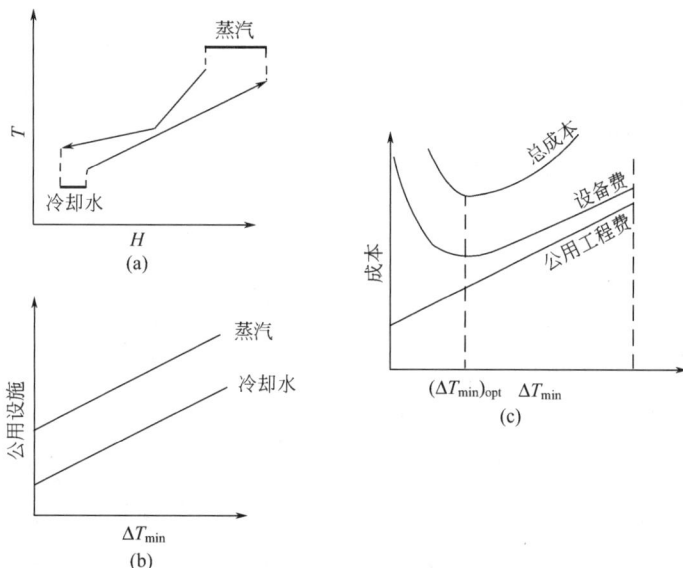

图 7-23 热回收网络公用工程及成本与 ΔT_{min} 的关系

目前还没有直接方法能够精确地确定最佳 ΔT_{min},因为设备投资费用与 ΔT_{min} 的关系无法用函数式直接描述。但是如果换热系统的传热系数变化不大,则可以利用下面的方法计算 ΔT_{min} 的近似值。

先假设一个 ΔT_{min},计算最小公用工程消耗量,然后计算换热面积。由于系统传热系数变化不大,因此可以为系统取一个平均传热系数 U,然后根据组合曲线的角点分割曲线。假设各部分中冷、热物流逆流换热,然后按公式 $Q=UA\Delta T_{LM}$(ΔT_{LM} 为端点温度对数平均温差)计算每个部分的换热面积,将各个部分的换热面积加和,得到整个系统的总换热面积。再把这个面积与系统最小换热单元数加权,就可以得到系统设备投资费用。将此费用与最小公用工程消耗费用综合起来,就得到系统的总费用。用这种方法尝试几次,可得到 ΔT_{min} 的近似值。

综上所述,一个完整的换热网络设计过程可以归结为以下几步:

① 根据经验选取最小端点温差 ΔT_{min}。

② 根据夹点技术,设计能量利用最优的换热网络。

③ 在能量利用最优的基础上,设计换热单元数最少的换热网络。

④ 调整 ΔT_{min},设计总投资费用最少的换热网络。

7.6 实际工程项目的换热网络合成

上面几个网络设计例题,都是直接利用给定的数据。对于实际工程项目却没有这么简单,存在着如何适当地选取物流、如何对数据进行提取、简化,如何对待新厂设计和老厂改造等问题。

7.6.1 数据提取

不管是新厂设计还是老厂改造,工艺流程图是提取数据最主要的依据。换热网络设计所需的数据为物流的温度、流量及热容(流量与热容的乘积为热容流率)。在前面问题表格法计算最小能量消耗时,假定物流的热容流率为常数。实际上，热容流率与温度有一定的关系，尤其是温度变化范围较大或存在相变时。对于这些情况，可以将物流分段，分别对各段进行线性处理。许多工艺设计过程提供了换热装置的热负荷与物流温度的关系图（即 T-H 图），这对数据提取非常有用，可以根据此图决定是否有必要对物流分段，如何分段。

在对分段的物流进行线性处理时，需要注意以下问题：

① 在 T-H 图上，夹点处对温度误差最为敏感，因此在夹点附近必须尽可能地取得准确的热容流率值。

② 为了防止低估能量消耗值，对热物流所作线性的逼近不能高于热物流线，对冷物流所作的线性逼近不能低于冷物流线，如图 7-24 所示。

③ 相变点必须作为分段点。

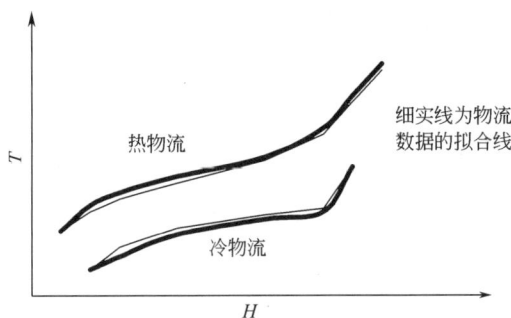

图 7-24　物流数据的线性逼近

7.6.2　选择物流

工艺流程中的许多物流，往往不是从起始温度直接加热或冷却到最终指定温度，而是要经过几次加热或冷却。另外，还遇到物流的混合与分解。如何选取物流，以便最大限度地发挥换热网络设计的作用，是解决实际问题时应考虑的问题。

比如，在蒸馏预热串联系统中，原料从 10℃ 加热到 150℃ 后进入蒸馏塔，原始的工艺流程如图 7-25 所示。在进行换热网络设计时，物流的选取有下列三种方法：

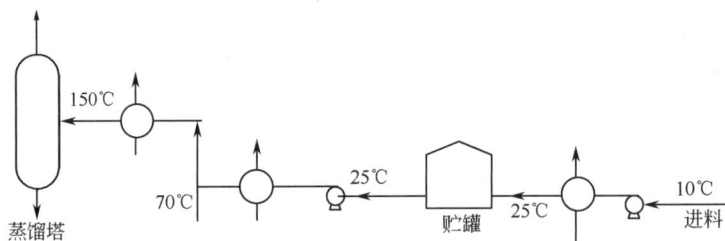

图 7-25　蒸馏预热系统 (Linnhoff, 1982)

① 将进料分为三股物流，第一股从 10℃ 到 25℃，第二股从 25℃ 到 70℃，第三股从 70℃ 到 150℃。

② 将进料分为二股物流，第一股从 10℃ 到 25℃，第二股从 25℃ 到 150℃。

③ 将进料看作一股物流，从 10℃ 到 150℃。

按第一种方法设计的结果，可能会和原有流程一致，因为每段物流都与原有物流完全吻合，因此起不到换热网络设计的作用。第二种方法提供了网络设计的自由度，但实际上，要求常温储存的物料并不是必须在 25℃，因此将 25℃ 作为一个指定温度又限制了网络的设计。第三种方法最大限度地提供了自由设计空间，有可能找到更好的换热方案。

由此可以看出，在选取物流时，应尽量避免过细地将物流拆开；当物流中间有指定温度时，应当分析一下该温度是否可以调整。

当出现物流混合和分解时，物流的选取就更加复杂。如图 7-26(a) 中有两股起始温度不同的物流 A、B，混合为物流 C 后被加热到共同的目标温度。实际的工艺流程通常为图 7-26(b) 的形式，这种方式是否合理就要看物流混合时的温度的变化是否跨越了夹点。

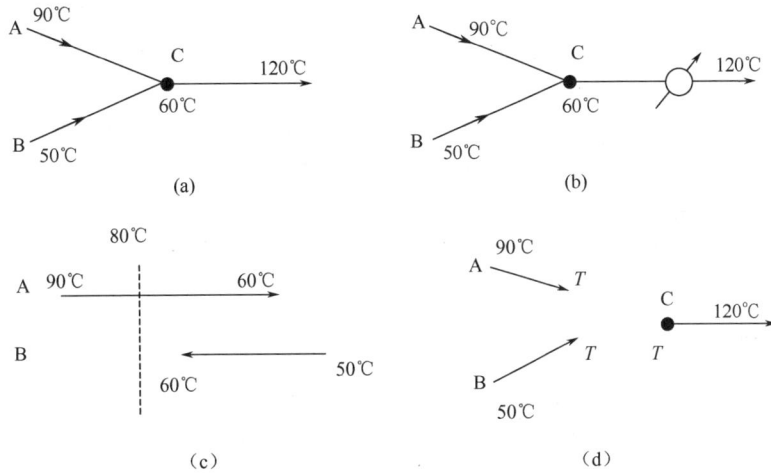

图 7-26   物流混合

设 A、B 混合后的温度为 60℃，夹点温度为 100℃，则可以按图 7-26(b) 的方式直接混合，然后看作只有一股物流 C 参与匹配。

如果夹点温度为 80℃，则不能简单地按上述方式处理。因为如图 7-26(c) 两条冷物流的直接混合将违背夹点匹配原则，即夹点之上与夹点之下的物流进行了换热，结果将导致公用工程的消耗的增加。因此，在物流混合出现温度跨越时，为了避免过多地消耗公用工程，必须先将物流 A、B 看作两条不同的热物流和冷物流，经过与其他物流换热达到同一温度 T 后再混合成 C，如图 7-26(d) 所示，也就是保证物流 A、B 在等温状态下混合。如果混合温度 $T=120℃$，则该系统实际上是被看作两条物流。如果 $T<120℃$，则还应当将物流 C 选作一条物流从 T 加热到 120℃，即系统实际上是被看作三条物流。由此可知，为了保证最小公用工程用量，应当避免物流的非等温混合，但相应地会增加换热单元数。

物流分解也是工艺流程中常遇到的情况，比如乙烯裂解中急冷水被分解成多股物流用于加热其他物流。物流分解的一种情况如图 7-27 所示，物流 A 被分解成 B、C；物流 B、C 具有不同的目标温度。实际工艺流程中可能采用图 7-27(b)、7-27(c) 所示的两种不同方式。对于图 7-27(b) 的方式，系统被看

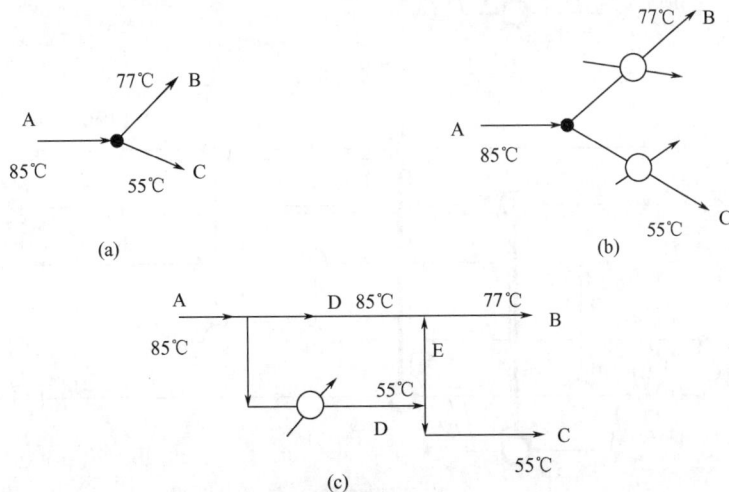

图 7-27   物流分解

作两条物流；而图 7-27(c) 的方式，则系统中有一条物流参与了匹配，节省了一台换热器，但旁路物流 D、E 的混合会构成上面所讲的物流混合问题，需要慎重对待。

7.6.3 老厂改造

目前老厂改造项目，很多都是节能改造。在做换热网络设计时，不仅要考虑节省能量，还要考虑原有设备的利用，因为这涉及装置的投资费用。利用夹点方法，很容易计算出最小能耗目标，并找到最好的匹配方案，问题是，改进后的方案与对原来的流程改动程度有多大。显然，在各种改进方案中，应该选取那些最能充分利用原有设备、管线的方案，即和原有流程具有最大兼容性的方案（linnhoff）。这一点可通过下面的例子进行说明。

图 7-28(a) 为一个换热网络的原有匹配流程。其中热公用工程消耗为 196kW，冷公用工程消耗为

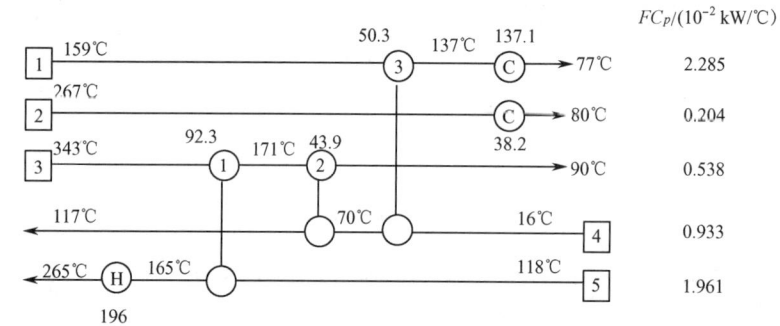

(a) 原有流程

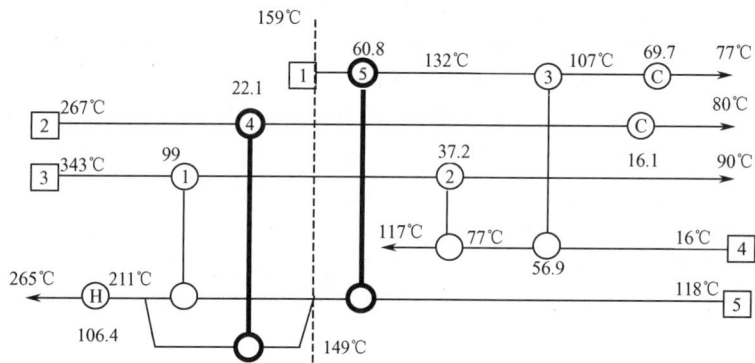

(b) 夹点匹配

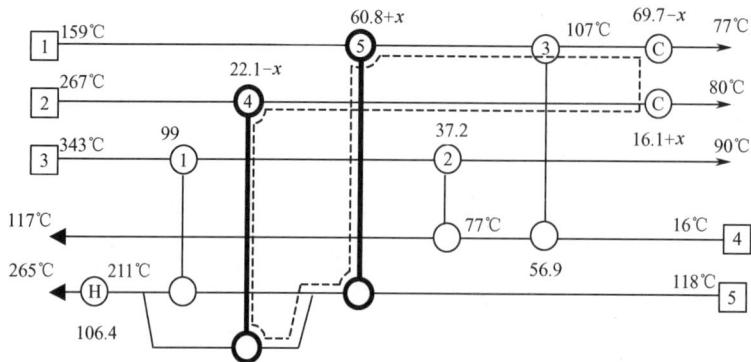

(c) 最小能量消耗匹配方案

图 7-28 老厂改造问题

175.3kW。取 $\Delta T_{min}=10℃$，利用所给数据进行计算，得到夹点位置在 149～159℃，最小热公用工程消耗为 106.4kW，最小冷公用工程消耗为 85.8kW，可见热量的节能潜力高达 46%。利用前面介绍的夹点匹配技术，分别对夹点之上和夹点之下的子系统进行设计。对于夹点之上的部分，只有一种能够满足最小能量消耗的匹配方式，如图 7-28(b) 夹点之上部分所示。其中加热器和匹配 1 在原有流程中也存在。而匹配 4 为新增加的匹配。对于夹点之下部分，则有多个满足最小能量消耗的方案，其中如图 7-28(b) 夹点之下部分所示的方案与原有流程的兼容性最大，只需要增加一个新匹配 5，其他匹配及

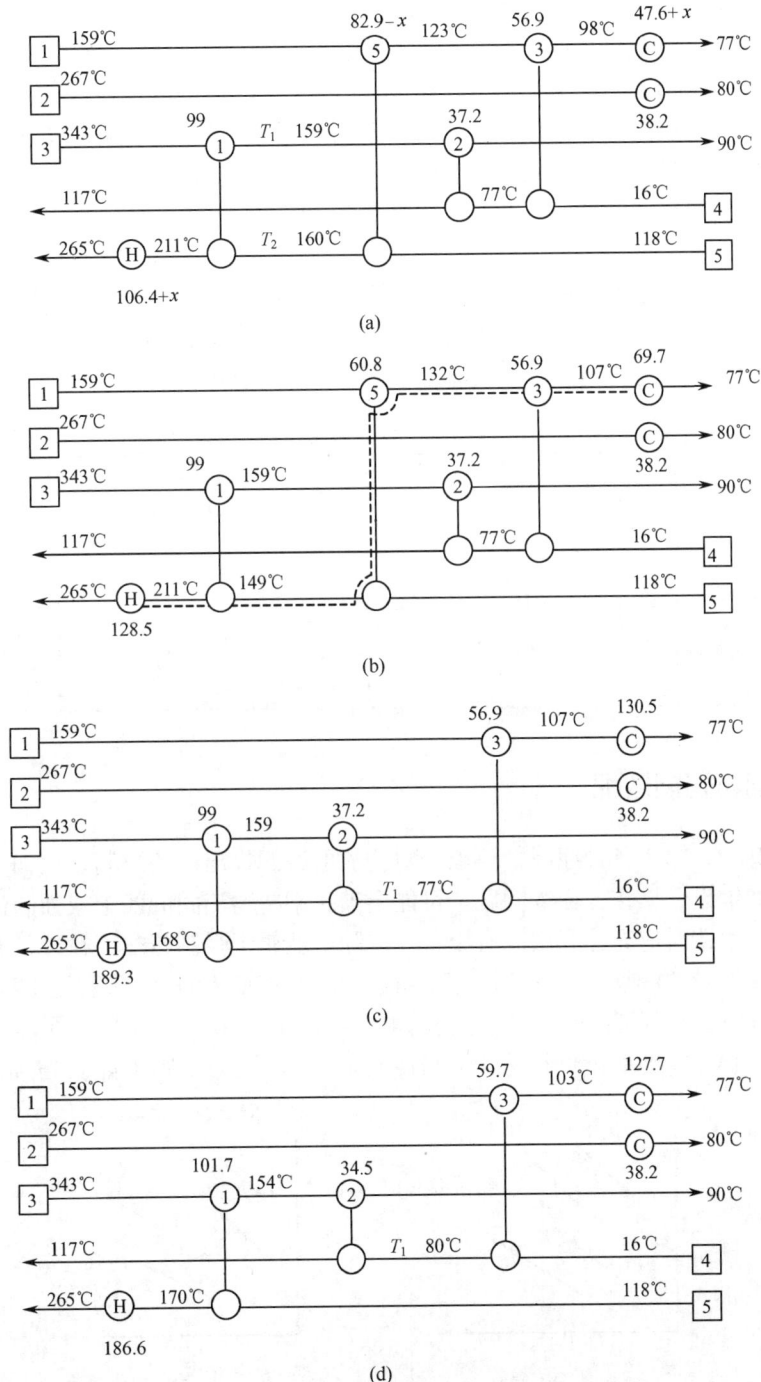

图 7-29 换热网络调优

冷却器在原有流程中都存在。将两个子系统合并后得到图 7-28(c) 的换热网络，它比原有网络多了匹配 4 和匹配 5。这意味着能量消耗的降低将以增加两台换热器为代价。

为了减少换热单元，下面利用能量松弛法对换热网络进行改进。从图 7-28(c) 可以看到，匹配 4、匹配 5 与两台冷却器构成一个回路。由于匹配 4 造成了物流 5 的分解，这是原有流程中不存在的，因此在断开回路时将匹配 4 合并到匹配 5 上，得到如图 7-29(a) 的匹配。这样处理的结果使 T_1、T_2 之间违反了允许温差的约束，利用能量松弛法进行调整，得到图 7-29(b)。图 7-29(b) 的匹配方案与原有流程比较接近，只多了匹配 5，可以作为一个较好的改进方案。

从图 7-29(b) 看到，加热器、匹配 5 与冷却器仍构成回路，因此可将网络继续改进。因为匹配 5 为新增加的换热单元，这里选择将匹配 5 消去，得到图 7-29(c)。这一改进造成能量的进一步松弛，即公用工程消耗增加。不过利用将物流 3 和物流 4 之间匹配的能量"绷紧"（即将 T_1 从 77℃ 调整到 80℃），可以节省 2.7 个单位的能量，从而得到图 7-29(d) 的方案。将图 7-29(d) 与原有流程进行比较，所有装置都为原来存在的装置，热量节省 5%，其中匹配 1 和匹配 3 的负荷有所增加，匹配 2 的负荷有所降低。

表 7-5 对上面各步方案的能量回收与设备增加情况进行了比较。从表 7-5 中可以看出，方案 I 能量回收潜力最大，但需要增加和改造的设备也最多，方案 III 能量回收潜力较小，但设备投资也最小。在实际工程中应选取哪种方案，还要视能量及设备的费用，以及经济效益而定。

表 7-5　改造方案比较

改造方案	节能	设备投资	
		增加装置	改造装置
方案 I 图 7-28(b)	46%	2	2
方案 II 图 7-29(c)	34%	1	2
方案 III 图 7-29(d)	5%		3
原有流程	0	0	0

7.6.4　禁止匹配与强制匹配

在实际工程设计中，出于各种原因，可能会对物流的匹配提出一些限制。比如考虑到腐蚀、操作安全、设备布置、管线铺设、操作方便等问题，可能会禁止某些物流间的匹配或强制进行某些物流间的匹配。上面讲到在老厂改造时应充分利用原有设备，实际上就属于强制匹配。在进行换热网络设计时，这些限制有时会影响到能量的回收。如图 7-30 所示的物流，图 7-30(a) 中热物流 H_1、H_2 的品位高于冷物流 C_1、C_2，如果禁止或强制匹配，可能不会增加外加热量消耗，但如果如图 7-30(b) 所示，热物流 H_2 的品位低于冷物流 C_1，当禁止热物流 H_1 与冷物流 C_1 匹配时，则可能要增加外加热量。再比如，

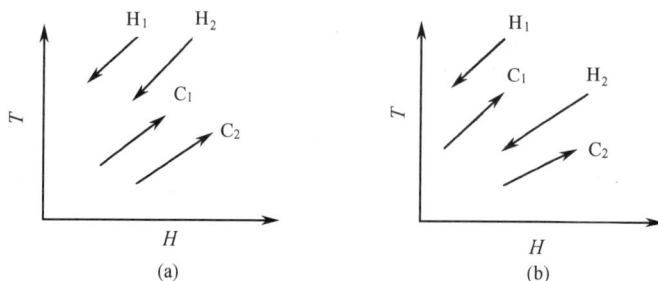

图 7-30　禁止匹配物流

前面提到的老厂改造例题，当要求保留原有设备时，夹点之下仍能找到满足最小能量消耗的方案，因此强制匹配不会影响能量回收。

总之，对于存在禁止或强制匹配的问题，应该先找出满足最小公用工程消耗的方案，然后检查增加的限制是否会影响到能量回收，影响的程度有多大，是否存在解决方案。

7.6.5 阈值问题

利用冷、热物流组合曲线的平移可以确定夹点位置，由此还可以计算最小公用工程消耗。但在实际问题中，并不是所有的问题都存在夹点。

从前面对夹点问题的说明可以看出，夹点问题的冷、热公用工程消耗随 ΔT_{min} 单调变化，且二者呈平行关系。即使 ΔT_{min} 为 0，这种平行关系也不变。对于夹点问题存在能量与设备投资的折中，需要考虑 ΔT_{min} 的选择。

不存在夹点的问题称为非夹点问题，它的特性可用图 7-31 来表示。图 7-31(a) 中表示的系统既需要蒸汽也需要冷却水。将组合曲线平移，冷公用工程用量会随着 ΔT_{min} 的减小而消失，继续减小 ΔT_{min}，高端的蒸汽用量会继续减少，在低端却出现了对蒸汽的需求 [图 7-31(c)]，结果造成总的热公用工程消耗量不变，这一过程公用工程与 ΔT_{min} 的关系可通过图 7-31(d) 来看清。从图 7-31(d) 上看到 ΔT_{min} 对公用工程的影响有一个转折点，称为阈值 $\Delta T_{阈}$。高于这个阈值，关系特性符合夹点问题，低于此阈值，公用工程用量与 ΔT_{min} 无关，因此也就不存在能量与设备投资的折中问题。

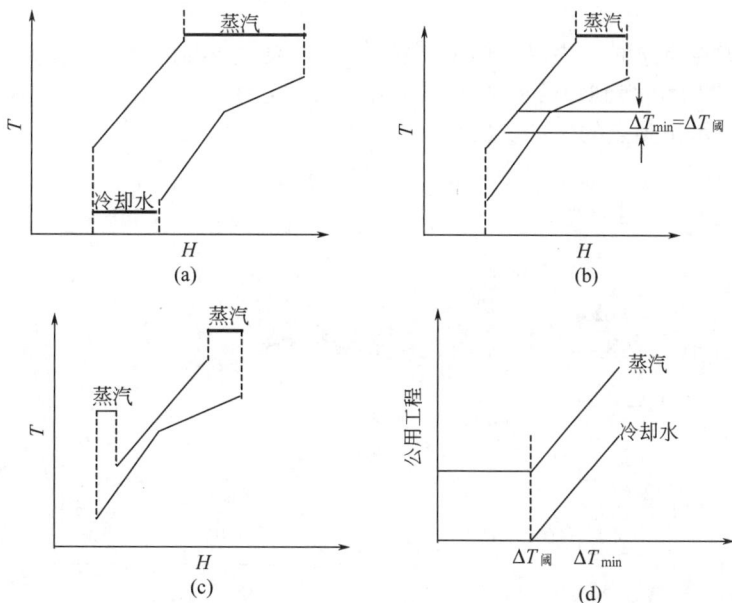

图 7-31 阈值问题

由于非夹点问题的存在，因此进行实际项目设计时，应该首先判断问题是否为夹点问题。如果是，则直接按前面介绍的夹点技术进行设计。如果为非夹点问题，则应找出 ΔT_{min} 与公用工程的关系曲线，并确定阈值位置，如果实际要求的 ΔT_{min} 高于阈值，则仍可运用夹点技术进行设计，并进行能量与设备数的调优，如果实际要求的 ΔT_{min} 低于阈值，则不能进行能量与换热设备数的权衡。此过程可用图 7-32 的流程图表示。

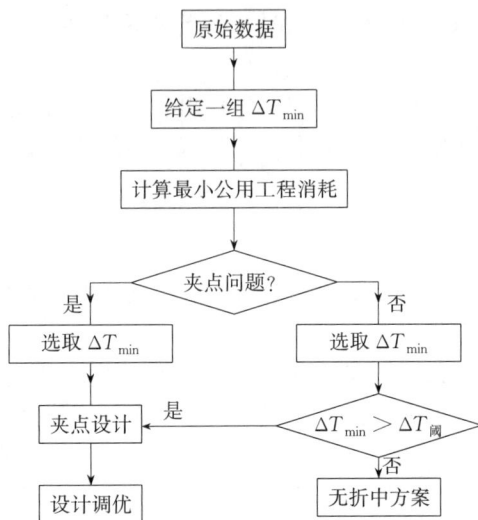

图 7-32 实际换热网络设计步骤

7.6.6 多品位公用工程

在前面利用夹点技术进行换热网络设计时，一直把公用工程放在物流的末端，即热公用工程处在物流温度的最高端，冷却公用工程处在温度的最低端。而实际工程中，可选择的公用工程却不止一种品位，如热公用工程有高压蒸汽、中压蒸汽、低压蒸汽等，冷公用工程有一级、二级冷却水以及用于发生蒸汽的软水等。对于这种多品位公用工程问题，仍可用夹点方法进行设计。

在 7.3.3 节介绍夹点概念时，用温区热流图（图 7-3）表示各温区之间热量的流动。现在把整个热量的变化映射到 T-H 图上，得到包含公用工程物流在内的总组合曲线图（图 7-33）。该图和组合曲线图一样，也能清楚地表示出夹点的位置及最小公用工程消耗量。

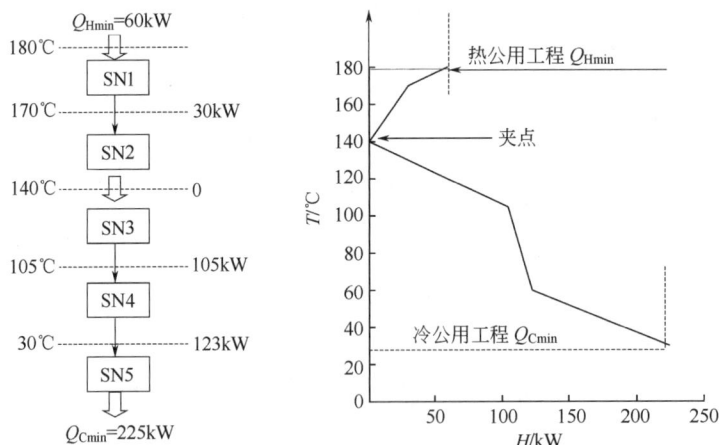

图 7-33 总组合曲线图

仍以例 7-2 为例，假设现在有品位为 170℃蒸汽可作为热源，显然它不能出现在最高端。将其温度减去 10℃（$\Delta T_{min}=10℃$）后标在总组合曲线上。从图 7-34 中可以看到，此品位的蒸汽最大可提供 20kW 的热量，这样更高品位的蒸汽用量可减少到 40kW。但是区间 SN2 增加 20kW 的热量后，以上各区间相应地应该减少 20kW 热量，这就造成区间 SN2a 与 SN3 之间的热流量为 0，从而形成新的夹点。由此可见，多品位的公用工程会导致新夹点—公用工程夹点的出现，这样在进行物流匹配时，就增加了

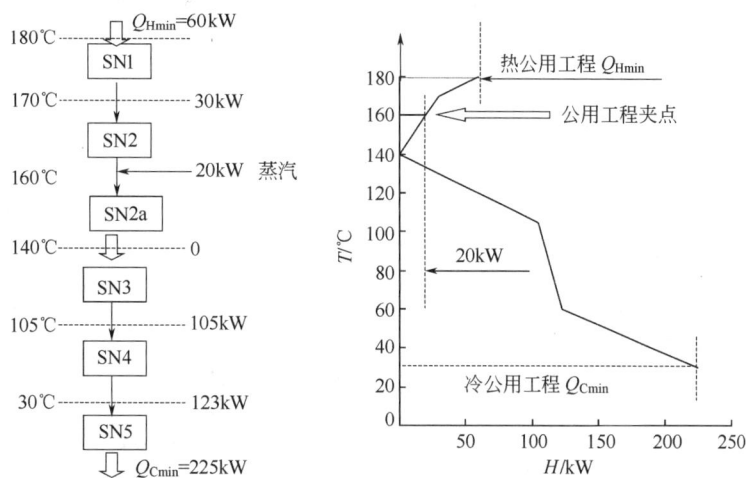

图 7-34　多品位公用工程总组合曲线图

夹点处物流匹配的复杂性。

当公用工程不在物流的最末端，而是落在某个中间温区时，公用工程就当作一条物流看待，假设其热容流率无穷大，然后利用夹点匹配的基本原则参与匹配。

【例 7-5】　利用例 7-2 的物流数据，完成多品位公用工程的网络设计。热公用工程为高压蒸汽，冷公用工程有两项，一项为冷却水，另一项为 100℃的软水，要求在此温度下发生 100℃的低压蒸汽。

从前面计算可知，系统的夹点位置在 140～150℃，最小热公用工程用量为 60kW，最小冷公用工程用量为 225kW。

从图 7-35 上可以看到，软水最多可提供 107kW 的热量，将它作为一股冷物流画在物流图 7-36(b)上进行匹配。图中有两个夹点，100～110℃为新增加的公用工程夹点。在 150℃夹点的上方和 110℃夹点的下方，可直接利用夹点方法进行匹配。而在 110～150℃之间，两个夹点的存在必然导致匹配冲突，为此在选择匹配方案时，应优先选择受约束最大的匹配。从图 7-36(b)可知，在 150℃夹点的下方，只有一种匹配方式：流股 1 和流股 4 匹配（$FC_{p热} \geqslant FC_{p冷}$），在 110℃夹点处的上方，流股 4 只能和软水匹配，流股 2 可以和任意冷物流匹配（$FC_{p热} \leqslant FC_{p冷}$），为此在靠近 150℃下方，流股 4 与流股 3 通过匹配 2 换热，流股 4 余下的热量用于加热软水。流股 1、2、5 的匹配如图 7-36(c)所示。显然，图 7-36(c)的结果比原来只有一种品位公用工程的匹配方式复杂得多。

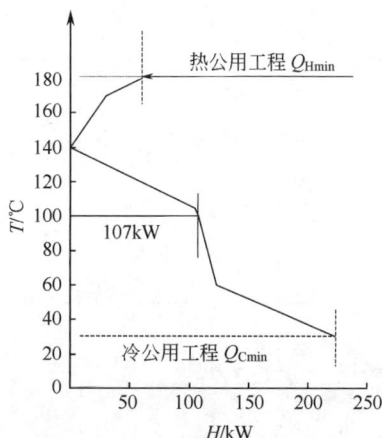

图 7-35　例 7-5 总组合曲线图

下面对图中的换热单元进行合并简化。首先去掉物流分支得到图 7-36(d)，结果导致 T_1 与 T、T_2 与流股 3 的起始温差违反了 $\Delta T_{\min} = 10℃$ 的约束。将 T_1 的温度恢复后，T_2 也同时得到了恢复，损失的能量 x 为：

$$\frac{82-x}{4} = 120 - T_1 \qquad T_1 = 110$$

$$x = 42$$

(a) 例 7-5 单品位公用工程匹配图

(b) 例 7-5 多品位公用工程匹配图

(c) 例 7-5 多品位公用工程匹配图

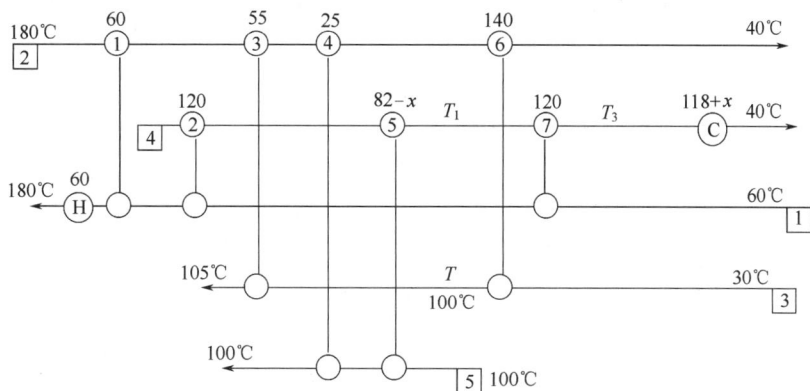

(d) 例 7-5 多品位公用工程匹配图

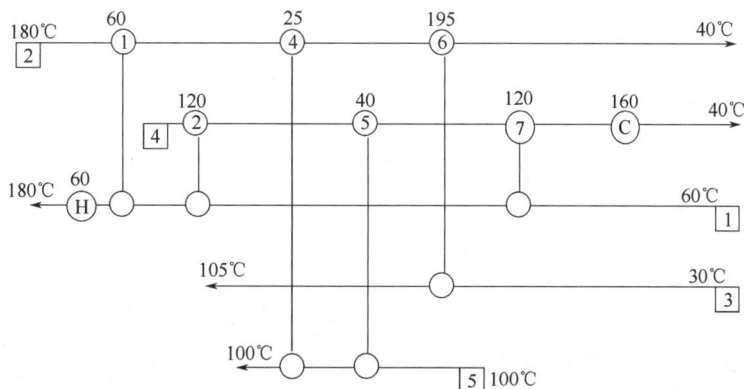

(e) 例 7-5 多品位公用工程匹配图

图 7-36 例 7-5 单品位和多品位公用工程匹配图

最终的匹配图如图 7-36(e) 所示。

通过例 7-5 将多品位公用工程的换热网络设计步骤总结如下:

① 根据问题表格方法计算夹点及最小公用工程用量。

② 根据温区热流图画出总组合曲线。

③ 在总组合曲线上标出多品位公用工程的位置及所能提供的最大热量(冷量)。

④ 画物流图,标出所有夹点位置。

⑤ 利用夹点匹配原则,完成所有夹点附近的物流匹配,产生满足最小公用工程消耗的方案。

⑥ 对设计方案进行调优。

8 分离塔序列的综合

○○ ——— ○○ ○ ○○ ———|

在化工生产过程中，原料的净化和产品的分离，在装置的投资及操作费中占有相当大的比例。因此研究合理的分离方法、开发最佳分离流程和实施最佳的操作一直是工程技术人员和研究人员关心的课题。选择最合理的分离方法，确定最优的分离序列，以降低其各项费用，是分离序列综合的主要目的。

物质的分离主要是通过设计合理的方法，依靠化学位的差异而实现物质的有序的迁移。常用的分离方法包括蒸发、精馏、萃取、吸收、吸附、结晶、沉淀、络合、反应、膜分离、电泳和层析等。根据待分离体系的性质，研究者将以上过程进行耦合，开发出了一些新型高效的分离方法，如萃取精馏、反应精馏、膜吸收、结晶萃取等。在以上分离方法中，精馏方法在工业生产中应用时间较长，领域较广，研究较为成熟，也较为经济，因而精馏法分离往往是首选的分离方法。对于多组分的分离，需要用多个精馏塔，这些精馏塔的排序对费用往往产生较大的影响。本章重点介绍如何开发最佳塔序。为了增强大家在遇到实际问题时的应变能力，用多个实例予以说明精馏塔序列综合的具体方法。

8.1 精馏塔分离序列综合概况

分离序列的综合始于 20 世纪 70 年代。当时计算机的应用已经起步，因此许多算法均按计算机程序开发的要求进行。例如，Hendy 等（1972）采用最优化算法的动态规划法进行分离序列的综合。但由于精馏工艺实际要求的多样性、物性的多变性以及计算机本身的局限性，开发的程序很难满足应用的要求，因此根据经验总结的规则具有很大的实用价值。例如：Rudd 等（1973）、Nishida（1981）提出了直观试探法；并和 Nasdgir（1983）提出了有序试探法；还有学者提出了介于两者之间的方法。例如 Stephanopoulos（1976）提出的调优综合法，还有 Rathor 等（1974）提出的带有能量集成的多元分离系统综合的方法。在试探法中，试探规则多是定性的规则，而且规则数目较多。例如，Nishida 提出的规则多达 12 条，让初学者和实际工作经验不足者无所适从。在其后的研究中，Nadgir 提出了分离系数，使部分试探规则定量化，北京化工大学施宝昌等（1997）提出了相对费用函数 F，使试探规则定量化的精度得以提高。

8.2 分离序列综合的基本概念

分离序列的综合可定义如下：给定进料流股的条件（包括组成、流率、温度、压力），系统化地设计出能从进料中分离出所要求产品的过程，并使总费用最小。以数学形式表示，可写为：

$$\min_{I,X}\Phi = \sum_i C_i(X_i) \tag{8-1}$$

式中　i——可行的分离单元，$i \in I$；

　　I——S 的子集，S 为所有能产生目标产品的分离序列的集合；

　　C_i——分离单元 i 的年度总费用；

　　X_i——分离单元 i 的设计变量向量；

　　X——X_i 的可行域。

上述问题是一个混合整数非线性数学规划问题，即作出从 S 中产生一个子集 I 的离散决策，以及对连续变量 x_i 的决策。它包括两方面的内容：一是找出最优的分离序列和每一个分离器的性能；二是对每一个分离器找出其最优的设计变量值，如结构尺寸、操作条件等。因此，分离序列的综合是一个两层次的问题，在塔系最佳化的同时，每个塔的设计也要最佳化。

为便于理解，首先需要介绍与分离序列综合相关的几个基本概念。

8.2.1　简单塔

为简化问题，所讨论的分离过程一般只局限在采用简单塔（simple column）进行蒸馏操作的情况。所谓简单塔，是指：

① 一个进料分离为两个产品。

② 每一个组分只出现在一个产品中，即锐分离（sharp separation）。例如，一个普通的两产品精馏塔，其相邻轻重关键组分的回收率非常高，则该精馏塔就属于简单锐分离器。

③ 塔底采用再沸器，塔顶采用全凝器。

如需要分离一个含 3 个组分的混合物，则可采用两种方案，如图 8-1 所示，这两种方案的费用会有所差异。图 8-1(a) 所示的流程称为顺式流程（direct sequence），轻组分在塔顶逐个引出。图 8-1(b) 所示的流程称为非直接序列（indirect sequence），当所需分离的混合物包含较多组分时，则可能的分离序列数会非常之大。

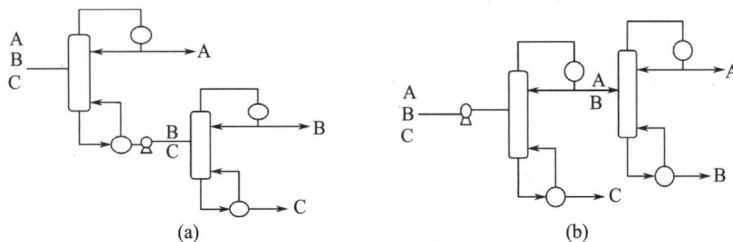

图 8-1　用简单塔分离三组分混合物的两种方案

8.2.2　顺序表

在讨论分离序列的综合方法时，人们常常采用顺序表（ranked list）把进料的组分按照一定的规律排列起来。排列遵循的依据主要是与分离方法有关的物性值，例如：

① 组分的沸点（蒸馏）。

② 溶解度（萃取）。

③ 固体粒度（筛分）。

④ 组分挥发度（蒸馏、萃取）。

对一个四组分的体系，其顺序表一般可用以下两种方式表示：

$$\begin{bmatrix} A \\ B \\ C \\ D \end{bmatrix} 或（ABCD）$$

8.2.3 可能的分离序列数

分离序列的综合是一个复杂的组合问题。例如，采用一种分离方法把一个四组分混合物分离成四个纯组分的分离过程，需要三个分离单元构成的分离序列。根据四个组分分离次序的不同，可以排出五种分离序列，分别如图 8-2(a)～(e) 所示。

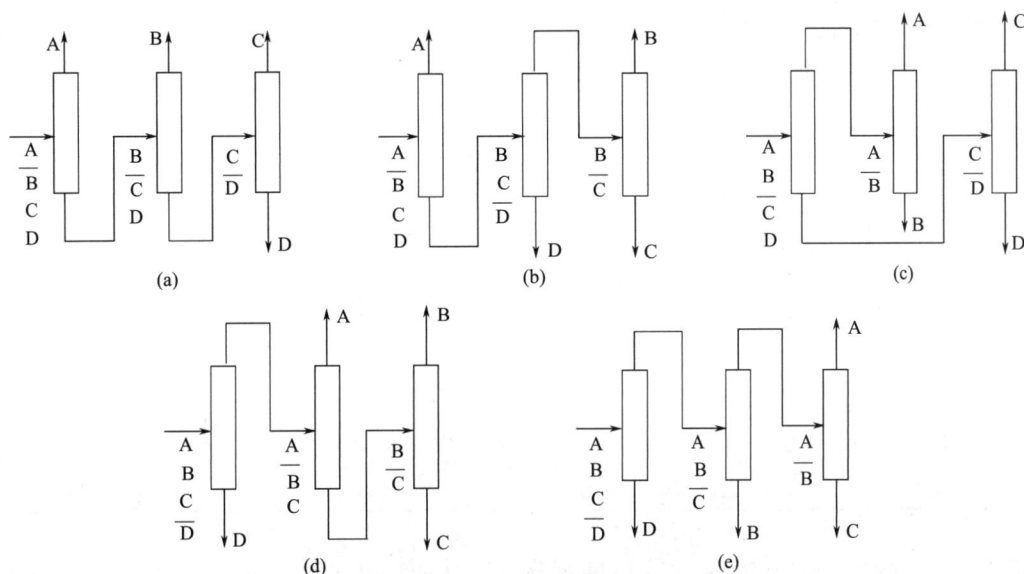

图 8-2 四组分分离序列的流程示意图

一般来说，采用 S 种分离方法（简单锐分离），把含有 R 个组分的混合物分离成 R 个纯组分的产品，其分离序列数 S 的递推计算式可导出如下：对序列中的第一个分离器，存在 $R-1$ 个分离点，令出现在塔顶产品中的组分数为 j，出现在塔底产品中的组分数就等于 $R-j$。如果对于 i 个组分可能的序列数是 S_i，则对于某一给定的第一分离器的分离点的情况，分离序列数应该是 $S_j S_{R-j}$。在第一个分离器中存在 $R-1$ 个不同的分离点，所以，对于 R 个组分，分离序列的总数目等于：

$$S_R = \sum_{j=1}^{R-1} S_j S_{R-j} = \frac{[2(R-1)]!}{R!\ (R-1)!} \tag{8-2}$$

例如，对图 8-2 所示的分离体系，进料组分数 $R=4$，由式(8-2) 可计算出分离序列数 $S_4=5$。

8.2.4 分离子群

分离多组分进料时，产生一些子群（subgroups），也称相邻的流股，其为各分离器的进料或最终产品。图 8-2 所示的分离问题，进料组分数为 4 时，可产生 10 个不同的子群，如表 8-1 所示。一般情况，总的不同的分离子群数（包括进料）G 可由算术级数求和得到，即：

$$G = \sum_{j=1}^{R} j = \frac{R(R+1)}{2} \tag{8-3}$$

8.2.5　可能的分离子问题

每个分离子问题与一个实际分离单元相对应，分离序列是分离子问题的不同组合形式。如图 8-2 所示的每个带分离点及分离方法的顺序表，都代表一个分离子问题。对于 4 个组分混合物分离成 4 个纯组分的分离问题，前已指出存在 5 种分离序列，而每一分离序列由 3 个分离器所构成，于是，对 5 个分离序列总共有 15 个分离器，但其中只有 $U=10$ 种是不重样的分离（unique splits），或称分离子问题（separation subproblem），如表 8-2 所示。对于 R 个组分的分离问题，其所含的分离子问题可由下式计算：

$$U = \sum_{j=1}^{R-1} j(R-j) = \frac{R(R-1)(R+1)}{6} \tag{8-4}$$

表 8-1 对于四组分进料的子群		

第一个分离器的进料	后面分离器的进料	产品
$\begin{bmatrix} A \\ B \\ C \\ D \end{bmatrix}$	$\begin{bmatrix} A \\ B \\ C \end{bmatrix}$ $\begin{bmatrix} A \\ B \end{bmatrix}$ $\begin{bmatrix} B \\ C \\ D \end{bmatrix}$ $\begin{bmatrix} B \\ C \end{bmatrix}$ $\begin{bmatrix} A \\ B \end{bmatrix}$ $\begin{bmatrix} B \\ C \end{bmatrix}$ $\begin{bmatrix} C \\ D \end{bmatrix}$	$\begin{bmatrix} A \end{bmatrix}$ $\begin{bmatrix} B \end{bmatrix}$ $\begin{bmatrix} C \end{bmatrix}$ $\begin{bmatrix} D \end{bmatrix}$

表 8-2 四组分进料的分离子问题		

对于第一个分离器的分离子问题	对于后面分离器的分离子问题	
$\begin{bmatrix} A \\ B \\ C \\ D \end{bmatrix}$ $\begin{bmatrix} A \\ B \\ C \\ D \end{bmatrix}$ $\begin{bmatrix} A \\ B \\ C \\ D \end{bmatrix}$	$\begin{bmatrix} A \\ B \\ C \end{bmatrix}$ $\begin{bmatrix} A \\ B \\ C \end{bmatrix}$ $\begin{bmatrix} B \\ C \\ D \end{bmatrix}$	$\begin{bmatrix} A \\ B \end{bmatrix}$ $\begin{bmatrix} B \\ C \end{bmatrix}$ $\begin{bmatrix} C \\ D \end{bmatrix}$

序列数 S、子群数 G 和分离子问题数 U 随组分 R 改变的数值列于表 8-3 中。当待分离组分数 R 增大时，子群数 G 和分离子问题数 U 也随之增大，而序列数 S 骤增。假如采用的分离方法不只是一种，除精馏方法外，也采用质量分离（mass-separating agents），则上述 S、G、U 值将增加得更快，所以多组分分离序列的综合面临着要解决很大数目的组合问题。

随待分离组分数 R 的增加，对分离序列数 S 和分离子问题数 U，有下列极限存在：

$$\lim_{R \to \infty} \frac{S_{R+1}}{S_R} = 4 \tag{8-5}$$

$$\lim_{R \to \infty} \frac{U_{R+1}}{U_R} = 1 \tag{8-6}$$

表 8-3　对于采用一种简单分离方式，分离器、分离序列、子群和分离子问题的数目

组分数 R	在一序列中的分离器数	序列数 S	子群数 G	分离子问题数 U
2	1	1	3	1
3	2	2	6	4
4	3	5	10	10
5	4	14	15	20
6	5	42	21	35
7	6	132	28	56
8	7	429	36	84
9	8	1430	45	120
10	9	4862	55	165
11	10	16796	66	220

8.2.6　目标产物组

有时我们希望得到的目标产物是混合物，而不是纯组分。如把四组分进料流股（ABCD）分离成（AB）、（CD）两组产品流时（图 8-3），可能的分离子问题数和分离序列数不能再简单地用式(8-4) 和式(8-2) 计算。如果目标产物组的组分在进料流组分顺序表中是相邻组分，则可把产物组数作为组分数，然后用式(8-4) 和式(8-2) 计算分离子问题数和分离序列数。如果目标产物组中的组分在进料流顺序表中不是相邻组分，则要根据具体情况而定。

例如，把（ABCD）四组分进料流分离成（A）、（C）、（BD）三个产物，其分离序列实际上仍是四组分分离问题，其分离序列之一如图 8-4 所示。

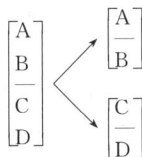

图 8-3　把（ABCD）分离成（AB）和（CD）　　图 8-4　把（ABCD）分离成（A）、（C）、（BD）的分离序列

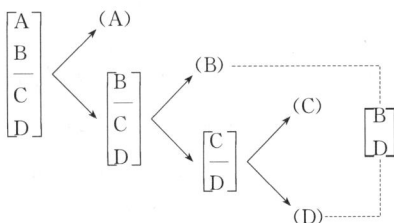

8.2.7　判别指标

分离序列综合过程中，往往需要不断地对分离子问题进行比较，从中选择最优的分离子问题构成分离序列。这就需要有一个统一的比较标准。比如说，分离序列中各单元设备在最优设计参数下的年度费用（设备折旧费＋操作费）可以作为判别指标。为简化计算，近年来，人们又提出了两种较为简单的判别指标，如易分离系数（CES）和分离难度系数（CDS），都可以用来作为判别分离子问题的优化指标。

8.2.8　分离序列的综合方法

分离序列的综合方法大体上可以分为三大类，即数学规划法、探试法和调优法。其中，数学规划法和探试法适用于无初始方案下的分离序列综合。探试法得到的分离序列有时是局部最优解或近优解。因此，其中大多数方法必须与调优法结合，派生一些方法，如探试调优法。调优法只适用于有初始方案下的综合问题。初始方案的产生可依赖于探试法或现有生产流程。因此，调优法更适于对老厂技术改造和挖潜革新。

8.3　动态规划法

在每个分离塔序列的综合中，最基本也是最原始的最优化方法是穷举法。所谓穷举法就是计算每个可能的分离序列方案。这种方法耗时费力，效率最低，当组分数较大时，可行方案极多，计算工作量太大，致使无法实施。为了减少计算工作量，数学规划法是较好的一个方法，动态规划法是数学规划法的一种。

动态规划法是解决多阶段决策过程最优化问题的一种方法。所谓多阶段决策过程是指由于这种过程的特殊性可以将它分为若干步，而在每一步中都需要作出决策，以便使整个过程取得最优效果。根据动态规划原理，如果一个分离序列是最优的，则综合该分离序列的各步决策也必定是最优的。综合分离序列问题恰好可以看成是一个多步决策过程。对于处理 R 个组分进料，采用简单锐分离器的分离序列，

共需要 $R-1$ 个分离器。每选择一个分离器都可以看成是一步决策过程，因此该分离序列的综合问题就可以看成是 $R-1$ 步决策过程。图 8-5 以四元混合物进料为例，说明这个多步决策过程。从表 8-2 可以看出，采用一种分离方法来处理四元混合物进料的分离序列共有十个唯一分离子问题，即采用一种分离方法来分离四元混合物总共有五个分离序列，而在这些序列中，一共只有十种不同的分离器。

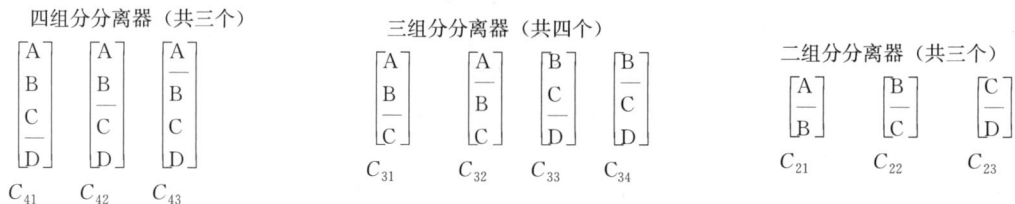

图 8-5 四组分分离序列中的分离子问题

图中短横线表示分割点，C_{41} 等表示相应各分离器的年总费用。

从图 8-6 可以看出，这时的分离序列树相当于一个三步决策过程。例如，在初始状态时要考虑每一步决策是采用费用为 C_{41} 的分离器 I 还是采用费用为 C_{42} 的分离器 II 或者采用费用为 C_{43} 的分离器 III 呢？这时不但要考虑 C_{41}、C_{42}、C_{43} 的费用数值大小，而且也要考虑后继序列的费用数值。又例如，在第二步决策时，在节点 I 外也要作出决策，是采用分离器 IV 还是采用分离器 V，而在节点 II 外由于只有一种可能，因此就无所谓决策问题了。按照动态规划的最优原理"如果要找到一组最优策略，使系统从初始状态转移到终止状态，则一个转移策略是这样的：不论系统的初始状态和初始决策如何，其余的决策对于初始状态和初始决策一起导致的第一步状态来说，必须构成一个最优策略"，我们可以构造递推方程，从而解决多步决策过程。

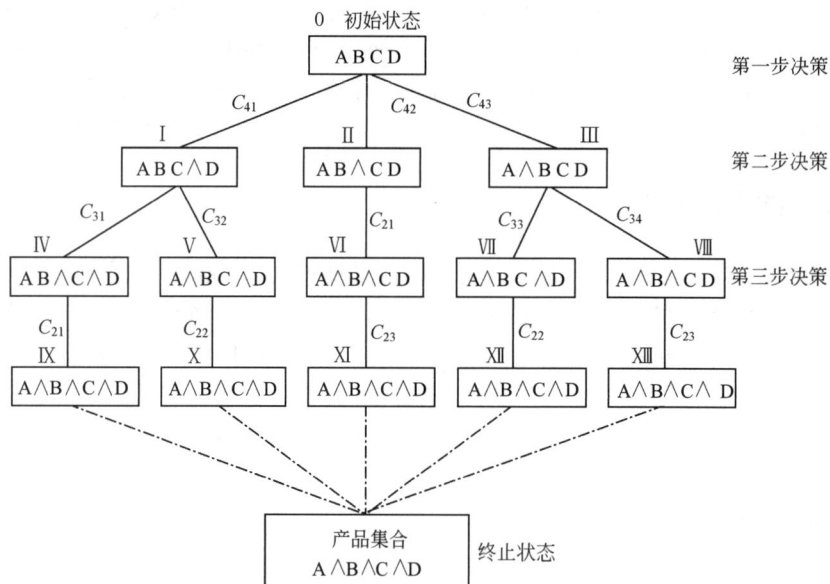

图 8-6 $N=4$ 时综合分离序列多步决策过程的序列图

N 步决策过程目标函数可写成：

$$\Phi = \sum_{i=0}^{N-1} C(X_k, U_k) = \min \tag{8-7}$$

式中　　X_k——第 k 步决策的终止状态或第 $k+1$ 步决策的起始状态；

　　　　U_k——第 $k+1$ 步的控制或决策；

$C(X_k, U_k)$——第 $k+1$ 步的费用函数，系 X_k、U_k 的函数。

若令 $V_j(X_i)$ 表示自 X_i 状态出发经过 j 步决策转移到终止状态时目标函数的最小值，则按动态规划的最优原理可以得到如下递推方程式：

$$V_{N-k}(X_k)=\min_{U_k\in U}\{C(X_k,U_k)+V_{N-(k+1)}(X_{k+1})\} \tag{8-8}$$

$$k=0,1,\cdots,N-1$$

$$V_0(X_N)=S(X_N) \tag{8-9}$$

式中，$S(X_N)$ 表示由于终止状态不同所反映的费用函数值，一般在综合分离序列问题中，终止状态只有一个，因此 $S(X_N)=0$。

针对图 8-6 所示的三步决策过程，上述递推公式分别可展开如下。

对第三步决策过程（$k=2$，$N=3$），由式(8-8)和式(8-9)得：

$$V_1(X_2)=\min_{U_2\in U}\{C(X_2,U_2)+V_0(X_3)\}$$

及

$$V_0(X_3)=S(X_3)=0$$

则

$$V_1(X_2)=\min_{U_2\in U}\{C(X_2,U_2)\}$$

对于不同的节点(状态)则有：

$$V_1(Ⅳ)=\min\{C(Ⅳ,U_2)\}=C_{21} \tag{8-10a}$$

同理

$$V_1(Ⅴ)=V_1(Ⅶ)=C_{22} \tag{8-10b}$$

$$V_1(Ⅵ)=V_1(Ⅷ)=C_{23} \tag{8-10c}$$

对第二步决策过程（$k=1$，$N=3$），由式(8-8)得：

$$V_2(X_1)=\min_{U_1\in U}\{C(X_1,U_1)+V_1(X_2)\}$$

对于不同的节点则有：

$$V_1(Ⅰ)=\min_{U_1\in U}\{C(Ⅰ,U_1)+V_1(X_2)\}=\min_{U_1\in U}\begin{Bmatrix}C_{31}+V_1(Ⅳ)\\C_{32}+V_1(Ⅴ)\end{Bmatrix} \tag{8-11a}$$

$$V_1(Ⅰ)=\min_{U_1\in U}\{C_{21}+V_1(Ⅵ)\} \tag{8-11b}$$

$$V_1(Ⅲ)=\min_{U_1\in U}\begin{Bmatrix}C_{33}+V_1(Ⅶ)\\C_{34}+V_1(Ⅷ)\end{Bmatrix} \tag{8-11c}$$

对第一步决策过程（$k=0$，$N=3$），由式(8-8)得：

$$V_3(0)=\min_{U_0\in U}\{C(0,U_0)+V_2(X_1)\}=\min_{U_0\in U}\begin{Bmatrix}C_{41}+V_2(Ⅰ)\\C_{42}+V_2(Ⅱ)\\C_{43}+V_2(Ⅲ)\end{Bmatrix} \tag{8-12}$$

应用递推公式从式(8-10)中解出 $V_1(X_2)$，代入式(8-11)中解出 $V_2(X_1)$，再代入式(8-12)中最后解出 $V_3(X_0)$，即目标函数的最优值。然后，将上述计算反演即可求出各步决策，即最优分离序列。

动态规划属于隐枚举法，它是一个比穷举法有效得多的算法。实质上，它是在一个比原搜索空间小得多的空间上进行穷举的一种算法。由式（8-5）和式（8-6）可以看出，对于综合最优分离序列问题，随着 N 的增加，在由所有不同分离器所组成的空间中进行穷举，要比在由所有可能分离序列所组成的空间中进行穷举有利得多。在计算中，前者是一个可行算法，而后者是不可行算法。综合最优分离序列的动态规划法，就是在由所有不同分离器组成的空间中进行穷举的算法，它要详细计算各分离序列中所用到的全部不同分离器的总费用，显然它的计算工作量也是相当可观的。这也是动态规划法的一个严重缺点。下面通过一个数字示例来说明动态规划法的计算过程。

【例 8-1】　由丙烷、异丁烷、正丁烷、异戊烷、正戊烷五个组分组成的轻烃混合物进料，其加料速度为 907.2kmol/h，各组分的摩尔分率如下：

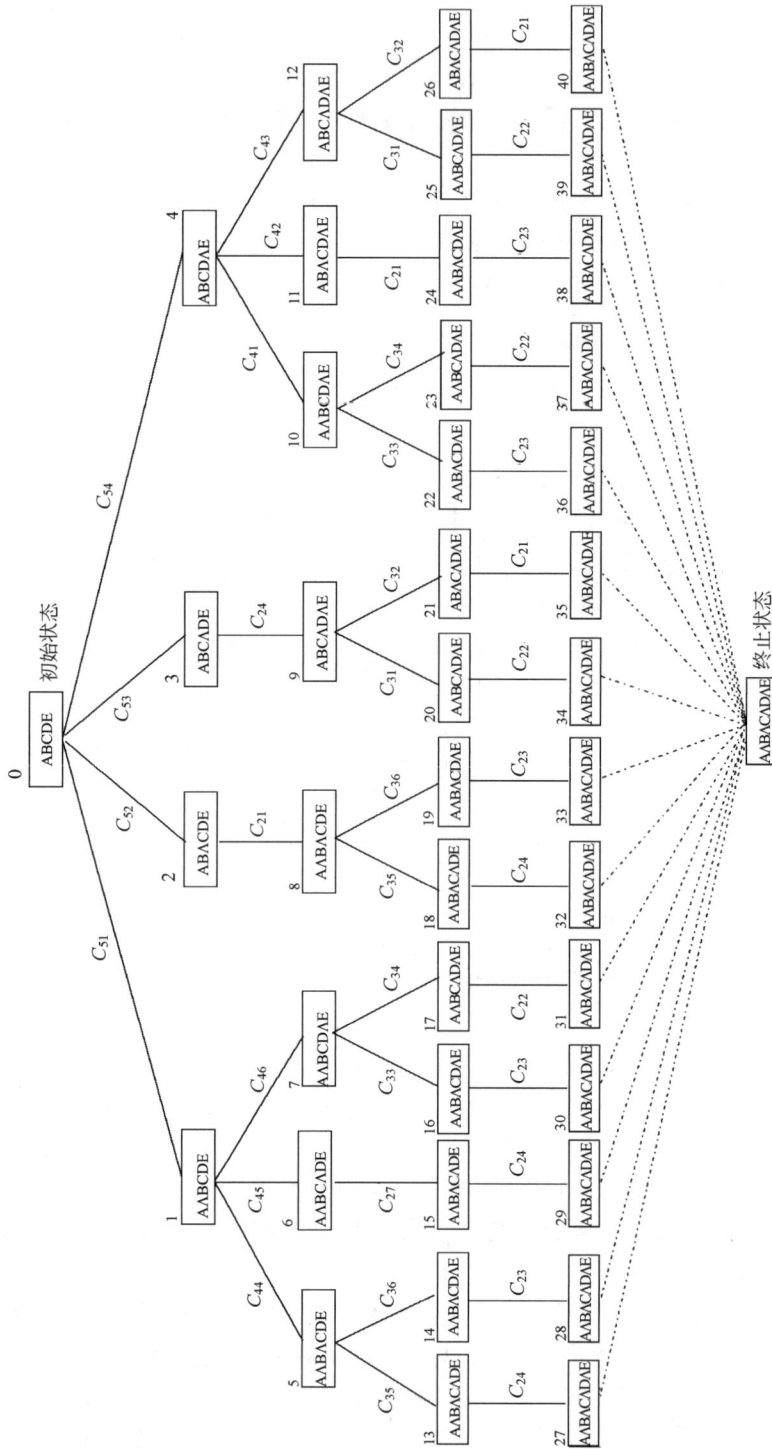

图 8-7 例 8-1 的分离序列图

组分	摩尔分数	组分	摩尔分数
A（丙烷）	0.05	D（异戊烷）	0.20
B（异丁烷）	0.15	E（正戊烷）	0.35
C（正丁烷）	0.25		

若工艺要求所有产品均为纯组分，试按动态规划法综合该分离序列。

将本例所示的五组分混合物进料用简单锐分离器进行分离，共需要 4 个分离器，总共有 14 个不同的分离序列，20 个不同的分离器，可以把它看成 4 步决策过程。其序列如图 8-7 所示。通过过程模拟可以详细计算出所有 20 个不同分离器的费用，如表 8-4 所示。

表 8-4　所有不同分离器费用及表处理动态规划法

子物流组	切割点	完成该切割分离器费用/(10^5 元/a)	包括子序列的分离总费用/(10^5 元/a)	子物流组分离费用最小值/(10^5 元/a)	最优序列
(A,B)	A/B	C_{21} 0.2613	0.2613	0.2613	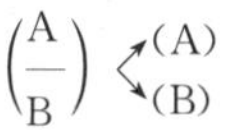
(B,C)	B/C	C_{22} 0.9493	0.9493	0.9493	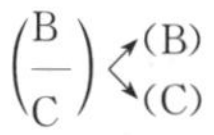
(C,D)	C/D	C_{23} 0.5927	0.5927	0.5927	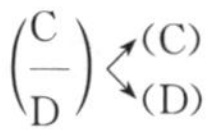
(D,E)	D/E	C_{24} 1.6920	1.6920	1.6920	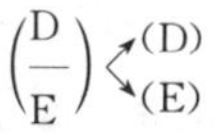
(A,B,C)	A/BC	C_{31} 0.3953	1.3446	1.3446	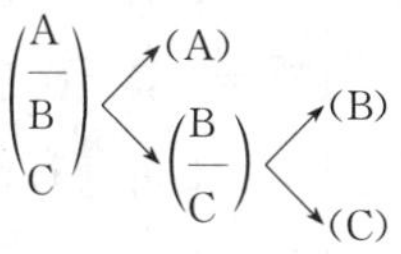
	AB/C	C_{32} 1.1980	1.4593		
(B,C,D)	B/CD	C_{33} 1.1260	1.7187		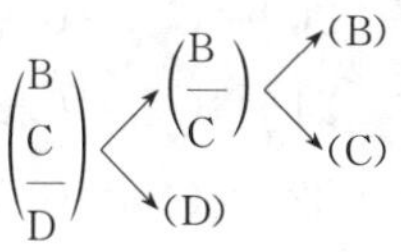
	BC/D	C_{34} 0.7675	1.7168	1.7168	
(C,D,E)	C/DE	C_{35} 0.7817	2.4737		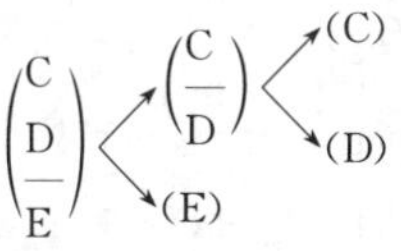
	CD/E	C_{36} 1.8530	2.4457	2.4457	
(A,B,C,D)	A/BCD	C_{41} 0.4707	2.1375	2.1875	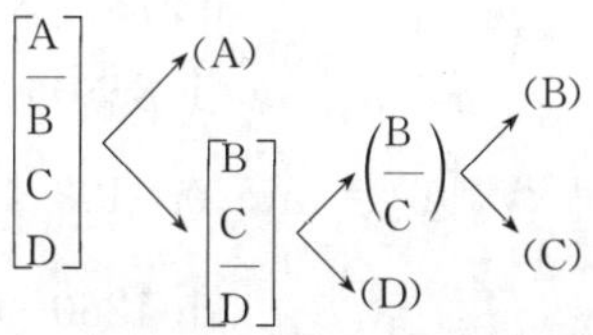
	AB/CD	C_{42} 1.4050	2.2590		
	ABC/D	C_{43} 0.9445	2.2891		

子物流组	切割点	完成该切割分离器费用/(10^5 元/a)	包括子序列的分离总费用/(10^5 元/a)	子物流组分离费用最小值/(10^5 元/a)	最优序列
(B,C,D,E)	B/CDE	C_{44} 1.3340	3.7797		
	BC/DE	C_{45} 0.9443	3.5856	3.5856	
	BCD/E	C_{46} 2.4180	4.1358		
(A,B,C,D,E)	A/BCDE	C_{51} 0.5715	4.1571	4.1571	
	AB/CDE	C_{52} 1.6500	4.3570		
	ABC/DE	C_{53} 1.1490	4.1856		
	ABCD/E	C_{54} 2.6600	4.8475		

按递推公式，对第四步决策过程求最优值函数为：

$V_1[13] = C_{24} = 1.6920 \times 10^5$ 元/a

$V_1[14] = C_{23} = 0.5927 \times 10^5$ 元/a

$V_1[15] = C_{24} = 1.6920 \times 10^5$ 元/a

$V_1[16] = C_{23} = 0.5927 \times 10^5$ 元/a

$V_1[17] = C_{22} = 0.9493 \times 10^5$ 元/a

$V_1[18] = C_{24} = 1.6920 \times 10^5$ 元/a

$V_1[19] = C_{23} = 0.5927 \times 10^5$ 元/a

$V_1[20] = C_{22} = 0.9493 \times 10^5$ 元/a

$V_1[21] = C_{21} = 0.2613 \times 10^5$ 元/a

$V_1[22] = C_{23} = 0.5927 \times 10^5$ 元/a

$V_1[23] = C_{22} = 0.9493 \times 10^5$ 元/a

$V_1[24] = C_{23} = 0.5927 \times 10^5$ 元/a

$V_1[25] = C_{22} = 0.9493 \times 10^5$ 元/a

$V_1[26] = C_{21} = 0.2613 \times 10^5$ 元/a

同样，按递推公式，对第三步决策过程求最优值函数为：

$$V_2[5] = \min \begin{Bmatrix} 0.7817 \times 10^5 + 1.6920 \times 10^5 \\ 1.8530 \times 10^5 + 0.5927 \times 10^5 \end{Bmatrix} = 2.4457 \times 10^5 \text{ 元/a}$$

$$V_2[6] = \min \{0.9493 \times 10^5 + 1.6920 \times 10^5\} = 2.6413 \times 10^5 \text{ 元/a}$$

$$V_2[7] = \min \begin{Bmatrix} 1.1260 \times 10^5 + 0.5927 \times 10^5 \\ 0.7675 \times 10^5 + 0.9493 \times 10^5 \end{Bmatrix} = 1.7168 \times 10^5 \text{ 元/a}$$

$$V_2[8] = \min \begin{Bmatrix} 0.7817 \times 10^5 + 1.6920 \times 10^5 \\ 1.8530 \times 10^5 + 0.5927 \times 10^5 \end{Bmatrix} = 2.4457 \times 10^5 \text{ 元/a}$$

$$V_2[9] = \min \begin{Bmatrix} 0.3953 \times 10^5 + 0.9493 \times 10^5 \\ 1.1980 \times 10^5 + 0.2613 \times 10^5 \end{Bmatrix} = 1.3446 \times 10^5 \text{ 元/a}$$

$$V_2[10] = \min \begin{Bmatrix} 1.1260 \times 10^5 + 0.5927 \times 10^5 \\ 0.7675 \times 10^5 + 0.9493 \times 10^5 \end{Bmatrix} = 1.7168 \times 10^5 \text{ 元/a}$$

$$V_2[11] = \min \{0.2613 \times 10^5 + 0.5927 \times 10^5\} = 0.8540 \times 10^5 \text{ 元/a}$$

$$V_2[12] = \min \begin{Bmatrix} 0.3953 \times 10^5 + 0.9493 \times 10^5 \\ 1.1980 \times 10^5 + 0.2613 \times 10^5 \end{Bmatrix} = 1.3446 \times 10^5 \text{ 元/a}$$

同理，第二步决策过程求最优值函数为：

$$V_3[1] = \min \begin{Bmatrix} 1.3340 \times 10^5 + 2.4457 \times 10^5 \\ 0.9493 \times 10^5 + 2.6413 \times 10^5 \\ 2.4180 \times 10^5 + 1.7168 \times 10^5 \end{Bmatrix} = 3.5856 \times 10^5 \text{ 元/a}$$

$$V_3[2] = \min \{0.2613 \times 10^5 + 2.4457 \times 10^5\} = 2.7070 \times 10^5 \text{ 元/a}$$

$$V_3[3] = \min \{1.6920 \times 10^5 + 1.3446 \times 10^5\} = 3.0366 \times 10^5 \text{ 元/a}$$

$$V_3[4] = \min \begin{Bmatrix} 0.4707 \times 10^5 + 1.7168 \times 10^5 \\ 1.4050 \times 10^5 + 0.8540 \times 10^5 \\ 0.9445 \times 10^5 + 1.3446 \times 10^5 \end{Bmatrix} = 2.1875 \times 10^5 \text{ 元/a}$$

同理，对第一步决策过程的最优值函数为：

$$V_4[0] = \min \begin{Bmatrix} 0.5715 \times 10^5 + 3.5856 \times 10^5 \\ 1.6500 \times 10^5 + 2.7070 \times 10^5 \\ 1.1490 \times 10^5 + 3.0366 \times 10^5 \\ 2.6600 \times 10^5 + 2.1875 \times 10^5 \end{Bmatrix} = 4.1571 \times 10^5 \text{ 元/a}$$

故最优序列的年总费用为 4.1571×10^5 元/a，将各步最优值函数反演即可求得各步最优决策，则最优分离序列表示如图 8-8 所示。

除动态规划法以外，其他常用的数学规划法还有分支界限法、有序分支界限搜索法和有序搜索法等。动态规划法需要检验全部分离子问题，而分支界限法不必搜索全部分离子问题便可找到最优分离序列，从而使搜索空间进一步缩小。有序分支搜索法与分支界限法十分相似，搜索空间也是由部分分离子问题构成。不同点在于某些地方做了一些简化。有序搜索法利用探试费用函数预测完整分离序列的费用下限，通过比较后予以取舍，进一步缩小了搜索空间。

因篇幅所限，本章不做详细介绍，有兴趣的读者可参阅相关文献。

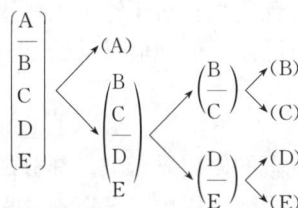

图 8-8　例 8-1 的最优分离序列

8.4　分离度系数有序探试法

所谓探试法实际上就是经验法，它虽然没有坚实的数学基础，但在实际过程综合应用中具有不可忽视的潜力。

从以上讨论可知，由于综合分离序列问题是一个两层次决策问题，并且它的搜索空间又十分庞大，找出最优分离序列是十分困难的。因此如果一上来就用严格、系统的方法来产生一个或几个供最后选择的精馏序列，这样做往往是很难成功的。比较好的方法是使用几个简单的、但带有普遍性的经验规则产生一些接近最优的序列，然后再对它们进行仔细的评价以确定最终的分离序列。这些经验规则可以分为四大类：

① 关于分离方法的规则（以下简称 M 类规则）。这类规则主要是对某一特定的大量任务，确定最好采用哪一类分离方法。

② 关于设计方面的规则（以下简称 D 类规则）。这类规则决定最好采用那些具有某个特定性质的分离序列。

③ 与组分性质有关的规则（以下简称 S 类规则）。这是根据欲分离组分性质上的差异而提出的规则。

④ 与组成和经济性有关的规则（以下简称 C 类规则）。这类规则表示了进料组成及产品组成对分离费用的影响。

对以上规则分别介绍如下。

8.4.1　经验规则 M1

在所有分离方法中，优先采用使用能量分离剂的方法（例如常规精馏方法）。其次才考虑采用质量分离剂的方法（例如萃取精馏、液-液萃取的方法）。若必须采用后一种方法时，则在使用质量分离剂的塔后应马上将这个质量分离剂分离出去，而且不准用质量分离剂的方法来分离另一个质量分离剂。将质量分离剂马上分离出去，主要是为了减少后继塔系中的塔内流量，从而减少设备费用及操作费用。不允许使用另一个质量分离剂来分离质量分离剂，是为了避免出现塔数无限多的情况。即用一个质量分离剂来分离另一个质量分离剂，再用别的质量分离剂来分离前一个质量分离剂，如此无限循环下去。

采用常规精馏或使用能量分离剂的分离方法，流程图中分离器的数目最少，因此是有利的。相反地，使用质量分离剂的方法（例如萃取精馏），每个分离器的后面都需要增设另一个分离器来分离出前面用过的质量分离剂，并且使用质量分离剂的分离器塔内流量一般也比较大，因此总费用也可能较大。但是，如果使用质量分离剂的分离方法可增大分离因子（如增大相对挥发度），或者采用这个分离方法可以直接得到多元产品，而利用其他分离方法无法做到这点时，上面所说的使用质量分离剂方法的那些缺点就有可能得到弥补。在这样的条件下就可以考虑采用质量分离剂的分离方法。那么，对于同样的分离子问题采用质量分离剂的分离方法的相对挥发度，要比采用常规精馏法的相对挥发度大多少时，经济上才有利呢？对于这个问题很难作出严格的答案，但是可以半定量地推导出如下近似关系式。

可以近似地假设某给定分割的实际板数 N 为：

$$N \propto \frac{1}{\ln\alpha} \tag{8-13}$$

假如使用质量分离剂分离方法的相对挥发度 α_{m} 值等于使用常规精馏方法的相对挥发度 α_0 的平方，按上式则使用质量分离剂分离器的级数可以减少一半，近似地使用质量分离剂分离器的费用也约为常规精馏分离器费用的一半。这样使用质量分离剂分离器的费用与分离质量分离剂分离器的费用之和，就有可能低于常规精馏分离器的费用。

根据以上半定量的分析，可以采用如下公式来判断是否考虑以使用质量分离剂的分离方法来代替常规精馏法：

$$\alpha_{\mathrm{m}} \geqslant \alpha_0^{1.95}$$

式中　α_{m}——使用质量分离剂分离方法时，轻、重关键组分的相对挥发度；

　　　α_0——使用常规精馏方法时，轻、重关键组分的相对挥发度。

由于任一物流通常会有几种分割点，这时上述判断式一般可简化为：

$$\max(\alpha_m) \geqslant \max(\alpha_0)^{1.95} \tag{8-14}$$

即对于所考虑的物流来说，使用质量分离剂分离方法最大的 α_m 值若大于或至少等于常规精馏法的 α_0 值的 1.95 次方时，采用质量分离剂的分离方法就可能优于常规精馏法。

一般来说，当常规精馏的轻、重关键组分相对挥发度 α 值小于 1.05～1.10 时，往往就不考虑采用常规精馏的分离方法了。

8.4.2　经验规则 M2

避免温度和压力过于偏离环境条件。如果必须偏离，也宁可向高温或高压方向偏离，而尽量不向低温、低压方向偏离。即尽可能避免采用真空精馏及制冷操作。除非有特殊的理由，可以例外。

如果不得不采用真空蒸馏，可以考虑用适当溶剂的液-液萃取来代替。

如果需要冷冻（如分离具有高挥发度的低沸物，产品从塔顶采出时），可以考虑吸收等便宜些的替代方案。

8.4.3　经验规则 D1

产品集合中元素最少的分离序列最为有利。当产品是单一组分时，显然不存在这个问题。但是当产品包括多个多元产品时，应当选择能产生最少产品集合的流程。因为产品集合越少，分离序列中分离器的数目也越少，因此总费用也可能较低。

8.4.4　经验规则 S1

首先应移除腐蚀性和危险性的组分。为了避免后继塔系设备的腐蚀及安全操作，显然应当首先除去这些不安全因素。

8.4.5　经验规则 S2

难以分离的组分最后分离，这是一条较为普遍成立的规则。以 α 代表轻关键组分对重关键组分的相对挥发度，则应把 α 接近 1 的分割放在分离序列的最后面。即是要在没有非关键组分存在下分离这一对关键组分。其原因是：精馏过程所消耗的净功，既与级间流量成正比，也与冷凝器温度倒数及釜温倒数之差成正比。因此选择精馏序列时，应尽量不使顶温与釜温相差较大的塔有较大的级间流量。反之，也应尽量不使要求较大级间流量的塔有较大的顶釜温差，以避免净功耗为两个大数的乘积。由于级间流量大致是与 $(\alpha-1)^{-1}$ 成正比，而顶釜温差却是由塔顶、塔釜产出物所决定的。因此，若 α 接近 1，级间流量将很大，如果该塔不存在非关键组分则可使顶釜温差保持最小。反之，当 α 较大时，就可以允许顶釜温差大一些。

8.4.6　经验规则 C1

首先移除含量最多的组分。占进料分率多的产品组分应当首先分出，这时只要保证该分离过程有合理的分离因子或相对挥发度数值就行。由于首先分出了含量多的组分，就可以避免这个组分在后继塔系的多次蒸发、冷凝，减少了后继塔系的负荷。

8.4.7　经验规则 C2

等摩尔分割最为有利。当塔顶馏出物摩尔数和塔釜产品的摩尔数相同时，精馏段的回流比和提馏段的蒸发比可以得到较好的平衡，因此费用可能最低。若塔顶馏出物的摩尔数远小于塔釜产品的摩尔数时，精馏段的操作线要比提馏段的操作线更接近对角线，精馏段的有效能损失会很大。反之，若塔釜产品的摩尔数远小于塔顶馏出物的摩尔数时，提馏段的有效能损失会很大。因此，等摩尔切割效果最好。

当相对挥发度数值合理时，应优先采用等摩尔切割。但是，在实际应用时往往很难判断哪个切割既接近于等摩尔切割，又具有合理的相对挥发度数值。遇到这种情况可按易分离系数（CES）值最大的分离点优先分离。

易分离系数 CES 值可按下式计算：

$$CES = f\Delta \tag{8-15}$$

式中 f——产品摩尔流量的比值，取 B/D 和 D/B 比值中小于等于 1 的数值，这里，B、D 分别为塔釜、塔顶产品的摩尔流量；

Δ——欲分离两个组分的沸点差。Δ 也可按下式来计算其数值：

$$\Delta = (\alpha - 1) \times 100 \tag{8-16}$$

不过在评比时，必须用相同计算式的净功进行比较。

这样，经验规则 C2 又可换成另一种表述方式：首先进行 CES 数值最大的分割。

上述这些经验规则在实际应用中常常互相冲突。根据某一理由，应采用某一形式的分离器和分离序列；而根据另一理由，又应采用另一形式的分离器和分离序列。所以上述经验规则的真正价值在于减少需要评比的不同分离序列的数目，删去大量与上述经验规则根本矛盾的分离序列。下面我们结合一个实例来说明上述经验规则的使用。

【例 8-2】一个含有 5 个组分的轻烃混合物的组成如下：

组分	组成摩尔分数	相对组分间相对挥发度 (37.7℃，1.72MPa)	容易分离系数 CES
A(丙烷)	0.05	2.0	5.26
B(异丁烷)	0.15	1.33	8.25
C(正丁烷)	0.25	2.40	114.5
D(异戊烷)	0.20	1.25	13.46
E(正戊烷)	0.35		

其中，CES 值为该分离点下全系统的容易分离系数。例如，5.26 的值可由下面计算得出：

$$f = \frac{0.05}{(1 - 0.05)} = \frac{1}{19}$$

$$\Delta = (2 - 1) \times 100 = 100$$

$$CES = f\Delta = \frac{100}{19} = 5.26$$

拟采用常规蒸馏，试综合出合适的分离序列，分离该 5 个组分为纯组分。

求解步骤如下。

第一步，由经验规则 M1、M2，采用常规蒸馏；由于轻组分沸点低，为减轻冷冻负荷，采用加压下冷冻。

第二步，经验规则 D1、S1 未用。

第三步，按经验规则 S2，组分 D、E 间难分离，这是因为其间组分相对挥发度最小，$\alpha = 1.25$，故放在最后分离。

第四步，按经验规则 C1，组分 E 含量大（占 0.35），似应先分离出去，但因为经验规则 S2 优于经验规则 C1，所以组分 E 不宜先分离出去。

第五步，由经验规则 C2，倾向于 50/50 分离，加上再考虑 CES 值，则 ABC/DE，即 C、D 间为分离点较适宜，此时为 0.45/0.55 分离，CES＝114.5 为最大。

第六步，现考虑 A、B、C 的分离方案选择，需要比较各分离点的 CES 值，见下表：

参 数	A/BC	AB/C
f	0.05/0.40	0.20/0.25
$\Delta=(\alpha-1)\times100$	$(2-1)\times100=100$	$(1.33-1)\times100=33$
CES$=f\Delta$	12.5	26.4

所以，A、B、C 三个组分的分离应优先采用 AB/C 的方案，其 CES 值大。则该题的解答为如图 8-9 所示的分离序列。

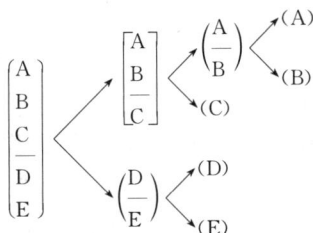

图 8-9 例 8-2 的最优分离序列

8.5 相对费用函数法

相对费用函数是 1997 年北京化工大学施宝昌等提出的。该方法是在有序探试法的基础上，用非线性函数 F 代替线性函数分离度系数 CES。作者认为，分离度系数相关的两个变量 f（塔顶、塔釜产品摩尔流率比）和 ΔT（欲分离二组分沸点差）与分离器的设备费和操作费不应该表现为线性关系。使用"通用精馏模拟软件包"，经过大量的模拟计算和曲线拟合，得到相对费用函数 F，其表达式如下：

$$F=[(1-f)^{2.73}+2.41]\Delta T^{-0.31} \tag{8-17}$$

式中　f——摩尔流量比值的最小值，$f=\min(D/W,W/D)$；

　　D——塔顶摩尔流率；

　　W——塔釜摩尔流率；

　　ΔT——两分离组分沸点差。

下面结合一个具体实例来说明相对费用函数法的使用。

【例 8-3】 由丙烷、异丁烷、正丁烷、异戊烷、正戊烷五个组分组成的轻烃混合物进料，其加料流量 q 为 907.2kmol/h，各组分的常压沸点和摩尔分数见下表。分别求出各相邻组分的 ΔT，各切割点上的 f 和 F 值也列于下表。

组分	T_b/℃	x	ΔT/℃	f	F	f'	F'
A	-42.07	0.05	30.8	0.0526	1.131	0.125	1.073
B	-11.27	0.15	10.77	0.25	1.372	0.80	1.159
C	-0.5	0.25	28.35	0.818	0.858		
D	27.85	0.20	8.15	0.538	1.321		
E	36	0.35					

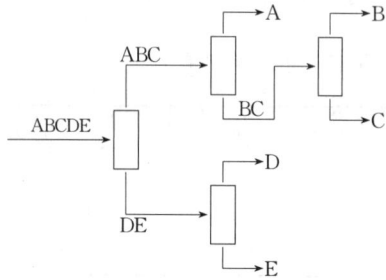

图 8-10 例 8-3 的最优分离流程

由相对费用函数 F 值判别出，C、D 之间的 F 值最小，所以首先应从 C、D 间分割，即 ABC/DE，其中 ABC 为三组问题，可按同样的方法判别最低费用切割点。为了区别五组分切割时的 f、F 符号，对 ABC 之间的分割用 f'、F' 表示，列于上表。

由 F' 值判别 ABC 组分间的最优切割，应在 A、B 间切割，即 A/BC。对于 BC 和 DE 的分离问题，因为是二组分分离问题，只有一个切割方案，不必再进行计算，即 B/C 和 D/E。把以上切割方案表达成塔序，如图 8-10 所示。

8.6　分离序列综合过程的评价

过程综合问题中存在以下三个主要问题：

① 过程综合问题的描述方法。关键在于找到一个描述该过程问题的方法，它可以包括所有的方案，自动弃去根本不合理的方案，并且还可以直接求解过程综合问题。

② 过程综合问题的评价方法。关键在于找到一个有效评价各个方案的方法，以便对诸方案进行比较。所谓"有效评价"，就是一方面要有一定的速度，另一方面要有一定的精确性。

③ 过程综合问题的决策方法。关键在于找到一个过程综合的决策方法，它不用列举全部方案就能很快找到较好的方案。

前面介绍了动态规划法、分离度系数有序探试法和相对费用函数有序探试法。从理论上说，动态规划的计算结果可靠性最高，但其计算工作量十分庞大，工作效率很低；而分离度系数法计算过程简单，但往往偏离最佳效果；而相对费用函数法，保持了计算过程简单，而结果相对比较精确的优点。在此，用三种方法综合同一问题的优化塔序，其结果如图 8-11 所示（详细计算过程参见例 8-1、例 8-2、例 8-3）。

从结果可以看出，三种方法得到了三种不同的结果，其中动态规划法最佳，相对费用法其次，而分离度系数法最差。动态规划法与相对费用法的费用只相差 0.0285×10^5 美元，占总费用的 0.685%。而动态规划法与分离度系数法的结果差 0.1432×10^5 美元，占总费用的 3.44%。可见，相对费用法的结果与动态规划法极其接近。

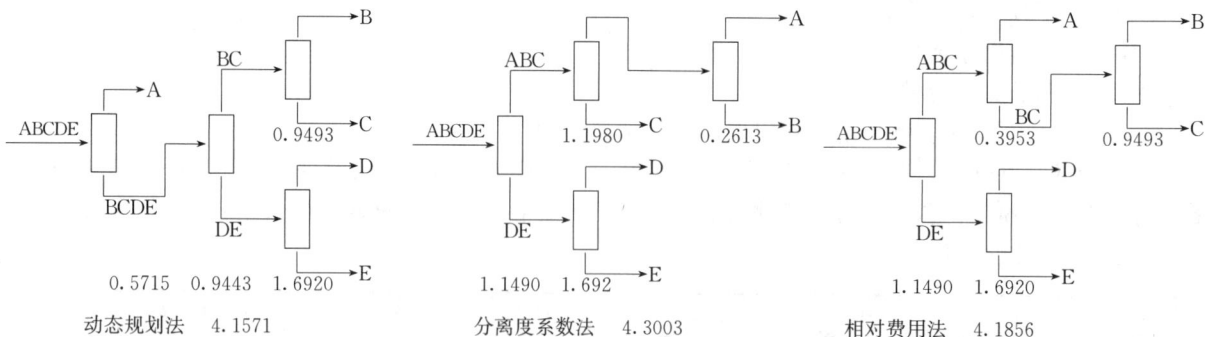

图 8-11　三种不同的综合方法比较图（单位：10^5 元/a）

在这三种方法中，相对费用法具有较快的综合速度，并兼有较好的准确性。但任何一种方法的建立均有一定条件的简化，因此限制了其结果的正确性。尽管相对费用函数法具有相对比较准确的计算结果，计算过程简便的优点，但在实际应用时，仍应适当保留若干个次优或较优的塔序，经过详细计算的比较后再作取舍。

8.7　调优法

利用动态规划法、探试法可以综合出较好的初始流程。在初始流程的基础上，要进一步考虑塔序列中每一个塔顶操作参数，尤其是操作压力的确定，以及换热网络的匹配，甚至部分地考虑其他替代的分离方案。在此过程中经常使用直觉调优法，使开发的分离流程进一步具有实用价值。

所谓调优法，就是按照一定的调优规则和策略对某一初始分离序列，进行逐步改进而搜索最优分离序列的一种方法。该法包括三个方面的内容：建立初始分离序列、确定调优规则、制定调优策略。

（1）初始分离序列的建立

类似最优化问题中初值点的确定，建立初始分离序列也是十分重要的。初始方案越接近最优解，调优过程就越快，也就越易于找到最优解。获得初始分离序列的方法有两种：

① 利用前面介绍的探试法确定初始方案。该法简单，能较快地获得初始方案。

② 已有的流程方案或现有生产装置序列也可作为调优的初始方案。

（2）确定调优规则

有了初始分离序列，便可开始调优搜索。调优搜索需借助于调优规则，以产生所有可能的分离序列。调优规则应具有以下三条性质：

① 有效性

利用调优规则产生的分离序列应该是可行的。

② 完整性

反复运用调优规则，应产生所有可能的序列。

③ 直观合理性

由流程甲产生出流程乙，甲、乙流程间不应存在十分显著的差异。

（3）制定调优策略

为了尽快地得到最优方案，在利用调优规则对初始分离序列进行调优时，需要在一定的策略指导下进行。调优策略不同，效果不同。现有的调优策略大概有下列四种：

① 广度第一策略

利用各调优规则从现行序列（如初始序列）产生全部可行相邻序列。通过模拟计算得到各分离序列的费用，选择其中费用最低的作为新的现行序列。重复这一过程，直到找到最优解。

② 广度第一探试策略

与广度第一策略类似。不同点在于不利用严格模型计算分离序列的费用，而是用探试法从可行相邻序列中选择最好的方案，作为下一步调优的现行方案。现行方案确定后，仅对现行方案进行严格计算，计算的结果与前次现行方案的费用比较。若确实有所改进，则确认该方案为新的现行方案，否则用探试法选次优方案作为下一步调优现行方案，并通过严格计算确认。若探试法则选择得当，该法效率较高。

③ 深度第一策略

利用一个或部分调优规则对初始序列进行反复调优，直到找到一个局部最优解。然后换用其他调优规则寻求进一步的改进。

④ 超前策略

若序列总数不多，或找到的序列为局部最优，则可以不仅对现行序列产生相邻序列，而且可以对所有的相邻序列产生相邻序列。

当然，运用此策略的前提条件是有足够的时间和空间。

【例 8-4】　现有丙烷、1-丁烯、正丁烷、反 2-丁烯、顺 2-丁烯、正戊烷六个组分所组成的混合物，其技术要求及物性常数列于下表。试采用有序探试法综合初始分离序列并使用调优综合法找出最优分离序列。可选用的分离方法有常规精馏（方法Ⅰ）和用萃取剂的萃取精馏（方法Ⅱ），对应的组分次序表分别为：

组　分	进料组成/(kmol/h)	相邻组分的相对挥发度	
		常规精馏	萃取精馏
A（丙烷）	4.55	$\alpha_{AB} \approx 2.45$	
B（1-丁烯）	45.5	$\alpha_{BC} \approx 1.18$	$\alpha_{CB} \approx 1.17$
C（正丁烷）	155.0	$\alpha_{CD} \approx 1.03$	$\alpha_{CD} \approx 1.70$
D（反 2-丁烯）	48.2	$\alpha_{DE} \approx 2.89$	
E（顺 2-丁烯）	36.8	$\alpha_{EF} \approx 2.50$	
F（正戊烷）	18.2		

方法Ⅰ：ABCDEF

方法Ⅱ：ACBDEF

进料温度为 37.8℃，进料压力为 1.03MPa，所要求的产品为 A、BDE（混合丁烯）、C、F 四种。

首先按照前述有序探试法确定初始分离序列。

① 根据经验规则 M1，采用萃取精馏进行 C/DE 分割，而剩下的所有分割均采用常规精馏方法。

② 根据经验规则 M2，精馏塔低温操作，所用压力为常压至中压。

③ 根据经验规则 D1，由于 D 和 E 均存在于同一最终产品（混合丁烯）中，故应避免在 DE 间进行分割。这里通过将 B 与 DE 混合就可以直接得到混合丁烯产品（BDE）。

④ 根据经验规则 S2，由于 C/DE 分割是较难进行的并且需要采用萃取精馏的方法，因此这个分割应当放在序列的最后，即在没有 A、B、F 组分存在的条件下进行。

⑤ 根据经验规则 C1，组分 C 是进料中含量最多的组分，因此应当尽快分离出去。但由于经验规则 S2 优先于经验规则 C1，因此不应自进料中将组分 C 首先分离出来。另外，分割 C/DE 的萃取精馏最好放在序列的最后，这样就可以使中间序列尽可能地避免受质量分离剂的污染。

⑥ 根据经验规则 C2，按进料组成及相对挥发度数值，分别计算出采用两种分离方法时，各自第一个分离器的 CES 值，并据此确定初始分离序列及其二元树，如图 8-12 所示。

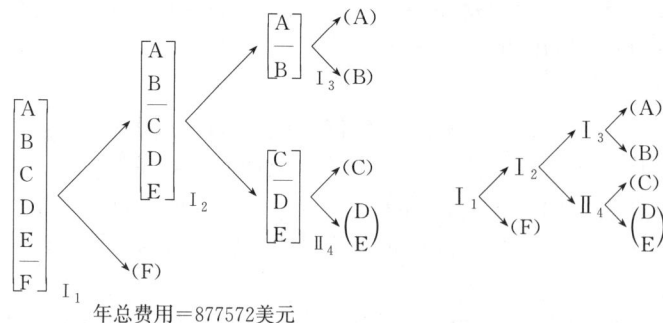

图 8-12　丁烯分离过程的初始分离序列及其二元树

经计算该初始分离序列的年总费用为 877572 美元。然后，我们可以把这个初始流程图作为当前流程图进行系统的调优综合。

通过采用调优法则，产生当前流程图的所有近邻流程图，并利用经验规则筛选出较有希望的近邻流程图，只对这个较有希望的近邻流程图进行计算评价，从而产生下轮搜索的当前流程图。重复上述步骤，直到没有改进时为止。

首先，对图 8-12 所示的初始流程图采用调优法则。将算子 I_2 与 II_4 交换位置，得到下近邻流程图，如图 8-13(a) 所示。同样，将算子 I_2 与 I_3 交换位置，产生上近邻流程图，或者将算子 I_1 与 I_2 交换位置，又产生一个上近邻流程图。这两个上近邻流程图分别如图 8-13(b)、(c) 所示。图 8-13(a)、(b)、(c) 所表示的流程图是这时所能产生的全部近邻流程图，其所对应的二元树分别绘于图右。

然后，利用经验规则筛选上面所得到的三个近邻流程图。图 8-13(a) 所示的近邻流程图中，萃取精馏不能位于分离序列的最后，因此，根据经验规则 S2，估计这个近邻流程图不会带来多大的改善。

通过计算，图 8-13(b) 所示的流程图的年总费用为 884828 美元，劣于初始流程图。图 8-13(c) 的年总费用为 860400 美元，优于初始流程图，因此，可以用这个流程图作为当前流程图进行下一轮搜索。重复前面产生近邻流程的过程，得到图 8-14(a) 和图 8-14(b) 所示的全部近邻流程图。

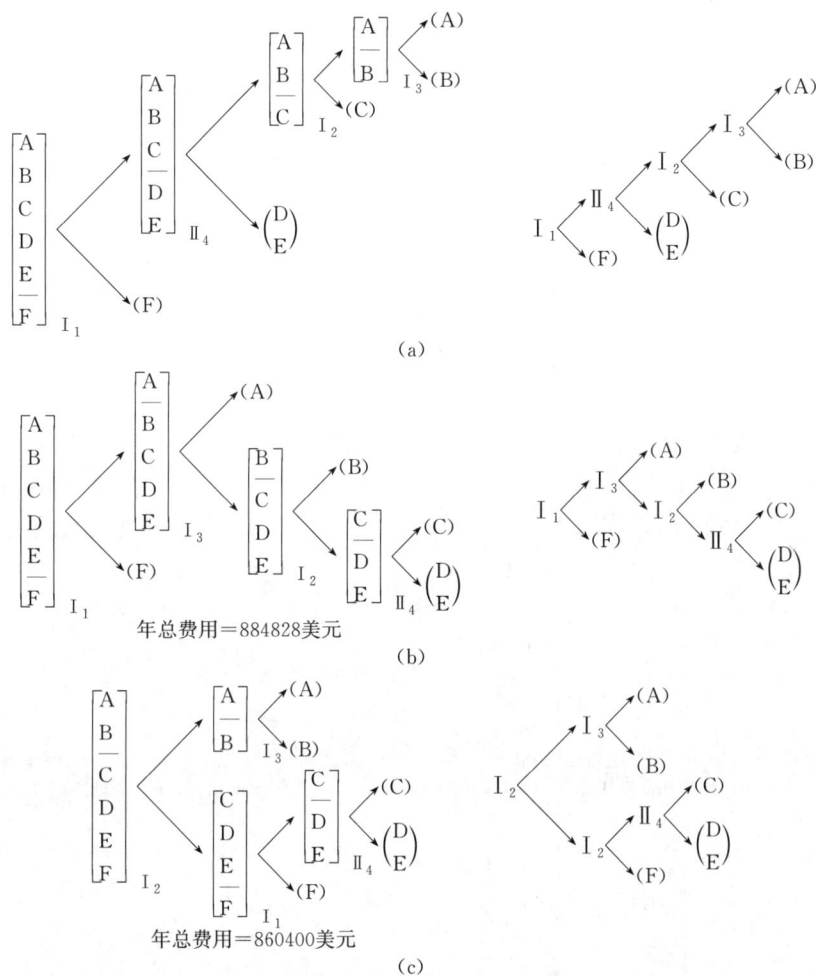

图 8-13　从图 8-12 的初始分离序列按调优法则所得到的全部近邻流程图

从经验规则可以看出，这些流程均要劣于当前流程图。年费用的实际计算结果分别为 869475 美元和 880600 美元。因此，图 8-13(c) 所表示的流程图可以作为一个较好的流程图，并停止这种相邻流程图的搜索，而改用局部调优的方式，即把某个使用分离方法 I 的分离器换用分离方法 II，或者把某个使用分离方法 II 的分离器换用分离方法 I。剔除掉已经产生过的分离序列后，所有可能的分离序列如图 8-15(a)、(b) 所示。从经验规则可以看出，这两个流程均要劣于这时的当前流程图 [图 8-13(c)]，其年总费用分别为 3889151 美元和 1574488 美元，均远高于 860400 美元。因此，图 8-13(c) 所示的流程图可以作为最优或接近最优的流程图。

第八章

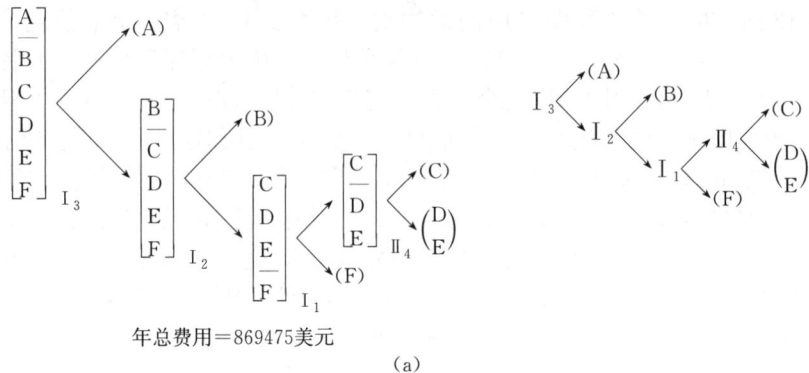

年总费用＝869475美元

(a)

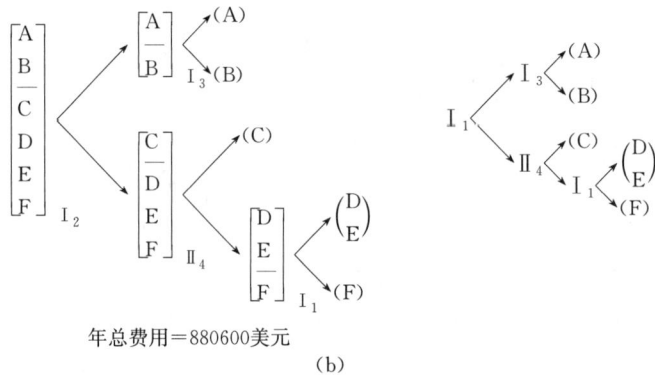

年总费用＝880600美元

(b)

图 8-14　以图 8-13（c）作为当前流程图所得到的全部近邻流程图

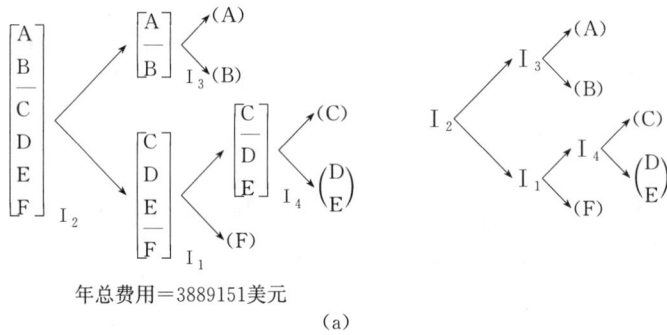

年总费用＝3889151美元

(a)

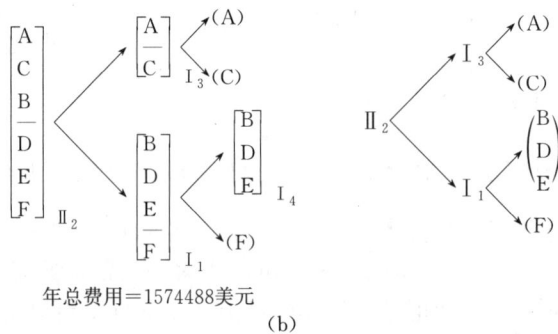

年总费用＝1574488美元

(b)

图 8-15　采用局部调优法对图 8-13（c）的流程产生的替代分离流程图

　　这里，若把我们所处理的问题看成是 $N=5$，$M=2$ 的综合分离序列问题，那么可能的分离序列数目为 224 个，但是由于采用了结合经验规则的调优策略，总共只产生了 8 个分离序列，并且只详细计算了其中 7 个分离序列的费用就得到了最优分离序列。从这个例子可以看出，结合经验规则的调优综合法在有经验的设计人员手中是个十分有力的工具。

8.8 复杂塔的分离顺序

前述简单塔分离顺序是传统的分离方案。尽管用经验法和更严格的塔序综合技术可确定较好甚至是最优的塔序，其热能的消耗仍然是比较大的。基于节能和热能综合利用的考虑，在简单分离塔原有功能的基础上，加上多段进料、侧线出料、预分馏、侧线精馏、侧线提馏和热耦合等组合方式，构成复杂塔及包括复杂塔在内的塔序，力求降低能耗。

图 8-16 表示出用精馏法分离三元物系的各种方案。组分 A、B、C 不形成共沸物，其相对挥发度顺序为 $\alpha_A > \alpha_B > \alpha_C$。方案（a）和（b）为简单分离塔序，在第一塔中将一个组分（分别为 A 和 C）与其

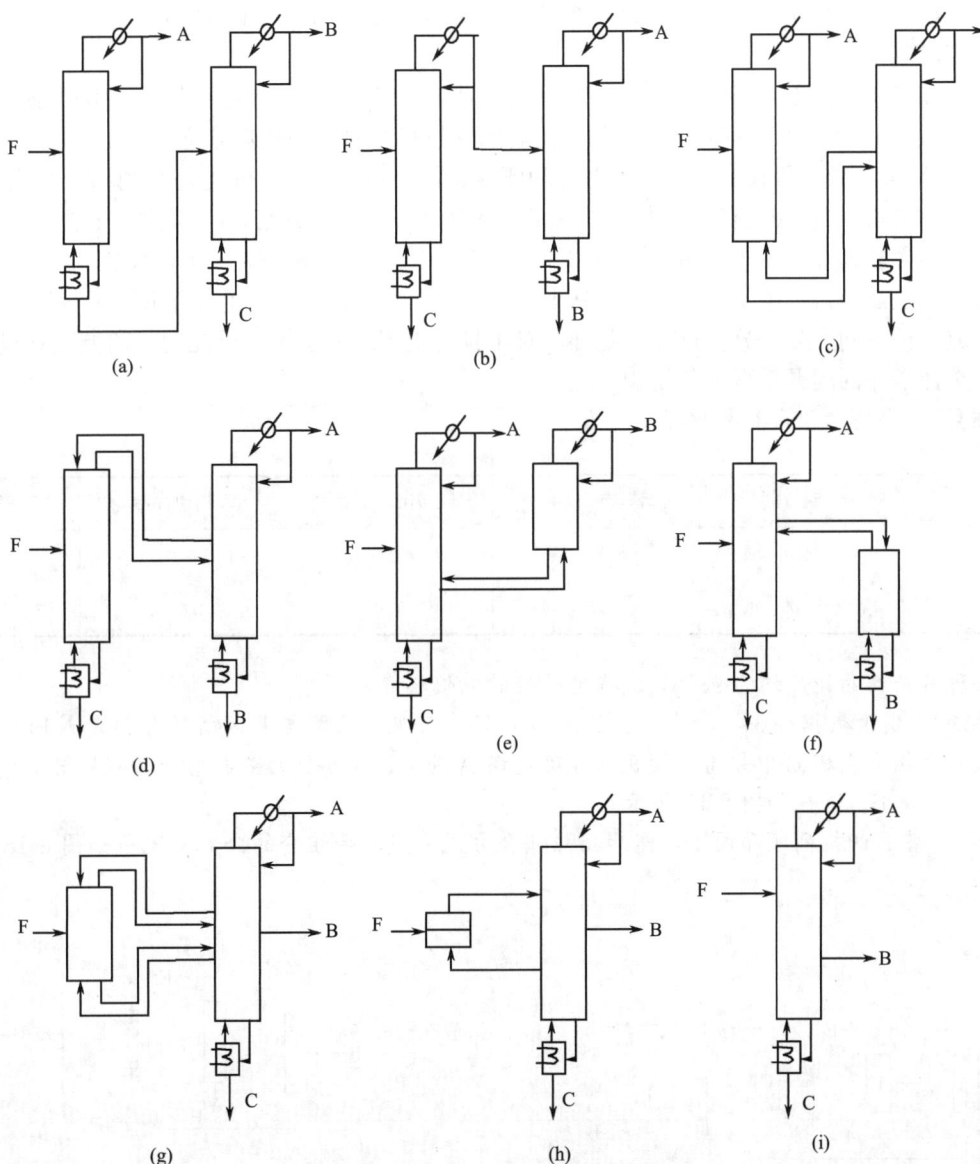

图 8-16 精馏法分离三元物系的方案图

他两个组分分离，然后在后继塔中分离另外两个组分。图 8-16 中采用这两个方案（a）、（b）的目的是便于其他方案与其比较。方案（c）中第一塔的作用与方案（a）相似，但再沸器被省掉了，釜液送往后继塔作为进料，上升蒸汽由后继塔返回汽提塔，该耦合方式可降低设备费，但开工和控制比较困难。方案（d）为类似于方案（c）的耦合方式对方案（b）的修正。方案（e）为在主塔（即第一塔）的提馏段以侧线采出中间馏分（B+C），再送入侧线精馏塔提纯，塔顶得到纯组分 B，塔釜液返回主塔。方案（f）和方案（e）的区别在于侧线采出口在精馏段，故中间馏分为 A 和 B 的混合物，侧线提馏塔的作用是从塔釜分离出纯组分 B。方案（g）为热耦合系统（亦称 Petyluk 塔）第一塔起预分馏作用。由于组分 A 和 C 的相对挥发度大，可实现完全分离。组分 B 在塔顶、塔釜均存在。该塔不设再沸器和冷凝器，而是以两端的蒸汽和液体物流与第二塔沟通起来。在第二塔的塔顶和塔釜分别得到纯组分 A 和 C。产品 B 可以按任何纯度要求作为塔中侧线得到。如果 A-B 或 B-C 的分离较困难，则需要较多的塔板数。热耦合塔的能耗最低，但开工和控制比较困难。（h）与（g）的区别在于 A-C 组分间很容易分离，故用闪蒸罐代替第一塔即可，简化成单塔流程。方案（i）与其他流程不同，采用单塔和提馏段侧线出料。采出口应开在组分 B 浓度分布最大处。该法虽能得到一定纯度的 B，却不能得到纯 B。（h）与（i）的区别为从精馏段侧线采出。

　　根据研究和经验可推断，当 C 的含量少，同时（或者）C 和 B 的纯度要求不是很严格时，则方案（i）是有吸引力的。当 B 的含量高，而 A 和 C 两者的含量相当时，则热耦合方案（g）是可取的。当 B 的含量较少而 A 和 C 的含量较大时，侧线提馏和侧线精馏（f）和（e）可能是有利的。而当 A 的含量远低于 C 时，则方案（f）会更有吸引力；若 A 的含量远大于 C，则方案（e）优先。这些方案还必须与方案（b）（C 的含量远大于 A 时）和方案（a）（C 的含量比 A 少或相仿时）加以比较。

　　应该指出，上述分析不限于一个分离产品中只含有一个组分的情况，它也适用于将不论多少组分的混合物分离成三种不同产品的分离过程。此外，对于具有更多组分系统，可能的分离方案数量是按几何级数增加，选择塔序的问题变得十分复杂。

　　【例 8-5】　混合醇的组成和相对挥发度为：

项目	乙醇（E）	异丙醇（i-P）	正丙醇（n-P）	异丁醇（i-B）	正丁醇（n-B）
摩尔分数/%	25	15	35	10	15
相对挥发度	2.09	1.82	1.0	0.667	0.428

　　要求每种醇产品的纯度均为 98%，试确定较好的精馏塔序。

　　① 由相对挥发度数据得 $\alpha_{E,i\text{-}P}=2.09/1.82=1.15$，可见，乙醇与异丙醇的分离是最困难的。按规则 2 确定这两个组分在塔 B 中分离。按规则 3 确定塔 A 为 i-P 和 n-P 的分割塔。按规则 3 和 5 确定塔 C 用于分离 n-P 和 i-B。流程如图 8-17 所示。

　　② 塔 A 和塔 B 的排列顺序同①，然后用热偶合方式完成其余组分的分离。流程如图 8-18 所示。

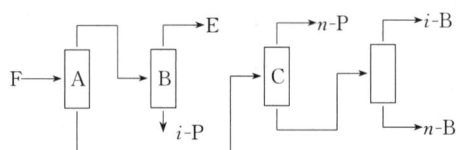

图 8-17　混合醇分离的流程示意图

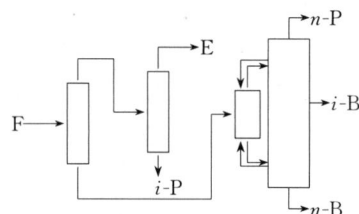

图 8-18　采用热偶合法分离混合醇的流程示意图

8.9　隔壁塔在多元混合物精馏分离中的应用

很多研究表明，分离系统的投资和能量消耗通常占传统化工装置的 50%～70%。因此提高分离系统效率、降低其投资和操作成本一直是研究领域的工作重点之一。其中一个有效方法就是在合适场合采用隔壁塔的工艺流程，将多个简单精馏塔合并为带有中间隔板的单个精馏塔，如图 8-19 所示。

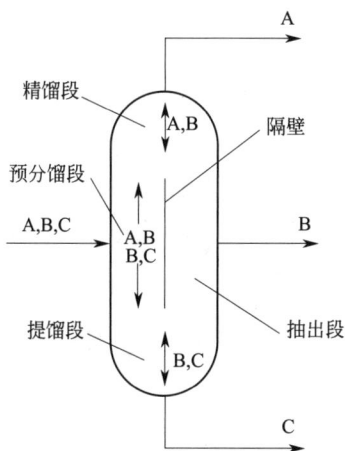

图 8-19　隔壁塔示意图

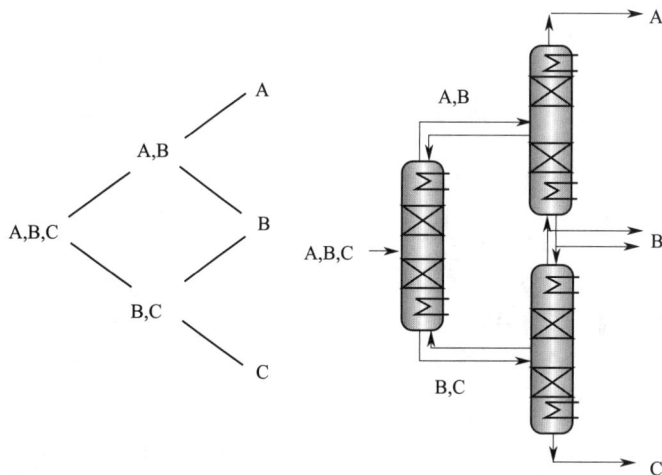

图 8-20　三元混合物精馏分离序列超结构流程图

隔壁精馏塔作为多元混合物分离节能技术研究的热点，可以大幅度提高热力学效率，减少设备投资，因而在工业装置上得到迅速应用。其工作原理可以用三元混合物的分离顺序来加以解释。如图 8-20 所示，对于三元混合物分离，采用简单塔分离序列的超结构流程含有多种分离方式。进一步分解其流程，各种分离方案如图 8-21 所示。

在图 8-21 中，方案（a）为顺序分离流程，（b）为反序分离流程，（c）为热连接流程，（d）为侧线精馏塔流程，（e）为侧线汽提塔流程，（f）为热耦合流程。其中方案（d）、（e）、（f）均可简化为带隔壁的单塔流程，如图 8-22 所示。其中图 8-22(a)、(b) 对应于侧线精馏及侧线汽提，而图 8-22 (c) 对应于热耦合流程。

对于图 8-22 所示流程，隔壁将普通精馏塔从中间分割为两部分，可巧妙实现两塔的功能及三元混合物的分离。在隔壁塔内，进料侧为预分离段，另一端为主塔，混合物 A、B、C 在预分离段经初步分离后为 A、B 和 B、C 两组混合物，A、B 和 B、C 两股物流进入主塔后，塔上部将 A、B 分离，塔下部将 B、C 分离，在塔顶得到产物 A，塔底得到产物 C，中间组分 B 在主塔中部采出。同时，主塔中又引出液相物流和气相物流分别返回进料侧顶部和底部，为预分离段提供液相回流和初始气相。

从以上分析可以看出，隔壁塔的设计本身就是一个分离序列综合优化的过程，之前讨论的方法均可应用于隔壁塔的设计。隔壁塔的技术特点可以总结如下：

① 隔壁塔是中间带有垂直隔板的精馏塔。

② 塔内既可以采用塔板，也可以采用填料，或二者混用。

③ 两个塔内区域的进料侧为预分馏塔，产品出料侧为主塔。

④ 对于精确的产品分割，隔壁塔可以将一个三元混合物用单塔分离成三个纯组分，同时还可节省 1 个蒸馏塔及其附属设备，如再沸器、冷凝器、塔顶回流泵及管道，且占地面积也相应减少。

⑤ 隔壁塔在热力学上更有效，并降低了进料板上的混合影响，与传统的两简单塔分离序列相比，

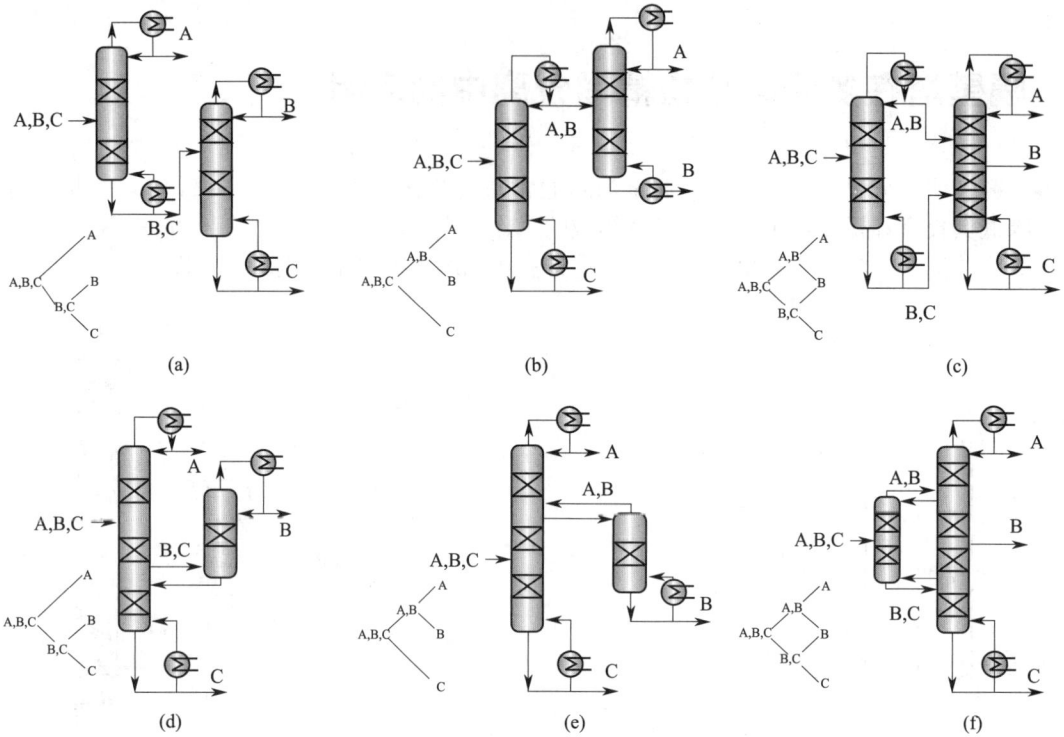

图 8-21 三元混合物精馏分离方案

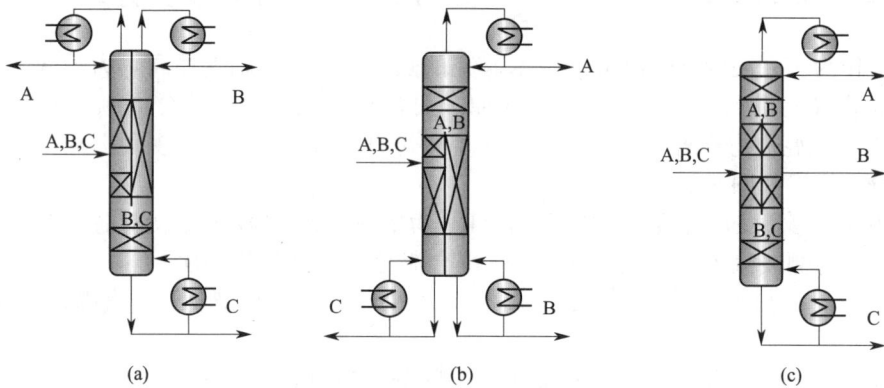

图 8-22 用隔壁塔分离三元混合物的典型基本流程

隔壁塔的能耗及设备投资均可降低 30％ 左右。

⑥ 隔壁塔可以处理三个以上的组分，其中比组分 A 轻的组分由塔顶馏出，比组分 C 重的组分作为塔底产品馏出。

从 Wright（1949）提出隔壁塔的设想后，1985 年 BASF 才实现了第一个相关工业应用。到目前为止，隔壁塔在工业界已经有了比较广泛的应用。到目前为止，已经有超过 90 个报道的工业应用，其中 BASF 一家就超过 60 个。根据文献报道，应用最为广泛的热耦合隔壁精馏塔与传统流程相比节能效果可达到 30％。

参考文献

[1] Motard R L，Shacham M，Rosen E M．AIChE J，1975，21（3）：417．

[2] Ravicz A E，et al．Chem Eng Progr，1964，60（5）：71．

[3] Perkings J K．Paper Presented at FOCAPD 83．Snowmass．1983．

[4] Rosen E M．Chem Eng Progr，1962，58（10）：69．

[5] Evans L B，Mah S H，Seider W D．Foundations of Computer Aided Chemical Process Design．New York：Eng Found，1981．

[6] Rubin D I．Chem Eng Progr Symp Ser，1962，58：54．

[7] Upadhye R S，Grens E A．AIChE J，1975，21：136．

[8] Westerbewrg A W，Hutchison H P，Motard R I，et al．Process Flowsheeting．Cambridge England：Cambrige University Press，1979．

[9] Orback O，Growe C M．Can J of Chem Eng，1971，49：503．

[10] Bruyden C G．J Inst Math Appl，1970，6：76．

[11] Wegstein J H．Commun Assoc Comput Math，1958，1：9．

[12] Sargent R W，Westerberg H A．Trans Inst Chem Eng，1964，42：190．

[13] Bending M J，Hutchison H P．Chem Ing Sci，1973，28：1857．

[14] Biegler L T．Paper Presented at FOCAPD 83．Snowmass．1983．

[15] Sargent R W H．CCE，1979，3：17．

[16] 麻德贤．化工厂设计，1983，2：1．

[17] 屈一新．化工过程数值模拟及软件．北京：化学工业出版社，2011．

[18] 蒋慰孙，俞金寿．化工过程动态数学模型．北京：化学工业出版社，1986．

[19] ［美］拉米雷兹 W F．化工过程模拟．北京：化学工业出版社，1985．

[20] ［美］霍兰 C D，利亚比斯 A I．求解动态分离问题的计算方法．北京：科学出版社，1988．

[21] ［苏联］卡法洛夫 B B．控制论方法在化学和化工中的应用．北京：化学工业出版社，1983．

[22] 叶振华．化工吸附分离过程．北京：中国石化出版社，1992．

[23] 张树增，李成岳．化学工程，1987（2）：47-51．

[24] 张树增，李成岳．化学工程，1987（3）：42-49．

[25] Raghavan N S，Ruthven D M．AIChE J，1983，29（6）：922-925．

[26] 卢洪．变压吸附空分过程的实验研究及数值模拟．北京：北京化工大学，1998．

[27] 焦李成．神经网络系统理论．西安：西安电子科技大学出版社，1992．

[28] ［美］Thomas E，Quantrille Y，Liu A．人工智能在化学工程中的应用．北京：中国石化出版社，1994．

[29] 张立明，等．人工神经网络模型及其应用．上海：复旦大学出版社，1992．

[30] 李成岳．化学工程，1977（1）．

[31] 李成岳．化学工程，1977（2）．

[32] 李成岳．化学工程，1977（5）．

[33] Perlmuter D D．Stability of Chemical Reactors．Prentice-Hall，1972．

[34] 南京大学计算数学专业．常微分方程数值解法．北京：科学出版社，1979．

[35] Jordan D W，Smith P．Nonlinear Ordinary Differential Equations．Second Edition．Clarendon Press，1987．

[36] 杨冀宏，麻德贤．过程系统工程导论．北京：烃加工出版社，1989．

[37] 杨友麒．实用化工系统工程．北京：化学工业出版社，1989．

[38] 周汉良，等．数学规划及其应用．北京：冶金工业出版社，1995．

[39] 解可新，等．最优化方法．天津：天津大学出版社，1997．

[40] 徐光佑．人工智能及其应用．2 版．北京：清华大学出版社，1996．

[41] Nelson M M，et al．A Practical Guide to Neural Nets．Addison-Wesley Publishing Company，Inc．，1991．

[42] 王艳秋．石油炼制与化工，1995，26（2）．

[43] 朱群雄．计算机与应用化学，1990，7（4）：255-258．

［44］ 毕立群，等. 计算机与应用化学，1997，14（3）：236-240.

［45］ 王保国，许锡恩. 间歇过程设计与优化. 北京：中国石化出版社，1998.

［46］ Parakrama R. The Chemical Engineer，1985，9：24-25.

［47］ ISA SP88 Part Ⅰ. Models and Terminology. ISA，1994.

［48］ 江体乾. 化工数学模型. 北京：中国石化出版社，1999.

［49］ 伍沅. 化工过程动态. 北京：化学工业出版社，1998.

［50］ Linnhoff B，et al. User Guide on Process Integration for the Efficient Use of Energy. The Institution of Chemical Engineers，1982.

［51］ 邹仕鉴，等. 石油化工分离原理与技术. 北京：化学工业出版社，1988.

［52］ 陈洪钫，刘家祺. 化工分离过程. 北京：化学工业出版社，1995.

［53］ Adler S，Beaver E，Bryan P，et al. Vision 2020：2000 Separations Roadmap，Center for Waste Reduction Technologies. New York City：American Institute of Chemical Engineers，2000.

［54］ Wright R O. US，2471134. 1949.

［55］ Kaibel G. Chem Eng Technol，1987，10（2）：92-98.

［56］ Christiansen A C，Skogestad S，Lien K. Comput Chem Eng，1997，21（Suppl）：237-242.

［57］ Agrawal R，Fidkowski Z T. Ind Eng Chem Res，1998，37：3444-3454.